高等教育安全科学与工程类系列规划教材
高等院校安全工程类特色专业系列规划教材

矿井通风与除尘

蒋仲安　陈举师　杜翠凤　编著

机械工业出版社

本书采用理论与实际相结合的编写方法，系统阐述了矿井通风与除尘的基本概念、基本原理、设计方法、应用技术及测试方法。本书主要内容包括：矿内空气，矿内空气动力学，矿井通风阻力，矿井通风动力，局部通风，采区通风，矿井通风网络风量分配及调节，矿井通风系统及设计，矿井粉尘的产生、性质及危害，矿井综合防尘技术，矿井通风与除尘管理和监测，矿井通风与除尘新技术等。

本书可作为高等院校安全科学与工程类及矿业工程等相关专业的本科教材或教学参考书，也可供从事相关专业的工程技术人员学习参考。

图书在版编目（CIP）数据

矿井通风与除尘/蒋仲安，陈举师，杜翠凤编著. —北京：机械工业出版社，2017.1（2024.2重印）

高等教育安全科学与工程类系列规划教材　高等院校安全工程类特色专业系列规划教材

ISBN 978-7-111-55675-6

Ⅰ.①矿⋯　Ⅱ.①蒋⋯　②陈⋯③杜⋯　Ⅲ.①矿山通风-高等学校-教材②矿井-除尘-高等学校-教材　Ⅳ.①TD72

中国版本图书馆 CIP 数据核字（2016）第 302715 号

机械工业出版社（北京市百万庄大街22号　邮政编码100037）
策划编辑：冷　彬　　责任编辑：冷　彬　章承林
责任校对：刘秀芝　　封面设计：张　静
责任印制：刘　媛
涿州市般润文化传播有限公司印刷
2024年2月第1版第3次印刷
184mm×260mm・19.5印张・480千字
标准书号：ISBN 978-7-111-55675-6
定价：55.00元

电话服务　　　　　　　　　网络服务
客服电话：010-88361066　　机 工 官 网：www.cmpbook.com
　　　　　010-88379833　　机 工 官 博：weibo.com/cmp1952
　　　　　010-68326294　　金　书　网：www.golden-book.com
封底无防伪标均为盗版　　　机工教育服务网：www.cmpedu.com

安全科学与工程类专业教材编审委员会

主 任 委 员：冯长根
副主任委员：王新泉　吴　超　蒋军成
秘 书 长：冷　彬
委　　　员：（排名不分先后）
冯长根　王新泉　吴　超　蒋军成　沈斐敏
钮英建　霍　然　孙　熙　王保国　王迷洋
刘英学　金龙哲　张俭让　司　鹄　王凯全
董文庚　景国勋　柴建设　周长春　冷　彬

序

"安全工程"本科专业是在1958年建立的"工业安全技术""工业卫生技术"和1983年建立的"矿山通风与安全"本科专业基础上发展起来的。1984年,国家教委将"安全工程"专业作为试办专业列入普通高等学校本科专业目录之中。1998年7月6日,教育部发文颁布《普通高等学校本科专业目录》,"安全工程"本科专业(代号:081002)属于工学门类的"环境与安全类"(代号:0810)学科下的两个专业之一[一]。据"高等学校安全工程学科教学指导委员会"1997年的调查结果显示,自1958—1996年年底,全国各高校累计培养安全工程专业本科生8130人。近年,安全工程本科专业得到快速发展,到2005年年底,在教育部备案的设有安全工程本科专业的高校已达75所,2005年全国安全工程专业本科招生人数近3900名[二]。

按照《普通高等学校本科专业目录》的要求,原来已设有与"安全工程"专业相近但专业名称有所差异的高校,现也大都更名为"安全工程"专业。专业名称统一后的"安全工程"专业,专业覆盖面大大拓宽[三]。同时,随着经济社会发展对安全工程专业人才要求的更新,安全工程专业的内涵也发生了很大变化,相应的专业培养目标、培养要求、主干学科、主要课程、主要实践性教学环节等都有了不同程度的变化,学生毕业后的执业身份是注册安全工程师。但是,安全工程专业的教材建设与专业的发展出现了不适应的新情况,无法满足和适应高等教育培养人才的需要。为此,组织编写、出版一套新的安全工程专业系列教材已成为众多院校的翘首之盼。

机械工业出版社是有着悠久历史的国家级优秀出版社,在高等学校安全工程学科教学指导委员会的指导和支持下,根据当前安全工程专业教育的发展现状,本着"大安全"的教育思想,进行了大量的调查研究工作,聘请了安全科学与工程领域一批学术造诣深、实践经验丰富的教授、专家,组织成立了教材编审委员会(以下简称"编审委"),决定组织编写"高等教育安全工程系列"十一五"规划教材"[三]。并先后于2004年8月(衡阳)、2005年8月(葫芦岛)、2005年12月(北京)、2006年4月(福州)组织召开了一系列安全工程专业本科教材建设研讨会,就安全工程专业本科教育的课程

[一] 按《普通高等学校本科专业目录》(2012版),"安全工程"本科专业(专业代码:082901)属于工学学科的"安全科学与工程类"(专业代码:0829)下的专业。

[二] 各高校安全工程本科每年招生数量可通过高等学校安全工程学科教学指导委员会主办的"全国高等院校安全工程学科教育数据和信息系统"查询(www.cosha.org.cn)。

[三] 自2012年更名为"高等教育安全科学与工程类系列规划教材"。

体系、课程教学内容、教材建设等问题反复进行了研讨，在总结以往教学改革、教材编写经验的基础上，以推动安全工程专业教学改革和教材建设为宗旨，进行顶层设计，制订总体规划、出版进度和编写原则，计划分期分批出版30余门课程的教材，以尽快满足全国众多院校的教学需要，以后再根据专业方向的需要逐步增补。

由安全学原理、安全系统工程、安全人机工程学、安全管理学等课程构成的学科基础平台课程，已被安全科学与工程领域学者认可并达成共识。本套系列教材编写、出版的基本思路是，在学科基础平台上，构建支撑安全工程专业的工程学原理与由关键性的主体技术组成的专业技术平台课程体系，编写、出版系列教材来支撑这个体系。

本套系列教材体系设计的原则是，重基本理论，重学科发展，理论联系实际，结合学生现状，体现人才培养要求。为保证教材的编写质量，本着"主编负责，主审把关"的原则，编审委组织专家分别对各门课程教材的编写大纲进行认真仔细的评审。教材初稿完成后又组织同行专家对书稿进行研讨，编者数易其稿，经反复推敲定稿后才最终进入出版流程。

作为一套全新的安全工程专业系列教材，其"新"主要体现在以下几点：

体系新。本系列教材从"大安全"的专业要求出发，从整体上考虑、构建支撑安全工程学科专业技术平台的课程体系和各门课程的内容安排，按照教学改革方向要求的学时，统一协调与整合，形成一个完整的、各门课程之间有机联系的系列教材体系。

内容新。本系列教材的突出特点是内容体系上的创新。它既注重知识的系统性、完整性，又特别注意各门学科基础平台课之间的关联，更注意后续的各门专业技术课与先修的学科基础平台课的衔接，充分考虑了安全工程学科知识体系的连贯性和各门课程教材间知识点的衔接、交叉和融合问题，努力消除相互关联课程中内容重复的现象，突出安全工程学科的工程学原理与关键性的主体技术，有利于学生的知识和技能的发展，有利于教学改革。

知识新。本系列教材的主编大多由长期从事安全工程专业本科教学的教授担任，他们一直处于教学和科研的第一线，学术造诣深厚，教学经验丰富。在编写教材时，他们十分重视理论联系实际，注重引入新理论、新知识、新技术、新方法、新材料、新装备、新法规等理论研究、工程技术实践成果和各校教学改革的阶段性成果，充实与更新了知识点，增加了部分学科前沿方面的内容，充分体现了教材的先进性和前瞻性，以适应时代对安全工程高级专业技术人才的培育要求。本系列教材中凡涉及安全生产的法律法规、技术标准、行业规范，全部采用最新颁布的版本。

安全是人类最重要和最基本的需求，是人民生命与健康的基本保障。一切生活、生产活动都源于生命的存在。如果人们失去了生命，一切都无从谈起。全世界平均每天发生约68.5万起事故，造成约2200人死亡的事实，使我们确认，安全不是别的什么，安全就是生命。安全生产是社会文明和进步的重要标志，是经济社会发展的综合反映，是落实以人为本的科学发展观的重要实践，是构建和谐社会的有力保障，是全面建成小康社会、统筹经济社会全面发展的重要内容，是实施可持续发展战略的组成部分，是各级政府履行市场监管和社会管理职能的基本任务，是企业生存、发展的基本要求。国内外实践证明，安全生产具有全局性、社会性、长期性、复杂性、科学性和规律性的特点，随着社会的不断进步，工业化进程的加快，安全生产工作的内涵发生了重大变化，它突破了时间和空间的限制，存在于人们日常生活和生产活动的全过程中，成为一个复杂多变的社会问题在安全领域的集中反映。安全问题不仅对生命个体非常重要，而且对社会稳定和经济发展产生重要影响。党的十六届五中全会首次提出"安全发展"的重要战略理念。安全发展是科学发展观理论体系的重要组成部分，安全发展与构建和谐社会有着密切的内在联系，以人为本，首先就是要以人的生命为本。"安全·生命·稳定·发展"是一个良性循环。安全科技工作者在促进、保证这一良性循环中起着重要作用。安全科技人才匮乏是我国安全生产形势严峻的重要原因之一。加快培养安全科技人才也是解开安全难题的钥匙之一。

高等院校安全工程专业是培养现代安全科学技术人才的基地。我深信，本套系列教材的出版，将对我国安全工程本科教育的发展和高级安全工程专业人才的培养起到十分积极的推进作用，同时，也为安全生产领域众多实际工作者提高专业理论水平提供学习资料。当然，由于这是第一套基于专业技术平台课程体系的教材，尽管我们的编审者、出版者夙兴夜寐，尽心竭力，但由于安全学科具有在理论上的综合性与应用上的广泛性相交叉的特性，开办安全工程专业的高等院校所依托的行业类型又涉及军工、航空、化工、石油、矿业、土木、交通、能源、环境、经济等诸多领域，安全科学与工程的应用也涉及人类生产、生活和生存的各个方面，因此，本系列教材依然会存在这样和那样的缺点、不足，难免挂一漏万，诚恳地希望得到有关专家、学者的关心与支持，希望选用本系列教材的广大师生在使用过程中给我们多提意见和建议。谨祝本系列教材在编者、出版者、授课教师和学生的共同努力下，通过教学实践，获得进一步的完善和提高。

"嘤其鸣矣，求其友声"，高等院校安全工程专业正面临着前所未有的发展机遇，在此我们祝愿各个高校的安全工程专业越办越好，办出特色，为我国安全生产战线输送更多的优秀人才。让我们共同努力，为我国安全工程教育事业的发展做出贡献。

中国科学技术协会书记处书记[⊖]
中国职业安全健康协会副理事长
中国灾害防御协会副会长
亚洲安全工程学会主席
高等学校安全工程学科教学指导委员会副主任
安全科学与工程类专业教材编审委员会主任
北京理工大学教授、博士生导师
冯长根
2006年5月

[⊖] 曾任中国科协副主席。

前　言

　　采矿工业是我国的基础工业，它在整个国民经济中占有重要地位，我国煤炭产量的95%是井下开采，非煤矿山大约11%是井下开采，地下矿山开采的作业地点首先面临的是通风问题，在矿井生产过程中要向井下作业地点供给新鲜空气，供人员呼吸，并稀释和排出井下各种有毒有害气体和粉尘，创造良好的矿内作业环境，保障井下作业人员的身体健康。因此，矿井通风系统是矿山井下开采系统的重要组成部分之一，"矿井通风与除尘"是安全科学与工程类及矿业工程等相关专业必不可少的一门专业课程。

　　本书是根据高等学校安全科学与工程类及矿业工程相关专业的"矿井通风与除尘"教学大纲编写的，内容涵盖了煤矿和非煤矿，适用面广。本书主要内容包括：矿内空气，矿内空气动力学，矿井通风阻力，矿井通风动力，局部通风，采区通风，矿井通风网络风量分配及调节，矿井通风系统及设计，矿井粉尘的产生、性质及危害，矿井综合防尘技术，矿井通风与除尘管理和监测，矿井通风与除尘新技术等。本书力求阐明矿井通风与除尘的基本概念、基本原理、设计方法、应用技术及测试方法，理论联系实际，加强对学生应用能力的培养。书中编入大量实例和实物照片，内容详实，图文并茂，充分体现了本门课程教学内容的先进性和实用性。

　　本教材的编写和出版得到了北京科技大学"十二五"教材建设经费的资助。

　　本书在编写过程中，参阅了大量文献资料，谨向有关参考文献的作者表示衷心感谢！

　　由于编者水平有限，书中不妥之处在所难免，恳请读者批评指正。

编　者

目 录

序
前言
第1章 矿内空气 ………………………………………………………………………… 1
　1.1 矿内空气的主要成分 ……………………………………………………………… 1
　1.2 矿内空气中常见的有害气体 ……………………………………………………… 3
　1.3 放射性气体 ………………………………………………………………………… 8
　1.4 矿内气候 …………………………………………………………………………… 11
　复习思考题及习题 ……………………………………………………………………… 24
第2章 矿内空气动力学 ………………………………………………………………… 25
　2.1 矿内风流的基本性质 ……………………………………………………………… 25
　2.2 矿内风流能量及能量方程 ………………………………………………………… 31
　2.3 能量方程在矿井通风中的应用 …………………………………………………… 35
　复习思考题及习题 ……………………………………………………………………… 39
第3章 矿井通风阻力 …………………………………………………………………… 41
　3.1 摩擦阻力 …………………………………………………………………………… 41
　3.2 局部阻力和正面阻力 ……………………………………………………………… 51
　3.3 降低井巷通风阻力的措施 ………………………………………………………… 54
　3.4 井巷等积孔和井巷风阻特性曲线 ………………………………………………… 56
　复习思考题及习题 ……………………………………………………………………… 60
第4章 矿井通风动力 …………………………………………………………………… 62
　4.1 自然风压 …………………………………………………………………………… 62
　4.2 矿用通风机的类型及构造 ………………………………………………………… 68
　4.3 通风机的性能参数与特性曲线 …………………………………………………… 71
　4.4 通风机的相似理论 ………………………………………………………………… 74
　4.5 矿井主要通风机的附属装置 ……………………………………………………… 77
　4.6 矿井通风机的联合运转 …………………………………………………………… 80
　复习思考题及习题 ……………………………………………………………………… 86
第5章 局部通风 ………………………………………………………………………… 88
　5.1 局部通风方法 ……………………………………………………………………… 88
　5.2 局部通风设备 ……………………………………………………………………… 93

5.3　局部通风系统的设计 ………………………………… 100
5.4　建井时期的通风 ……………………………………… 106
复习思考题及习题 ………………………………………… 116

第6章　采区通风 …………………………………………… 117
6.1　煤矿采区通风 …………………………………………… 117
6.2　金属矿山采场通风 ……………………………………… 124
6.3　采区风量计算 …………………………………………… 128
6.4　采区通风构筑物 ………………………………………… 134
复习思考题及习题 ………………………………………… 139

第7章　矿井通风网络风量分配及调节 …………………… 140
7.1　概述 ……………………………………………………… 140
7.2　通风网络的基本形式和特性 …………………………… 146
7.3　复杂通风网络的解算原理及方法 ……………………… 153
7.4　计算机解算矿井通风网络 ……………………………… 161
7.5　矿井风量调节 …………………………………………… 168
7.6　多台通风机联合运转的相互调节 ……………………… 181
复习思考题及习题 ………………………………………… 185

第8章　矿井通风系统及设计 ……………………………… 187
8.1　矿井通风系统的拟定 …………………………………… 188
8.2　矿井需风量的计算及分配 ……………………………… 197
8.3　矿井通风阻力的计算 …………………………………… 201
8.4　矿井通风设备选型 ……………………………………… 202
8.5　矿井通风费用概算 ……………………………………… 205
8.6　通风系统的漏风及有效风量 …………………………… 207
复习思考题及习题 ………………………………………… 209

第9章　矿井粉尘的产生、性质及危害 …………………… 210
9.1　矿尘的产生及分类 ……………………………………… 210
9.2　粉尘的物理化学性质 …………………………………… 213
9.3　粉尘的危害 ……………………………………………… 218
复习思考题及习题 ………………………………………… 221

第10章　矿井综合防尘技术 ……………………………… 222
10.1　通风排尘 ……………………………………………… 223
10.2　湿式作业 ……………………………………………… 227
10.3　密闭抽尘 ……………………………………………… 242
10.4　净化风流 ……………………………………………… 245
10.5　个体防护 ……………………………………………… 257
复习思考题及习题 ………………………………………… 260

第11章　矿井通风与除尘管理和监测 …………………… 261
11.1　矿井通风管理和监测的主要内容 …………………… 261

11.2　矿井通风阻力测定 …………………………………………………………… 265
11.3　矿井主要通风机的性能测试 …………………………………………………… 272
11.4　通风除尘系统的测定 …………………………………………………………… 280
复习思考题及习题 ………………………………………………………………… 284
第12章　矿井通风与除尘新技术 ………………………………………………………… 285
12.1　矿井通风新技术 ………………………………………………………………… 285
12.2　矿井除尘新技术 ………………………………………………………………… 293
复习思考题及习题 ………………………………………………………………… 301
参考文献 ……………………………………………………………………………………… 302

第1章

矿内空气

> 【学习要点】
> - 了解地面空气与矿内空气的主要成分,掌握两者之间的差异。
> - 熟悉矿内空气中有害气体的来源及性质,掌握有害气体的急救及测定方法。
> - 了解矿内空气中放射性气体的性质、危害及来源,以及氡及其子体浓度的表示方法。
> - 熟悉矿内气候条件的主要构成参数及各参数的表示方法、影响因素及变化规律,掌握各气候参数的测定方法。
> - 了解人体的热平衡条件,熟悉矿内气候条件舒适性的影响因素,掌握评价劳动条件舒适程度的方法及指标。

矿井通风的目的:一是在正常生产时期,保证向井下各工作地点输送足够数量的新鲜空气,用以稀释有毒有害气体,排除矿尘和保持良好的工作环境,确保矿井安全生产;二是在发生灾变时,能有效、及时地控制风向及风量,并与其他措施配合,防止灾害扩大。

本章重点阐述矿内空气的主要成分、有毒有害气体的来源和性质、矿内气候条件以及相关参数的测定。

1.1 矿内空气的主要成分

1.1.1 地面空气的组成

地面空气是由多种气体组成的干空气和水蒸气组合而成的混合气体。通常状况下,干空气各组成的数量基本不变,如表1-1所示。一般将大气分为恒定组分、可变组分和不定组分。

表1-1 地面空气的主要成分

主要成分	氮气(N_2)	氧气(O_2)	二氧化碳(CO_2)	氩气(Ar)	其他气体
质量分数(%)	75.51	23.17	0.05	0.91	0.16
体积分数(%)	78.09	20.94	0.03	0.93	0.01

恒定组分是指大气中,含有的氧气占大气总体积的百分比(即体积分数)为20.94%,氮气为78.09%,氩气为0.93%。仅此三种成分,共占大气99.96%。除此之外,还含有微量的氖、氦、氪、氙、氡等稀有气体。上述组分的比例在地球上任何地方几乎可以看作不变的。

可变组分是指大气中除含有上述恒定组分外,还含有二氧化碳和水蒸气,在通常情况下二氧化碳的体积分数为0.02%~0.04%,水蒸气为4%以下,这些组分在大气中的含量是随地区、季节、气象以及人们的生产和生活活动等因素的影响而有所变化。

不定组分来自自然和人为两个方面。自然界的火山爆发、森林火灾、海啸、地震等自然灾害形成的污染物,有尘埃、硫、硫氧化物、氮氧化物、盐类及恶臭气体,可造成局部和暂时的大气污染。工业化、城市化等人为活动排放的烟尘和其他有害气体,是大气不定组分的主要来源,是大气污染的主要原因。不定组分达到一定含量时,就会对人和动植物造成危害,这是环境保护工作者应当研究的主要对象。

1.1.2 矿内空气的主要成分及其基本性质

地面空气进入井下后,由于受到污染,其成分和性质要发生一系列的变化,如氧气含量降低,二氧化碳含量增加。一般来说,当地面空气进入矿井后,其成分与地面空气成分相同或近似,且符合安全卫生标准,称为矿内新鲜空气(新风);由于井下生产过程,产生各种有毒有害物质,使矿内空气成分发生一系列变化,这种充满矿内巷道中的各种气体、矿尘和杂质的混合物,称为矿内污浊空气(乏风)。矿内空气的主要成分除氧气(O_2)、氮气(N_2)、二氧化碳(CO_2)、水蒸气(H_2O)以外,有时还混入一些有害气体和物质,如瓦斯(主要成分为CH_4)、一氧化碳(CO)、硫化氢(H_2S)、二氧化硫(SO_2)、二氧化氮(NO_2)、氨气(NH_3)、氢气(H_2)和矿尘等。

我国《金属非金属矿山安全规程》规定,矿内空气中氧气含量不得低于20%(指体积分数);有人工作或可能有人到达的井巷中二氧化碳含量不得大于0.5%,总回风巷中二氧化碳含量不超过1%。

1. 氧气(O_2)

氧气为无色、无味、无臭的气体,对空气的相对密度为1.11(标准状态下空气的密度为$1.293kg/m^3$)。氧是一种非常活泼的元素,能与很多元素起氧化反应。氧气能帮助物质燃烧和供人和动物呼吸,是空气中不可缺少的气体。

当氧与其他元素化合时,一般是发生放热反应,放热量取决于参与反应物质的量和成分,而与反应速度无关。当反应速度缓慢时,所放出的热量往往被周围物质所吸收,而无显著的热力变化现象。

人体维持正常的生命过程所需的氧量,取决于人的体质、神经与肌肉的紧张程度。休息时需氧量为0.25 L/min,工作和行走时为1~3 L/min。

空气中的氧气少了,人们的呼吸就感到困难,严重时会缺氧而死亡。人体缺氧症状与空气中氧气浓度(指体积分数)的关系如表1-2所示。

表1-2 人体缺氧症状与空气中氧气浓度的关系

氧浓度(体积分数,%)	主要症状
17	静止时无影响,从事紧张的工作会感到心跳和呼吸困难

(续)

氧浓度（体积分数,%）	主要症状
15	心跳和呼吸急促，耳鸣目眩，感觉和判断力降低，失去劳动能力
10~12	会失去理智，时间稍长对生命就有严重威胁
6~9	会失去知觉，呼吸停止，若不急救就会死亡

2. 二氧化碳（CO_2）

二氧化碳是无色、略带酸臭味的气体，对空气的相对密度为 1.52，是一种较重的气体，很难与空气均匀混合，故常积存在巷道的底部，在静止的空气中有明显的分界。二氧化碳不助燃也不能供人呼吸，易溶于水，生成碳酸，使水溶液成弱酸性，对眼鼻、喉黏膜有刺激作用。

二氧化碳对人的呼吸起刺激作用。当肺气泡中二氧化碳的含量增加 2% 时，人的呼吸量就增加一倍，人在快步行走和紧张工作时感到喘气和呼吸频率增加，就是因为人体内氧化过程加快后，二氧化碳生成量增加，使血液酸度加大，刺激神经中枢，因而引起频繁呼吸。在有毒气体（如 CO、H_2S）中毒人员急救时，最好首先使其吸入含 5%（体积分数）CO_2 的 O_2，以增强肺部的呼吸。

当空气中二氧化碳浓度（指体积分数）过大，造成氧气浓度降低时，可以引起缺氧窒息。二氧化碳中毒症状与浓度的关系如表 1-3 所示。

表 1-3 二氧化碳中毒症状与浓度的关系

二氧化碳浓度（体积分数,%）	主要症状
1	呼吸加深，但对工作效率无明显影响
3	心跳加快，呼吸急促，头痛，人体很快疲劳
5	呼吸困难，头痛，恶心，呕吐，耳鸣
6	严重喘息，极度虚弱无力
7~9	动作不协调，大约 10min 可发生昏迷
9~10	数分钟内可导致死亡

1.2 矿内空气中常见的有害气体

金属矿山井下常见的对安全生产威胁最大的有害气体有：一氧化碳（CO）、二氧化氮（NO_2）、二氧化硫（SO_2）、硫化氢（H_2S）、氢气（H_2）和氨气（NH_3）等。煤矿井下还有瓦斯（CH_4）等。

1.2.1 有害气体的来源

1) 爆破时所产生的炮烟。炸药在井下爆炸后，产生大量的有毒有害气体，种类和数量与炸药的性质、爆炸条件与介质有关。在一般情况下，产生的主要成分大部分为一氧化碳和氮氧化合物。如果将爆破后产生的二氧化氮，按 1L 二氧化氮折合 6.5L 一氧化碳计算，则 1kg 炸药爆破后所产生的有毒气体（相当于一氧化碳量）为 80~120L。

2) 柴油机工作时产生的废气。柴油机的废气成分很复杂，它是柴油机在高温下燃烧时所产生的各种有毒有害气体的混合体,其主要成分为氧化氮、一氧化碳、醛类和油烟等。柴油机排放的废气量由于受各种因素的影响,变化较大,没有统一标准。

3) 硫化矿物的水解、氧化和燃烧,有机物腐烂。在开采高温矿床时,由于硫化矿物缓慢氧化除产生大量热量外,还会产生二氧化硫和硫化氢气体。

4) 井下火灾。当井下失火引起坑木燃烧时,会产生大量一氧化碳。如一架棚子(直径为180mm,两根长2.1m的立柱和一根长2.4m的横梁,体积为$0.17m^3$)燃烧所产生的CO约为$97m^3$,这样多的CO足以使断面为$4\sim5m^2$的巷道在2000m长范围以内的空气中CO含量达到致命的数量。

5) 煤岩中涌出的各种气体,其主要成分是以甲烷为主的烃类气体,有时专指甲烷(CH_4),是在煤炭发育过程中形成的,在煤矿井下是最有害的一种气体,对煤矿安全生产构成重大威胁。另外也会有硫化氢涌出。

1.2.2 各种有害气体的性质

1. 一氧化碳(CO)

一氧化碳是无色、无味、无臭的气体,对空气的相对密度为0.97,故能均匀散布于空气中,不用特殊仪器不易察觉。一氧化碳微溶于水,一般化学性不活泼,但浓度(指体积分数)在13%~75%时能引起爆炸。

一氧化碳极毒。当空气中CO的浓度为0.4%时,在很短时间内人就会失去知觉,抢救不及时就会中毒死亡。日常生活中的"煤气中毒"就是CO中毒。

影响一氧化碳中毒程度和中毒快慢的主要因素有:空气中一氧化碳的浓度、与含有CO的空气接触时间(接触时间越长,血液中CO量就越大,中毒就越深)、呼吸频率与呼吸深度(人在繁重工作或精神紧张时,呼吸急促,频率高,呼吸深度也大,中毒就快)、人的体质和体格(人们经常处于CO略微超过允许浓度的条件下工作时,会引起慢性中毒症状)。一氧化碳中毒症状与浓度的关系如表1-4所示。

表1-4 一氧化碳中毒症状与浓度的关系

一氧化碳浓度(体积分数,%)	主 要 症 状
0.02	2~3h内可能引起轻微头痛
0.08	40min内出现头痛、眩晕和恶心。2h内发生体温和血压下降,脉搏微弱,出冷汗,可能出现昏迷
0.32	5~10min内出现头痛,眩晕。0.5h内可能出现昏迷并有死亡危险
1.28	几分钟内出现昏迷和死亡

我国《煤矿安全规程》规定,井下空气中CO的浓度(体积分数)不得超过0.0024%(质量浓度不超过$30mg/m^3$)。

2. 氮氧化物(NO_2)

炸药爆炸可产生大量的一氧化氮和二氧化氮,其中一氧化氮极不稳定,遇空气中的氧即转化为二氧化氮。二氧化氮是一种褐色有强烈窒息性的气体。对空气的相对密度为1.57,易溶于水,而生成腐蚀性很强的硝酸。所以它对人的眼、鼻、呼吸道及肺组织有强烈的腐蚀作用,对人体危害最大的是破坏肺部组织,引起肺水肿。二氧化氮中毒症状与浓度(指体积分数）的关系如表1-5所示。

表1-5 二氧化氮中毒症状与浓度的关系

二氧化氮浓度（体积分数,%）	主要症状
0.004	2~4h内可出现咳嗽症状，不会引起中毒现象
0.006	短时间内感到喉咙刺激，咳嗽，胸部发痛
0.01	短时间内出现严重中毒症状，神经麻痹，严重咳嗽，恶心，呕吐
0.025	可很快使人窒息死亡

我国《煤矿安全规程》规定，空气中 NO_2 浓度（指体积分数）不得超过0.00025%（质量浓度不超过 $5mg/m^3$）。

3. 硫化氢（H_2S）

硫化氢是一种有臭鸡蛋气味的气体。硫化氢能燃烧，当浓度达到6%（体积分数）时，具有爆炸性。硫化氢具有很强的毒性，能使血液中毒，对眼睛黏膜及呼吸道有强烈的刺激作用。硫化氢中毒症状与浓度（体积分数）的关系如表1-6所示。

表1-6 硫化氢中毒症状与浓度的关系

硫化氢浓度（体积分数,%）	主要症状
0.0025~0.003	有强烈臭味
0.005~0.01	1~2h内出现眼及呼吸道刺激症状，臭味"减弱"或"消失"
0.015~0.02	恶心，呕吐，头晕，四肢无力，反应迟钝。眼和呼吸道有强烈刺激症状
0.035~0.045	0.5~1h内出现严重中毒，可发生肺炎、支气管炎及肺水肿，有死亡危险
0.06~0.07	很快昏迷，短时间内死亡

我国《煤矿安全规程》规定，井下空气中硫化氢含量（体积分数）不得超过0.00066%（质量浓度不超过 $10mg/m^3$）。

4. 二氧化硫（SO_2）

二氧化硫是一种无色、有强烈硫黄味的气体，常存在于巷道的底部，对眼睛有强烈刺激作用。

SO_2 与水蒸气接触生成硫酸，对呼吸器官有腐蚀性，使喉咙和支气管发炎，呼吸麻痹，严重时引起肺水肿。二氧化硫中毒症状与浓度（体积分数）的关系如表1-7所示。

表1-7 二氧化硫中毒症状与浓度的关系

二氧化硫浓度（体积分数,%）	主要症状
0.0005	嗅觉器官就能闻到刺激味
0.002	有强烈的刺激，可引起头痛和喉痛
0.05	引起急性支气管炎和肺水肿，短时间内即死亡

我国《煤矿安全规程》规定，井下空气中 SO_2 含量（体积分数）不得超过0.0005%（质量浓度不超过 $15mg/m^3$）。

5. 氨气（NH_3）

氨气为无色、有剧毒的气体，对空气的相对密度为0.59，易溶于水，对人体有毒害作用。

我国《煤矿安全规程》规定，井下空气中氨气最高容许浓度（体积分数）为0.04%（质量浓度不超过3mg/m³）。但当其浓度达到0.01%时就可嗅到其特殊臭味。氨气主要在矿内发生火灾或爆炸事故时产生。

6. 瓦斯（CH_4）

瓦斯的主要成分是甲烷（CH_4）。甲烷是一种无色、无味、无臭的气体，对空气的相对密度为0.55，难溶于水，扩散性较空气高1.6倍。甲烷虽然无毒，但当浓度（体积分数）较高时，会引起窒息。甲烷不助燃，但在空气中具有一定浓度（指体积分数，5%~16%）并遇到高温（650~750℃）时能引起爆炸。

我国《煤矿安全规程》规定，工作面进风流中CH_4的浓度不能大于0.5%，采掘工作面和采区的回风流中CH_4的浓度不能大于1.0%，矿井和一翼的总回风流中CH_4的最高容许浓度为0.75%。

7. 氢气（H_2）

氢气无色无味，具有爆炸性，在矿井火灾或爆炸事故中和井下充电硐室均会产生，其最高容许浓度为0.5%。

8. 矿尘

在开采矿物的生产过程中，所产生的一切细散状矿物和岩石的尘粒，称为矿尘。矿尘分为浮尘和落尘。能悬浮于空气中的矿尘为浮尘，沉落于巷道壁的矿尘称为落尘。

矿尘是一种有害物质，它危害人体的健康。当它落于人的潮湿皮肤上，有刺激作用，而引起皮肤发炎。特别是硫化矿尘，它进入五官也会引起炎症。有毒矿尘（铅、砷、汞）进入人体还会引起中毒。矿尘危害最大的是，当工人长期吸入呼吸性粉尘能引起尘肺病，而煤尘能引起爆炸。我国《煤矿安全规程》规定的作业场所空气中粉尘（总粉尘、呼吸性粉尘）浓度（质量分数）如表1-8所示。

表1-8 作业场所空气中粉尘浓度要求

粉尘种类	粉尘中游离SiO_2含量（质量分数,%）	时间加权平均容许浓度/(mg/m³)	
		总粉尘	呼吸性粉尘
煤尘	<10	4	2.5
矽尘	10~50	1	0.7
	50~80	0.7	0.3
	≥80	0.5	0.2
水泥尘	<10	4	1.5

注：时间加权平均容许浓度是以时间加权数规定的8h工作日、40h工作周的平均容许接触浓度。

1.2.3 有害气体的急救

当井下工作人员遇到有毒气体中毒或缺氧时，应立即抢救，以便及早脱离危险，保障其生命安全。

中毒时的急救措施，可按下列方法：

1）立即将中毒者移至新鲜空气处或地表。

2）将中毒者口中一切妨碍呼吸的东西如义齿、黏液、泥土除去，将衣领及腰带松开。

3）使中毒者保暖。

4）为排除中毒者体内的毒物，应给患者输氧气。当CO、H_2S中毒时，最好在纯氧中加5%（体积分数）的CO_2，以刺激呼吸中枢神经，增强呼吸能力，促使毒气排出体外。当SO_2和NO_2中毒时，进行人工呼吸应特别注意，因为患者中毒后会引起肺水肿，所以施行人工呼吸时应尽量避免对患者肺部的刺激，以免加剧肺部浮肿。特别是NO_2中毒时，只能用拉舌头的人工呼吸法刺激神经引起呼吸，并在喉部注入碱性溶液（小苏打水$NaHCO_3$），以减轻肺水肿现象。

5）H_2S中毒时，用浸有氯水的棉花或手帕，放在患者的嘴或鼻旁，或者给中毒者喝稀氯水溶液，利用药物解毒。

1.2.4 有害气体的测定

检测作业环境有毒气体的方法可分为三类，即轻便型直接读数仪表法、检定管快速测定法和取样化验室分析法。对于现场检测，应以快速准确的测定法为宜，且测试仪器应便于携带。作业现场常用的测定方法有轻便型直接读数仪表法和检定管快速测定法（包括比色法和比长法）。

1. 轻便型直接读数仪表法

轻便型直接读数仪表法主要采用轻便型快读检测仪器，其类型很多，而且很智能化。根据可检测的气体种数，可分为单一气体检测器和复合气体检测器两类。

图1-1所示为法国生产的复合气体检测器，可同时装四种气体传感器，更换不同类型的气体传感器，就可测定不同类型的有害气体浓度。检测主仪器具有储存检测数据的功能，以便于现场测定，也可以与计算机连接，将数据传输入计算机，通过配套的软件对数据进行分析。

图1-2所示为单一气体检测器，它只能检测一种有害气体，价格较便宜，检测方便、简单。目前有各种气体类型的单一气体检测器，应根据作业场所存在的有害气体情况选用相应的检测器。轻便型快读检测仪器有些带有报警装置，报警装置一般采用声光报警方法。当检测的有害气体浓度达到设定值时，仪器的报警装置将报警，表明检测的作业环境空气有害物浓度超标。

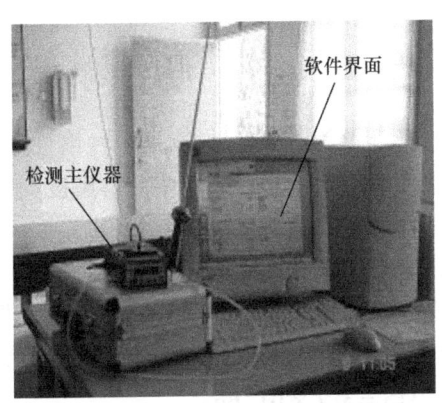

图1-1 复合气体检测器（法国）

 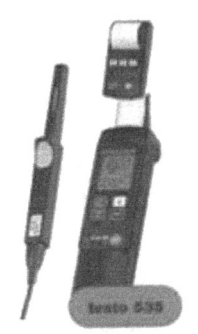

CO检测器　　　　　CO_2检测器

图1-2 单一气体检测器

2. 检定管快速测定法

检定管快速测定法所使用的仪器有检定管、抽气唧筒和秒表，其所用检定管是一次即废的。检定管检定各种有害气体的原理是：根据待测气体与检定管中的指示剂发生化学变化后变色的深浅或长度来测定。以变色深浅来确定有害气体浓度者称为比色法，以变色长度确定者称为比长法。指示剂是根据所测有害气体的性质来配制的。目前我国多采用比长法，如检测 CO、NO_2、H_2S 和 O_2 等几种比长检定管。

图 1-3 所示为采样用抽气唧筒，用以采集试样，容积为 50mL，活塞杆上每 5mL 有一个刻度，并有一个三通开关。当开关把手在水平位置时，入口与唧筒相通；当把手在垂直位置时，唧筒与出口相通。其测定步骤为：

1）将检定管玻璃封口锯开，插在抽气唧筒出口上。
2）将唧筒的三通开关转到水平位置，抽取待测气体 50mL。
3）将三通开关转到垂直位置，用 100s 时间缓慢压送唧筒内待测气体，使之均匀通过检定管。此时管中指示剂起化学反应，改变颜色，颜色变化的深浅与标准比色板相比，即可得待测气体浓度。

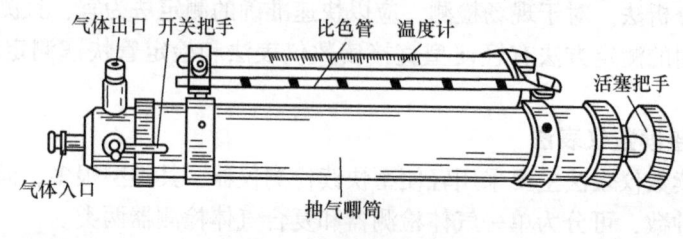

图 1-3 采样用抽气唧筒

若用比长检定管，根据其变色的长短即可确定待测气体浓度。

1.3 放射性气体

开采铀矿床及含铀、钍伴生的金属矿床时，必须注意对空气中放射性气体氡的防护。当作业环境中有放射性物质存在时，作业人员将遭遇放射性辐射危害。一般情况下，受放射性危害较大的放射性气体主要是氡及其子体。

1.3.1 氡及其子体的衰变性质

氡是一种无色、无味、透明的放射性气体，它的半衰期为 3.825d。氡是一种惰性气体，一般不参加化学反应，但它能溶于水、油类、有机及其他溶剂，它在脂肪中的溶解度为在水中溶解度的 125 倍。氡也能被固体物质所吸附，吸附力最强的是活性炭。

氡衰变形成氡的子体，氡的子体也在继续衰变。通常用半衰期来衡量放射性物质衰变的快慢，它是指放射性物质的放射性活度衰变到最初值的一半所需要的时间。放射性活度是指一定量的放射性物质在单位时间内所衰变的原子核数（即衰变速率）。其国际单位为贝可（Bq），1Bq = 1 次衰变/s；非国际单位为居里（Ci），1Ci = 3.7×10^{10} Bq。

氡及其子体的衰变，根据它们所辐射的射线不同可分为：

α 衰变：衰变过程中释放出 α 粒子（即氦原子核），穿透力较弱，在空气中的射程为 2.5~10cm；在生物组织中的射程为 30~110μm，因此不能穿透人体皮肤层。但电离能力强。

β衰变：衰变过程中释放出高速电子，穿透力较α射线强，但电离能力较α射线弱。

γ衰变：衰变过程中产生波长极短的电磁波，能量在0.04~4兆电子伏（MeV）之间。穿透力较带电粒子强得多。

氡由铀、镭衰变而来，氡及其子体又按以下规律进行衰变：

$$氡 \xrightarrow{3.825d} 镭A \xrightarrow{3.05min} 镭B \xrightarrow{26.8min} 镭C \xrightarrow{19.7min} 镭C' \xrightarrow{1.6 \times 10^{-4}s} 镭D \xrightarrow{22a} 铅$$

从镭A到镭D，半衰期短，所以，镭A、镭B、镭C、镭C'统称为氡的短寿命子体。氡的子体为固态物质，与物质黏附性很强，易与粉尘粒子结合黏附而形成放射性气溶胶。

1.3.2 氡及其子体的危害

氡及其子体在衰变过程中，放出α、β、γ射线，这些射线对人体产生伤害。α射线电离能力强，穿透能力弱，对人体的危害主要是内照射，多表现为呼吸道系统疾病，尤其是对肺部危害最大。β、γ射线电离能力比α射线弱，但穿透力较强，它们能穿透人的机体，在体外就可引起外照射危害。β射线对眼睛伤害较大，要注意对眼睛的防护。γ射线穿透力很强，其照射危害多表现为神经系统和血液系统的疾病。当γ射线剂量很高时，还会造成死亡。

氡及其子体释放射线的危害属于电离辐射伤害，电离辐射引起的生物效应大小，受电离辐射的类型、强度、照射方式与条件，以及生物自身的敏感性等因素的影响。电离辐射对生物体的作用分为直接作用和间接作用。直接作用是指生物分子直接受到电离辐射的作用而吸收辐射能量，导致机体损伤；间接作用是指辐射对生物体中的水分子作用，产生活性粒子（氢原子等），活性粒子与生物分子作用而使生物体功能、结构发生损伤。由于生物体内含有大量的水分子，因此电离辐射对生物体的作用主要是间接效应。

电离辐射对生物体的作用过程分为物理、化学和生物学三个阶段。在物理阶段，生物分子和水分子吸收辐射能量而发生电离，产生初级活性粒子；在化学阶段，活性粒子与周围介质反应，生物分子受到损伤；在生物学阶段，通过大量微观生物分子损伤，导致宏观的生物损伤效应，如肺癌等。

井下天然放射性元素对人体的危害，主要是氡及其子体衰变时所产生的α射线的内照射伤害。当含氡及其子体的空气吸入人体后，大部分（尤其是氡的子体）沉积在呼吸道及支气管上，氡及其子体在短时间内释放出α粒子能量，其射程正好可以轰击到支气管上皮基底细胞核上，从而导致肺部的癌病变。这正是含铀矿山工人患肺癌的原因之一。氡和氡子体对人体的危害程度不同，根据统计氡子体对人体所贡献的剂量，比氡对人体所贡献的剂量大19.8倍。因此，氡子体的危害是主要的。但氡是氡子体的母体，而没有氡就没有氡子体，从某种意义上讲，防氡更有意义。

1.3.3 氡及其子体的浓度

氡的浓度一般用单位体积空气中所含的放射性活度来表示，其国际单位为贝可/升（Bq/L），非国际单位有居里/升（Ci/L），艾曼。1（Ci/L）= 1×10^{10}艾曼 = 3.7×10^{10}Bq/L。氡子体浓度通常采用α潜能值来表示。所谓α潜能值，是指单位体积空气中所含氡子体的原子全部衰变成镭D所释放的α粒子的能量总和，其国际单位为微焦/米³（$\mu J/m^3$），非国际单位为兆电子伏/升（MeV/L）。

氡及其子体对人体的危害是有条件是：空气中氡及其子体要超过一定浓度；氡及其子体能进入人体内；人体接受上述浓度的氡和子体要超过一定时间。为了保证工人的身体健康，防氡工作的任务就是破坏上述三个条件。

我国放射性防护规定，氡的允许浓度为 3.7Bq/L（即 1 个艾曼）。氡子体允许的 α 潜能值为 $6.4\mu J/m^3$，相当于 $4×10^4 MeV/L$，或相当于 0.3 个工作水平，1 个工作水平 = $1.3×10^5 MeV/L$。对于有放射性污染的作业环境，我国《电离辐射防护与辐射源安全基本标准》中，对工作场所放射性表面污染控制做出了规定，如表 1-9 所示。

表 1-9　工作场所的放射性表面污染控制水平　　　　　　　　（单位：Bq/cm^2）

表面类型		α 放射性物质		β 放射性物质
		极毒性	其他	
工作台、设备、墙壁、地面	控制区①	4	$4×10$	$4×10$
	监督区	$4×10^{-1}$	4	4
工作服、手套、工作鞋	控制区	$4×10^{-1}$	$4×10^{-1}$	4
	监督区			
手、皮肤、内衣、工作袜		$4×10^{-2}$	$4×10^{-2}$	$4×10^{-1}$

① 该区内的高污染子区除外。

1.3.4　矿井中氡的来源

矿井空气中氡主要来源于以下几个方面。

1. 由矿岩壁析出的氡（这是氡的主要来源）

氡从矿岩中析出主要有以下两种动力：

1）在矿体裂隙中的含氡空气，由于裂隙空间与井下的空气存在压差。当裂隙内部压力大于井下空间压力时，则空气缓慢从中流出，虽然流速很低（数厘米/昼夜），但由于裸露面大，裂隙多，其析出量是很大的。当井下空间大气压力大于裂隙中大气压力时，析出量显然降低。

2）在矿岩壁的内部氡浓度分布有一个梯度，造成了氡的扩散，并使氡由矿体表面析出，而逸入井下空气，这是造成井下氡析出的主要动力。

矿井空气中的氡析出量 E_1 与矿岩裸露面积和氡析出率成正比，可用下式计算

$$E_1 = \delta S \tag{1-1}$$

式中　δ——氡的析出率 $[kBq/(s·m^2)]$；

　　　S——矿岩裸露面积（m^2）。

影响氡析出的因素有以下几种。

1）矿岩的含铀、镭品位。矿岩含铀、镭品位的高低，是决定氡析出的主要因素，对于一种矿岩来说，氡析出率与含镭品位成正比。

2）岩石裂隙及孔隙度的影响。氡在岩石中传播，实际上是在岩石的孔隙中进行的，孔隙度和裂隙越大，氡的析出率也越大。

3）矿壁表面附有的水膜对氡析出的影响。因水的扩散系数很小，因而在矿壁覆有水膜时，则氡的析出率会有显著降低。

4)通风方式对氡析出的影响。由于机械通风压差的存在,势必引起岩石裂隙内空气的流动,如果井下空气压力相对于当地大气压力是负压状态时,氡析出率比呈正压状态时大。

5)大气压力的变化对氡析出的影响。当地表气压降低时,将加速氡从岩石内部通过裂缝和孔隙向矿井空气析出,根据观察,由于气压改变,空气中含氡量几乎与空气压力成比例。

2. 爆下矿石析出的氡

爆破后,爆下的矿石与空气接触面积加大,此时矿石内的氡大量向空间析出。一般情况下,析出氡数量不大,但使用留矿法时,采场内氡析出量主要是来源于爆下矿石。

爆下的矿石析出量取决于爆下矿石的数量、品位、块度、密度等,氡的析出量 E_2 并可按下式计算

$$E_2 = 0.00264 Pu\eta \tag{1-2}$$

式中 P ——爆下矿石量(t);
　　　u ——矿石中含铀品位(%);
　　　η ——射气系数(%)。

3. 地下水析出的氡

由于氡裂隙中氡浓度较高,大量的氡溶解于地下水中。当地下水进入矿井后,空气中氡的分压较低,促使氡从水中析出,氡的析出量 E_3 可按下式计算

$$E_3 = 0.278 B(C_1 - C_2) \tag{1-3}$$

式中 B ——地下水的涌水量(m^3/h);
　　　C_1 ——涌水中氡浓度(kBq/L);
　　　C_2 ——排水中氡浓度(kBq/L)。

4. 地面空气中的氡随入风风流进入井下

这取决于所处地区的自然本底。一般说来,它在数量上是极微小的,可忽略不计。

以上是矿内空气中氡的基本来源。在一些老矿山,由于开采面积较大,崩落区多,采空区中积累的氡有时也会成为氡的主要来源。

1.4 矿内气候

井下职工在生产劳动中,因体内不断地进行着新陈代谢作用而产生大量的热。所产生的热除一部分供给肌肉做功,另一部分消耗于人体内部外,其余大部分通过辐射、对流和蒸发等方式向空气散发。当人体产生和散发的热量保持平衡,即体温保持36.5~37℃时,人体就感到舒适。

为了保证工人的身体健康和提高劳动生产率,就需要给工人创造热平衡的条件。为保持人体的热平衡条件,需要从人体的生热和散热两方面考虑。影响人体发热量的大小主要取决于劳动强度,而影响人体散热的条件是空气的温度、湿度、风速三者的综合状态。因此,矿井气候是指矿井空气的温度、湿度和风速这三个参数的综合作用状态。这三个参数的不同组合,便构成不同的矿井气候条件。矿井气候条件对井下作业人员的身体健康和劳动安全有重要的影响。

1.4.1 矿内空气的湿度

矿内空气与地面空气一样,都是由空气和水蒸气混合而成的湿空气,衡量矿内空气所含水蒸气量的参数是湿度。

1. 湿度的表示方法

空气的湿度表示空气中所含水蒸气量或潮湿程度,表示空气湿度的方法有绝对湿度、相对湿度和含湿量3种。

(1)绝对湿度 绝对湿度指每$1m^3$或每kg湿空气中所含水蒸气的质量(g或kg),其单位与密度的单位相同,其数值等于水蒸气在其分压力与温度下的密度。在温度不变的条件下,单位体积空气所能容纳的水蒸气分子数是有一定限度的,超过这一限度多余的水蒸气就会凝结出来。这种含有最大限度水蒸气量的湿空气叫作饱和空气,其所含水蒸气量叫作饱和湿度,此时的水蒸气分压力叫作饱和水蒸气压力。

绝对湿度只能说明空气中实际含有的水蒸气量(kg/m^3),但并不说明其饱和程度。例如对于温度为18℃的空气,如果含水蒸气量为$0.01536kg/m^3$,它已是饱和空气,或者说18℃时饱和湿度为$0.01536kg/m^3$。但对于温度为30℃的空气,在含有$0.01536kg/m^3$水蒸气量时,它还有相当大的容纳水分的能力而被认为是比较干燥的空气,因30℃时的饱和湿度为$0.03037kg/m^3$。所以在通风和空调中常用相对湿度表示空气的干、湿程度(即饱和程度)。

(2)相对湿度 相对湿度指湿空气中实际含有水蒸气量(绝对湿度ρ_v)与同一温度下的饱和湿度ρ_s之比的百分数,用于φ表示。即

$$\varphi = \frac{\rho_v}{\rho_s} \times 100\% \tag{1-4}$$

式中 ρ_v——绝对湿度(kg/m^3);

ρ_s——同一温度下空气的饱和湿度(kg/m^3)。

相对湿度φ反映空气所含水蒸气量接近饱和的程度,也叫作饱和度。φ值小则空气干燥,吸收水分的能力强;$\varphi=0$时为干空气。φ值大则空气潮湿,吸收水分的能力弱;$\varphi=1$(即100%)时为饱和空气。这样,不论气温高低,由φ值的大小可直接看出其干湿程度。水分向空气中蒸发的快慢与相对湿度有关。

将不饱和空气冷却时,随着温度的下降,其相对湿度逐渐增大。冷却达到$\varphi=1$时,此时的温度称为露点;如再继续冷却,就会有部分水蒸气以雾或露的形式凝结成水。

(3)含湿量 因为湿空气中干空气的质量不随空气的状态变化而变化,故采用质量为1kg的干空气作为计算基础。在含有1kg干空气的湿空气中,所挟带的水蒸气质量,称为湿空气的含湿量(d)。即

$$d = \frac{m_v}{m_d} \tag{1-5}$$

式中 d——湿空气的含湿量($g_{水蒸气}/kg_{干空气}$);

m_v——水蒸气质量(g);

m_d——干空气质量(kg)。

根据含湿量的定义以及工程热力学理论的推导,可以得出含湿量(d)与相对湿度(φ)

的关系为：

$$d = 0.622 \frac{\varphi p_s}{p - \varphi p_s} \quad (1-6)$$

式中　p_s——饱和水蒸气压力（Pa）；
　　　p——空气的压力（Pa）。

2. 影响矿内空气湿度的主要因素

1）地面湿度的季节变化。阴雨季节湿度较大，夏季相对湿度较低，但气温较高，绝对湿度较大；冬季相对湿度较大，但气温较低，绝对湿度并不太高。地面湿度除受季节影响外，还与地理位置有关。我国湿度分布，沿海地区较高（平均为70%~80%），向内陆逐渐降低，西北地区达最低值（平均为30%~40%）。

2）当矿井涌水量较大或滴水较多时，由于水珠易于蒸发，则井下比较潮湿，一般金属矿山井下湿度为80%~90%。在盐矿，涌水量较小，且盐类吸湿性较强，相对湿度一般为15%~25%。

3. 矿内空气湿度的变化规律

如图1-4所示，一般情况下，冬季地面空气温度较低、相对湿度高，进入矿井后，温度不断升高、相对湿度不断下降，沿途不断吸收井壁水分，于是出现进风段空气干燥现象。夏季则相反，地面空气温度高，相对湿度低，进入矿井后，温度逐渐降低，相对湿度不断升高，可能出现过饱和状态，致使其中部分水蒸气凝结成水珠，进风段显得很潮湿。这就是人们所见进风段冬干夏湿的现象。当然，在进风段有滴水时，即使是冬天仍是潮湿的。

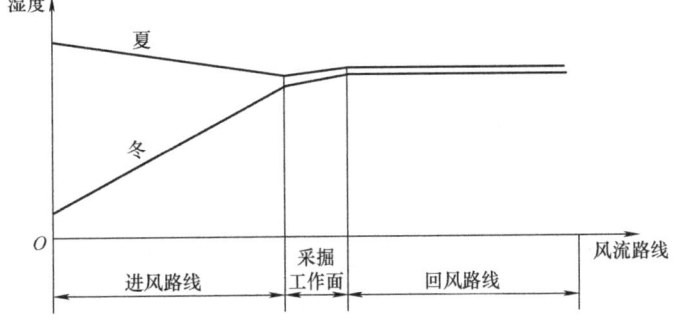

图1-4　矿内空气湿度变化规律示意图

回采工作面，由于采用湿式作业，喷雾洒水，一般湿度比较大，特别是总回风道和出风井中，相对湿度都在95%以上。如果开采深度比较大，进风线路比较长，回采工作面和回风道的空气温度常年变化不大，则其湿度常年变化也不大，一般都接近100%，随着矿井排出的污风，每昼夜可从矿井内带走数吨甚至上百吨的地下水。

1.4.2　矿内空气的温度

矿内空气温度是构成矿内气候条件的重要因素，矿内空气温度过高或过低对人体都有不良影响。矿内空气最适宜人们劳动的温度是15~20℃。空气在矿井中流动时，由于各种原因温度升高。温升可分为对流温升和换热温升。对流温升是指空气由于绝热压缩和水分蒸发时出现的温度变化；换热温升是指由于岩石和空气的热交换而出现的温度变化。

《煤矿安全规程》规定，井下采掘工作面的气温应≤26℃，机电硐室内的气温应≤26℃；冬季总进风的气温≥2℃，即除机电硐室外，井下风流的气温允许在2~26℃的范围变化。井下气温小于2℃或大于26℃，应采取加热或降温的措施。

1. 影响矿内空气温度的主要因素

(1) 地面空气温度　地面气温对矿内气温有直接影响，对浅井，矿内空气温度受地面气温的影响更为显著。

(2) 空气受压缩和膨胀　当空气沿井筒向下流动时，由于井筒加深，空气受压缩，气温升高。一般垂深每增加 100m，其温度升高 1℃；相反，空气向上流动时，则因膨胀而降温。平均每升高 100m，温度下降 0.8～0.9℃。

(3) 岩石温度　矿内空气的温度与岩石温度直接相关。地表温度是随地面气温的变化而变化的，随着深度的增加，地温随气温变化的幅度则逐渐减小，当达到一定深度时，地温不再变化。地面以下岩层温度的变化可分为三带：

变温带：地温随地表气温而变化，夏季岩层从空气中吸热而使地温升高，冬季则相反。

恒温带：地温不受地面空气温度影响，而保持恒定不变。恒温带的地温近似等于当地年平均气温，其深度距地面 20～30m。

增温带：恒温带以下岩石的温度随深度而增加。不同深度处的岩层温度可按下式求得

$$t_z = t_0 + G_t(z - z_0) \tag{1-7}$$

式中　t_0——恒温带处的岩石温度（℃）；

　　　z_0——恒温带深度（m）；

　　　t_z——距地面垂深 z（m）处的岩石温度（℃）；

　　　z——岩层的深度（m）。

　　　G_t——地温梯度（℃/m），即岩石温度随深度的变化规律，一般用百米地温梯度来表示。不同地区的地温梯度参考值如表 1-10 所示。

表 1-10　不同地区的地温梯度参考值

国家、地区	百米地温梯度/(℃/100m)	国家、地区	百米地温梯度/(℃/100m)
中国东北金属矿	1.75～2.13	印度金矿	1.10
中国东北煤矿	2.72～3.57	南非金矿	0.80
中国华北平原	2.00～3.00	欧洲	1.00～3.00

(4) 氧化生热　矿井内的有机矿物、坑木、充填材料、油垢、布料等都能氧化发热。例如，经氧化生成 2g 二氧化碳时，可使 1m³ 空气升温 14.5℃。在煤层中的采掘巷道，暴露煤面氧化产生的热量较大，故采煤工作面一般是通风系统中温度最高的区段。

(5) 水分蒸发　水分蒸发时从空气中吸收热量，使空气温度降低。每蒸发 1g 水可吸收 2.45kJ（0.585kcal）的热量，能使 1m³ 空气降温 1.9℃，可见水的蒸发对降温起着重要的作用。

(6) 通风强度（指单位时间进入井巷的风量）　温度较低的空气流经巷道或工作面时，能够吸收热量，供风量越大，吸收热量越多。因此，加大通风强度是降低矿井温度的主要措施。

(7) 地下水的作用　矿井地层中如果有高温热泉或有热水涌出时，能使地温升高；相反，若地下水活动强烈，则地温降低。

(8) 其他要素　如机械运转以及人体散热等都对井下气温有一定影响。特别是随着机械化程度的不断提高，机械运转所产生的热量不能忽视。

【例1-1】 某矿地面标高为零,恒温带深度为 $-25m$,井下 $-125m$ 处岩石温度为 $16℃$,百米地温梯度 $2℃/100m$。求井下 $-375m$ 处岩石温度为多少?

【解】 已知:$z_0 = -25m$,$z = -125m$,$t_{125} = 16℃$,$G_t = 2℃/100m$,由式 (1-7) 得
$$t_0 = t_{125} - G_t(z - z_0) = [16 - 2 \times (125 - 25)/100]℃ = 14℃$$
故井下 $-375m$ 处岩石温度
$$t_{375} = t_0 + G_t(z - z_0) = [14 + 2 \times (375 - 25)/100]℃ = 21℃$$

2. 矿内空气温度的变化规律

如图1-5所示,一般情况下,在进风路线上(指自矿井进风口到采掘工作面的一段路线)。冬季,冷空气进入井下,冷气温与地温进行热交换,风流吸热,地温散热,因地温随深度增加且风流下行受压缩,故沿线气温逐渐升高;夏季,与冬季相反,沿线气温逐渐降低。即在进风路线上,气温随四季而变,和地表气温相比,有冬暖夏凉的现象,对地表起调节作用,进风路线好比调节器。在采掘工作面,由于物质的氧化程度大、机电设备多、人员多以及爆破工作等,致使产生较大的热量,对风流起着加热作用,气温逐渐升高,而且常年变化不大,故采掘工作面好比是恒温加热器。在回风路线上,因地温逐渐变小,风流向上流动体积膨胀,风流回合,风速增加,使气温逐渐降低,且常年变化不大。

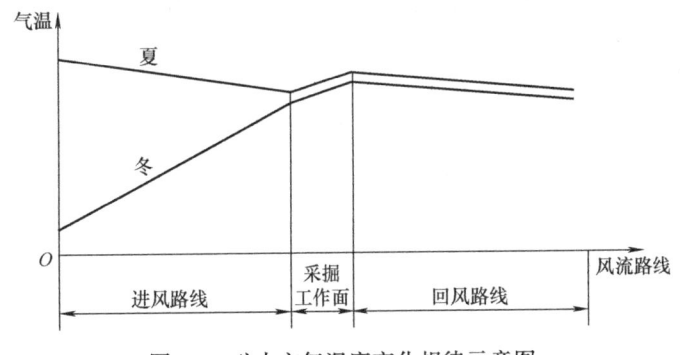

图1-5 矿内空气温度变化规律示意图

对于平硐进风,井下风流路线不长的矿井,由于热交换不充分,致使整个风流路线上(包括采掘工作面)的气温都可能随四季地表气温而变化。

1.4.3 矿内空气的风速

1. 井巷断面上的风速分布

在矿井通风中,空气流速简称为风速。井巷中风流质点的运动状态是极其复杂的,运动参数随时间而变化。井巷中某点在水平方向的瞬时速度随时间的变化在某一平均值的上下波动,这种现象称为脉动现象。因此,可以利用该平均值代替具有脉动现象的真实风速值,这个平均值称为时均风速,即通常所说的井巷断面上某点的风速。采用时均风速后,井巷中空气的流动一般可视为定常流(稳定流)。

由于空气的黏性和井巷壁面摩擦影响,井巷断面上风速分布是不均匀的。在贴近壁面处仍存在层流运动薄层,即层流边层。其厚度 δ 随 Re 增加而变薄,它的存在对流动阻力、传

热和传质过程有较大影响。在层流边层以外，从巷壁向巷道轴心方向，风速逐渐增大，呈抛物线分布，如图 1-6 所示。设断面上任一点风速为 v_i，则井巷断面的平均风速 v 为

$$v = \frac{1}{S} \int_S v_i \mathrm{d}S \qquad (1-8)$$

式中　S——断面面积（m^2）；

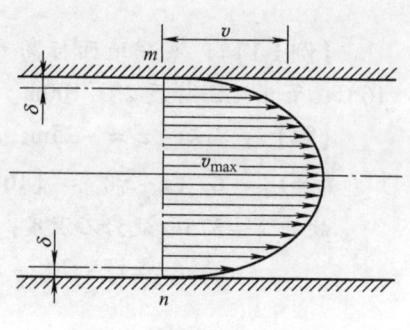

图 1-6　湍流中的速度分布

$\int_S v_i \mathrm{d}S$——断面面积 S 上的风量 Q，则

$$Q = vS \qquad (1-9)$$

断面上平均风速 v 与最大风速 v_{max} 的比值称为风速分布系数（速度场系数），用 K_v 表示，即

$$K_v = \frac{v}{v_{max}} \qquad (1-10)$$

K_v 值与井巷粗糙程度有关。巷壁越光滑，K_v 值越大，即断面上风速分布越均匀。据调查，对于砌碹巷道，$K_v = 0.8 \sim 0.86$；木棚支护巷道，$K_v = 0.68 \sim 0.82K$；无支护巷道 $K_v = 0.74 \sim 0.81$。

由于受井巷断面形状和支护形式的影响，以及局部阻力物的存在，最大风速不一定在井巷的轴线上，风速分布也不一定具有对称性。

2. 风速对矿内气候的影响

风速显著地影响着矿内对流散热。当风流温度低于矿内环境温度时，流速越大，散热量越多。当风流温度高于矿内环境温度时，矿井反而从风流中得到对流热，此时风速越大，矿内环境得到的对流热越多。

1.4.4　矿内气候参数的测定

1. 温度和湿度的测定

通常是用干湿球温度计测算空气温度和湿度的。如图 1-7 所示，干湿球温度计是由两支相同的温度计或两支其他温度敏感元件组成的。其中一支的感温包用干纱布包着，称为干球温度计；另一支用湿纱布包着，称为湿球温度计。

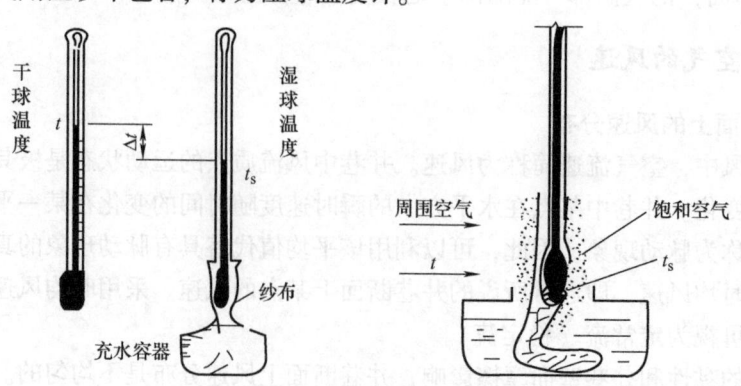

图 1-7　干湿球温度计

干球温度 t_d 可以直接通过干球温度计读出，反映的是周围空气的实际温度。湿球温度计的读数，实际上反映了湿纱布中水的温度。但值得注意的是，并不是任一读数都可以认为是湿球温度，只有在热湿交换达到平衡，即稳定条件下的读数才称之为湿球温度 t_w。

测算空气湿度时，先用仪表测出相对湿度，再算出绝对湿度。构造简单的常用仪表是风扇湿度计（图1-8），它由干球温度计和湿球温度计组成，用自带的发条转动小风扇。测量时，从两支温度计上分别读出空气的干温度（又名干球温度）t_d（℃）和湿温度（又名湿球温度）t_w（℃），含水蒸气量较少的空气容易吸收纱布上的水分，或者说湿纱布上的水分比较容易蒸发，水分被蒸发越多，被纱布包着水银球的温度就越低，则 t_d 与 t_w 之差越大，表示空气越干燥或其相对湿度越小。根据实测的 t_d 和（$t_d - t_w$）两个数值在表1-11中查出空气的相对湿度 φ 值；又根据 t_d 在表1-12中查出饱和湿度 ρ_s 的近似值（g/m³），再根据式（1-4）计算出绝对湿度 ρ_v 值（g/m³）。

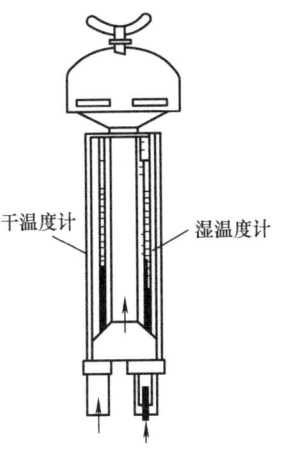

图1-8 风扇湿度计

表1-11 干湿温度与相对湿度的关系

干温度计读数/℃	干、湿温度计读数差/℃								干温度计读数/℃	干、湿温度计读数差/℃							
	0	1	2	3	4	5	6	7		0	1	2	3	4	5	6	7
	相对湿度（%）									相对湿度（%）							
0	100	81	63	46	28	12	—	—	18	100	90	80	72	63	55	48	41
5	100	86	71	58	43	31	17	4	19	100	91	81	72	64	57	50	41
6	100	86	72	59	46	33	21	8	20	100	91	81	73	65	58	50	42
7	100	87	74	60	48	36	24	14	21	100	91	82	74	66	58	50	44
8	100	87	74	62	50	39	27	16	22	100	91	82	74	66	58	51	45
9	100	88	75	63	52	41	30	19	23	100	91	83	75	67	59	52	46
10	100	88	77	64	53	43	32	22	24	100	91	84	75	67	59	53	47
11	100	88	79	65	55	45	35	25	25	100	92	84	76	68	60	54	48
12	100	89	79	67	57	47	37	27	26	100	92	84	76	69	60	55	50
13	100	89	79	68	58	49	39	30	27	100	92	84	77	69	62	56	51
14	100	89	79	69	59	50	41	32	28	100	92	85	77	70	64	57	52
15	100	90	80	70	61	51	43	34	29	100	92	85	78	71	65	58	53
16	100	90	80	70	61	53	45	37	30	100			79	72	66	59	53
17	100	90	80	71	62	55	47	40									

表1-12 标准状况下饱和湿空气的饱和湿度

温度/℃	ρ_s		水蒸气的绝对压力		温度/℃	ρ_s		水蒸气的绝对压力	
	g/m³	g/kg	mmHg	Pa		g/m³	g/kg	mmHg	Pa
−20	1.1	0.8	0.96	127.894	4	6.4	5.0	6.09	811.324
−15	1.6	1.1	1.45	193.172	5	6.8	5.4	6.53	869.942
−10	2.3	1.7	2.16	287.760	6	7.3	5.7	7.00	932.557
−5	3.4	2.6	3.17	422.315	7	7.7	6.1	7.49	997.836
0	4.9	3.8	4.58	610.159	8	8.3	6.5	8.02	1068.444
1	5.2	4.1	4.92	655.454	9	8.8	7.0	8.58	1143.048
2	5.6	4.3	5.29	704.746	10	9.4	7.5	9.21	1226.978
3	6.0	4.7	5.68	756.703	11	9.9	8.0	9.84	1310.908

(续)

温度/℃	ρ_s g/m³	g/kg	水蒸气的绝对压力 mmHg	Pa	温度/℃	ρ_s g/m³	g/kg	水蒸气的绝对压力 mmHg	Pa
12	10.6	8.6	10.52	1401.500	22	19.3	16.3	19.8	2637.804
13	11.3	9.2	11.23	1496.088	23	20.4	17.3	21.1	2810.993
14	12.0	9.8	11.99	1597.337	24	21.6	18.4	22.4	2984.182
15	12.8	10.5	12.79	1703.914	25	22.9	19.5	23.8	3170.693
16	13.6	11.2	13.64	1817.154	26	24.2	20.7	25.2	3357.204
17	14.4	11.9	14.5	1933.169	27	25.6	22.0	26.7	3557.038
18	15.3	12.7	15.5	2066.491	28	27.0	23.4	28.4	3783.516
19	16.2	13.5	16.5	2198.170	29	28.5	24.8	30.1	4009.994
20	17.2	14.4	17.5	2331.392	30	30.1	26.3	31.8	4236.472
21	18.2	15.3	18.7	2491.259	31	31.8	27.3	33.7	4489.595

【例1-2】 在矿井通风系统测量中，测得某矿总进风量为4000m³/min，其干温度的平均值为22℃，湿温度的平均值为21℃，求该矿进风中空气的相对湿度和绝对湿度。

【解】 根据进风空气中干温度的平均值为22℃，湿温度的平均值为21℃，查表1-11得其空气中的相对湿度 $\varphi=91\%$；又根据干温度的平均值为22℃，查表1-12得出饱和绝对湿度 $\rho_s=19.3\,\text{g/m}^3$（或16.3 g/kg），故其绝对湿度由式(1-4)得

$$\rho_v = \varphi\rho_s = 91\% \times 19.3\,\text{g/m}^3（或16.3\,\text{g/kg}）= 17.56\,\text{g/m}^3（或14.83\,\text{g/kg}）$$

2. 风速的测定

测量巷道中任一断面上各点风速的平均值，常用风速仪（又名风表）测得。只要测出巷道断面上各点风速的平均值，就可算得风量。风量是通风管理中经常性监测项目之一。

（1）用风表测定风速 矿内常用的风表按迎风转动部件的形式大致分为叶式和杯式两种，如图1-9所示。杯式风表适用于测量5～25m/s的较高风速，它的惯性和机械强度较大，开始转动的最低风速为1.0～1.5m/s。叶式风表其中的一种用于测量0.5～10m/s的中等风速，一种用于测量0.3～0.5m/s的低风速。叶式风表转轮由8块铝质叶片组成，杯式风表转轮由4个杯状铝勺组成，能被风流吹转。

风表上有一个起动和停止指针转动的小杆，打开开关，指针随叶轮转动；关闭开关，叶轮虽仍转动，但指针不动。有些风表还有回零装置，不论指针在何位置，只要一按回零装置，指针便回到零位。有的风表还附有计时装置，称为自动风表，用这种风表测风速，不必另带秒表，测风速时只要打开开关，秒表就自动记录，1min或100s后自动关闭，此时指针不再随叶轮而转动。

空气在巷道内流动时，由于受

 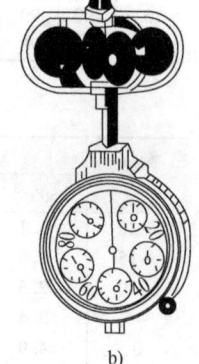

图1-9 风表
a) 叶式风表 b) 杯式风表

到内外摩擦的影响，风速在巷道断面内的分布是不均匀的。一般来说，在巷道的轴心部分风速最大，而靠近巷道周壁风速最小。通常所谓巷道内风流的速度是指平均风速而言。因此，测量风速时，风表不能只停留在巷道断面的某部位，而应把风表正迎风流，在整个断面内均匀移动。其移动路线有图 1-10 所示的几种形式，根据巷道断面的大小和测风时间的长短选用。在图 1-10 中，图 a 所示线路比图 b 和图 c 所示线路复杂，但更准确一些，一般较大的巷道断面用图 b 所示线路，较少的巷道断面用图 c 所示线路。

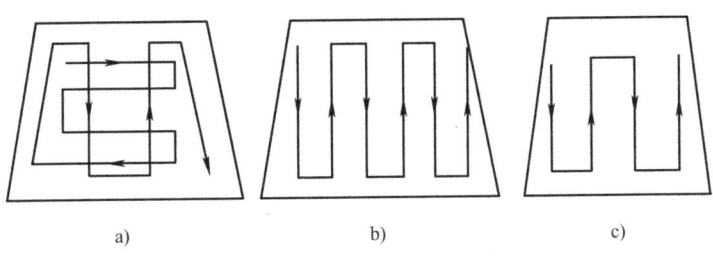

图 1-10 风表移动路线

测定时，先使计数指针回零，手持风表在巷道断面上某点迎风放置，待叶轮转动稳定后打开开关，计数指针开始走动，同时开动秒表，按图 1-10 所示路线移动，记录测定时间。测定 1min 或 2min，关闭开关。根据指针读数和测风时间，算得风表指示风速 v_a，再按风表的校正曲线查得真实风速 v_t，即为断面上该点的风速。图 1-11 所示为某翼式风表校正曲线，图中 1 部分为非线性区，2 部分为线性区。在线性区 v_a 与 v_t 的关系可用下式表示

$$v_a = a + bv_t \tag{1-11}$$

式中　a、b——常数，取决于风表转动部件的惯性和摩擦力。

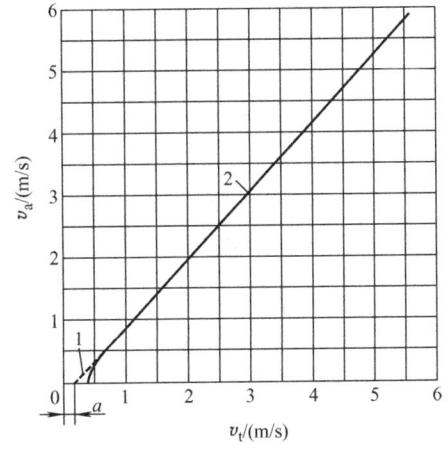

图 1-11 某翼式风表校正曲线

用风表测量巷道内的平均风速，一般习惯用侧身法。用此法测风时，测风员背向巷道壁站立，手持风表将手臂向风流垂直方向伸直，然后在巷道断面内做均匀移动。用侧身法测风，由于测风员立于巷道中，减少了通风断面，从而增加了风速，测得结果较实际风速为大。

因此，需根据断面大小进行校正，才能得到巷道断面的实际风速 v。通常采用下列断面校正计算式

$$v = \frac{S - S_b}{S} v_t \tag{1-12}$$

式中　v_t——按风表校正曲线校正后的风速（m/s）；

　　　S——巷道断面（m^2）；

　　　S_b——测风员占据巷道的近似面积，通常取 0.3~0.4m^2。

为了保证测风精度，使用风表时应注意下列几点：

1) 风表刻度盘那一面背着风流，即测风员能看到刻度盘，否则风表指针会发生倒转。

2）风表不能距人体太近，一般为0.6~0.8m，以免引起较大的误差。

3）风表按图1-10所示线路移动时，速度要均匀，如果风表在巷道中心部分停留的时间长，则测量结果较实际风速大；反之，若风表在巷道四壁停留时间长，则测量结果偏小。

4）叶式风表一定要与风流垂直，尤其在倾斜巷道测风时更应注意此点。

5）在同一断面的测风次数不应少于2次，每次测量结果的误差不应超过5%。

6）所使用的风表应和测定的风速相适应，风速大于10m/s，应选用高速风表；风速为0.5~10m/s，选用中速风表；风速小于0.5m/s，要选用低速风表。否则，将损坏风表或测量不准确，甚至吹不动叶轮。

7）为了减少测量误差，一般要求在1min内刚好从移动路线的起点移到终点。

(2) 用热电式风速仪测定风速　热电式风速仪有热线式、热球式和热敏电阻式三种，它们分别以金属丝、热电偶和热敏电阻作热效应元件，根据其不同风速中热耗量的大小测量风速。以QDF型热球式风速仪为例，该仪器由热球式探头、电表和运算放大器等构成。在测杆的端部有一个直径约0.8mm的玻璃球，球内绕有加热玻璃球用的镍铬丝线圈和两个串联的热电偶，热电偶的冷端连在磷铜质的支柱上直接暴露在风流中。当一定大小的电流通过加热线圈后，玻璃球的温度升高，球内的热电偶产生热电势。热电势的大小和风流的速度有关，风速大时玻璃球温升程度小，则热电势小，反之则热电势大。热电势再经运算放大器后就可以在电表上指示出来。校正后的电表读数即为风流的真实速度。

热电式风速仪操作比较方便，但热电式风速仪易于损坏，灰尘和湿度对它都有一定的影响，有待进一步改进和提高，以便在矿山广泛使用。

(3) 用毕托管和压差计测定风速　毕托管和压差计可用于主通风机风硐或风筒内高风速的测定，它是通过测量测点的动压，然后按下式换算出测点风速 v_f (m/s)

$$v_f = \sqrt{\frac{2H_v}{\rho}} \quad (1\text{-}13)$$

式中　H_v——测点的动压 (Pa)；

ρ——测点空气密度 (kg/m³)。

【例1-3】　某巷道断面积为8m²，用毕托管和压差计测得中心点处动压为78Pa，空气密度为1.2kg/m³，断面平均风速与中心点风速之比为0.82，求该巷道的风量。

【解】　由式 (1-13) 得巷道中心点的风速为

$$v_f = \sqrt{\frac{2H_v}{\rho}} = \sqrt{\frac{2 \times 78}{1.2}} \text{m/s} = 11.40 \text{m/s}$$

故该巷道的风量为

$$Q = Sv = 8 \times 11.4 \times 0.82 \text{m}^3/\text{s} = 74.78 \text{ m}^3/\text{s}$$

风速过低或压差计精度不够时，误差比较大。

用热电式风速仪和毕托管与压差计测定巷道或管道的平均风时，应把巷道断面划分成若干个面积大致相等的方格（图1-12），再逐格在其中心测量各点风速 v_1、v_2、$\cdots$、v_n，最后取平均值得平均 v (m/s)

$$v = \frac{v_1 + v_2 + \cdots + v_n}{n} \quad (1\text{-}14)$$

式中 n——巷道断面所划分的等面积方格数。

圆形风筒的横断面应划分成若干个等面积的同心部分（图 1-13），每一个等面积里相应的有一个测点圆环。用毕托管和压差计测定时，在互相垂直的两个直径上，可以测得每个测点圆环的 4 个动压值，以此一系列的动压值，就可以计算出风筒全断面的平均风速。

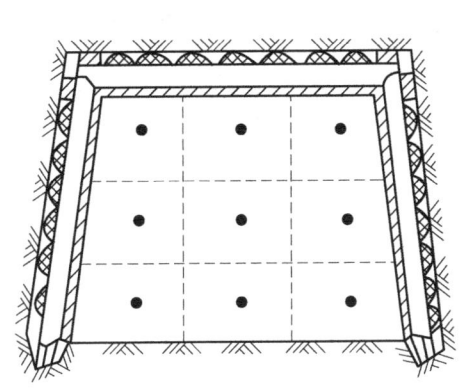 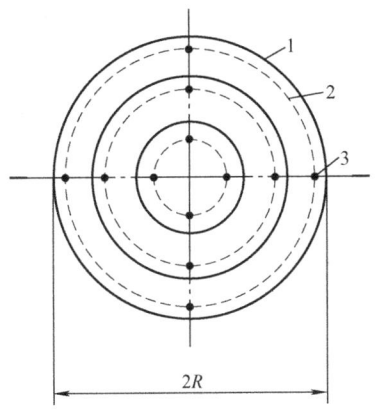

图 1-12 巷道断面划分的等面积方格　　图 1-13 圆形风筒划分等面积同心
　　　　　　　　　　　　　　　　　　1—风筒壁　2—等面积同心部分界线
　　　　　　　　　　　　　　　　　　3—测点圆环　R—风筒半径

测点圆环的数量 n 根据被测风筒直径确定。一般直径为 300~600mm 时 n 取 3，直径为 700~1000mm 时 n 取 4。

测点圆环半径 R_i 通常按下式计算

$$R_i = R\sqrt{\frac{2i-1}{2n}} \tag{1-15}$$

式中　R_i——第 i 个测点圆环半径（m）；
　　　R——风筒半径（m）；
　　　i——从风筒中心算起圆环序号；
　　　n——测点圆环数。

风筒全断面的平均动压 H_v（Pa）计算式为

$$H_v = \left(\frac{\sqrt{H_{v_1}} + \sqrt{H_{v_2}} + \cdots + \sqrt{H_{v_m}}}{m}\right)^2 \tag{1-16}$$

式中　H_{v_1}、H_{v_2}、$\cdots$、H_{v_m}——测点动压（Pa）；
　　　m——测点总数。

（4）测量很低的风速或者鉴别通风构筑物漏风　可以采用烟雾法或嗅味法近似测定空气移动速度。

（5）风表校正　由于风表制造上的误差和使用中的磨损以及温度、湿度、风速、粉尘的影响，表速并不等于真实风速，为了获得真实风速，必须用试验方法进行风表校正。新风表在出厂时都附有校正曲线。使用中的风表还必须定期校正，绘制出新的校正曲线。所谓风速校正，即用专门的设备测定出不同的表速与相应的真实风速之间的关系，然后在坐标纸上把它们绘成校正曲线。

实验室校正设备有旋臂式校正装置和空气动力管等类型。空气动力管（也称风洞）风表校正装置式样很多，图1-14所示为其中的一种。

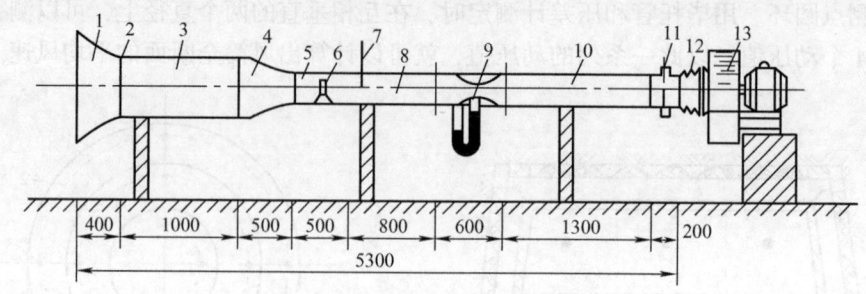

图1-14 空气动力管式风表校正装置

1—集流器 2—阻尼网 3—稳流管 4—收缩管 5—工作管 6—风表 7—毕托管 8、10—直线管
9—文丘利喷嘴及压差计 11—调节阀 12—帆布接头 13—扇风机

被校正的风表置于工作管5之中，管中的风速用调节阀11控制，其大小从连接于文丘利喷嘴的压差计9上读出。压差计9的刻度用毕托管7测算的平均速度校正。改变空气动力管的风速，可以获得若干组表速与真实风速的对应值，依此能够绘出风表校正曲线。

空气动力管适宜校正中速和高速风表，旋臂式多用于校正中、低速风表。在矿山通风工作中，有时也可用已校好的风表粗略地校正其他风表。

1.4.5 矿内气候条件的舒适性

1. 人体的热平衡

人体能量代谢过程是体内生物化学过程，而散热过程则是物理过程。在正常情况下，人体依靠自身的调节机能，使产热和散热保持动平衡状态，其平衡关系可用下式表示

$$M - W \pm C \pm R - E = S \tag{1-17}$$

式中 M——人体新陈代谢过程中的产热量（kJ/h）；

W——肌肉做功而消耗的热量（kJ/h）；

C——人体与周围环境以对流传导方式（以对流为主）散（吸）热量（kJ/h），当环境气温高于人体皮肤温度时，人体从环境吸收热量，取"+"，反之，则取"-"；

R——人体与周围物体表面之间辐射换热量（kJ/h），当周围物体表面温度低于人体皮肤温度时，人体以辐射的方式向外界散发热量，取"-"，反之，则取"+"；

E——人体通过皮肤表面显性发汗或不感蒸发所散发的热量（kJ/h）；

S——蓄存于人体内的热量（kJ/h）。

当人体产热量和散热量相等时，$S=0$；当产热量大于散热量时，$S>0$，人体热平衡破坏，导致体温升高；当散热量大于产热量时，$S<0$，导致体温降低。

实际上，人体热平衡并非是简单的物理过程，而是在神经系统调节下的非常复杂过程。当产热和散热能保持平衡时，即体温能维持在36.5~37℃，人体感到舒适，否则，破坏了这种热平衡，就会引起身体的不适，人就会生病。

2. 人体散热方式及其影响因素

人体散热主要以对流、辐射及出汗蒸发的方式进行。此外，呼吸及排泄也能带走少部分

热量。在温和气候中，从事轻体力劳动的人，每日产热量约为12567kJ。就散热过程来看，几种散热途径所占比例如表1-13所示。

表1-13 人体的散热方式及其所占比例

散热方式	热量/kJ	百分比（%）
辐射、传导、对流	8793	70.0
皮肤水分蒸发	1827	14.5
肺的水分蒸发	1005	8.0
呼　气	440	3.5
加温吸入气	314	2.5
尿　粪	188	1.5
合　计	12567	100

根据传热学可知，辐射、对流、蒸发三种方式的散热量主要与气温、湿度、风速这三个因素有关。当空气中的温度较低时，对流、辐射作用加强，人体向外散热量过多，人就会感到寒冷不适；当温度适中时，人就感到舒服；当空气中的温度超过25℃并接近于人的体温时，对流与辐射大大减弱，汗蒸发散热加强，气温达到37℃，人体将从空气中吸收热量，而感到闷热，有时还会引起中暑。因此井下温度不宜过高或过低，一般不应超过25℃。另外，相对湿度大于80%，人体出汗不易蒸发；相对湿度低于30%时，则感到干燥，并引起黏膜干裂；最舒适的相对湿度是50%~60%。矿井相对湿度多为80%~90%，故井下气候的调节多从温度和风速来考虑，随着温度的增高，可适当提高风速，以提高散热效果。

综上所述，影响人体散热的因素主要是周围的气候条件，即空气的温度、湿度和风速三者的综合作用，并决定了矿井环境的质量；单独用某一因素评价矿井空气环境质量的好坏都是不够的，必须考虑评价矿井空气环境质量的综合指标。目前国内外常用的用以评价矿内热环境的舒适指标主要有：湿球温度、卡他度、实效温度、热强指数、空气冷却度，以及折算温度、当量温度等。其中卡他度是采用较多的一种。

3. 卡他度

卡他度是评价劳动条件舒适程度的综合指标之一，是英国希尔等人于1916年提出的。卡他度是用模拟的方法，度量环境对人体散热速率影响的综合指标，反映了因对流、辐射、蒸发作用下皮肤的散热量。

所谓卡他度是指卡他计的液球表面被平均加热到36℃时，其单位面积上，单位时间内所散发出来的热量，单位为 mcal/(cm^2·s)。测量卡他度的仪器叫卡他计，如图1-15所示，它是一种酒精温度计，下端有一个比普通温度计大的液球，上端有一个小液球，玻璃管上有38℃和35℃两个刻度。每个卡他计有不同的卡他常数 K_0，它表示贮液球在温度由38℃降到35℃时每1cm^2 表面上的散热量。测定前，先把大液球置于热水（温度为60~80℃）中加热，当酒精柱上升到上部空间1/3处时取出，擦干大液球表面的水分，然后把卡他计悬挂在欲测定的空气中，于是液球散热，酒精柱下降，用秒表来计量液面从38℃下降到35℃所需时间 t，由此时间就

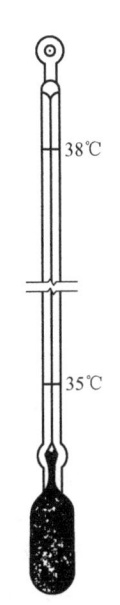

图1-15 卡他计

能算出卡他度 K_d，单位为：mcal/(cm²·s)。

卡他度可分为湿卡他度和干卡他度两种。上述 K_d 称为干卡他度；用薄布包上液球，放入热水中浸湿，拿到测点进行测定，所得卡他度叫作湿卡他度，用 K_w 表示。干卡他度的散热方式是对流、辐射作用，而湿卡他度的散热是对流、辐射、蒸发三者的综合散热作用。对于高温矿井的热环境，以湿卡度表示比干卡度更为适用。不论干、湿卡他度，都是由卡他计特有常数 K_0 除以通过两个温度刻度之间的时间而求得的，即

$$K = \frac{K_0}{t} \tag{1-18}$$

一般情况下，卡他度越大，散热条件越好。不同劳动强度对卡他度的要求不相同，如表 1-14 所示。

表 1-14 卡他度的数值与劳动强度之间的关系

劳动状况	轻微劳动	一般劳动	繁重劳动
干卡他度/[mcal/(cm²·s)]	>6	>8	>10
湿卡他度/[mcal/(cm²·s)]	>18	>25	>30

注：1cal = 4.1868J。

【例 1-4】用湿卡他计测定某矿井气候条件。当湿卡他计由 38℃ 冷却到 35℃ 时，所需的时间 $t=25s$，湿卡他计的卡他常数 $K_0=508$。问此种大气条件可适合何种强度的劳动？

【解】由式（1-18）得湿卡他度为

$$K = \frac{K_0}{t} = \frac{508}{25} \text{mcal/(cm}^2 \cdot \text{s)} = 20.32 \text{mcal/(cm}^2 \cdot \text{s)}$$

由表 1-14 查得该大气条件适合轻微劳动。

复习思考题及习题

1-1 地面新鲜空气由哪些气体组成？新鲜空气进入矿井后受到矿内作业的影响，气体成分有哪些变化？

1-2 矿内空气中常见的有害气体有哪些？《煤矿安全规程》对矿井空气中有害气体的最高容许浓度有哪些具体现定？

1-3 简述湿度的表示方式以及矿内湿度的变化规律。

1-4 已知矿井内空气压力为 103958Pa，空气温度 17℃，空气相对湿度 60%。求湿空气的含湿量。

1-5 引起矿内空气温度变化的主要原因是什么？

1-6 某矿恒温带深度为 -30m，井下 -100m 处岩石温度为 14℃，百米地温梯度 2℃/100m。求井下 -370m 处岩石温度为多少？

1-7 简述风速对矿内气候的影响。

1-8 简要说明测定巷道断面平均风速的方法。

1-9 某巷道断面积为 10m²，用毕托管和压差计测得中心点处动压为 98Pa，空气密度为 1.2kg/m³，断面平均风速与中心点风速之比为 0.80。求该巷道的风量。

1-10 解释卡他度的含义。它反映了哪些因素对气候条件的影响？

第 2 章

矿内空气动力学

【学习要点】

- 了解矿内风流的基本性质,掌握矿内空气压力的表征方式及测定方法。
- 熟悉不同条件下矿内风流能量方程的表达内容及计算方法。
- 掌握能量方程在井巷通风阻力测定中的应用过程,熟悉通风阻力的计算及测定方法。
- 正确理解通风能量(压力)坡度线与能量方程之间的关系,掌握空气在流动过程中能量(压力)沿程的变化规律,熟悉通风能量(压力)和通风阻力之间的相互转换。

根据能量平衡及转换定律,结合矿井风流的特点,分析矿井风流任一断面上的机械能和风流沿井巷运动的能量变化规律及其应用,为矿井通风设计计算提供理论基础。

本章介绍了矿内空气的主要物理参数、空气压力及其测定、风流的能量及能量方程,重点介绍了能量方程在矿井通风中的应用。

2.1 矿内风流的基本性质

2.1.1 矿内空气的主要物理参数

矿井通风的基础是正确理解和掌握空气的主要物理性质。与矿井通风密切相关的空气物理性质有密度、比体积、黏性、压力(压强)等。

1. 密度

单位体积的空气所具有的质量称为空气的密度,用 ρ(kg/m^3)表示。对于均质空气有

$$\rho = \frac{m}{V} \tag{2-1}$$

式中 m——空气的质量(kg);
V——空气的体积(m^3)。

空气的密度是温度和压力的函数。对于理想气体,气态方程为

$$pV = nR_0T \tag{2-2}$$

式中 p——气体的压力（Pa）；

R_0——摩尔气体常数，$R_0 = 8.314 \text{J}/(\text{mol} \cdot \text{K})$；

T——气体的绝对温度（K）；

n——V 体积的摩尔数，$n = \dfrac{m}{M_0}$，M_0 为气体的摩尔质量（kg/mol）。

由此，气态方程可写为

$$\frac{p}{\rho} = RT$$

其中，$R = \dfrac{R_0}{M_0}$ 为质量气体常数 $[\text{J}/(\text{kg} \cdot \text{K})]$。因此，空气密度可表示为

$$\rho = \frac{p}{RT} \tag{2-3}$$

对于混合气体，由气体分压定律可知 $\rho = \sum \rho_i$，其中 ρ_i 为各组成气体的分密度。矿井正常风流中，其他成分影响很小，故矿井空气可以看成是由干清洁空气和水蒸气组成的混合气体，即湿空气。由气体分压定律可以得出矿井空气的密度为

$$\rho = \rho_a + \rho_w = \frac{p_a}{R_a T} + \frac{p_w}{R_w T} \tag{2-4}$$

式中 ρ_a、p_a、R_a——混合气体中干清洁空气的分密度、分压力和气体常数；

ρ_w、p_w、R_w——混合气体中水蒸气的分密度、分压力和气体常数。

由于 $p_a = p - p_w$，$p_w = \varphi p_s$，$R_a = 287\text{J}/(\text{kg} \cdot \text{K})$，$R_w = 461\text{J}/(\text{kg} \cdot \text{K})$，$T = 273 + t$，将这些代入式（2-4），整理得

$$\rho = 3.48 \frac{p}{273 + t}\left(1 - 0.378 \frac{\varphi p_s}{p}\right) \tag{2-5}$$

式中 p——空气压力（kPa）；

t——空气的温度（℃）；

p_s——温度为 t 时的饱和水蒸气分压值（kPa）；

式（2-5）可以看出，空气密度随着压力、温度和湿度而变化。大气压力越大，ρ 越大；温度越高，ρ 越小；相对湿度越大，ρ 越小。

在一般情况下，矿井空气湿度变化对密度影响很小，通常用经验公式进行计算。即

$$\rho = 3.45 \frac{\varphi p}{273 + t} \tag{2-6}$$

计算空气密度时，应注意公式中符号的意义和单位。

【例 2-1】 某矿井巷道中大气压力 $p = 101325\text{Pa}$，相对湿度 $\varphi = 80\%$，温度 $t = 30℃$，求该巷道湿空气的含湿量和湿空气的密度。

【解】 当温度 $t = 30℃$ 时，查表 1-12 得饱和水蒸气分压 $p_s = 4236.47\text{Pa}$，由式（1-6）得湿空气的含湿量为

$$d = 0.622 \frac{\varphi p_s}{p - \varphi p_s} = 0.622 \times \frac{0.8 \times 4236.47}{101325 - 0.8 \times 4236.47} \text{kg/kg} = 0.0215 \text{kg/kg} = 21.5 \text{g/kg}$$

由式 (2-5) 得湿空气的密度为

$$\rho = 3.48 \frac{p}{273+t}\left(1 - 0.378 \frac{\varphi p_s}{p}\right)$$

$$= 3.48 \times \frac{101.325}{273+30} \times \left(1 - \frac{0.378 \times 80\% \times 4.236}{101.325}\right) \text{kg/m}^3 = 1.15 \text{kg/m}^3$$

2. 黏性

空气在各层顺次流动时，层与层之间就会出现相对运动而产生内摩擦力以抵抗空气的变形，这种性质称为空气的黏性。黏性可用动力黏度 μ（Pa·s）或运动黏度 ν（m²/s）来表示，μ、ν 的大小表示气体流动的难易程度，两者之间的关系是

$$\nu = \frac{\mu}{\rho} \tag{2-7}$$

3. 比体积

空气的比体积是指单位质量空气所占有的体积，用符号 v（m³/kg）表示，比体积和密度互为倒数，它们是一个状态参数的两种表达方式。即

$$v = \frac{V}{m} = \frac{1}{\rho} \tag{2-8}$$

4. 压力

由于空气分子不停的热运动和地球引力的作用，使空气具有对外做功的能力，或对物体表面及器壁呈现压力，即为空气压力，又称大气压力。其大小用空气作用于单位面积上的力来表示，压力单位为 Pa，$1\text{Pa} = 1\text{N/m}^2$，工程上还常用 mmH_2O、bar、atm 等单位表示空气压力，$1\text{mmH}_2\text{O} = 9.80665\text{Pa}$，$1\text{bar} = 10^5\text{Pa}$，$1\text{atm} = 101325\text{Pa}$。

由于测算起点不同，压力可以表示为绝对压力和相对压力。以真空为零点起算的压力为绝对压力，用 p 表示；以当地当时同标高的大气压力 p_a 为零点起算的压力称为相对压力，又称表压力，用 h 表示（$h = p - p_a$）。某点绝对压力只能是正值，而相对压力则可正可负。矿井采用压入式通风时，井下空气压力 p 高于当地同标高的大气压力 p_a，相对压力为正压，叫正压通风；矿井采用抽出式通风时，井下空气压力低于当地同标高的大气压力，相对压力为负压，叫负压通风。

2.1.2 矿内空气压力及其测定

1. 静压

空气分子对容器壁单位面积上施加的压力称为静压。在巷道或风筒内，同一断面上的静压一般认为大致是相等的，其作用是四面八方的。井巷中只要有空气存在，不论其流动与否都会呈现静压。静压有绝对静压和相对静压之分。静压的特点是：

1) 无论静止的空气还是流动的空气都具有静压力。
2) 风流中任一点的静压各向同值，且垂直于作用面。
3) 风流静压的大小（可以用仪表测量）反映了单位体积风流所具有的能够对外做功的多少。

2. 动压或速压

单位体积的风流做定向流动时，其动能所呈现的压力称为动压（又称速压），用 H_u（Pa）表示，速压仅对与风流方向垂直或具有一定角度的平面施加压力，速压永远为正，用

公式表示为

$$H_u = \frac{1}{2}\rho u^2 \tag{2-9}$$

式中 ρ——空气密度（kg/m³）；
　　u——风速（m/s）。

动压的特点是：

1）只有做定向流动的空气才具有动压，因此动压具有方向性。
2）动压总是大于零。垂直流动方向的作用面所承受的动压最大（即流动方向上的动压真值）；当作用面与流动方向有夹角时，其感受到的动压值将小于动压真值；当作用面平行流动方向时，其感受的动压为零。因此在测量动压时，应使感压孔垂直于运动方向。
3）在同一流动断面上，由于风速分布的不均匀性，各点的风速不相等，所以其动压值不等。
4）某断面动压即为该断面平均风速计算值。

3. 位压

单位体积的风流受地球引力作用对某基准面产生的重力位能，称为位压，用 H_z（Pa）表示。位压是对某个基准面而言的，基准面不同，其值就不同，位压可正可负；上断面对下断面的位压不能在上断面显现出来，而要在下断面以静压形式显现，并包含在下断面的静压内。

不论空气流动与否，上断面对下断面的位压总是存在的。H_z 用公式表示为

$$H_z = z\rho g \tag{2-10}$$

式中 z——空气距基准面的垂高（m）；
　　g——重力加速度（m/s²），常取 9.81m/s²。

4. 全压

井巷风流中任一断面的静压、动压、位压之和称为该断面的总压力，静压与动压之和称为全压，全压分绝对全压 H_t 与相对全压 p_t，绝对静压 H_s 与动压 H_u 之和为绝对全压 H_t，相对静压 p_s 与动压 H_u 的代数和为相对全压 p_t，单位均为 Pa。即

$$H_t = H_s + H_u \tag{2-11}$$

$$p_t = p_s + H_u \tag{2-12}$$

5. 压力测量

风筒内某点的静压、动压和全压分别用 U 形管压差计和毕托管进行测量，并可用压力示意图表示，如图 2-1 和图 2-2 所示。井巷风流中两断面的总压差是造成空气流动的根本原因，井巷空气流动的方向是从总压力大处流向总压力小处。井巷内空气借以流动的压力称为通风压力，矿井的通风压力就是进风井口断面与出风井口断面的总压力之差，是由通风机或自然通风作用造成的。风流在流动过程中因阻力作用而引起通风压力的降落称为压降、压差或压力损

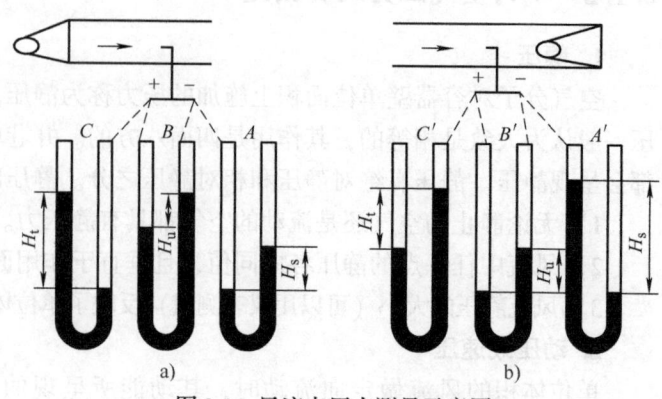

图 2-1　风流点压力测量示意图
a) 压入式通风风筒　b) 抽出式通风风筒

失，压差可表现为总压差、静压差、动压差和位压差。

1) 绝对压力的测定：通常使用水银气压计和无液气压计测定矿内外空气绝对静压。

2) 相对静压的测定：通常用U形管压差计、单管倾斜压差计或补偿微压计与毕托管配合测量风流的静压、动压和全压。

目前常用的空气压力测量仪器如图2-3所示。测量空气绝对静压可采用水银气压计、空盒气压计和精密气压计；测量某点的相对压力或两点间的压差可用U形管垂直压差计、倾斜压差计、补偿式微压计和毕托管，毕托管的"+"端测相对全压，"-"端测相对静压；还可采用毕托管与U形管压差计结合测两点间的静压差、全压差；位压不能用仪器直接测出，但可用式（2-10）计算。

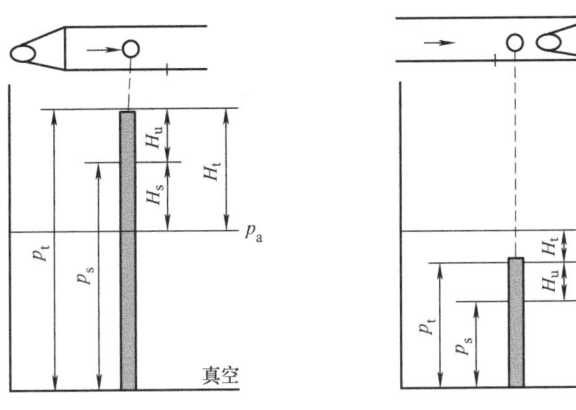

图2-2 点压力关系示意图

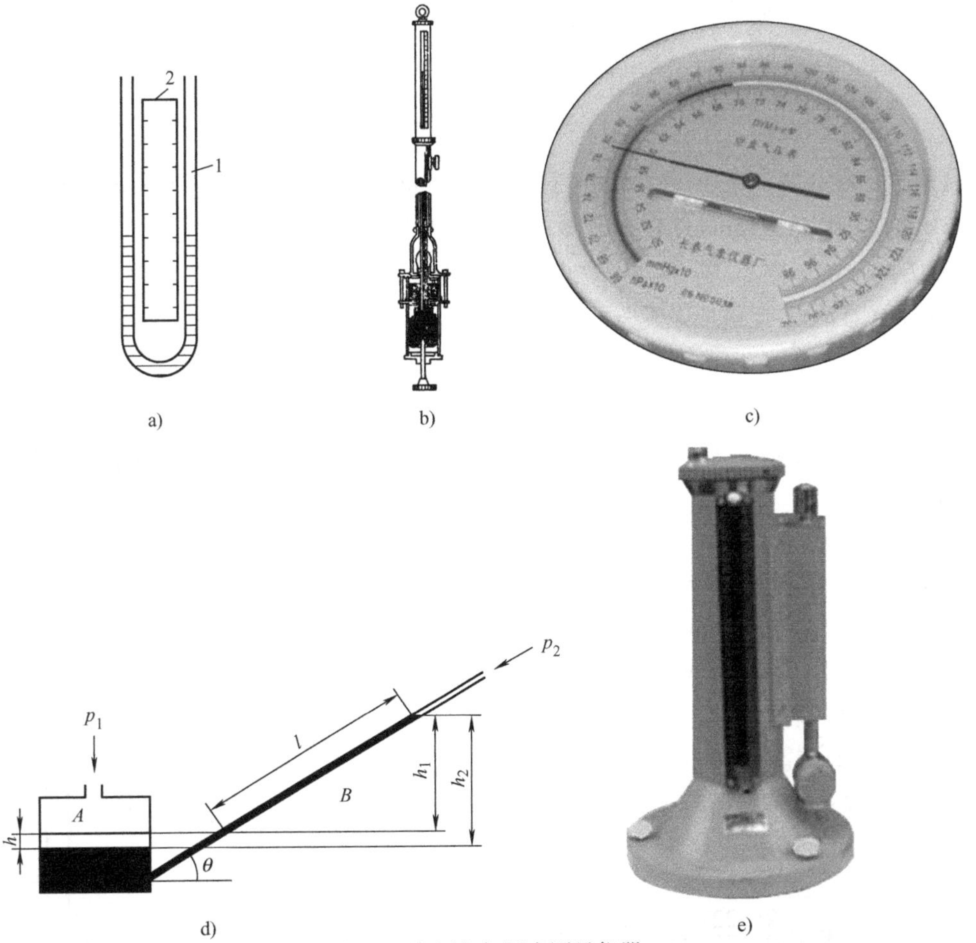

图2-3 常用空气压力测量仪器
a) U形管压差计 b) 水银气压计 c) 空盒气压计 d) 单管倾斜压差计 e) 补偿式微压计

【例2-2】 用毕托管和U形管压差计测得几种通风管道中的压力，其结果如图2-4所示（图中压力单位为mmH₂O）。求静压、动压和全压各为多少？并判断其通风方式。

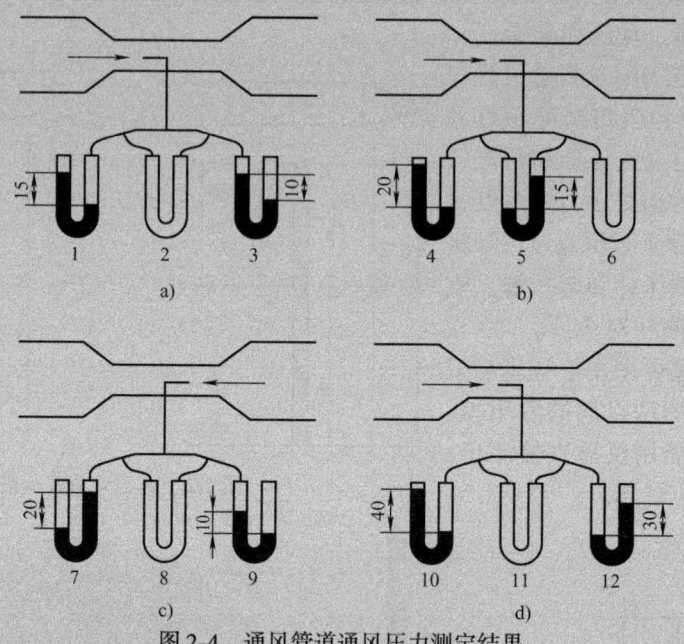

图2-4 通风管道通风压力测定结果

【解】 图2-4a：$H_s = -10\text{mmH}_2\text{O}$，$H_t = 15\text{mmH}_2\text{O}$，$H_u = [15-(-10)]\text{mmH}_2\text{O} = 25\text{mmH}_2\text{O}$；由于 $H_t = 15\text{mmH}_2\text{O} > 0$，故通风方式为压入式通风。

图2-4b：$H_u = 15\text{mmH}_2\text{O}$，$H_t = 20\text{mmH}_2\text{O}$，$H_s = (20-15)\text{mmH}_2\text{O} = 5\text{mmH}_2\text{O}$；由于 $H_t = 20\text{mmH}_2\text{O} > 0$，故通风方式为压入式通风。

图2-4c：$|H_s| = 20\text{mmH}_2\text{O}$，$|H_t| = 10\text{mmH}_2\text{O}$，$|H_u| = (20-10)\text{mmH}_2\text{O} = 10\text{mmH}_2\text{O}$；由于 $H_t < 0$，故通风方式为抽出式通风。

图2-4d：$H_s = 30\text{mmH}_2\text{O}$，$H_t = 40\text{mmH}_2\text{O}$，$H_u = (40-30)\text{mmH}_2\text{O} = 10\text{mmH}_2\text{O}$；由于：$H_t = 40\text{mmH}_2\text{O} > 0$，故通风方式为压入式通风。

【例2-3】 某矿井在标高+400m处测得 a—a 断面相对静压 $h_s = -226\text{mmH}_2\text{O}$，如图2-5所示，风硐距地表很近，在下部平硐+253m标高处测得大气压力 $p_a = 98227\text{Pa}$，气温 $t = 25℃$。求通风机风硐内的绝对静压值。

【解】 由式（2-6）得矿井外的空气密度为

$$\rho = 3.45\frac{\varphi p}{273+t}$$

$$= 3.45 \times \frac{98.227}{273+25}\text{kg/m}^3 = 1.137\text{kg/m}^3$$

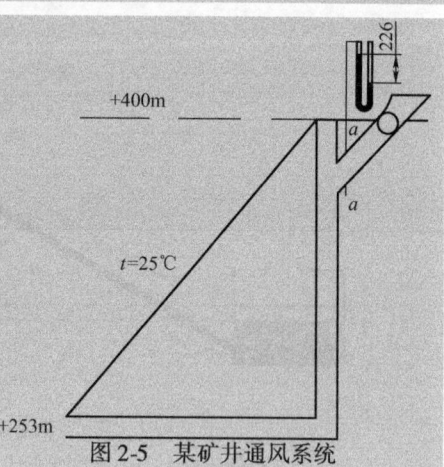

图2-5 某矿井通风系统

标高 +400m 处的大气压力为
$$p_{400} = p_{253} - \rho g z = (98227 - 1.137 \times 9.8 \times 147)\text{Pa} = 96589\text{Pa}$$
故通风机风硐内的绝对静压值为
$$p_a = (96589 - 226 \times 9.8)\text{Pa} = 94374.2\text{Pa}$$

2.2 矿内风流能量及能量方程

2.2.1 矿内风流能量

质量守恒是自然界中基本的客观规律之一。在矿井巷道中流动的风流是连续不断的介质，充满它所流经的空间。在无点源或点汇存在时，根据质量守恒定律：对于稳定流，流入某空间的流体质量必然等于流出其空间的流体质量。风流在井巷中的流动可以看作稳定流，因此这里仅讨论稳定流的情况。

如图 2-6 所示，空气在井巷中从断面 1 流向断面 2，若在流动过程中不漏风又无补给，则经过断面 1 和断面 2 的风量相等，即

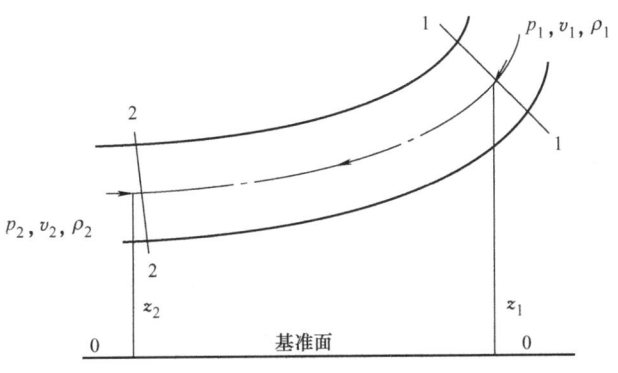

图 2-6 风流的能量关系

$$Q_1 = Q_2 \text{ 或 } S_1 v_1 = S_2 v_2 \quad (2\text{-}13)$$

式中 Q_1、Q_2——断面 1、2 的风量（m^3/s）；

S_1、S_2——断面 1、2 的面积（m^2）；

v_1、v_2——断面 1、2 的平均风速（m/s）。

这就是空气流动的连续性方程，它适用于可压缩和不可压缩流体。

2.2.2 不可压缩流体能量方程

矿井风流属黏性流体，且通常以体积流量为基础表示能量关系，当深度小于 1000m 时，其风流密度变化不大，可视为不可压缩流体。由于风流流过的井巷长度远大于巷道断面尺寸，可将同一巷道断面上风流的能量视为相同。

矿井巷道通风阻力是指单位体积流体在两断面间克服阻力所损失的能量。如图 2-6 所示，单位体积不可压缩性实际流体的能量方程式为

$$(p_1 - p_2) + \left(\frac{1}{2}\rho v_1^2 - \frac{1}{2}\rho v_2^2\right) + (\rho g z_1 - \rho g z_2) = h_{1-2} \quad (2\text{-}14)$$

式中 下标 1、2——断面 1 或 2 处的量；

h_{1-2}——通风阻力（Pa）。

式 (2-14) 表明，两断面之间的压能、动能与位能之差的总和，等于风流由一断面到另一断面因克服阻力所损失的能量。

2.2.3 可压缩流体能量方程

气体是可以压缩的,气体的压缩性表现在其密度的变化。矿内风流的压缩和膨胀主要是由于井筒深度变化而引起的。实际流体具有黏性,在流动中有阻力,因而造成风流流动过程中的能量损失。

能量方程表达了空气在流动过程中的压能、动能和位能的变化规律,是能量守恒和转换定律在矿井通风中的应用。当外力对它做功增加其机械能的同时,也增加了风流的内(热)能。因此,在研究矿井风流流动时,风流的机械能加上其内(热)能才能使能量守恒及转换定律成立。

1. 单位质量流体的能量方程

如图2-7所示,设1、2断面流体的参数分别为:绝对静压为 p_1、p_2(Pa),空气密度为 ρ_1、ρ_2(kg/m³),平均风速为 v_1、v_2(m/s),每1kg质量空气的内能为 u_1、u_2(J/kg)。

风流中某点的总能量包括机械能和内能:流动中的每1m³空气所具有的机械能为压能、动能、位能之和,即 $p + \frac{1}{2}\rho v^2 + \rho g z$ (N·m/m³ 或 J/m³);而内能则是风流中以热的形式存在的一种能量。每1kg质量空气所具有的机械能为 $\frac{p}{\rho} + \frac{v^2}{2} + gz$ (J/kg)。

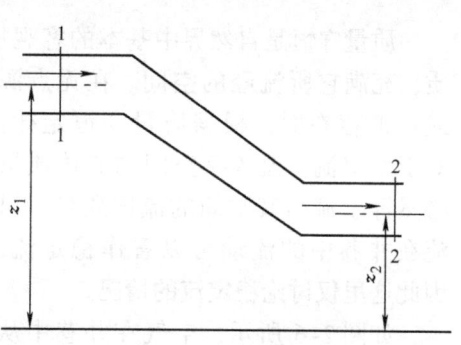

图2-7 风流的能量转换

当空气由1断面流到2断面,克服风流流动阻力耗能 L_R(J/kg),这部分能量转化为热量存在于空气中。当井巷壁面或巷道中的机电设备传给风流的热量为 q(J/kg)时,风流由1断面流到2断面,满足能量守恒关系。而且由内热力学可知,给予空气的热量可使空气内能增加并膨胀做功。

由能量守恒关系式整理可得

$$\int_2^1 V dp + \left(\frac{v_1^2}{2} - \frac{v_2^2}{2}\right) + (z_1 - z_2)g = L_R \tag{2-15}$$

式(2-15)即为每1kg可压缩流体的伯努利方程。式中的 $\int_2^1 V dp = \int_2^1 \frac{dp}{\rho}$,即伯努利积分,由于从断面1到断面2的状态变化过程不同,所以伯努利积分结果也不同。

对于多变过程,过程指数为 n,则

$$L_R = \frac{n}{n-1}\left(\frac{p_1}{\rho_1} - \frac{p_2}{\rho_2}\right) + \frac{(v_1^2 - v_2^2)}{2} + (z_1 - z_2)g \tag{2-16}$$

式(2-16)表示每1kg质量空气由断面1到断面2过程中的能量损失,式中的多变指数 n 可通过实测出的压力和温度值计算得出,如下式

$$n = \frac{\ln\left(\frac{p_2}{p_1}\right)}{\ln\left(\frac{p_2}{p_1}\right) - \ln\left(\frac{T_2}{T_1}\right)} = \frac{\ln\left(\frac{p_2}{p_1}\right)}{\ln\left(\frac{\rho_2}{\rho_1}\right)} \text{或} \frac{n}{n-1} = \frac{\ln\left(\frac{p_1}{p_2}\right)}{\ln\left(\frac{p_2/\rho_2}{p_1/\rho_1}\right)} \tag{2-17}$$

不同的多变过程，过程指数 n 也不同，$n \in [0, +\infty)$，如图 2-8 所示，可以看出以下几种典型的状态过程曲线：

当 $n = 0$，$p = \text{const}$，即为定压过程，$\int_2^1 V \mathrm{d}p = 0$。

当 $n = 1$，$pV = \text{const}$，即为等温过程，$\int_2^1 V \mathrm{d}p = p_1 V_1 \ln \dfrac{p_1}{p_2}$。

当 $n = \kappa = 1.41$，$pV^\kappa = \text{const}$，即为等熵过程；

当 $n = \pm \infty$ 时，$V = \text{const}$，即为等容过程，$\int_2^1 V \mathrm{d}p = V(p_1 - p_2)$。

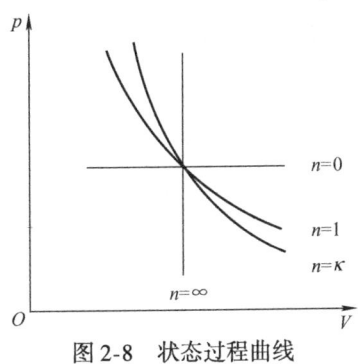

图 2-8 状态过程曲线

实际多变过程中 n 值是不定的，因此 1、2 断面间的空气平均密度 ρ_m 可表示为

$$\rho_\mathrm{m} = \dfrac{p_1 - p_2}{\dfrac{\ln\left(\dfrac{p_1}{p_2}\right)}{\ln\left(\dfrac{p_2/\rho_2}{p_1/\rho_1}\right)}\left(\dfrac{p_1}{\rho_1} - \dfrac{p_2}{\rho_2}\right)} \tag{2-18}$$

2. 单位体积流体的能量方程

如果巷道中没有通风动力，则风流流过巷道时要克服通风阻力，总能量要减少，风流在始末两断面上总能量之差即为巷道的通风阻力。在流动过程中，每 $1\mathrm{m}^3$ 空气的能量损失等于两断面间的机械能差 h_R。即

$$h_\mathrm{R} = p_1 - p_2 + \left(\dfrac{v_1^2}{2} - \dfrac{v_2^2}{2}\right)\rho_\mathrm{m} + \int_2^1 \rho g \mathrm{d}z \tag{2-19}$$

式（2-19）中的动能差项需要用动能系数 K 来修正，即断面实际总动能与用平均风速算出的总动能的比值

$$K = \dfrac{\int_S u^3 \mathrm{d}S}{v^3 S} \tag{2-20}$$

式中　u——微分面积 $\mathrm{d}S$ 上的实际流速（m/s）；

　　　v——断面 S 上的平均风速（m/s）。

在矿井通风中，因为动能很小，在应用能量方程时，为了计算方便，一般 K 值取 1，因此式（2-19）又可以近似地改写为

$$h_\mathrm{R} \approx p_1 - p_2 + \left(\dfrac{\rho_1 v_1^2}{2} - \dfrac{\rho_2 v_2^2}{2}\right) + \int_2^1 \rho g \mathrm{d}z \tag{2-21}$$

动能系数 K 的测算方法是，将断面 S 分为 n 个小断面，测出每个小断面的面积 S_i 和该面积形心的风速 u_i，然后使用式（2-20）计算巷道断面的 K 值。即

$$K = \dfrac{\sum\limits_{i=1}^{n} u_i S_i}{v^3 S} \tag{2-22}$$

2.2.4 有分支风路的能量方程

1. 简易分支风路的能量方程

如图 2-9 所示,主风路 3-0 在断面 0 处分成两个分支风路:即上分支 0-1 到断面 1;下上分支 0-2 到断面 2;主风路 3-0 的风量为 Q_0,上分支的风量为 Q_1,下分支的风量为 Q_2,并存在 $Q_0 = Q_1 + Q_2$。就风路 3-0-1 或 3-0-2 而言,两者均为有分支的风路,其风量沿程发生变化。在此情况下,可假想将主风流沿虚线 3'-0'划分成 A、B 两部分。A 部分与下游的 0-1 分支相连,使其流过的风量等于 0-1 分支的风量 Q_1。B 部分与下游的 0-2 分支相连,使其流过的风量等于 0-2 分支的风量 Q_2。于是,3-0-

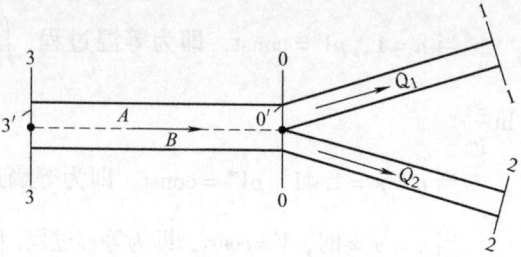

图 2-9 有分支风路

1 或 3-0-2 风路便可视为两条风量不变的无分支风路,故此处可应用单位体积流体的能量方程式分析通风动力与阻力之间的关系(为分析问题方便起见,忽略位能项不计)。

对于 3-0-1 风路有

$$p_3 + \frac{1}{2}\rho_3 v_3^2 = p_1 + \frac{1}{2}\rho_1 v_1^2 + h_{3-0} + h_{0-1} \quad (2-23)$$

对于 3-0-2 风路有

$$p_3 + \frac{1}{2}\rho_3 v_3^2 = p_2 + \frac{1}{2}\rho_2 v_2^2 + h_{3-0} + h_{0-2} \quad (2-24)$$

式中 h_{3-0}、h_{0-1}、h_{0-2}——单位体积风流由断面 3 到断面 0、断面 0 到断面 1 和断面 0 到断面 2 的能量损失。

2. 两翼抽出式通风系统的能量方程

有一中央进风、两翼排风的抽出式通风系统,如图 2-10 所示,主通风机Ⅰ、Ⅱ分别安装在排风井口 1、2 处工作,主风流由进风井口 3 处流至进风井底断面 0 后,分成 0-1 和 0-2 两路,分别由排风井口的主通风机Ⅰ和Ⅱ排出地表。应用单位体积流体能量方程式可写出

$$p_3 + \frac{1}{2}\rho_3 v_3^2 + H_{fⅠ} = p_1 + \frac{1}{2}\rho_1 v_1^2 + h_{3-0} + h_{0-2} \quad (2-25)$$

$$p_3 + \frac{1}{2}\rho_3 v_3^2 + H_{fⅡ} = p_2 + \frac{1}{2}\rho_2 v_2^2 + h_{3-0} + h_{0-1} \quad (2-26)$$

由于 $p_1 = p_2 = p_3$ 均为进口处大气压力,$v_3 = 0$,则上两式可简化成

$$H_{fⅠ} = \frac{1}{2}\rho_1 v_1^2 + h_{3-0} + h_{0-2} \quad (2-27)$$

$$H_{fⅡ} = \frac{1}{2}\rho_2 v_2^2 + h_{3-0} + h_{0-1} \quad (2-28)$$

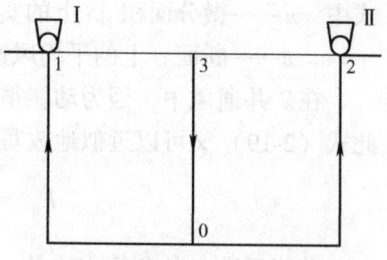

图 2-10 两翼抽出式通风系统

式(2-27)和式(2-28)表明,各主通风机的全压分别等于各该风路由进风口到排风口的总阻力(包括出口动压损失)。计算各条风路总阻力时,每条风路均应将共用巷道的阻力

计入在内。

2.3 能量方程在矿井通风中的应用

2.3.1 井巷通风阻力的测定

根据能量方程式（2-14），可确定下列两种不同情况的能量方程，及其通风阻力的计算和测定方法。

1. 断面不同的水平巷道

由于水平巷道中 $z_1 = z_2$，空气的密度又近似相等，因此，式（2-14）可简化为

$$h_{1-2} = (p_1 - p_2) + \left(\frac{1}{2}\rho v_1^2 - \frac{1}{2}\rho v_2^2\right) \quad (2\text{-}29)$$

式（2-29）表明，两断面间的静压差和动压差之和等于这段巷道的通风阻力。如果用精密气压计分别测定断面 1、2 处的静压 p_1 和 p_2，又用风速计分别测定两断面的平均风速 v_1 和 v_2，并计算出动压，然后按式（2-29）计算两断面间的静压差和动压差之和，即为这段巷道的通风阻力。如果用毕托管的静压端和压差计直接测定两断面的静压差 $(p_1 - p_2)$，再加上两断面间的动压差，同样可求得这段巷道的通风阻力。

2. 断面相同的垂直或倾斜巷道

当风流由断面 1 流向断面 2 时，由于两断面相同，$v_1 = v_2$，空气密度近似相等，则两断面间风流的动压差等于零。此时，式（2-14）可简化为

$$h_{1-2} = (p_1 - p_2) + (\rho g z_1 - \rho g z_2) \quad (2\text{-}30)$$

式（2-30）表明，在断面相同的垂直或倾斜巷道中，两断面间的静压差与位能差之和等于井巷的通风阻力。当用精密气压计分别测定断面 1、2 处的静压 p_1 和 p_2，同时测定两断面距基准面的高度 z_1、z_2 及空气的平均密度，可由式（2-30）求得这段井巷的通风阻力。如果用毕托管的静压端和压差计直接测定两断面的压差时，压差计上的示值 Δp（图 2-11）即为井巷的通风阻力，无需再计算两断面的位能差。

断面不相同的垂直或倾斜巷道，欲测定其通风阻力，必须全面测定两断面的静压差、动压差和位压差，然后根据式（2-14）计算通风阻力。

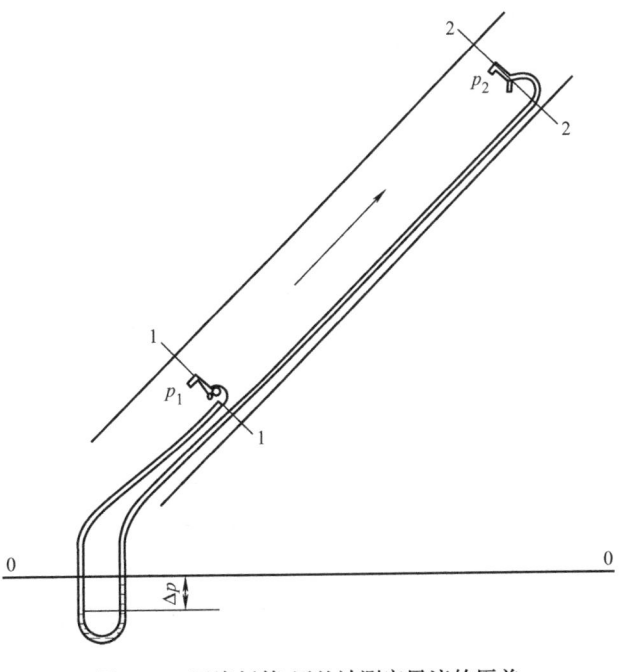

图 2-11 用毕托管-压差计测定风流的压差

2.3.2 风流沿程能量变化——能量(压力) 坡度线

能量方程是通风工程的理论基础,应用极广。通风工程中的各种技术测定与技术管理无不与它密切相关,正确理解、掌握和应用能量方程是至关重要的。本小节将结合通风工程中的实际应用,对通风能量(压力)坡度线进行必要的讨论。

通风能量(压力)坡度线是对能量方程的图形描述。从图形上比较直观地反映了空气在流动过程中能量(压力)沿程的变化规律、通风能量(压力)和通风阻力之间的相互关系以及相互转换。正确理解和掌握通风能量(压力)坡度线,将有助于加深对能量方程的理解。通风能量(压力)坡度线是通风管理和均压防灭火的有力工具。

1. 压入式通风系统

某矿压入式通风系统如图2-12所示。对1、2两断面列能量方程为

$$\left(H_s + \frac{1}{2}\rho_1 v_1^2\right) + H_n = h_{1-2} + \frac{1}{2}\rho_2 v_2^2 \tag{2-31}$$

式中 H_s——通风机在风硐中所造成的相对静压(Pa),
$H_s = p_1 - p_2$;
H_n——自然风压(Pa)。

由于通风机入口外为地表大气压 p_0,其风速等于0,当忽略这段巷道的阻力不计时,其能量方程式为

$$H_f = H_s + \frac{1}{2}\rho_1 v_1^2 \tag{2-32}$$

式中 H_f——通风机全压(Pa)。

式(2-32)表明,通风机的全压等于通风机在风硐中所造成的静压(即为通风机的静压)与动压之和。将式(2-32)代入式(2-31)得

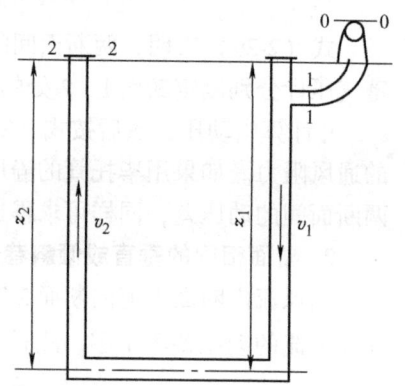

图2-12 压入式通风系统图

$$H_f + H_n = h_{1-2} + \frac{1}{2}\rho_2 v_2^2 \tag{2-33}$$

式(2-33)表明,通风机全压与自然风压共同作用克服了矿井阻力,并在出风井口造成动压损失,压入式通风系统压力坡度线如图2-13所示。

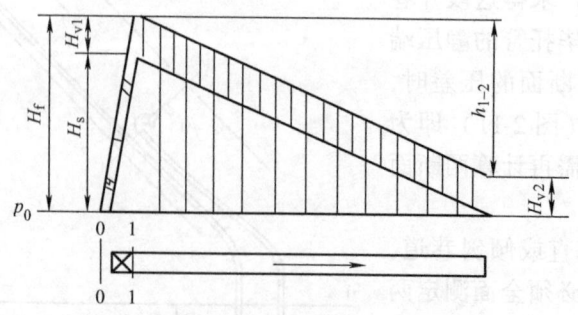

图2-13 压入式通风系统的压力坡度线

2. 抽出式通风系统

某矿抽出式通风系统如图2-14所示。对1、2两断面列能量方程为

$$H_s + H_n = h_{1-2} + \frac{1}{2}\rho_2 v_2^2 \qquad (2\text{-}34)$$

式（2-34）表明，抽出式通风时，通风机在风硐中所造成的静压（绝对值）与自然风压共同作用克服了矿井通风阻力，并在风硐中造成动压损失。为了分析通风机全压与通风阻力的关系，需要列出由通风机入口 2 到扩散塔出口 3 的能量方程式。即

$$H_f = H_s + \frac{1}{2}\rho_3 v_3^2 - \frac{1}{2}\rho_2 v_2^2 \qquad (2\text{-}35)$$

将式（2-34）和式（2-35）合并，可得

$$H_f + H_n = h_{1-2} + \frac{1}{2}\rho_3 v_3^2 \qquad (2\text{-}36)$$

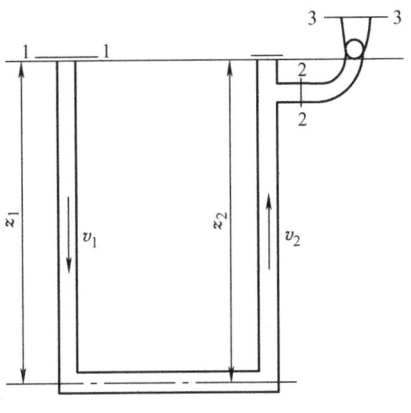

图 2-14　抽出式通风系统图

式（2-36）表明，抽出式通风机的全压与自然风压共同作用克服了矿井通风阻力，并在通风机扩散塔出口造成动压损失。在通风技术上，利用良好的扩散器，降低通风机出口的动压损失，对提高通风机的效率很有实际意义。

当不考虑自然风压时，在通风机的全压中，用于克服矿井阻力的那一部分，常称为通风机有效静压，以 H_s' 表示。即

$$H_s' = H_f - \frac{1}{2}\rho_3 v_3^2 \qquad (2\text{-}37)$$

式（2-37）表明，在抽出式通风时，通风机的有效静压等于通风机在风硐中所造成的静压与风硐中风流动压之差，或者等于通风机的全压与扩散塔出口动压之差。抽出式通风系统的压力坡度线如图 2-15 所示。

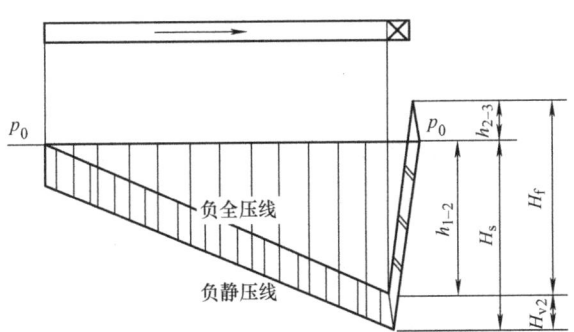

图 2-15　抽出式通风系统的压力坡度线

3. 抽压混合式通风系统

当井下某采区通风阻力过大，辅助通风机安装在井下时，在辅助通风机前后都有一段风路，通风机前段为抽出式，通风机出口端为压入式。为讨论问题简便，不考虑地面主通风机情况，如图 2-16 所示。

列出断面 1、2 的能量方程式为

$$H_f = H_s + \frac{1}{2}\rho_2 v_2^2 - \frac{1}{2}\rho_1 v_1^2 \qquad (2\text{-}38)$$

由于 $S_1 \approx S_2$，则 $v_1 = v_2$，此时 $H_n = H_s$，即通风机的全压等于通风机的静压。

列出断面 a 到通风机吸风口断面 1 之间的能量方程式为

$$p_a + \frac{1}{2}\rho_a v_a^2 + \rho_a g z_a = p_1 + \frac{1}{2}\rho_1 v_1^2 + \rho_{m1} g z_1 - h_{a-1} \qquad (2\text{-}39)$$

式中　h_{a-1}——风流由断面 a 流到 1 断面的通风阻力。

由于入风井口 $v_a = 0$，$H_1 = 0$，所以得

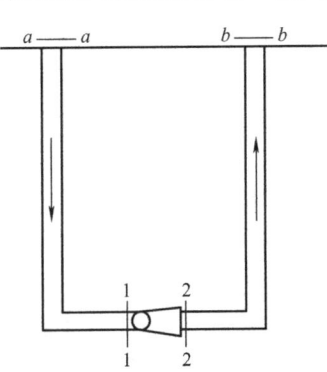

图 2-16　抽压混合式通风系统

$$h_{a-1} = (p_a - p_1) + \rho_a g z_a - \frac{1}{2}\rho_1 v_1^2 \qquad (2\text{-}40)$$

再列通风机出风口断面 2 到排风井口断面 b 之间的能量方程式（考虑到 $z_2 = 0$）为

$$h_{2-b} = (p_2 - p_b) + \left(\frac{1}{2}\rho_2 v_2^2 - \frac{1}{2}\rho_b v_b^2\right) - \rho_{mb} g z_b \qquad (2\text{-}41)$$

将式（2-40）和式（2-41）相加，并已知 $p_a = p_b = p_0$（井口处地表大气压力），则可得

$$H_f + H_n = h_{a-b} + \frac{1}{2}\rho_b v_b^2 \qquad (2\text{-}42)$$

式中，$H_n = \rho_{ma} g z_a - \rho_{mb} g z_b$（矿井自然风压）；$h_{a-b} = h_{a-1} - h_{2-b}$（矿井通风阻力）。

式（2-42）表明，当通风机安装在井下时，通风机的全压与自然风压之和，用于克服入风侧与排风阻力之和，并在出风井口造成动压损失。

通风机安装在井下时，其压力坡度线如图 2-17 所示。

综上所述，无论是压入式、抽出式通风系统，或者是通风机安装在井下，用于克服矿井通风阻力和造成出风井口动压损失的通风动力，均为通风机的全压与自然风压之总和，在这一点上是共同的。不同的通风方式或不同的通风机安装地点，通风机的全压或静压与通风机风硐中风流的全压或静压之间，存在不同的关系。压入式通风时，通风机的全压等于通风机风硐中风流的全压，通风机房全压水柱计上的示值即为此值；通风机的静压也等于通风机风硐中风流的静压，通风机房静压水柱计上的

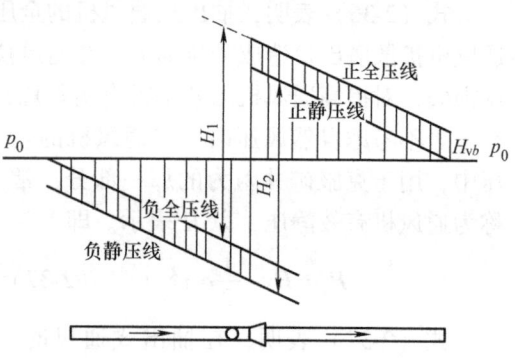

图 2-17 通风机安装在井下的压力坡度线

示值就是通风机的静压。通常以通风机的全压作为压入式通风时通风机的风压参数。这一风压值与矿井通风阻力及出风井口风流动压损失之和相对应。抽出式通风时则不然，通风机风硐中风流的全压不等于通风机的全压，而等于矿井通风阻力。欲求矿井通风的全压，还需加上扩散塔出口的动压损失。通风机风硐中风流的全压又称为通风机的有效静压。它是用以克服矿井通风阻力的有效压力，通常以此压力作为抽出式通风机的风压参数。阻力计算时，只考虑矿井通风阻力即可。当通风机安装在井下时，出风硐与进风硐之间风流的全压差等于通风机的全压，静压差等于通风机的静压。通常也是以通风机的全压作为通风参数。阻力计算时，除计算矿井通风阻力外，还需再加上出风井口的动压损失。

【例2-4】 某倾斜巷道如图 2-18 所示，测得 1、2 断面的平均风速为 4m/s 和 2m/s，两断面间高度差为 190m，空气平均密度为 1.2kg/m^3。用橡胶管和压差计连接在 1、2 断面的毕托管的静压端，压差计的读数为 100Pa，求 1、2 断面间的通风阻力，并判断风流方向。若 $p_2 = 750\text{mmHg}$，求点 1 的大气压为多少？

【解】 假设风流方向为 2→1，列出 1、2 两断面的能量方程为

$$h = (p_2 - p_1) + \rho g (z_2 - z_1) + \left(\frac{\rho_2 v_2^2}{2} - \frac{\rho_1 v_1^2}{2}\right)$$

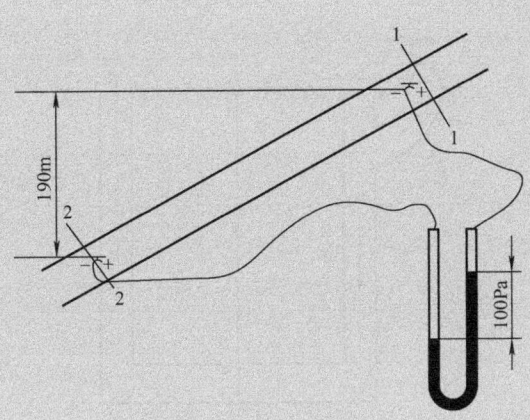

图 2-18 倾斜巷道阻力测定

因压差计读数：$\Delta h = (p_2 - p_1) + \rho g(z_2 - z_1) = 100\text{Pa}$，则 1、2 断面间的通风阻力为

$$h = \Delta h + \left(\frac{\rho_2 v_2^2}{2} - \frac{\rho_1 v_1^2}{2}\right) = 100\text{Pa} + \left(\frac{1.2 \times 2^2}{2} - \frac{1.2 \times 4^2}{2}\right)\text{Pa} = 92.8\text{Pa}$$

由于 h 值为正，故倾斜巷道风流方向为 2→1。

若 $p_2 = 750\text{mmHg}$，点 1 的大气压 p_1 为

$$p_1 = p_2 - \Delta h - \rho g z = (750 \times 133.3 - 100 - 1.2 \times 9.8 \times 190)\text{Pa} = 97653.32\text{Pa}$$

复习思考题及习题

2-1 已知某矿内空气压力 $p = 103958\text{Pa}$，空气温度 $t = 17℃$，空气的相对湿度为 60%，求空气的密度。

2-2 何谓空气的静压？它是怎样产生的？说明其物理意义和单位。

2-3 何谓静压、动压、全压？它们各有什么特点？

2-4 简述绝对压力和相对压力的概念。为什么在正压通风中断面上某点的相对全压大于相对静压，而在负压通风中断面上某点的相对全压小于相对静压？

2-5 试述能量方程中各项的物理意义。

2-6 分别叙述在单位质量和单位体积流体能量方程中，风流的状态变化过程是怎样反映的。

2-7 主通风机工作方式（压入、抽出）不同，计算矿井通风阻力的公式有何区别？

2-8 在压入式通风风筒中，测得风流中某点 i 的相对静压为 1000Pa，速压为 150Pa，风筒外与 i 点同标高处的大气压为 101332Pa。求：i 点的绝对静压、相对全压和绝对静压。

2-9 在抽出式通风风筒中，测得风流中某点 i 的相对静压为 1000Pa，速压为 150Pa，风筒外与 i 点同标高处的大气压为 101332Pa。求：i 点的绝对静压、相对全压和绝对静压。

2-10 在某一通风井巷中，测得 1、2 两断面的绝对静压分别为 101324.7Pa 和 101858Pa，若 $S_1 = S_2$，两断面间的高差 $z_1 - z_2 = 100\text{m}$，巷道中风流的平均密度为 1.2kg/m^3。求：1、2 两断面间的通风阻力，并判断风流方向。

2-11 某矿井深 150m，采用压入式通风，如图 2-19 所示。已知风硐与地表的静压差为 1500Pa，入风井空气的平均密度为 1.25kg/m^3，出风井为 1.2kg/m^3，风硐中平均风速为 8m/s，出风口的风速为

4m/s。求矿井通风阻力。

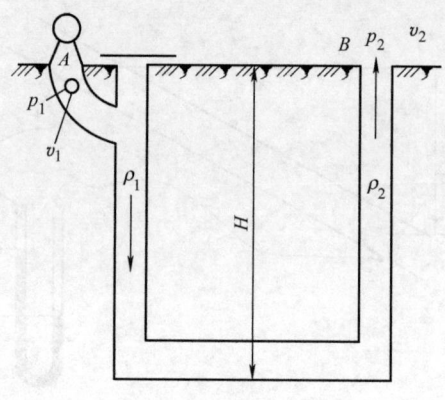

图 2-19　题 2-11 图

2-12　某矿井深 200m，采用抽出式通风，如图 2-20 所示。风硐与地表静压差为 2200Pa，入风井空气的平均密度为 1.25kg/m³，出风井为 1.2kg/m³，风硐中平均风速为 8m/s，主通风机扩散器的平均风速为 6m/s，空气密度为 1.25kg/m³。求矿井通风阻力。

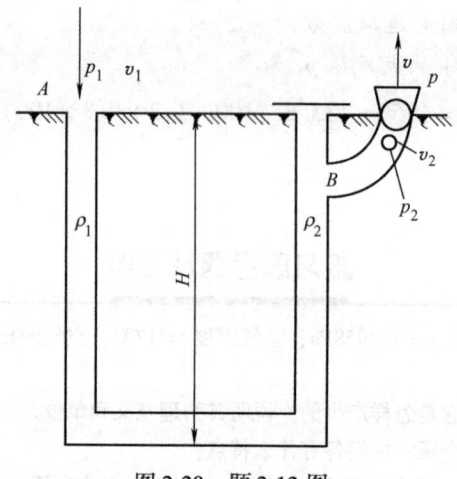

图 2-20　题 2-12 图

第 3 章

矿井通风阻力

【学习要点】

- 正确理解矿井通风阻力的基本概念及分类,掌握摩擦阻力、局部阻力及正面阻力的计算方法。
- 掌握降低井巷摩擦阻力、局部阻力及正面阻力的主要措施。
- 正确理解井巷等积孔与井巷风阻之间的相互关系,掌握井巷等积孔的计算方法。
- 掌握井巷风阻特性曲线的绘制方法,学会利用井巷风阻特性曲线判别矿井通风难易程度。

风流在矿井中流动必须具有一定的能量,用以克服井巷对风流所呈现的通风阻力。在矿井通风中,常把通风阻力分为摩擦阻力、局部阻力和正面阻力三种。一般情况下,在整个矿井的通风总阻力中摩擦阻力占主要组成部分。

本章重点阐述了矿井通风阻力的基本概念和计算方法、降低井巷通风阻力的措施以及井巷等积孔和井巷风阻特性曲线的基本概念。

3.1 摩擦阻力

3.1.1 摩擦阻力的概念及理论基础

摩擦阻力是指发生在风流沿井巷流动的全部流程上的阻力。用于克服摩擦阻力而造成的风流能量损失称为摩擦损失。所谓均匀流动是指风流沿程的速度和方向都不变,而且各个断面积上速度分布相同。流态不同的风流,摩擦阻力的产生情况和大小不同。流体在运动中有两种不同的状态,即层流流动和湍流流动。

1. 达西公式和尼古拉兹试验

在水力学中,用来计算圆形管道沿程阻力 h_f(摩擦阻力,单位为 Pa)的计算式叫作达西公式,即

$$h_f = \lambda \frac{L}{d} \frac{\rho v^2}{2} \tag{3-1}$$

式中　λ——试验系数，量纲为一；
　　　L——管道的长度（m）；
　　　d——管道的直径（m）；
　　　ρ——流体的密度（kg/m³）；
　　　v——管道内流体的平均流速（m/s）。

式（3-1）对于层流和湍流状态都适用，但流态不同，实验系数 λ 大不相同，所以，计算的沿程阻力也大不相同。著名的尼古拉兹试验明确了流动状态和试验系数 λ 的关系。

尼古拉兹把粗细不同的砂粒均匀地黏于管道内壁，形成不同粗糙度的管道。管壁粗糙度是用相对粗糙度来表示的，即砂粒的平均直径 ε（m）与管道半径 r（m）之比。尼古拉兹以水为流动介质，对相对粗糙度分别为 1/15、1/30.6、1/60、1/126、1/256、1/507 六种不同的管道进行试验研究。实验得出流态不同的水流，实验系数 λ 与管壁相对粗糙度、雷诺数 Re 的关系，如图 3-1 所示。根据 λ 值随 Re 变化特征表明以下几种情况。

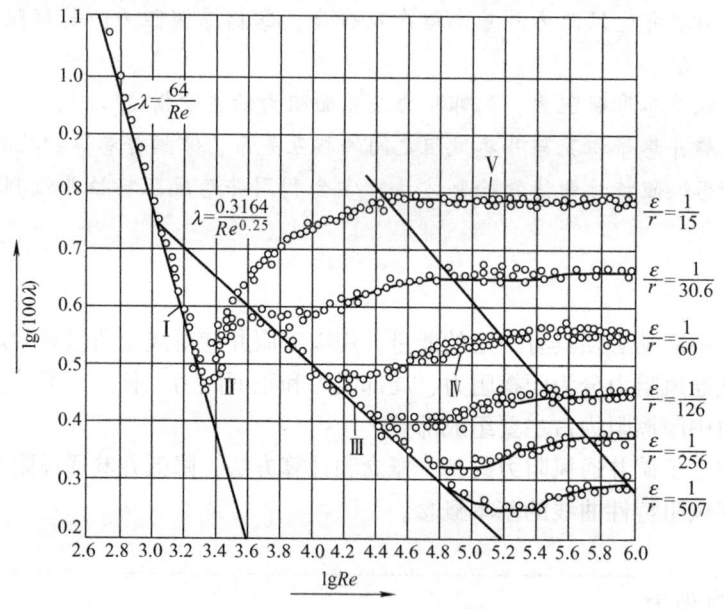

图 3-1　尼古拉兹试验结果

Ⅰ区——层流区。当 $Re<2320$（即 $\lg Re<3.36$）时，不论管道粗糙度如何，其试验结果都集中分布于直线Ⅰ上，这表明 λ 随 Re 的增加而减少，但与相对粗糙度无关，而只与雷诺数 Re 有关，其关系式为

$$\lambda=\frac{64}{Re} \tag{3-2}$$

Ⅱ区——临界区。当 $2320\leqslant Re\leqslant 4000$（即 $3.36\leqslant \lg Re\leqslant 3.6$），在此区间内，不同相对粗糙度的管内流体由层流转变湍流。所有的试验点几乎都集中在线段Ⅱ上。λ 随 Re 的增加而增大，与相对粗糙度无明显关系。

Ⅲ区——水力光滑区。当 $Re>4000$（$\lg Re>3.6$）时，不同相对粗糙度的试验点起初都集中在曲线Ⅲ上，随着 Re 的增加，相对粗糙度大的管道试验点在较低 Re 时就偏离曲线Ⅲ，相对粗糙度小的管道在较大的 Re 时才偏离。在Ⅲ曲线范围内，λ 与 Re 有关，而与相对粗

糙度无关。λ 与 Re 的关系为

$$\lambda = \frac{0.3164}{Re^{0.25}} \tag{3-3}$$

从试验曲线可以看出，在 $4000 < Re < 10000$ 的范围内，它始终是水力光滑。

Ⅳ区——湍流过渡区。由水力光滑区向水力粗糙区过渡，即图中的Ⅳ所示区段。在这个区段内，各种不同相对粗糙的试验点各自分散呈一波状曲线，λ 与 Re 有关，也与相对粗糙度有关。

Ⅴ区——水力粗糙区。在该区段，Re 值较大，流体的层流边层变得极薄，砂粒凸起的高度几乎全暴露在湍流的核心中，所以 Re 对 λ 值的影响极小，可省略不计，相对粗糙度成为 λ 的唯一影响因素。故在该区，λ 与 Re 无关，而只与相对粗糙度有关。对于一定的相对粗糙度的管道，λ 为定值。

在水力学上，尼古拉兹试验比较完整地反映了 λ 的变化规律，揭示了 λ 的主要影响因素，解决了水在管道中沿程阻力计算问题。而空气在井巷中的流动和水在管道中的流动很相似，所以，可以把流体力学计算水流沿程阻力的达西公式应用于矿井通风中，作为计算井巷摩擦阻力的理论基础。因此把式（3-1）作为井巷矿井摩擦阻力计算的普遍公式。

2. 流动状态的判别

1883 年英国物理学家雷诺通过试验证明：流体的流动状态取决于管道的平均流速、管道的直径和流体的运动黏度。这三个因素的综合影响可用一个无因次参数来表示，这个无因次参数叫雷诺数。对于圆形管道，雷诺数为

$$Re = \frac{vd}{\nu} \tag{3-4}$$

式中　v——管道中流体的平均流速（m/s）；

　　　d——圆形管道的直径（m）；

　　　ν——流体的运动黏度（m²/s），矿井通风中一般用平均值 $\nu = 1.501 \times 10^{-5}$ m²/s。

当流速很小、管径很细、流体的运动黏度较大时，流体呈层流运动；反之，为湍流流动。

许多学者经过对圆形管道水流的大量试验证明：当 $Re < 2320$ 时，水流呈层流状态，叫作下临界值；当 $Re > 12000$ 时，水流呈完全湍流状态，叫作上临界值。$Re = 2320 \sim 12000$ 时，为层流和湍流不稳定过渡区，$Re = 2320 \sim 4000$ 区域内，流动状态不是固定的，由管道的粗糙程度、流体进入管道的情况等外部条件而定，只要稍有干扰，流态就会发生变化，因此，为方便起见，在实际工程计算中，通常以 $Re = 2300$ 作为管道流动流态的判别系数，即：$Re \leq 2300$ 为层流，$Re > 2300$ 为湍流。

对于非圆形断面的管道，要用水力学中的水力半径的概念，把非圆形断面折算成圆形断面。所谓水力半径 R_w（也叫当量直径）就是流过断面面积 S 和湿润周界（即流体在管道断面上与管壁接触的周长）U 之比。对于非圆形断面有

$$R_w = \frac{S}{U} = \frac{d}{4} \tag{3-5}$$

用水力半径代替圆形管道直径就会得到非圆形管道的雷诺判别系数，即

$$Re = \frac{4vS}{\nu U} \tag{3-6}$$

式中 S——非圆形管道面积（m^2）；
　　　U——非圆形管道断面周长（m）；
　　　其他符号意义同前。
　　对于不同形状的断面，其周长 U 与断面 S 的关系，可表示为

$$U \approx C\sqrt{S} \tag{3-7}$$

式中 C——断面形状系数，梯形 $C=4.16$，三心拱 $C=3.85$，半圆拱 $C=3.90$。

3.1.2 层流摩擦阻力

层流流动时，流体各层的质点相互不混合，呈流束状，为有秩序地流动，各流束的质点没有能量交换。质点的流动轨迹为直线或有规则的平滑曲线，并与管道轴线方向基本平行。

从尼古拉兹试验的结果可以知道，流体在层流状态时，试验系数 λ 只与雷诺数 Re 有关，将式（3-2）代入式（3-1）得

$$h_f = \frac{64}{Re}\frac{L}{d}\frac{\rho v^2}{2} \tag{3-8}$$

再将雷诺数 $Re=\dfrac{vd}{\nu}$ 和 $\mu=\rho\nu$ 代入式（3-8）得

$$h_f = 32\mu\frac{L}{d^2}v \tag{3-9}$$

将式（3-5）及 $v=Q/S$ 代入式（3-9）就可得到层流状态下井巷摩擦阻力计算式，即

$$h_f = 2\mu\frac{LU^2}{S^3}Q \tag{3-10}$$

式中 μ——空气的动力黏度（Pa·s）；
　　　Q——井巷风量（m^3/s）；
　　　其他符号意义同前。
　　式（3-10）表明，层流状态下摩擦阻力与风流速度和风量的一次方成正比。由于井巷中的风流大多数都为湍流状态，所以层流摩擦阻力计算公式在实际工作中很少用。

3.1.3 湍流摩擦阻力

湍流和层流相反，流体质点在流动过程中有强烈混合和相互碰撞，质点之间有能量交换，质点的流动轨迹极不规则，除了有总流方向的流动外，还有垂直或斜交总流方向的流动，流体内部存在着时而产生、时而消失的涡流。

井下巷道的风流大多属于完全湍流状态，所以实验系数 λ 值取决于巷道壁面的粗糙程度。故将式（3-5）代入式（3-1）得到应用于矿井通风工程上的紊流摩擦阻力计算公式，即

$$h_f = \frac{\lambda\rho LU}{8S}v^2 \tag{3-11}$$

由前面分析可知，流体在完全湍流状态时，对于确定的粗糙度，λ 值是确定的，所以对矿井通风的井巷来说，当井巷掘成以后，井巷的几何尺寸和支护形式是确定的，井巷壁面的

相对粗糙度变化不大，因而在矿井条件下 λ 值被视为常数。而矿井空气的密度变化不大，也可以视为常数，令

$$\alpha = \frac{\lambda \rho}{8} \quad (3-12)$$

因为 λ 是无量纲量，故 α 具有与空气密度相同的量纲，即 kg/m^3。

将式（3-12）及 $v = Q/S$ 代入（3-11）得

$$h_f = \alpha \frac{LU}{S^3} Q^2 \quad (3-13)$$

式中 α——井巷的摩擦阻力系数（kg/m^3 或 $N \cdot s^2/m^4$）；

其他符号意义同前。

3.1.4 摩擦阻力的计算方法

3.1.4.1 摩擦阻力系数 α

在应用式（3-13）计算矿井通风紊流摩擦阻力时，关键在于如何确定摩擦阻力系数 α 值。由式（3-12）可知，摩擦阻力系数 α 值取决于空气密度和试验系数 λ 值，而矿井空气密度一般变化不大，因此 α 值主要取决于 λ 值，主要取决于井巷的粗糙程度，也就是取决于井下巷道的支护形式。不同的井巷、不同的支护形式，α 值也不同。确定 α 值的方法有查表和实测两种方法。

1. 查表确定 α 值

在新建矿井通风系统设计时，需要计算完全湍流状态下井巷的摩擦阻力，即按照所设计的井巷长度、周长、净断面、支护形式和通过的风量，选定该井巷的摩擦阻力系数 α 值（kg/m^3），然后用式（3-13）来计算该井巷的摩擦阻力。查表确定 α 值就是根据所设计的井巷特征（指支护形式、净断面积、有无提升设备和其他设施等），通过查表查出适合该井巷的 α 标准值。表 3-1 ~ 表 3-16 中的摩擦阻力系数 α 值，是前人在标准状态（$\rho_0 = 1.2 kg/m^3$）条件下，通过大量模型试验和实测得到的。

如果井巷空气密度不是标准状态条件下的密度，实际应用时，应该对其修正。即

$$\alpha = \alpha_0 \frac{\rho}{1.2} \quad (3-14)$$

（1）水平巷道 具体如下。

1）无支护巷道的 $\alpha \times 10^4$ 值如表 3-1 所示。

表 3-1 无支护巷道的 $\alpha \times 10^4$ 值

巷道壁的特征	$\alpha \times 10^4$ 值/($N \cdot s^2/m^4$)
顺走向在煤层里开掘的巷道	58.8
交叉走向在岩层里开掘的巷道	68.6 ~ 78.4
巷壁与底板粗糙程度相同的巷道	58.8 ~ 78.4
同上，在底板有阻塞情况	98.0 ~ 147.0

2）砌碹平巷的 $\alpha \times 10^4$ 值如表 3-2 所示。

表 3-2 砌碹平巷的 $\alpha \times 10^4$ 值

类　别	$\alpha \times 10^4$ 值/(N·s²/m⁴)
混凝土砌碹、外抹灰浆	29.4~39.2
混凝土砌碹、不抹灰浆	49.0~68.6
砖砌碹、外抹灰浆	24.5~29.4
砖砌碹、不抹灰浆	29.4~39.2
料石砌碹	39.2~49.0

注：巷道断面小者取大值。

3）圆木棚子支护巷道的 $\alpha \times 10^4$ 值如表 3-3 所示。

表 3-3 圆木棚子支护巷道的 $\alpha \times 10^4$ 值

木柱直径 d_0/cm	支架纵口径 $\Delta = L/d_0$ 时的 $\alpha \times 10^4$ 值/(N·s²/m⁴)							按断面校正	
	1	2	3	4	5	6	7	断面面积/m²	校正系数
15	88.2	115.6	137.2	155.8	174.4	164.6	158.8	1	1.2
16	90.16	118.6	141.1	161.7	180.3	167.6	159.7	2	1.1
17	92.12	121.5	144.1	165.6	185.2	169.5	162.7	3	1
18	94.08	123.5	148	169.5	190.1	171.5	164.6	4	0.93
20	96.04	127.4	154.8	177.4	198.9	175.4	168.6	5	0.89
22	99	133.3	156.8	185.2	208.7	178.4	171.5	6	0.86
24	102.9	138.2	167.6	193.1	217.6	192.1	174.4	8	0.82
26	104.9	143.1	174.4	199.9	225.4	198	180.3	10	0.78

注：表中 $\alpha \times 10^4$ 值适用于支架后净断面面积 $S = 3\,m^2$ 的巷道，对于其他断面的巷道应乘以校正系数。

4）金属支架巷道的 $\alpha \times 10^4$ 值有下列 2 种情况。

① 工字梁拱形和梯形支架巷道的 $\alpha \times 10^4$ 值如表 3-4 所示。

表 3-4 工字梁拱形和梯形支架巷道的 $\alpha \times 10^4$ 值

金属梁截面的高度 d_0/cm	支架纵口径 $\Delta = L/d_0$ 时的 $\alpha \times 10^4$ 值/(N·s²/m⁴)					按断面校正	
	2	3	4	5	6	断面面积/m²	校正系数
10	107.8	147	176.4	205.8	245	3	1.08
12	127.4	166.5	205.8	245	294	4	1
14	137.2	186.2	225.4	284.2	333.2	6	0.91
16	147	205.8	254.8	313.6	392	8	0.88
18	156.8	225.4	294	382.2	431.2	10	0.84

② 金属横梁和帮柱混合支护平巷的 $\alpha \times 10^4$ 值如表 3-5 所示。

表 3-5 金属横梁和帮柱混合支护平巷的 $\alpha \times 10^4$ 值

边柱厚度 d_0/cm	支架纵口径 $\Delta = L/d_0$ 时的 $\alpha \times 10^4$ 值/(N·s²/m⁴)					按断面校正	
	2	3	4	5	6	断面面积/m²	校正系数
40	156.8	176.4	205.8	215.6	235.2	3	1.08
						4	1
50	166.6	196	215.6	245	264.6	6	0.91
						8	0.88
						10	0.84

5) 钢筋混凝土预制支架巷道的 $\alpha \times 10^4$ 值为 88.2~186.2 $N \cdot s^2/m^4$（纵口径大取值也大）。

6) 锚杆或喷浆巷道的 $\alpha \times 10^4$ 值为 78.4~117.6 $N \cdot s^2/m^4$。

注意：装有胶带输送机巷道的 $\alpha \times 10^4$ 值可增加 147~196 $N \cdot s^2/m^4$，设有水管、风管、木梯台阶巷道的 $\alpha \times 10^4$ 值增加 98 $N \cdot s^2/m^4$；当巷道堵塞严重时，$\alpha \times 10^4$ 值增加 29.4~98 $N \cdot s^2/m^4$。

（2）井筒、暗井及溜道 具体如下。

1) 无任何装备的清洁的混凝土和钢筋混凝土井筒的 $\alpha \times 10^4$ 值如表 3-6 所示。

表 3-6 无任何装备的清洁的混凝土和钢筋混凝土井筒的 $\alpha \times 10^4$ 值

井筒直径/m	井筒断面面积/m²	$\alpha \times 10^4$ 值/($N \cdot s^2/m^4$)	
		平滑的混凝土	不平滑的混凝土
4	12.6	33.3	39.2
5	19.6	31.4	37.2
6	28.3	31.4	37.2
7	38.5	29.4	35.3
8	50.3	29.4	35.3

2) 砖和混凝土砖的无任何装备的井筒，其 $\alpha \times 10^4$ 值按表 3-6 值增大一倍。

3) 有装备的井筒，井筒用混凝土、钢筋混凝土、混凝土砖及砖砌碹的 $\alpha \times 10^4$ 值为 343~490 $N \cdot s^2/m^4$。选取时应考虑罐道梁的间距、装备物纵口径以及有关梯子间和梯子间规格等。

4) 木支护的暗井和溜道的 $\alpha \times 10^4$ 值如表 3-7 所示。

表 3-7 木支护的暗井和溜道的 $\alpha \times 10^4$ 值

井筒特征	断面面积/m²	$\alpha \times 10^4$ 值/($N \cdot s^2/m^4$)
人行格间有平台的溜道	9	460.6
有人行格间的溜道	1.95	196
下放煤的溜道	1.8	156.8

（3）采煤工作面 采煤工作面的 $\alpha \times 10^4$ 值如表 3-8 所示。

表 3-8 采煤工作面的 $\alpha \times 10^4$ 值

类 型	支 护 方 式	$\alpha \times 10^4$ 值/($N \cdot s^2/m^4$)
炮采面	采用金属摩擦支柱时	270~350
	采用木支柱时	300~350
普采面	采用单体液压支柱时	420~500
	采用金属摩擦支柱时	450~550
综采面	采用支撑式液压支架时	300~420
	采用掩护式液压支架时	220~330
	采用支撑掩护式液压支架时	320~350

（4）矿井巷道 矿井巷道的 $\alpha \times 10^4$ 值的实际资料具体如下。

1) 半圆拱形料石砌碹的运输和通风巷道 $\alpha \times 10^4$ 值如表 3-9 所示。

表 3-9 半圆拱形料石砌碹的运输和通风巷道 $\alpha \times 10^4$ 值

断面面积/m^2	4	5	6~10	11~16
$\alpha \times 10^4$ 值/($N \cdot s^2/m^4$)	9.5	9.1	86.2~78.4	76.4~69.6

2) 半圆拱形金属锚杆支护的运输和通风巷道 $\alpha \times 10^4$ 值如表 3-10 所示。

表 3-10 半圆拱形金属锚杆支护的运输和通风巷道 $\alpha \times 10^4$ 值

断面面积/m^2	4	5	6	7~9	10~12	13~16
$\alpha \times 10^4$ 值/($N \cdot s^2/m^4$)	183.3	175.4	169.5	165.6~157.8	153.9~148	146~140.1

3) 半圆拱形金属锚喷支护巷道的 $\alpha \times 10^4$ 值有下面 2 种情况。

① 运输或通风巷道的 $\alpha \times 10^4$ 值如表 3-11 所示。

表 3-11 半圆拱形锚喷运输或通风巷道的 $\alpha \times 10^4$ 值

断面面积/m^2	12	6
$\alpha \times 10^4$ 值/($N \cdot s^2/m^4$)	68.6~88.2	98.0~117.6

② 有行人梯子道斜井的 $\alpha \times 10^4$ 值如表 3-12 所示。

表 3-12 半圆拱形锚喷有行人梯子道斜井的 $\alpha \times 10^4$ 值

断面面积/m^2	12	6
$\alpha \times 10^4$ 值/($N \cdot s^2/m^4$)	127.4~147.0	166.6~186.2

注意：有提升设备时，α 值增加 20%~30%；当提升速度较快时，可取上限；不同大小的断面，α 值可相应比例地增减。

4) 梯形预制混凝土棚子支护运输巷道或通风巷道的 $\alpha \times 10^4$ 值有如下几种情况。

① 构件断面为 180mm×180mm 混凝土棚子支护巷道的 $\alpha \times 10^4$ 值如表 3-13 所示。

表 3-13 构件断面为 180mm×180mm 混凝土棚子支护巷道的 $\alpha \times 10^4$ 值

棚距/m	断面面积/m^2				
	3.5	4	5	6	7
	$\alpha \times 10^4$ 值/($N \cdot s^2/m^4$)				
0.2~0.4	151.9~171.5	141.1~154.8	135.2~148	130.1~143.1	117.6~140.1
0.6~1.5	213.6~186.2	198.9~173.5	190.1~165.6	184.2~160.7	179.3~156.8

② 构件断面为 T 形混凝土棚子支护巷道的 $\alpha \times 10^4$ 值如表 3-14 所示。

表 3-14 构件断面为 T 形混凝土棚子支护巷道的 $\alpha \times 10^4$ 值

型式	断面面积/m^2	$\alpha \times 10^4$ 值/($N \cdot s^2/m^4$)	备 注
T_2	9~8	98.0~117.6	(1) 规格见图，单位为 cm 梁：$a=12$；$b=4$；$d_0=25$ 柱：T_1 型 $a=10$；$b=3$；$d_0=20$ T_2 型 $a=10$；$b=4$；$d_0=20$ (2) 有行车的巷道，α 值增加 30%；不同断面时，α 值相应增减
	7~6	137.2~156.8	
T_1	同上两行	比上两行各增加 20%~30%	

③ 构件断面为矩形（100mm × 200mm）混凝土棚子支护巷道的 $\alpha \times 10^4$ 值如表 3-15 所示。

表 3-15 构件断面为矩形（100mm × 200mm）混凝土棚子支护巷道的 $\alpha \times 10^4$ 值

断面面积/m²	8~7	6~5	备注
$\alpha \times 10^4$ 值/(N·s²/m⁴)	117.5~137.2	147~176.4	有行车的巷道 α 值增加 30%，不同断面时 α 相应地增加

5）梯形铁棚子支护运输或通风巷道的 $\alpha \times 10^4$ 值如表 3-16 所示。

表 3-16 梯形铁棚子支护巷道的 $\alpha \times 10^4$ 值

型号	断面面积/m²	$\alpha \times 10^4$ 值/(N·s²/m⁴)	备注
9 号工字钢	7~6	78.4~98	有吊挂带时，α 值增加 30%~40%
11 号工字钢	7~6	比 9 号工字钢增加 10%~20%	

6）砖和料石砌碹的圆形立井、直径为 4.5m、有罐笼无梯子间，$\alpha \times 10^4 = 441\text{N·s}^2/\text{m}^4$。

7）混凝土砌碹的圆形立井、直径为 6.5m、有罐笼提升有梯子间，$\alpha \times 10^4 = 517.44\text{N·s}^2/\text{m}^4$。

8）砖或料石砌碹的回风立井、直径为 4.5m、有小铁管，$\alpha \times 10^4 = 245\text{N·s}^2/\text{m}^4$。

9）砖或料石砌碹的回风立井、直径为 4.5m、无任何装备，$\alpha \times 10^4 = 78.4\text{N·s}^2/\text{m}^4$。

由于井巷断面大小、支护形式及支架规格的多样性，由表 3-1 ~ 表 3-16 可以看出，不同井巷的相对粗糙度差别很大。

对于砌碹和锚喷巷道，壁面粗糙程度可用尼古拉兹试验的相对粗糙度来表示，可直接查出摩擦阻力系数 α 值。相对支架巷道而言，砌碹和锚喷巷道摩擦阻力系数 α 值不是很大，但随着相对粗糙度的增大而增大。

对于用木棚子、工字钢、U 型钢和混凝土棚等支护巷道，要同时考虑支架的间距和支架厚度，其粗糙度用纵口径来表示。如图 3-2 所示，纵口径是相邻支架中心线之间的距离 l（m）与支架直径或厚度 d_0（m）之比，即

$$\Delta = \frac{l}{d_0} \tag{3-15}$$

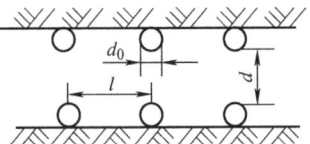

图 3-2 用支柱支护的巷道

式中 Δ——纵口径，量纲为一；

l——支架的间距（m）；

d_0——支架直径或厚度（m）。

图 3-3 所示是在平巷模型试验中获得的纵口径 Δ 与摩擦阻力系数 α 的关系曲线。从图中可看出，当 Δ<5~6 时，摩擦阻力系数 α 随纵口径 Δ 增加而增加；当 Δ=5~6 时，摩擦阻力系数 α 达到最大值；当 Δ>5~6 时，摩擦阻力系数 α 随纵口径 Δ 增加而减少。这说明 Δ=5~6 时，引起的风流能量损失最大，产生的通风阻力最大，所以，在实际巷道工程支护时，从降低通风阻力出发，一定要合理选用支护密度。

对于支架巷道，应先根据巷道的 d_0 和 Δ 两个数值在

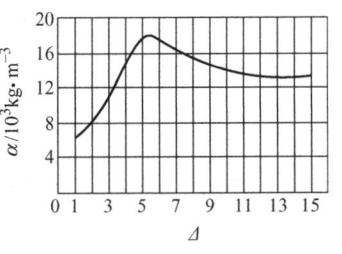

图 3-3 纵口径 Δ 与摩擦阻力系数 α 的关系曲线

表3-3~表3-5中查出该巷道的α初值,再根据该巷道的净断面面积S值查出校正系数,对α的初值进行断面校正。这是因为在模型试验时用断面的某个值为标准,当实际断面大于标准时,摩擦阻力系数α较小,故乘以一个小于1的系数;反之,乘以一个大于1的系数。

2. 实测确定α值

在生产矿井中,通常需要掌握各个巷道的实际摩擦阻力系数α值,目的是为降低矿井通风阻力,合理调节矿井风量,提供原始的第一手资料。所以,实测摩擦阻力系数α值有它一定的现实指导意义。

3.1.4.2 摩擦风阻

对于已经确定的井巷,巷道的长度L、周长U、断面面积S以及巷道的支护形式(摩擦阻力系数α)都是确定的,故把式(3-13)中的α、L、U、S用一个参数R_f来表示,即

$$R_f = \frac{\alpha L U}{S^3} \tag{3-16}$$

R_f称为摩擦风阻。其国际单位是kg/m^7或$N \cdot s^2/m^8$。显然R_f是空气密度、巷道粗糙程度、断面面积、断面周长、井巷长度等参数的函数。当这些参数确定时,摩擦风阻R_f值是固定不变的。所以,可将R_f看作反映井巷几何特征的参数,它反映的是井巷通风的难易程度。

将式(3-16)代入式(3-13)得

$$h_f = R_f Q^2 \tag{3-17}$$

式(3-17)就是完全湍流时的摩擦阻力定律,它说明了当摩擦风阻一定时,摩擦阻力与风量的平方成正比。

【例3-1】 某设计巷道的木柱直径$d_0 = 16\text{cm}$,纵口径$\Delta = 4$,净断面面积$S = 4\text{m}^2$,周界$U = 8\text{m}$,长度$L = 300\text{m}$,计划通过的风量$Q = 1440\text{m}^3/\text{min}$。

(1) 求该巷道的摩擦阻力系数、摩擦风阻和摩擦阻力。

(2) 投产后,若这条巷道内空气密度的实际值为1.26kg/m^3,求这时该巷道的摩擦阻力系数、摩擦风阻和摩擦阻力。

(3) 这条设计巷道用于某高原矿井,该井下空气平均密度为0.9kg/m^3,求这时该巷道的摩擦阻力系数、摩擦风阻和摩擦阻力。

【解】 (1) 根据$d_0 = 16\text{cm}$、纵口径$\Delta = 4$和净断面面积$S = 4\text{m}^2$,在表3-3中查得摩擦阻力系数

$$\alpha = 161.7 \times 10^{-4} \times 0.93 \text{N} \cdot \text{s}^2/\text{m}^4 = 0.015 \text{N} \cdot \text{s}^2/\text{m}^4$$

摩擦风阻由式(3-16)得

$$R_f = \frac{\alpha L U}{S^3} = \frac{0.015 \times 300 \times 8}{4^3} \text{N} \cdot \text{s}^2/\text{m}^8 = 0.5625 \text{N} \cdot \text{s}^2/\text{m}^8$$

摩擦阻力由式(3-17)得:

$$h_f = R_f Q^2 = 0.5625 \times \left(\frac{1440}{60}\right)^2 \text{Pa} = 324 \text{Pa}$$

(2) 投产后,若这条巷道内空气密度的实际值为1.26kg/m^3,则

$$\alpha' = \alpha \frac{\rho'}{1.2} = 0.015 \times \frac{1.26}{1.2} \text{N} \cdot \text{s}^2/\text{m}^4 = 0.01575 \text{N} \cdot \text{s}^2/\text{m}^4$$

摩擦风阻 $R'_\text{f} = \frac{\alpha' L U}{S^3} = \frac{0.01575 \times 300 \times 8}{4^3} \text{N} \cdot \text{s}^2/\text{m}^8 = 0.5906 \text{N} \cdot \text{s}^2/\text{m}^8$

摩擦阻力 $h'_\text{f} = R'_\text{f} Q^2 = 0.5906 \times \left(\frac{1440}{60}\right)^2 \text{Pa} = 340.2 \text{Pa}$

(3) 若井下空气平均密度为 0.9kg/m^3 时,则

$$\alpha'' = \alpha \frac{\rho''}{1.2} = 0.015 \times \frac{0.9}{1.2} \text{N} \cdot \text{s}^2/\text{m}^4 = 0.01125 \text{N} \cdot \text{s}^2/\text{m}^4$$

摩擦风阻 $R''_\text{f} = \frac{\alpha'' L U}{S^3} = \frac{0.01125 \times 300 \times 8}{4^3} \text{N} \cdot \text{s}^2/\text{m}^8 = 0.4219 \text{N} \cdot \text{s}^2/\text{m}^8$

摩擦阻力 $h''_\text{f} = R''_\text{f} Q^2 = 0.4219 \times \left(\frac{1440}{60}\right)^2 \text{Pa} = 243.01 \text{Pa}$

以上计算表明,高原矿井比平原矿井中的空气密度小,对特征相同的井巷,其摩擦阻力系数和摩擦风阻都较小,通过相同的风量,高原矿井的摩擦阻力小。

3.2 局部阻力和正面阻力

3.2.1 局部阻力

1. 局部阻力的概念

在风流运动过程中,由于井巷边壁条件的变化,风流在局部地区受到局部阻力物(如巷道断面突然变化,风流分叉与交汇,断面堵塞等)的影响和破坏,引起风流流速大小、方向和分布的突然变化,导致风流本身产生很强的冲击,形成极为紊乱的涡流,造成风流能量损失,这种均匀稳定的风流经过某些局部地点所造成的附加的能量损失,叫作局部阻力。

井下巷道千变万化,产生局部阻力的地点很多,有巷道断面的突然扩大与缩小(如采区车场、井口、调节风窗、风桥、风硐等),巷道的各种拐弯(如各类车场、大巷、采区巷道、工作面巷道等),各类巷道的交叉、交汇(如井底车场、中部车场)等。在分析产生局部阻力原因时,常将局部阻力分为突变类型和渐变类型两种,如图3-4所示。图3-4a、c、e、g 所示属于突变类型,图3-4b、d、f、h 所示属于渐变类型。

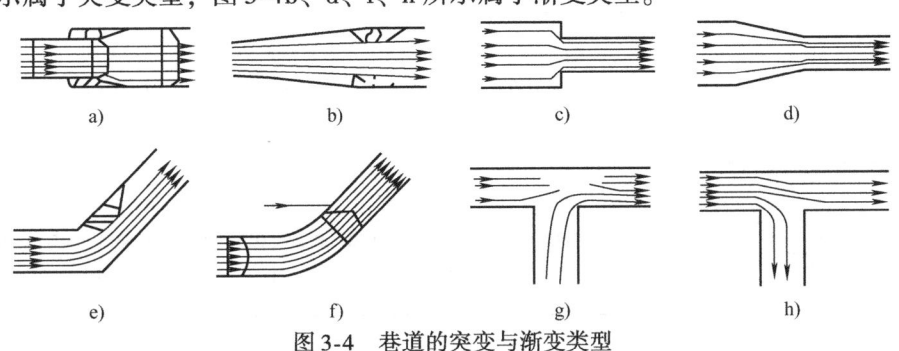

图 3-4 巷道的突变与渐变类型

2. 局部阻力的计算方法

实验证明，不论井巷局部地点的断面、形状和拐弯如何变化，也不管局部阻力是突变类型还是渐变类型，所产生的局部阻力的大小都与局部地点的前面或后面断面上的速压成正比。图 3-5 所示为突然扩大的巷道，该局部地点的局部阻力为

$$h_e = \xi_1 h_{v_1} = \xi_2 h_{v_2} = \xi_1 \frac{1}{2}\rho v_1^2 = \xi_2 \frac{1}{2}\rho v_2^2 \quad (3\text{-}18)$$

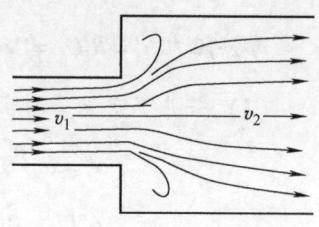

图 3-5 突然扩大的巷道

式中 h_e——局部阻力（Pa）；
v_1、v_2——分别是局部地点前后断面上的平均风速（m/s）；
ξ_1、ξ_2——局部阻力系数，量纲为一；分别对应 h_{v_1}、h_{v_2}，对于形状和尺寸已定型的局部地点，这两个系数都是常数，但它们彼此不相等，可以任选其中的一个系数和相应的速压计算局部阻力；
ρ——风流的密度（kg/m³）。

若通过局部地点的风量为 Q，前后两个断面面积是 S_1 和 S_2，则两个断面上的平均风速为

$$v_1 = \frac{Q}{S_1}, \quad v_2 = \frac{Q}{S_2} \quad (3\text{-}19)$$

代入式（3-18）得

$$h_e = \xi_1 \frac{\rho}{2S_1^2}Q^2 = \xi_2 \frac{\rho}{2S_2^2}Q^2 \quad (3\text{-}20)$$

式（3-20）就是湍流通用局部阻力计算公式。需要说明的是，在查表确定局部阻力系数 ξ 值时，一定要和局部阻力物的断面面积 S、风量 Q、风速 v 相对应。

（1）局部阻力系数　产生局部阻力的过程非常复杂，要确定局部阻力系数 ξ 也是非常复杂的。大量试验研究表明，湍流局部阻力系数 ξ 主要取决于局部阻力物的形状，而边壁的粗糙程度为次要因素，但在粗糙程度较大的支架巷道中也需要考虑。

由于产生局部阻力的过程非常复杂，所以系数 ξ 一般由试验求得，计算局部阻力时查表即可。表 3-17 是各种巷道突扩与突缩时的局部阻力系数值，表 3-18 是几种不同进风口类型时的局部阻力系数值。

表 3-17　各种巷道突扩与突缩时的局部阻力系数值 ξ（光滑管道）

S_1/S_2	1	0.9	0.8	0.7	0.6	0.5	0.4	0.3	0.2	0.1	0.01	0
突扩	0	0.01	0.04	0.09	0.16	0.25	0.36	0.49	0.64	0.81	0.98	1.00
突缩	0	0.05	0.10	0.15	0.20	0.25	0.30	0.35	0.40	0.45	0.50	

表 3-18 几种不同进风口类型时的局部阻力系数值 ξ（光滑管道）

0.6	0.1	0.2	有导风板 0.2 无导风板 1.4	$R_1 = \frac{1}{8}b$, 0.75 $R_1 = \frac{2}{8}b$, 0.52	$R_1 = \frac{1}{8}b$, $R_2 = \frac{3}{2}b$, 0.6 $R_1 = \frac{2}{8}b$, $R_2 = \frac{17}{10}b$, 0.3
3.0 当 $S_2 = S_3$, $v_2 = v_3$ 时	2.0 当风速为 v_2 时	1.0 当 $v_1 = v_3$ 时	1.5 当风速为 v_2 时	1.5 当风速为 v_2 时	1.0

（2）局部风阻 同摩擦阻力一样，当产生局部阻力的区段形成后，ξ、S、ρ 都可视为确定值，故将式（3-20）中的 ξ、S、ρ 用一个常量来表示，即有 R_e（kg/m^7 或 N·s^2/m^8）

$$R_e = \xi \frac{\rho}{2S^2} \tag{3-21}$$

将式（3-21）代入式（3-20）得到局部阻力定律

$$h_e = R_e Q^2 \tag{3-22}$$

式（3-22）为完全湍流状态下的局部阻力定律，h_e 与 R_e 一样，也可看作局部阻力物的一个特征参数，它反映的是风流通过局部阻力物时通风的难易程度。R_e 一定时，h_e 与 Q 的平方成正比。

在一般情况下，由于井巷内的风流速度较小，所产生的局部阻力也较小，井下所有的局部阻力之和只占矿井总阻力的 10%～20%。故在通风设计中，一般只对摩擦阻力进行计算，对局部阻力不做详细计算，而按经验估算。

【例 3-2】 某进风井内的风速为 8m/s，井口空气密度为 1.2kg/m^3，井口的净断面积为 12.6m^2，求：
（1）该进风井口突然收缩时的局部阻力和局部风阻。
（2）该出风井口突然扩大时的局部阻力和局部风阻。

【解】（1）该进风井口突然收缩时的局部阻力系数，查表 3-18 得 $\xi = 0.6$，则

局部阻力 $h_e = \xi \frac{1}{2}\rho v^2 = 0.6 \times \frac{1}{2} \times 1.2 \times 8^2 \text{Pa} = 23.04 \text{Pa}$

局部风阻 $R_e = \frac{h_e}{Q^2} = \frac{23.04}{(8 \times 12.6)^2} \text{N·s}^2/\text{m}^8 = 0.002268 \text{N·s}^2/\text{m}^8$

(2) 该出风井口突然扩大时的局部阻力系数,查表3-18得 $\xi' = 1.0$,则

局部阻力 $h'_e = \xi' \frac{1}{2}\rho v^2 = 1.0 \times \frac{1}{2} \times 1.2 \times 8^2 \text{Pa} = 38.4\text{Pa}$

局部风阻 $R'_e = \frac{h'_e}{Q^2} = \frac{38.4}{(8 \times 12.6)^2} \text{N} \cdot \text{s}^2/\text{m}^8 = 0.003779 \text{N} \cdot \text{s}^2/\text{m}^8$

以上计算结果表明:$R'_e > R_e$,$h'_e > h_e$。

3.2.2 正面阻力

1. 正面阻力的概念

井巷内存在某些物体(如罐道梁、电机车、堆积物)时,风流只能在这些物体的周围绕过,使风流受到附加阻力作用,这种附加阻力,称为正面阻力。

矿内产生正面阻力的物体有处于通风井巷内的罐笼、罐道梁、矿车、电机车、坑木堆以及其他器材设备和堆积物。这些对风流产生正面阻力的物体,称为正面阻力物。

2. 正面阻力的计算方法

正面阻力物的形式多种多样,但其产生正面阻力、引起正面损失的本质原因却是相同的。当风流从正面阻力物的周围绕过时,风流速度的方向、大小发生急剧的改变,导致空气微团相互间的激烈冲击和附加摩擦,形成紊乱的涡流现象,从而造成风流能量的损失。正面阻力 h_c(Pa)的计算公式为

$$h_c = C \frac{S_m}{S - S_m} \frac{\rho u_m^2}{2} \tag{3-23}$$

式中 S_m——正面阻力物在垂直于风流总方向上的投影面积(m²);

C——正面阻力系数,量纲为一;

S——井巷断面面积(m²);

u_m——风流通过空余断面($S-S_m$)时的平均风速(m/s)。

在式(3-23)中,令正面风阻 R_c(N·s²/m⁸)为

$$R_c = \frac{\rho C S_m}{2(S-S_m)^3} \tag{3-24}$$

则式(3-23)可表示为

$$h_c = R_c Q^2 \tag{3-25}$$

如果同一井巷中既有摩擦阻力,又有局部阻力和正面阻力,则该井巷的总通风阻力 h(Pa)等于井巷所有的摩擦阻力、局部阻力与正面阻力之和。即

$$h = \sum h_f + \sum h_e + \sum h_c \tag{3-26}$$

式(3-26)即为通风阻力叠加原则的数学表达式。

3.3 降低井巷通风阻力的措施

根据我国对矿井的调查和统计,有40%的矿井通风阻力属于中阻力和大阻力矿井,个

别矿井的通风电耗甚至占到了矿井总电耗的 50%。所以，无论是新矿井通风设计还是生产矿井通风管理工作，都要做到尽可能降低矿井通风阻力。降低矿井通风阻力，特别是降低井巷的摩擦阻力对减少风压损失、降低通风电耗、减少通风费用和保证矿井安全生产、追求最大经济效益都具有特别的实际意义。

降低矿井通风阻力的重点在最大阻力路线上的公共段通风阻力。由于矿井通风系统的总阻力等于该系统最大阻力路线上的各分支的摩擦阻力和局部阻力之和，因此在降阻之前首先要确定通风系统的最大阻力路线，通过阻力测定，了解最大阻力路线上的阻力分布状况，找出阻力较大的分支，对其实施降阻措施。

3.3.1 降低摩擦阻力的措施

摩擦阻力是矿井通风阻力的主要部分，因此降低井巷摩擦阻力是通风技术管理的重要工作。由式 (3-13) 可知，降低摩擦阻力的措施有以下几项。

1. 减少摩擦阻力系数 α

矿井通风设计时尽量选用 α 值小的支护方式，如锚喷、砌碹、锚杆、锚锁、钢带等，尤其是服务年限长的主要井巷，一定要选用摩擦阻力较小的支护方式，如砌碹巷道的 α 值仅有支架巷道的 30%~40%。施工时一定要保证施工质量，应尽量采用光面爆破技术，尽可能使井巷壁面平整光滑，使井巷壁面的凹凸度不大于 50mm。对于支架巷道，要注意支护质量，支架不仅要整齐一致，有时还要刹帮背顶，并且要注意支护密度，及时修复被破坏的支架，失修率不大于 7%。在不设支架的巷道，一定注意把顶板、两帮和底板修整好，以减少摩擦阻力。

2. 井巷风量要合理

摩擦阻力与风量的平方成正比，因此在通风设计和技术管理过程中，不能随意增大风量，各用风地点的风量在保证安全生产要求的条件下，应尽量减少。掘进初期用局部通风机通风时，要对风量加以控制。及时调节主通风机的工况，减少矿井富裕总风量。避免巷道内风量过于集中，要尽可能使矿井的总进风早分开、总回风晚汇合。

3. 保证井巷通风断面面积

摩擦阻力与通风断面面积的三次方成反比，所以扩大井巷断面面积能大大降低通风阻力，当井巷通过的风量一定时，井巷断面面积扩大 33%，通风阻力可减少一半，故常用于主要通风路线上高阻力段的减阻措施中。当受到技术和经济条件的限制，不能任意扩大井巷断面面积时，可以采用双巷并联通风的方法。在日常通风管理工作中，要经常修整巷道，减少巷道堵塞物，使巷道清洁、完整、畅通，保持巷道足够的断面面积。

4. 减少巷道长度

巷道的摩擦阻力和巷道长度成正比，所以在矿井通风设计和通风系统管理时，在满足开拓开采的条件下，要尽量缩短风路长度，及时封闭废弃的旧巷和甩掉那些经过采空区且通风路线很长的巷道，及时对生产矿井通风系统进行改造，选择合理的通风方式。

5. 选用周长较小的井巷断面

在井巷断面相同的条件下，圆形断面的周长最小，拱形次之，矩形和梯形的周长较大。因此，在矿井通风设计时，一般要求立井井筒采用圆形断面，斜井、石门、大巷等主要井巷采用拱形断面，次要巷道及采区内服务年限不长的巷道可以考虑矩形和梯形断面。

3.3.2 降低局部阻力的措施

降低局部阻力就是改善局部阻力物断面的变化形态，减少风流流经局部阻力物时产生的剧烈冲击和巨大涡流，减少风流能量损失，主要措施如下：

1）最大限度减少局部阻力地点的数量。井下尽量少使用直径很小的铁风桥，减少调节风窗的数量；应尽量避免井巷断面的突然扩大或突然缩小，断面比值要小。

2）当连接不同断面的巷道时，要把连接的边缘做成斜线或圆弧形，如图3-6所示。

3）巷道拐弯时，转角越小越好，如图3-7所示，在拐弯的内侧做成斜线形和圆弧形。要尽量避免出现直角弯。巷道尽可能避免突然分叉和突然汇合，在分叉和汇合处的内侧也要做成斜线形或圆弧形。

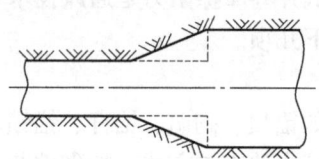 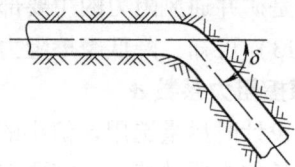

图3-6 巷道连接处为斜线形　　　　图3-7 巷道拐弯处为圆弧形

4）减少局部阻力地点的风流速度及巷道的粗糙程度。

5）在风筒或通风机的入风口安装集风器，在出风口安装扩散器。

6）减少井巷正面阻力物，及时清理巷道中的堆积物，采掘工作面所用材料要按需使用，不能集中堆放在井下巷道中。巷道管理要做到无杂物、无淤泥、无片帮，保证有效通风断面。在可能的条件下尽量不使成串的矿车长时间地停留在主要通风巷道内，以免阻挡风流，使通风状况恶化。

3.4 井巷等积孔和井巷风阻特性曲线

3.4.1 井巷等积孔

为了更形象、更具体、更直观地衡量矿井通风难易程度，矿井通风学上用一个假想的，并与矿井风阻值相当的孔的面积作为评价矿井通风难易程度，这个假想孔的面积就叫作矿井等积孔。

假定在无限空间有一薄壁，在薄壁上开一面积为 A（m^2）的孔口，如图3-8所示。当孔口通过的风量等于矿井总风量 Q，而且孔口两侧的风压差等于矿井通风总阻力（$p_1 - p_2 = h$）时，则孔口的面积 A 值就是该矿井的等积孔。现用能量方程来寻找矿井等积孔 A 与矿井总风量 Q 和矿井总阻力 h 之间的关系。

在薄壁左侧距孔口 A 足够远处（风速 $v_1 \approx 0$）取断面Ⅰ—Ⅰ，其静压为 p_1，在孔口右侧风速收缩断面最小处取断面Ⅱ—Ⅱ（面积 A'），其静压为 p_2，风速 v 为最大。薄壁很薄其阻力忽略不计，则Ⅰ—Ⅰ与Ⅱ—Ⅱ断面之间的能量方程式为

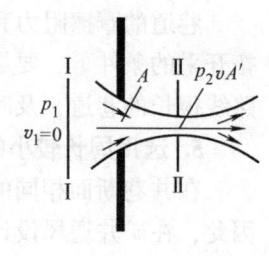

图3-8 等积孔

$$p_1 + \frac{\rho v_1^2}{2} = p_2 + \frac{\rho v_2^2}{2} \tag{3-27}$$

因为 $v_1 = 0$，由式（3-27）得

$$p_1 - p_2 = \frac{\rho v_2^2}{2} = h \tag{3-28}$$

由此得

$$v_2 = \sqrt{\frac{2h}{\rho}} \tag{3-29}$$

风流收缩处断面面积 A' 与孔口面积 A（m^2）之比称为收缩系数 φ，由水力学可知，一般 $\varphi = 0.65$，故 $A' = 0.65A$，则该处的风速 $v_2 = \frac{Q}{A'} = \frac{Q}{0.65A}$，代入式（3-29），整理得

$$A = \frac{Q}{0.65\sqrt{\frac{2h}{\rho}}} \tag{3-30}$$

若矿井空气密度为标准空气密度，即 $\rho = 1.2\ kg/m^3$ 时，则得

$$A = 1.19\frac{Q}{\sqrt{h}} \tag{3-31}$$

将 $h = RQ^2$ 代入式（3-31）中，得

$$A = \frac{1.19}{\sqrt{R}} \tag{3-32}$$

式（3-31）和式（3-32）就是矿井等积孔的计算公式，它适用于任何井巷。式（3-31）表明，如果矿井的通风阻力 h 相同，等积孔 A 大的矿井，风量 Q 必大，表示通风容易；等积孔 A 小的矿井，风量 Q 必小，表示通风困难。所以，矿井等积孔能够反映不同矿井或同一矿井不同时期通风技术管理水平。同时，也可以评判矿井通风设计是否经济。式（3-32）表明等积孔 A 与风阻 R 的平方根成反比，即井巷或矿井的风阻越小时，等积孔 A 越大，通风越容易；反之，越困难。所以，根据矿井总风阻和矿井等积孔，通常把矿井通风难易程度分为三级，如表3-19所示。

表3-19 矿井通风难易程度的分级标准

通风阻力等级	通风难易程度	风阻 $R/(N\cdot s^2/m^8)$	等积孔 A/m^2
大阻力矿	困难	>1.42	<1
中阻力矿	中等	0.35~1.42	1~2
小阻力矿	容易	<0.35	>2

必须指出，表3-19所列衡量矿井通风难易程度的等积孔值，是1873年缪尔格根据当时的生产情况提出的，一直沿用至今。由于现代化矿井开采规模、开采方法、机械化程度和通风能力等较以前有很大的发展和提高，表3-19中的标准对小型矿井还有一定的参考价值，对于大型矿井或多风机通风矿井应参照表3-20。表3-20是根据煤炭产量及瓦斯等级确定的矿井通风难易程度的分级标准。

表 3-20　矿井等积孔分类表

年产量/(Mt/a)	低瓦斯矿井		高瓦斯矿井		附注
	A 的最小值/m²	R 的最大值/(N·s²/m⁸)	A 的最小值/m²	R 的最大值/(N·s²/m⁸)	
0.1	1.0	1.42	1.0	1.42	外部漏风允许10%时，A 的最小值减5%，R 的最大值加10%；外部漏风允许15%时，A 的最小值减10%，R 的最大值加20%，即为矿井 A 的最小值，R 的最大值
0.2	1.5	0.63	2.0	0.35	
0.3	1.5	0.63	2.0	0.35	
0.45	2.0	0.35	3.0	0.16	
0.6	2.0	0.35	3.0	0.16	
0.9	2.0	0.35	4.0	0.09	
1.2	2.5	0.23	5.0	0.06	
1.8	2.5	0.23	6.0	0.04	
2.4	2.5	0.23	7.0	0.03	
3.0	2.5	0.23	7.0	0.03	

对矿井来说，式（3-31）和式（3-32）只能计算单台通风机工作时的矿井等积孔大小，对于多台通风机工作矿井等积孔的计算，应根据全矿井总功率等于各台主要通风机工作系统功率之和的原理计算出总阻力，而总风量等于各台主要通风机风路上的风量之和，代入式（3-32），即

$$h_{总}Q_{总} = h_1Q_1 + h_2Q_2 + h_3Q_3 + \cdots + h_nQ_n = \sum h_iQ_i \tag{3-33}$$

$$h_{总} = \sum(h_iQ_i)/Q_{总} \tag{3-34}$$

$$Q_{总} = Q_1 + Q_2 + Q_3 + \cdots + Q_n = \sum Q_i \tag{3-35}$$

$$A = 1.19\frac{Q_{总}}{\sqrt{h_{总}}} = 1.19\frac{\sum Q_i}{\sqrt{\sum(h_iQ_i)/\sum Q_i}} = 1.19\frac{\sum Q_i^{3/2}}{\sqrt{\sum h_iQ_i}} \tag{3-36}$$

式中　h_i——各台主要通风机系统的通风阻力（Pa）；

　　　Q_i——各台主要通风机系统的风量（m³/s）；

式（3-36）即为多台主要通风机矿井等积孔的计算公式。

3.4.2　井巷风阻特性曲线

井下风流在流经一条巷道时产生的总阻力等于各段摩擦阻力和所有的局部阻力之和。即

$$h = \sum h_f + \sum h_e \tag{3-37}$$

当巷道风流为湍流状态时，将式（3-13）和式（3-20）及式（3-17）和式（3-22）代入式（3-37）得

$$h = \sum \alpha \frac{LU}{S^3}Q^2 + \sum \xi \frac{\rho}{2S^2}Q^2 = \sum R_fQ^2 + \sum R_eQ^2 = \sum(R_f + R_e)Q^2 \tag{3-38}$$

令 $R = \sum(R_f + R_e)$，得

$$h = RQ^2 \tag{3-39}$$

式中　R——井巷风阻（kg/m⁷或 N·s²/m⁸）。

R 是由井巷中通风阻力物的种类、几何尺寸和壁面粗糙程度等因素决定的，反映井巷的

固有特性。当通过井巷的风量一定时,井巷通风阻力与风阻成正比,因此,风阻值大的井巷其通风阻力也大,反之,风阻值小的通风阻力也小。可见,井巷风阻值的大小标志着通风难易程度,风阻大时通风困难,风阻小时通风容易。所以,在矿井通风中把井巷风阻值的大小作为判别矿井通风难易程度的一个重要指标。

式(3-39)就是井巷中风流湍流状态下的矿井通风阻力定律,它反映了风阻 R 一定时,井巷通风总阻力与井巷通过的风量二次方成正比,适用于井下任何巷道。需要说明的是,由于层流状态下的摩擦阻力、局部阻力与风流速度和风量的一次方成正比,同样可以得到层流状态下的通风阻力定律。即

$$h = RQ \tag{3-40}$$

容易理解,对于中间过渡流态,风量指数在 1～2 之间,从而得到一般通风阻力定律为

$$h = RQ^n \tag{3-41}$$

$n=1$ 时是层流通风阻力定律,$n=2$ 时是湍流通风阻力定律,$n=1\sim 2$ 时是中间过渡状态通风阻力定律。式(3-41)就是矿井通风学中最一般的通风阻力定律。由于井下只有个别风速很小的地点才有可能用到层流或中间过渡状态下的通风阻力定律,所以湍流通风阻力定律式(3-39)是通风学中应用最广泛、最重要的通风定律。

将式(3-39)绘制成曲线,即:当风阻 R 值一定时,用横坐标表示井巷通过的风量 Q_i,用纵坐标表示通风阻力 h_i,将风量与对应的阻力 (Q_i, h_i) 绘制于平面坐标系中得到一条二次抛物线,如图3-9 所示,这条曲线就叫作该井巷阻力特性曲线。曲线越陡、曲率越大,井巷风阻越大,通风越困难;反之,曲线越缓,通风越容易。

井巷阻力特性曲线不但能直观地看出井巷的通风难易程度,而且当用图解法解算简单通风网路和分析通风机工况时,都要应用到井巷风阻特性曲线。故应了解曲线的意义,掌握其绘制方法。

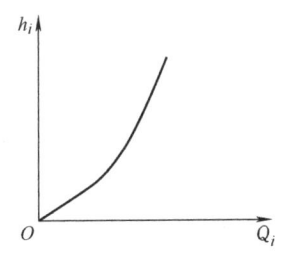

图 3-9 井巷阻力特性曲线

【例 3-3】 某矿简化后的通风系统如图 3-10 所示,已知 $R_{1-2}=0.039\text{N}\cdot\text{s}^2/\text{m}^8$,$R_{2-3}=1.177\text{N}\cdot\text{s}^2/\text{m}^8$,$R_{2-4}=1.079\text{N}\cdot\text{s}^2/\text{m}^8$,如果 $Q_{2-3}=35\text{m}^3/\text{s}$,$Q_{2-4}=25\text{m}^3/\text{s}$,求矿井的总阻力、总风阻和总等积孔为多少?

【解】 通风路线 1-2-3 的通风阻力为

$$h_{1-2-3} = (0.039 \times 60^2 + 1.177 \times 35^2)\text{Pa}$$
$$= 1582.2\text{Pa}$$

通风路线 1-2-4 的通风阻力为

$$h_{1-2-4} = (0.039 \times 60^2 + 1.079 \times 25^2)\text{Pa}$$
$$= 814.4\text{Pa}$$

矿井总等积孔,由式(3-36)得

$$A = \frac{1.19 Q^{\frac{3}{2}}}{\left(\sum_{i=1}^{n} Q_i h_i\right)^{\frac{1}{2}}} = \frac{1.19 \times 60^{\frac{3}{2}}}{\sqrt{1582.2 \times 35 + 814.4 \times 25}}\text{m}^2 = 2\text{ m}^2$$

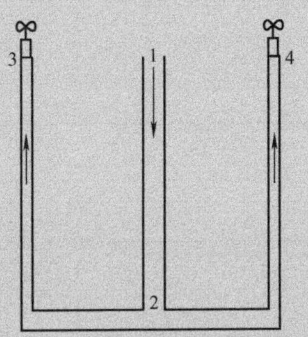

图 3-10 矿井通风系统示例

矿井总风阻，由式（3-32）得

$$R = \frac{1.19^2}{A^2} = \frac{1.41}{4} \text{N} \cdot \text{s}^2/\text{m}^8 = 0.35 \text{N} \cdot \text{s}^2/\text{m}^8$$

矿井的总阻力，由式（3-39）得

$$h = RQ^2 = 0.35 \times 60^2 \text{Pa} = 1260 \text{Pa}$$

复习思考题及习题

3-1 解释层流和湍流的概念，并介绍判别流体流动状态的方法。

3-2 通风阻力有哪几种形式？产生阻力的物理原因是什么？

3-3 通风阻力与井巷风阻有什么不同？

3-4 何谓矿井等积孔？如何计算？

3-5 降低通风阻力有什么意义？如何降低矿井摩擦阻力和局部阻力？

3-6 某等腰梯形木支架巷道，上宽 1.8m、下宽 2.8m、高 2m，在长度为 400m、风量为 480m³/min 时，阻力损失为 38.0Pa，试求该段巷道的摩擦风阻和摩擦阻力系数。若其他条件不变，在风量增为 960m³/min 时，阻力损失应是多少？

3-7 某圆形井筒，当井筒直径增大 10%，在其他条件不变的情况下，井筒的通风阻力降低多少？

3-8 某矿竖井井筒的直径 $D = 6$m，井筒的阻力系数 $\alpha = 0.0042 \text{ N} \cdot \text{s}^2/\text{m}^4$，当流过风量为 6000m³/min，井深为 600m 时，求井筒的通风阻力。

3-9 某巷道摩擦阻力系数 $\alpha = 0.004 \text{ N} \cdot \text{s}^2/\text{m}^4$，通过风量 $Q = 40$m³/s，空气密度 1.25kg/m³。在突然扩大段，巷道断面面积由 $S_1 = 6$m² 变为 $S_2 = 12$m²。求：

1）突然扩大的局部阻力。

2）若风流由断面 2 流向断面 1，则局部阻力为多少？

3-10 在 100m 长的平巷中，测得通风阻力为 59.6Pa。巷道断面为 6.4m²，周界为 10.8m，测定时巷道的风量为 1200m³/min，求该巷道的摩擦阻力系数。若在此巷道中停放一列矿车，风量仍保持不变，测得此段巷道的总风压损失为 84.65Pa。求矿车的局部阻力系数。

3-11 用胶皮管和水柱计测定巷道 1、2 点之间的静压差为 20mmH₂O，如图 3-11 所示，巷道中流过风量为 30m³/s，$S_1 = 10$m²，$S_2 = 5$m²，求该段巷道的通风阻力和风阻。

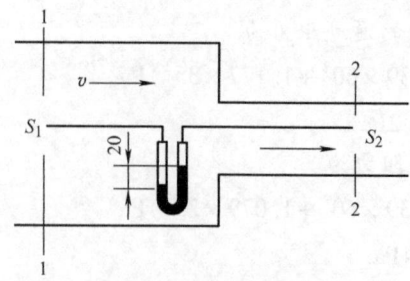

图 3-11 题 3-11 图

3-12 某矿通风系统如图 3-12 所示。已知风阻值 $R_1 = 0.01 \text{N} \cdot \text{s}^2/\text{m}^8$，$R_2 = 0.05 \text{ N} \cdot \text{s}^2/\text{m}^8$，$R_3 = 0.02 \text{ N} \cdot \text{s}^2/\text{m}^8$，$R_4 = 0.02 \text{ N} \cdot \text{s}^2/\text{m}^8$，风量 $Q = 30$m³/s，则该矿的通风阻力和等积孔为多少？

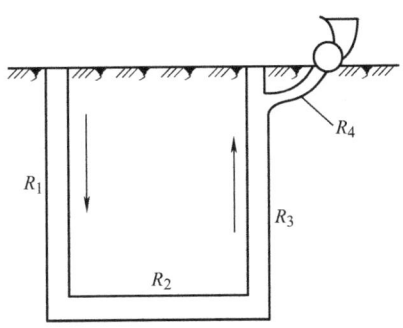

图 3-12　题 3-12 图

3-13　某矿通风系统如图 3-13 所示。已知 $R_0 = 0.07\ \text{N}\cdot\text{s}^2/\text{m}^8$，$R_1 = 0.12\ \text{N}\cdot\text{s}^2/\text{m}^8$，$R_2 = 0.25\ \text{N}\cdot\text{s}^2/\text{m}^8$，风量 $Q_1 = 10\text{m}^3/\text{s}$，$Q_2 = 20\text{m}^3/\text{s}$，则该矿的等积孔为多少？

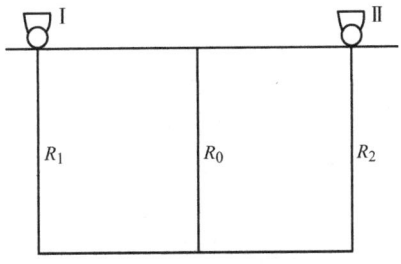

图 3-13　题 3-13 图

第4章

矿井通风动力

【学习要点】

- 正确理解自然风压的基本概念、形成过程、计算方法及影响因素，熟悉自然风压的控制和利用，掌握自然风压的测定方法。
- 了解矿用通风机的分类，熟悉离心式及轴流式通风机的基本构造及工作原理。
- 熟悉通风机的主要性能参数及其计算公式，掌握通风机特性曲线的形状特点和绘制方法，以及确定通风机特性曲线的合理工况范围。
- 掌握通风机主要无量纲参数的表示方法，熟悉无量纲特性曲线的主要用途，掌握通风机性能的相似换算法则。
- 正确理解比转数的基本含义，熟悉比转数在通风机相似设计中的实际应用方法。
- 熟悉矿井主要通风机各附属装置的基本构成及工作原理。
- 熟悉矿井通风机联合运转的类型及特点，学习绘制联合运转风机等效特性曲线并能确定实际工况点。

欲使空气在矿井中源源不断地流动，就必须克服空气沿井巷流动时所受到的阻力。这种克服通风阻力的能量或压力称为通风动力。若这种能量是由通风机提供的，则称为机械通风；若是由矿井自然条件产生的，则称为自然通风。机械风压和自然风压均是矿井通风的动力。但我国相关法规和规程规定，矿井必须采用机械通风。

本章主要阐述了自然风压及其形成和计算、矿用通风机的类型及构造、通风机的性能参数与特性曲线以及通风机的相似理论，重点要求掌握矿井主要通风机的附属装置和矿井通风机的联合运转。

4.1 自然风压

4.1.1 自然风压的形成和计算

1. 自然风压与自然通风

在图 4-1 中，图 4-1a 所示为平硐开拓的矿井通风系统，图 4-1b 所示为竖井开拓的矿井通风系统，图中2-3为水平巷道，1-4为通过系统最高点的水平线。如果把地表大气视为断面无限大，风阻为零的假想风路，则通风系统可视为一个闭合的回路。在冬季，由于空气柱1-2比3-4的平均温度较低，平均空气密度较大，导致两空气柱作用在2-3水平面上的重力不等。其重力之差就是该系统的自然风压。它使空气源源不断地从井口平硐2（图4-1a）或1（图4-1b）流入，从井口4流出。在夏季时，若空气柱4-3比1-2温度低，平均密度大，则系统产生的自然风压方向与冬季相反。地面空气从井口4流入，从井口平硐2（图4-1a）或1（图4-1b）流出。这种由自然因素作用而形成的通风叫自然通风。

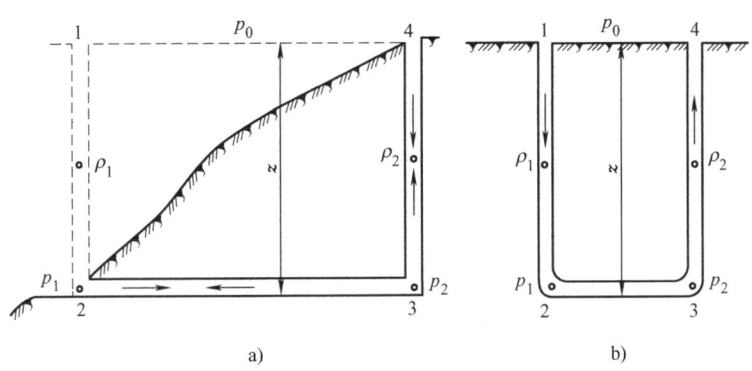

图 4-1 简化的矿井通风系统

对于图4-1所示的矿井通风系统，设井深为z，竖井井口标高处的大气压力为p_0，空气密度为ρ，则自然风压H_n（Pa）为

$$H_n = p_1 - p_2 = (p_0 + \rho_1 gz) - (p_0 + \rho_2 gz) = gz(\rho_1 - \rho_2) \tag{4-1}$$

若考虑到标高向上为正，式（4-1）可写成积分形式为

$$H_n = \left(-g\int_1^2 \rho_1 dz\right) - \left(-g\int_4^3 \rho_2 dz\right) \tag{4-2}$$

2. 自然风压的计算

由图4-2所示，在一个有高差的闭合回路中，只要两侧有高差巷道中空气的温度或密度不等，则该回路就会产生自然风压。根据自然风压定义，图4-2所示系统的自然风压H_n可用下式计算

$$H_n = \left(-\int_1^2 \rho_0 g dz - \int_2^3 \rho_1 g dz -\right) - \left(-\int_5^4 \rho_2 g dz\right) \tag{4-3}$$

按流体静力学，气压增量为

$$dp = \rho g dz \tag{4-4}$$

式中　　z——空气柱的高度（m）；
　　　　g——重力加速度（m/s^2）；
ρ_0、ρ_1、ρ_2——1-2、2-3和4-5井巷中dz段的空气密度（kg/m^3）。

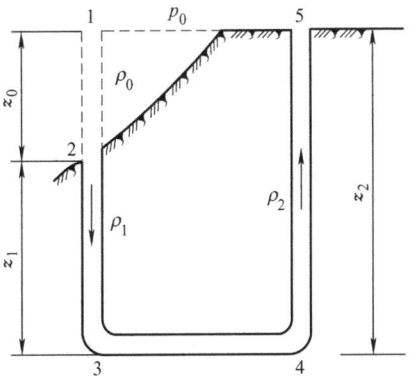

图 4-2 井口标高不同的矿井自然通风

由于空气密度受多种因素影响（如温度、标高和气压等），与高度z成复杂的函数关系。因此利用式（4-4）计算自然风压较为困难。为了简化计算，现分两情况讨论。

1) 当井深小于100m时,可近似视为等容过程,ρ 为常量,则式(4-3)可积分为

$$H_n = \rho_0 g z_0 + \rho_1 g z_1 - \rho_2 g z_2 \tag{4-5}$$

式中 ρ_0、ρ_1、ρ_2——各段空气柱的平均密度(kg/m³),一般取空气柱始末两点的平均密度;

z_0、z_1、z_2——各段空气柱的高度(m)。

生产矿井各处的气温、气压可从实测得到。新设计矿井时,进风井口气温可取该标高处地表计算月的月平均气温;进风井底的气温应参考附近矿山的实际资料来确定。回风井底的气温可按该深度处岩体温度减去 1~2℃,回风井口的气温可按每上升100m气温下降0.4~0.5℃计算。

2) 当井深大于100m时,井筒空气常态可近似视为等温过程,则式(4-4)可写为

$$\frac{1}{\rho g}dp = dz, \quad \frac{RT}{g}\frac{dp}{p} = dz, \quad \frac{1}{g}\int_{p_0}^{p} RT \frac{dp}{p} = \int_0^z dz$$

积分得

$$p = p_0 e^{\frac{gz}{RT}} \tag{4-6}$$

式中 p_0——井口大气压(Pa);

p——井深为 z 处的大气压(Pa);

T——井筒内空气的平均温度(K);

R——空气的气体常数,$R = 287 J/(kg \cdot K)$。

为计算方便,将式(4-6)展开级数,并略去第二项以后各项,可写成

$$p_i = p_0 \left(1 + \frac{gz}{RT}\right) \tag{4-7}$$

利用式(4-7)分别计算出进、回风井底的气压,两者之差就是自然风压,即

$$H_n = p_1 - p_2 = g p_0 \left(\frac{z}{RT_1} - \frac{z}{RT_2}\right) \tag{4-8}$$

式中 z——由井口到井底最深处的深度(m);

T_1、T_2——进风井和回风井的平均温度(K)。

当矿井深度大于100m时,因略去展开级数中第二项以后各项所造成的误差较大,所以在式(4-8)右端乘以修正系数 K,并考虑到气体常数 $R = 287 J/(kg \cdot K)$,则式(4-8)可写成

$$H_n = 0.0341 K p_0 z \left(\frac{1}{T_1} - \frac{1}{T_2}\right) \tag{4-9}$$

其中,$K = 1 + \frac{z}{10000}$。

4.1.2 自然风压的影响因素

由式(4-1)可见,影响自然风压的决定性因素是两侧空气柱的密度差,而空气密度又受温度 T、大气压力 p、气体常数 R 和相对湿度 φ 等因素影响。因此,影响自然风压的因素可用下式表示

$$H_n = f(\rho z) = f[\rho(T, p, R, \varphi) z] \tag{4-10}$$

1) 矿井某一回路中两侧空气柱的温差是影响 H_n 的主要因素。影响气温差的主要因素是地面入风风流与围岩的热交换。其影响程度随矿井的开拓方式、采深、地形和地理位置的不同而有所不同。大陆性气候的山区浅井,自然风压大小和方向受地面气温影响较为明显;一年四季,甚至昼夜之间都有明显变化。由于风流与围岩的热交换作用使机械通风的回风井中一年四季中气温变化不大,而地面进风井中气温则随季节变化,两者综合作用的结果,导致一年中自然风压发生周期性的变化。图4-3中曲线1所示为某机械通风浅井自然风压变化规律示意图。对于深井,其自然风压受围岩热交换影响比浅井显著,一年四季的变化较小,有的可能不会出现负的自然风压,如图4-3 中曲线 2 所示。

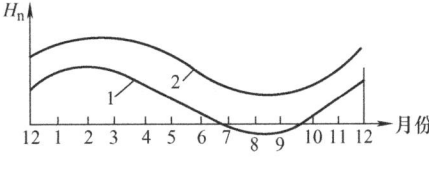

图 4-3 自然风压变化规律示意图

2) 空气成分和湿度影响空气的密度,因而对自然风压也有一定影响,但影响较小。

3) 井深。由式(4-5)可知,当两侧空气柱温差一定时,自然风压与矿井或回路最高与最低点(水平)间的高差 z 成正比。

4) 主要通风机工作对自然风压的大小和方向也有一定影响。因为矿井主要通风机工作决定了主风流的方向,加之风流与围岩的热交换,使冬季回风井气温高于进风井,在进风井周围形成了冷却带以后,即使风机停转或通风系统改变,这两个井筒之间在一定时期内仍有一定的气温差,从而仍有一定的自然风压起作用。有时甚至会干扰通风系统改变后的正常通风工作,这在建井时期表现尤其明显。

4.1.3 自然风压的控制和利用

自然风压既可作为矿井通风的动力,也可能是事故的肇因。因此,研究自然风压的控制和利用具有重要意义。

1) 新设计矿井在选择开拓方案、拟定通风系统时,应充分考虑利用地形和当地气候特点,使在全年大部分时间内自然风压作用的方向与机械通风风压的方向一致,以便利用自然风压。例如,在山区要尽量增大进、回风井井口的高差;进风井井口布置在背阳处等。

2) 根据自然风压的变化规律,应适时调整主要通风机的工况点,使其既能满足矿井通风需要,又可节约电能。例如在冬季自然风压帮助机械通风时,可采用减小叶片角度或转速的方法降低机械风压。

3) 在多井口通风的山区,尤其在高瓦斯矿井,要掌握自然风压的变化规律,防止因自然风压作用造成某些巷道无风或反向而发生事故。

图4-4a是某矿因自然风压使风流反向示意图。该矿为抽出式通风,风机型号为 BY-2-No28,冬季平硐 AB 和立井 BD 进风,$Q_{AB} = 2000 \text{m}^3/\text{min}$,夏季平硐自然风压作用方向与主要通风机作用方向相反,平硐风流反向,出风量 $Q' = 300 \text{m}^3/\text{min}$,反向风流把平硐某处涌出的瓦斯带至硐口的给煤机附近,因电火花引起瓦斯爆炸。下面就此例分析平硐 AB 风流反向的条件及其预防措施。

如图4-4b所示,对出风井来说夏季存在两个系统自然风压。

$ABB'CEFA$ 系统的自然风压为

$$H_{nA} = zg(\rho_{CB'} - \rho_{FA})$$

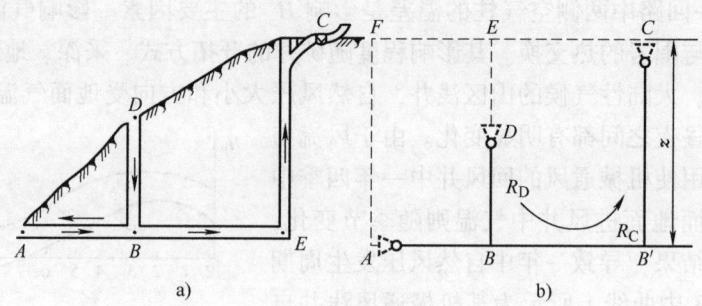

图 4-4 自然风压使风流反向示意图

$DBB'CED$ 系统的自然风压为

$$H_{nD} = zg(\rho_{CB'} - \rho_{EB})$$

式中 $\rho_{CB'}$、ρ_{FA} 和 ρ_{EB}——CB'、FA 和 EB 空气柱的平均密度（kg/m³）。

自然风压与主要通风机作用方向相反，相当于在平硐口 A 和进风立井口 D 各安装一台抽风机。设 AB 段风流停滞，对回路 $ABDEFA$ 和 $ABB'CEFA$ 可分别列出压力平衡方程，即

$$\left. \begin{array}{l} H_{nA} - H_{nD} = R_D Q^2 \\ H_s - H_{nA} = R_C Q^2 \end{array} \right\} \qquad (4-11)$$

式中 H_s——风机静压（Pa）；

Q——$DBB'C$ 风路风量（m³/s）；

R_D、R_C——DB 和 $BB'C$ 分支风阻（N·s²/m⁸）；

方程组 (4-11) 中两式相除，得

$$\frac{H_{nA} - H_{nD}}{H_s - H_{nA}} = \frac{R_D}{R_C} \qquad (4-12)$$

式 (4-12) 即为 AB 段风流停滞条件式。

当式 (4-12) 变为

$$\frac{H_{nA} - H_{nD}}{H_s - H_{nA}} > \frac{R_D}{R_C} \qquad (4-13)$$

则 AB 段风流反向。根据式 (4-13)，可采用下列措施防止 AB 段风流反向：①加大 R_D；②增大 H_s；③在 A 点安装风机向巷道压风。

为了防止风流反向，必须做好调查研究和现场实测工作，掌握矿井通风系统和各回路的自然风压和风阻，以便在适当的时候采取相应的措施。

4) 在建井时期，要注意因地和因时利用自然风压通风，如在表土施工阶段可利用自然通风；在主副井与风井贯通之后，有时也可利用自然通风；有条件时还可利用钻孔构成回路，形成自然风压，解决局部地区通风问题。

5) 利用自然风压做好非常时期的通风。一旦主要通风机因故遭受破坏时，便可利用自然风压进行通风。这在矿井制订事故预防和处理计划时应予以考虑。

4.1.4 自然风压的测定

在生产矿井，可用有关仪器仪表直接或间接地测出自然风压。常用方法介绍如下。

1. 直接测量法

如图 4-5a 所示的矿井，停止通风机（若有）的运转，在总风流通过巷道中任何适当地点建立临时风墙，隔断风流后，立即用压差计测出风墙两侧的风压差，此值就是该停风区段的自然风压。如果矿井还有其他水平，则应同时将其他所有水平的自然风流用风墙隔断。可见，这个方法用于多水平矿井并不简便。

在有主通风机通风的矿井，测定全矿井自然风压的简便方法如图 4-5b 所示。首先停止主通风机运转，立即将风硐内的闸板放下，隔断自然风流，这时接入风硐内闸板前侧的压差计的读数就是全矿自然风压。

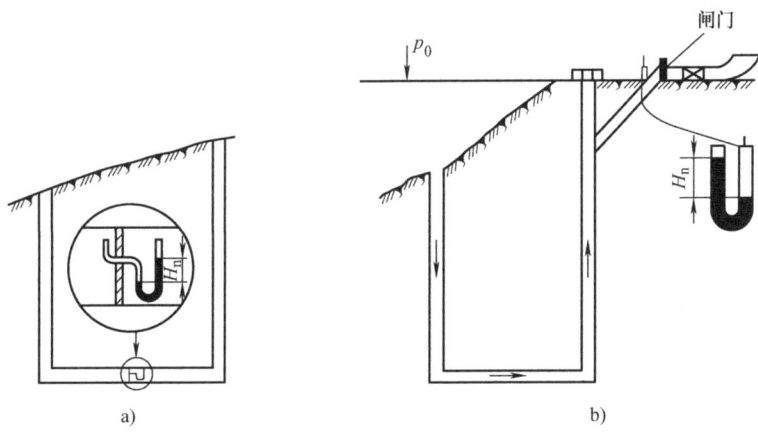

图 4-5 测定全矿井自然风压

2. 间接测定法

在有主通风机工作的矿井，首先，当主通风机正常运转时，测出其总风量 Q 及主通风机的有效静压 H_s，则可列出方程为

$$H_s + H_n = RQ^2 \tag{4-14}$$

然后，停止主通风机运转，当仍有自然通风风流流过全矿且稳定时，立即在风硐内或其他总风流中测出自然通风量 Q，则可列出方程式为

$$H_n = RQ^2 \tag{4-15}$$

联立求解式（4-14）与式（4-15），可解得未知的自然风压 H_n 和全矿井风阻 R。

同理，将主通风机转速改变，或者用闸板调整一下风洞的过风面积，使主通风机工况改变，测出其风流参数 H_s 和 Q，或者再计算闸板调整所增加的局部风阻，列出其他形式的方程取代式（4-14），与式（4-15）联立求解，也可解得自然风压。

【例 4-1】 某矿井为抽出式通风系统，如图 4-6 所示，各段高度如图中所示，矿井最高水平大气压力 $p_0 = 101325$Pa，地表平均空气温度 $t_0 = 25$℃，入风井底气温 $t'_0 = 20$℃，矿井所在地区年平均气温 $t = 10$℃，恒温带深度为 30m，地温梯度为 2.5℃/100m。求矿井自然风压及作用方向。

【解】 （1）计算排风井底气温 t'_2。由式（1-7）计算回风井底岩体温度为

$$t_2 = t_0 + G_\mathrm{t}(z-z_0) = \left[10 + \frac{2.5}{100} \times (200-30)\right]℃ = 14.25℃$$

排风井底气温按井巷空气中温度较同水平岩体温度低 1.5℃计算，即

$$t_2' = (14.25 - 1.5)℃ = 12.75℃$$

（2）排风井口气温 t_3。按海拔每升高 100m 气温降低 0.5℃ 计算，即

$$t_3 = \left(12.75 - 0.5 \times \frac{200}{100}\right)℃ = 11.75℃$$

（3）矿井深度超过 100m，按式（4-9）计算自然风压。由于入风侧平均气温 T_1 为

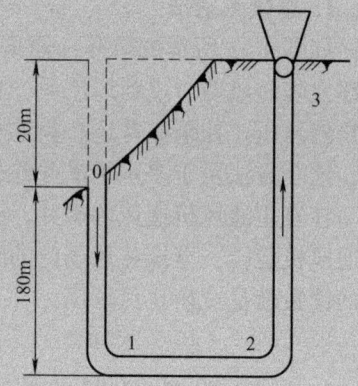

图 4-6 某矿抽出式通风系统

$$T_1 = \left[273 + \frac{25 \times 20 + \frac{(25+20)}{2} \times 180}{200}\right]\mathrm{K} = 295.75\mathrm{K}$$

排风井平均气温 T_2 为

$$T_2 = \left(273 + \frac{12.75 + 11.75}{2}\right)\mathrm{K} = 285.25\mathrm{K}$$

故自然风压为

$$H_\mathrm{n} = 0.0341 K p_0 z \left(\frac{1}{T_1} - \frac{1}{T_2}\right)$$

$$= 0.0341 \times \left(1 + \frac{200}{10000}\right) \times 101325 \times 200 \times \left(\frac{1}{295.75} - \frac{1}{285.25}\right)\mathrm{Pa} = -87.73\mathrm{Pa}$$

由于自然风压为负值，所以自然风压方向为 3→2→1→0。

4.2 矿用通风机的类型及构造

矿井通风的主要动力是通风机。通风机是矿井的"肺脏"，它日夜不停地运转，加之其功率大，因此其能耗很大，所以合理地选择和使用通风机，不仅关系矿井的安全生产和职工的身体健康，而且对矿井的主要技术经济指标也有一定影响。

矿用通风机按其服务范围可分为三种：

（1）主要通风机　服务于全矿或矿井的某一翼（部分）。

（2）辅助通风机　服务于矿井网络的某一分支（采区或工作面），帮助主要通风机通风，以保证该分支风量。

（3）局部通风机　服务于独头掘进井巷等局部地区。

按通风机的构造和工作原理可分为离心式通风机和轴流式通风机两种。

4.2.1 离心式通风机的构造和工作原理

离心式通风机的主要结构部件为叶轮、机壳、进气口、出气口，如图 4-7 所示。叶轮安

装在蜗壳 4 内,当叶轮旋转时,气体经过进气口 2 轴向吸入,然后气体约转 90°流经叶轮叶片构成的流道间(简称叶道),而蜗壳将叶轮甩出的气体集中、导流,从通风机出气口 6 或出口扩散器 7 排出。

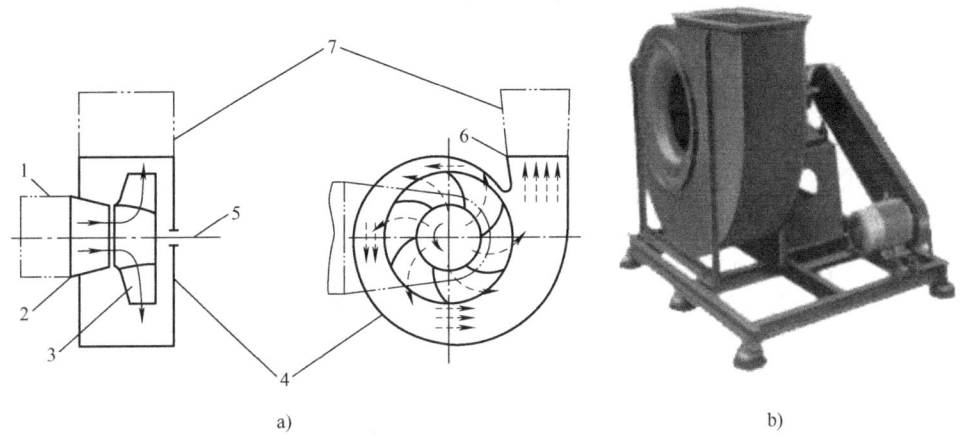

图 4-7 离心式通风机
a) 结构图 b) 实物图
1—进气室 2—进气口 3—叶轮 4—蜗壳 5—主轴 6—出气口 7—出口扩散筒

离心式通风机的工作原理:气体在离心式通风机中的流动先为轴向,后转变为垂直于通风机轴的径向运动,当气体通过旋转叶轮的叶道间,由于叶片的作用,气体获得能量,即气体压力提高和动能增加。当气体获得的能量足以克服其阻力时,则可将气体输送到高处或远处。

离心式通风机按其叶片出口角(叶片出口速度方向与叶轮圆周速度反方向的夹角)不同,分为后向式($\beta_2 < 90°$)、径向式($\beta_2 = 90°$)、前向式($\beta_2 > 90°$)三种,如图 4-8 所示。

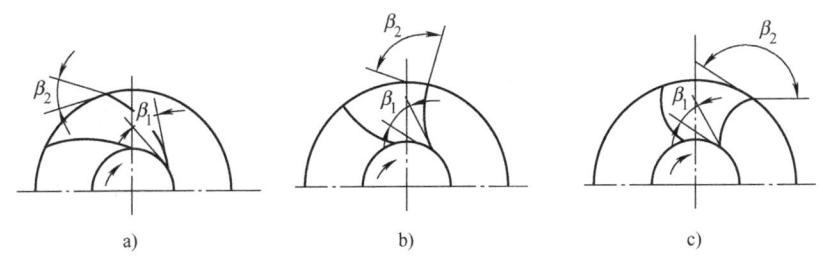

图 4-8 叶轮叶型与出口安装角
a) 后向叶轮 b) 径向叶轮 c) 前向叶轮

几种不同叶片型式的叶轮性能比较如下:
1) 从气体获得压力看,前向式叶轮最大,径向式叶轮稍次,后向式叶轮最小。
2) 从效率观点看,后向式叶轮效率最高,径向式叶轮居中,前向式叶轮最低。
3) 从结构尺寸看,当风量和转速一定时,在达到相同的风压前提下,前向式叶轮直径最小,径向式叶轮直径次之,后向式叶轮直径最大。
4) 从风机噪声看,前向式叶轮噪声最大,径向式叶轮适中,后向式叶轮较小。

因此，在目前风机生产中，大型的离心式通风机，为了增加效率和降低噪声，几乎都采用后向式叶轮。而一些中小型风机，特别是对风压要求较高时，则采用前向式叶轮；从防磨损和减少积尘角度看，选用径向式叶轮较为有利。

图4-9是矿用离心式通风机在矿井通风井口安装做抽出式通风的构造示意图。

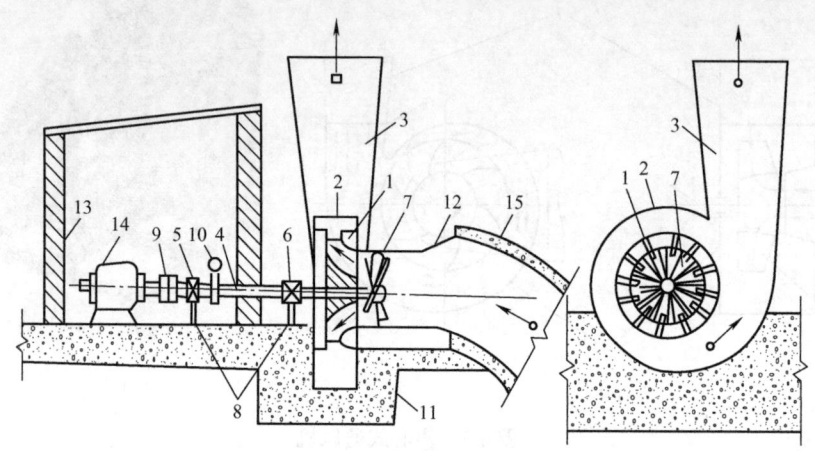

图4-9　离心式通风机的构造

1—工作轮　2—蜗壳体　3—扩散器　4—主轴　5—推力轴承　6—径向轴承　7—前导器　8—机架
9—联轴器　10—制动器　11—机座　12—吸风口　13—通风机房　14—电动机　15—风硐

4.2.2　轴流式通风机的构造和工作原理

空气沿轴向流动的通风机称为轴流式通风机，如图4-10所示，它主要由集风器、叶轮、导叶和扩散筒等组成。叶轮安装在圆筒形机壳中，电动机与叶轮直接连接。

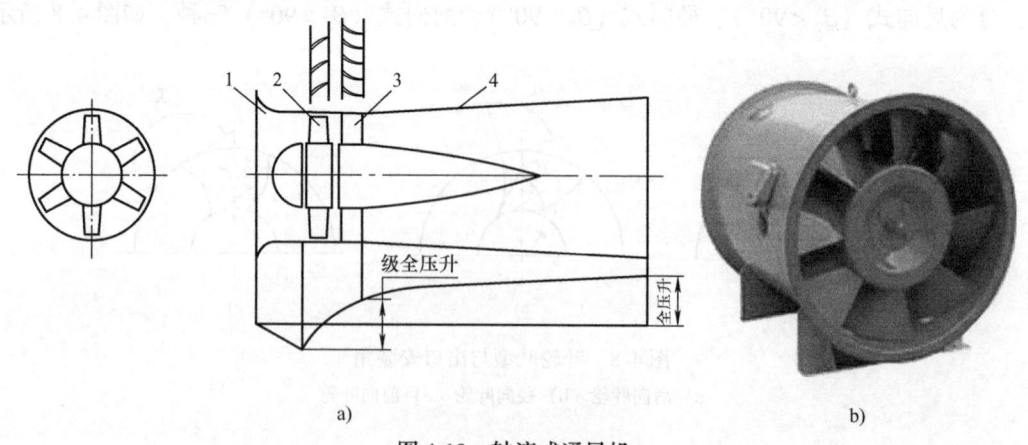

图4-10　轴流式通风机
a) 结构图　b) 实物图
1—集风器　2—叶轮　3—导叶　4—扩散筒

轴流式通风机的工作原理：由于风机叶轮的叶片具有一定的斜面形状，当叶轮在机壳中高速转动时，使叶轮周围气体一边随叶轮旋转，一边沿轴向推进，气体在通过叶轮时获得能量，压力升高，进入扩散筒后一部分轴向气流的动能转变为静压能，最后以一定的压力从扩散筒流出。

轴流式通风机一般采用电动机直接传动的传动方式，有些大型的轴流式通风机也可将电动机安装在机壳的外面，采取带轮或联轴器传动的方式，且其叶轮的排风侧设有固定导叶，可将一部分偏转气流转变为静压能，有助于气流的扩散。

轴流式通风机的叶片各种各样，有板型、机翼型等。叶片从根部到叶稍常采用扭曲形。有些叶轮的叶片安装角是可以调整的，通过调整叶片安装角可以改变风机的性能参数。图 4-11 是轴流式通风机的叶片安装示意图。图 4-12 所示是矿用轴流式通风机在矿井通风井口安装做抽出式通风的示意图。

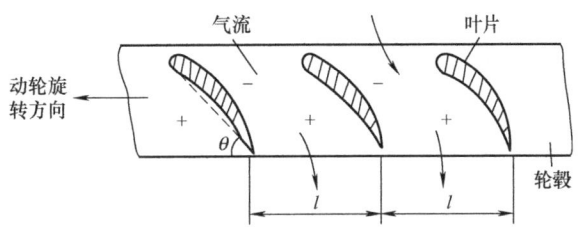

图 4-11　轴流式通风机的叶片安装示意图

θ—安装角（大小可调）　l—叶片间距

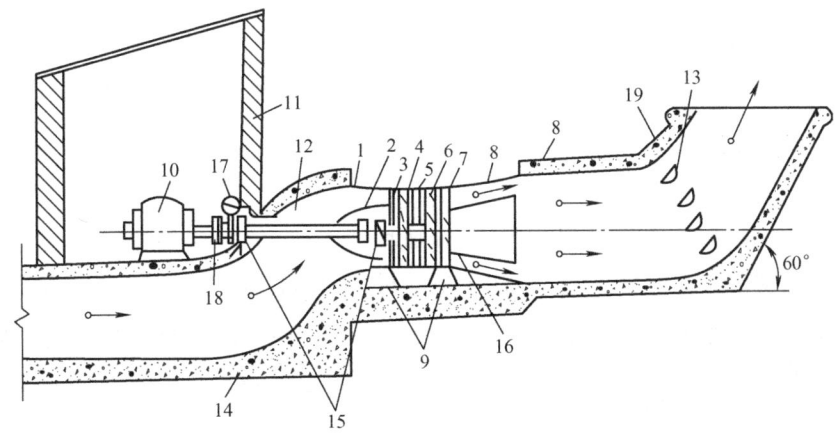

图 4-12　轴流式通风机的构造

1—集风器　2—前流线体　3—前导器　4—第一级工作轮　5—中间整流器　6—第二级工作轮　7—后整流器　8—环行或水泥扩散器　9—机架　10—电动机　11—通风机房　12—风硐　13—导流板　14—基础　15—径向轴承　16—推力轴承　17—制动器　18—齿轮联轴器　19—扩散器

4.3　通风机的性能参数与特性曲线

4.3.1　通风机的性能参数

表示通风机性能的主要参数是风压 p、风量 Q、通风机轴功率 N、效率 η 和转速 n 等。这里简单地说明它们的概念。

1. 风量

通风机在单位时间内所输送的气体体积称为风量，又称流量。通常指的是工作状态下的气体量（m^3/h 或 m^3/s），而在通风机铭牌上有时标出的是标准状态下的风量。

2. 风压

通风机出口气体全压与进口气体全压之差（或进、出口全压绝对值之和）称为通风机的风压，也就是气体进入通风机后所升高的压力，其单位为Pa。

3. 功率

通风机在单位时间内传递给气体的能量称为通风机的有效功率 N_e（kW），可用下式表示

$$N_e = \frac{Qp}{1000} \tag{4-16}$$

式中　Q——通风机的风量（m^3/s）；

　　　p——通风机的风压（Pa）。

实际上，由于通风机运转时轴承内部有摩擦损失以及气体在通风机内流动时产生的涡流撞击和流动损失，使其消耗在通风机轴上的功率（轴功率）N（kW）要大于有效功率 N_e。通风机轴功率可用下式表示

$$N = \frac{Qp}{1000\eta} \tag{4-17}$$

式中　η——通风机的效率。

通风机所消耗的能量是由带动它工作的电动机提供的，当选择通风机所配用电动机功率时，在轴功率的基础上，还应考虑通风机机械传动的能量损失以及电动机工作的安全系数。配用电动机功率 N_D（kW）可按下式计算

$$N_D = \frac{Qp}{1000\eta\eta_j} m \tag{4-18}$$

式中　η_j——通风机机械传动效率，取决于通风机的传动方式，一般按表4-1采用；

　　　m——电动机容量安全系数，取决于电动机本身的容量，一般按表4-2采用。

表4-1　通风机的机械传动效率

传动方式	机械传动效率 η_j
电动机直接传动	1.0
联轴器直接传动	0.98
减速器传动	0.95
带式传动	0.92

表4-2　电动机容量安全系数

电动机功率/kW	电动机容量安全系数 m
<0.5	1.5
0.5~1	1.4
1~2	1.3
2~5	1.2
>5	1.15

4. 效率

通风机的效率 η 就是通风机的有效功率与消耗在通风机轴上的功率之比，即

$$\eta = \frac{N_e}{N} \times 100\% \tag{4-19}$$

通风机效率的高低反映了通风机工作的经济性。

5. 转速

转速指通风机叶轮每分钟旋转的次数，其值通常由转数表直接测得。转速的快慢将直接影响通风机的风量、压力、效率。

4.3.2　通风机的特性曲线

将通风机的主要性能参数，如风压 p、功率 N 和效率 η 与其风量 Q 的相互关系绘制成曲线，称为通风机的特性曲线（或称性能曲线、个体特性曲线等）。通风机的特性曲线是较直

观反应通风机各参数之间关系的一种表达方法，此方法在工程上应用极其广泛。

通风机的特性曲线一般有三条，即风压与风量（$p\text{-}Q$）特性曲线、功率与风量（$N\text{-}Q$）特性曲线以及效率与风量（$\eta\text{-}Q$）特性曲线。从理论上分析，通风机的特性曲线是利用通风机的基本方程式计算而得到的，但由于计算方法比较复杂和风流在每台通风机内部的能量损失无法计算，故不易得到切合实际的特性曲线，因此，在实际应用中，都采取试验方法测得数据，经整理后绘制特性曲线。

一般特性曲线的具体绘制方法为：在通风机入口处设一风量调节阀，用阀门调节，以获得某一型号的风机在一定转速下不同工况点的风量和风压值；然后在横坐标表示风量、纵坐标表示风压的坐标系中，依次找到各工况点；最后用平滑的曲线将各点连接起来，即得到该通风机在一定转速下的 $p\text{-}Q$ 特性曲线（如果风压用全压表示称全压特性曲线，风压用静压表示称静压特性曲线）。图4-13表示叶片为后向式、径向式、前向式的离心式通风机和轴流式通风机的一般形状的风压特性曲线，从图中可知：曲线 a、b、c、d 的形状不同，各有特点，它们分别和速度特性曲线 e、f、g、i 之间的影线表示不同风量下所损失的风压。图中曲线 a 比较稳定，即风量变化时风压变化比较均匀，可使效率提高，故离心式通风机使用后倾式叶片；b 曲线呈拱形变化，径向式叶片容易制作，多用于离心式小型通风机；曲线 c 表示风量变化时风压变化不均匀，但在某一风量下风压较高，故非矿用高压鼓风机多用前倾式叶片；曲线 d 为轴流式通风机风压特性曲线的一般形式，具有一段马鞍形（又叫驼峰）曲线的特点。

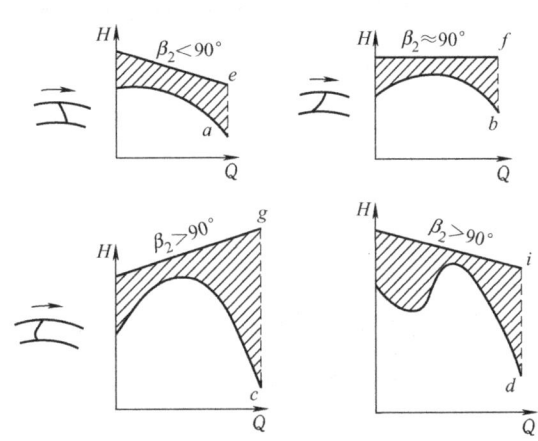

图4-13　通风机的风压特性曲线

通风机的功率和效率特性曲线也要通过试验求得。即在测量风压和风量的同时，用有关公式测算出轴功率和效率而描绘的曲线。图4-14和图4-15所示分别表示离心式通风机的特性曲线和轴流式通风机的特性曲线。

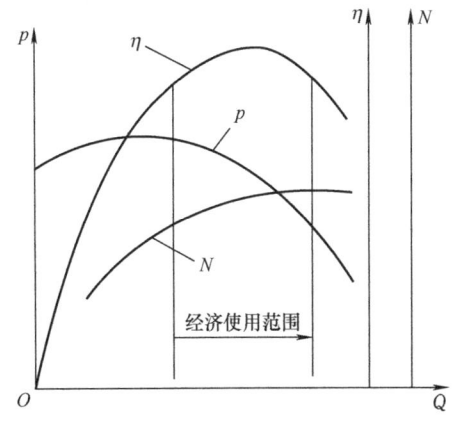

图4-14　离心式通风机的特性曲线

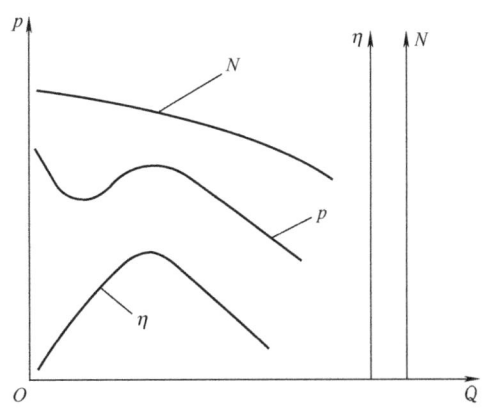

图4-15　轴流式通风机的特性曲线

从图 4-14 所示的离心式通风机的风压特性曲线 p-Q 可以看出，风压随着风量的增加而下降较慢，功率随风量的增加而增加，即离心式通风机的功率特性曲线是逐渐上升的，因此在起动离心式通风机时，为避免电流过大而烧毁电动机，应关闭阀门，在风量最小时起动。从图 4-15 所示的轴流式通风机的风压特性曲线 p-Q（驼峰点后）可以看出，风压随着风量的增加而较快下降，功率随风量的增加而减小，即轴流式通风机的功率特性曲线是逐渐下降的，因此在起动轴流式通风机时，为避免电流过大而烧毁电动机，应打开阀门，在风量最大时起动。

4.3.3 通风机特性曲线的合理工况范围

为使通风机运转稳定，实际应用的风压不能超过最大风压的 90%；对轴流式通风机不允许工况点落在马鞍形区域内，为了运转经济，通风机的静压效率不应低于 0.6。由于受到动轮和叶片等部件的结构强度所限，通风机动轮的转速不能超过它的额定转速。轴流式通风机除转速有限制外，最大的叶片安装角 θ 为 45°。超过最大的安装角，运转就不稳定。为了通风机的工作经济性，一级动轮的轴流式通风机，其 θ 不小于 10°；二级动轮的轴流式通风机，其 θ 不小于 15°。

4.4 通风机的相似理论

对于通风机，相似理论的应用是非常重要的，特别是应用于通风机的相似设计和其性能参数的相似换算。所谓相似设计，即根据试验研究出来的性能良好、运行可靠的模型通风机来设计与模型相似的新通风机。性能相似换算是用于试验条件不同于设计条件时，将试验条件下的性能参数利用相似原理换算到设计和实际使用条件下的性能参数。

4.4.1 通风机的主要无量纲参数

将通风机的主要性能参数：风量 Q（m³/s）、风压 p（Pa）、功率 N（kW）、转速 n（r/min）与通风机的特性值：叶轮外径 D_2（m）、叶轮外缘的圆周速度 u_2（m/s）以及气体密度 ρ_g（kg/m³）之间的关系用无量纲参数来表示，它们分别是：

压力系数 $\bar{p}$

$$\bar{p} = \frac{p}{\rho_g u_2^2} \tag{4-20}$$

风量系数 $\bar{q}$

$$\bar{q} = \frac{q}{\frac{\pi}{4} D_2^2 u_2} \tag{4-21}$$

功率系数 $\bar{N}$

$$\bar{N} = \frac{1000 N}{\frac{\pi}{4} D_2^2 \rho_g u_2^3} \tag{4-22}$$

4.4.2 通风机的无量纲特性曲线（也称类型特性曲线）

以风量系数 $\overline{Q}$ 为横坐标，以风压系数 $\overline{p}$、功率系数 $\overline{N}$ 和通风机效率 η 为纵坐标，即可作一组无量纲特性曲线。图 4-16 所示是离心式通风机的无量纲特性曲线。由于同一类型的通风机，其相对应的工况点的无量纲参数 $\overline{Q}$、$\overline{p}$、$\overline{N}$ 和 η 都相同，所以一组无量纲特性曲线代表了同一类型的通风机在不同机号、不同转速下的全部性能，其应用范围比有量纲特性曲线要广得多。

用无量纲特性曲线的主要用途之一就是选择不同型号的通风机。在选择通风机时先要根据通风机所需风压的最大值 p（Pa），用下式计算动轮的圆周速度 u_2（m/s）。即

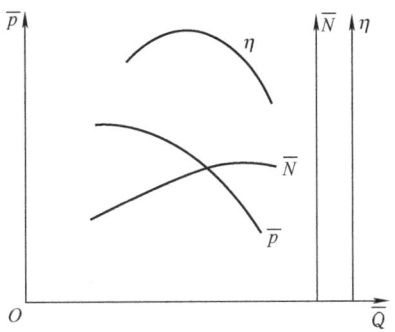

图 4-16 离心式通风机的无量纲特性曲线

$$u_2 = \sqrt{\frac{p}{\rho_g \overline{p}}} \tag{4-23}$$

式中 $\overline{p}$——风压系数，用无量纲特性曲线中效率最高点所对应的数值。

再根据通风机所需风量 Q（m³/s），用下式计算出动轮的直径。即

$$D_2 = \sqrt{\frac{4Q}{\pi u_2 \overline{Q}}} \tag{4-24}$$

式中 $\overline{Q}$——风量系数，用无量纲特性曲线中效率最高点所对应的数值。

根据计算得到的 D_2 值，在通风机产品目录中选择接近此值的动轮直径 D（m）或型号。再根据算得的 D_2 和 u_2 值，用下式计算所需转速 n（r/min）。即

$$n = \frac{60 u_2}{\pi D_2} \tag{4-25}$$

最后，根据 D 和 n 的数值选定合理的通风机。

4.4.3 通风机性能的相似换算

通风机性能的相似换算，是利用相似原理（即几何相似、运动相似和动力相似）来解决相似通风机的性能问题。两台相似通风机，在转速（n）、尺寸（D）及气体密度（ρ）发生变化时，压力（p）、风量（Q）和功率（N）等性能参数的性能相似换算介绍如下。

1. 风压相似换算

通风机风压与转速（n）、尺寸（D）和气体密度 ρ 的关系为

$$\frac{p_1}{p_2} = \frac{\rho_1}{\rho_2}\left(\frac{D_1}{D_2}\right)^2 \left(\frac{n_1}{n_2}\right)^2 \tag{4-26}$$

2. 风量相似换算

通风机风量与转速（n）和尺寸（D）的关系为

$$\frac{Q_1}{Q_2} = \left(\frac{D_1}{D_2}\right)^3 \frac{n_1}{n_2} \tag{4-27}$$

3. 功率相似换算

通风机功率与转速（n）、尺寸（D）和气体密度 ρ 的关系为

$$\frac{N_1}{N_2} = \frac{\rho_1}{\rho_2}\left(\frac{D_1}{D_2}\right)^5 \left(\frac{n_1}{n_2}\right)^3 \tag{4-28}$$

在特殊情况下，如同一台风机（即（$D_1 = D_2$），仅转速或气体密度发生变化时，或者同一系列的通风机其型号不同（$D_1 \neq D_2$），而输送相同性质的气体（$\rho_1 = \rho_2$）时，式（4-26）、式（4-27）和式（4-28）就可简化。表 4-3 是相似通风机或某一台通风机在不同条件下的性能换算公式综合表。

对于同一种气体密度 ρ，根据气体状态方程可得出

$$\frac{\rho_1}{\rho_2} = \frac{B_1}{B_2}\frac{T_2}{T_1} \tag{4-29}$$

式中　ρ_1、ρ_2——实际状态下和标准状态下气体的密度（kg/m³）；
　　　B_1、B_2——实际状态下和标准状态下大气压力（Pa）；
　　　T_1、T_2——实际状态下和标准状态下气体的热力学温度（K）。

表 4-3　通风机性能换算公式综合表

换算条件	$D_1 \neq D_2$ $n_1 \neq n_2$ $\rho_1 \neq \rho_2$	$D_1 = D_2$ $n_1 = n_2$ $\rho_1 \neq \rho_2$	$D_1 = D_2$ $n_1 \neq n_2$ $\rho_1 = \rho_2$	$D_1 \neq D_2$ $n_1 = n_2$ $\rho_1 = \rho_2$
风压换算	$\dfrac{p_1}{p_2} = \dfrac{\rho_1}{\rho_2}\left(\dfrac{D_1}{D_2}\right)^2\left(\dfrac{n_1}{n_2}\right)^2$	$\dfrac{p_1}{p_2} = \dfrac{\rho_1}{\rho_2}$	$\dfrac{p_1}{p_2} = \left(\dfrac{n_1}{n_2}\right)^2$	$\dfrac{p_1}{p_2} = \left(\dfrac{D_1}{D_2}\right)^2$
风量换算	$\dfrac{Q_1}{Q_2} = \left(\dfrac{D_1}{D_2}\right)^3 \dfrac{n_1}{n_2}$	$\dfrac{Q_1}{Q_2} = 1$	$\dfrac{Q_1}{Q_2} = \dfrac{n_1}{n_2}$	$\dfrac{Q_1}{Q_2} = \left(\dfrac{D_1}{D_2}\right)^3$
功率换算	$\dfrac{N_1}{N_2} = \dfrac{\rho_1}{\rho_2}\left(\dfrac{D_1}{D_2}\right)^5\left(\dfrac{n_1}{n_2}\right)^3$	$\dfrac{N_1}{N_2} = \dfrac{\rho_1}{\rho_2}$	$\dfrac{N_1}{N_2} = \left(\dfrac{n_1}{n_2}\right)^3$	$\dfrac{N_1}{N_2} = \left(\dfrac{D_1}{D_2}\right)^5$
效　率	$\eta_1 = \eta_2$			

4.4.4　比转数

前面所介绍的相似原理只说明同一系列相似通风机在相应的工况点性能参数间的关系，它并没有涉及不同系列通风机之间的比较问题。为了对于不同系列通风机其主要的性能参数，如风压、风量、转速之间的关系进行比较，提出一个综合性能参数，这就是比转数，用符号 n_s 表示，其计算式为

$$n_s = n\frac{Q^{\frac{1}{2}}}{p^{\frac{3}{4}}} \tag{4-30}$$

n_s 称为通风机的比转数。在计算比转数时，由于采用不同的单位，尽管是同系列的通风机，仍可以得出不同的比转数值，这里列出的 n_s 值，采用的是国际单位制。

对于同一台通风机，在不同的工况点（p、Q）对应有不同的比转数，为了表达各种类型的通风机特性，便于进行分析比较，一般是把通风机全压效率最高点的比转数作为该通风机的比转数值。特别要指出的是，在相似条件下，两台通风机的比转数是相等的；但是，反过来，比转数相等的两台通风机不一定相似。比转数主要应用在以下几方面：

1. 用比转数划分通风机的类型

比转数 n_s 与通风机风量的平方根成正比，与全压的 3/4 次方成反比，即比转数 n_s 大，反

映通风机的风量大、压力低；反之，比转数小，则风量小、压力高。显然前者适合轴流式通风机，后者适合离心式通风机，故一般用比转数的大小来划分通风机的类型。如：$n_s = 2.7 \sim 12$，为前向式叶片离心式通风机；$n_s = 3.6 \sim 17.6$，为后向式叶片离心式通风机；$n_s > 17.6 \sim 17.6$，为单级双进气或并联离心式通风机；$n_s = 18 \sim 36$，为轴流式通风机。若$n_s < 1.8 \sim 2.7$，可采用罗茨风机或其他回转式风机。

2. 比转数的大小可以反映叶轮的几何形状

比转数也可以用无量纲参数$\bar{p}$、$\bar{Q}$来表示。将式（4-20）和式（4-21）代入式（4-30），并取标准进口状态$\rho_g = 1.2 \text{kg/m}^3$，得比转数$n_s$为

$$n_s = 14.8 \frac{\bar{Q}^{\frac{1}{2}}}{\bar{p}^{\frac{3}{4}}} \tag{4-31}$$

由式（4-31）可知，比转数是压力系数$\bar{p}$和风量系数$\bar{Q}$的函数。一般来说，在同一类型的通风机中比转数n_s越大，风量系数越大，叶轮的出口宽度b_2与其直径D_2之比就越大；比转数越小，风量系数越小，则相应叶轮的出口宽度b_2与其直径D_2之比就越小。

3. 比转数可用于通风机的相似设计

在设计通风机参数时，可先计算比转数，再根据比转数的大小决定采用哪种类型的通风机（离心式、轴流式或回转式等）。

4.5 矿井主要通风机的附属装置

矿山使用的通风机，除了主通风机之外尚有一些附属装置。主通风机和附属装置总称为通风机装置。附属装置的设计和施工质量，对通风机工作风阻、外部漏风以及工作效率均有一定影响。因此，附属装置的设计和施工质量应予以充分重视。主要通风机的附属装置包括风硐、扩散器（扩散塔）、防爆门（防爆井盖）以及反风装置等。

4.5.1 风硐

风硐是连接通风机和井筒的一段巷道。由于其通过风量大、内外压差较大，应尽量降低其风阻，并减少漏风。在风硐的设计和施工中应注意下列问题：断面适当增大，使其风速小于10m/s，最大不超过15m/s；转弯平缓，应成圆弧形；风井与风硐的连接处应精心设计，风硐的长度应尽量缩短，并减少局部阻力；风硐直线部分要有一定的坡度，以利流水；风硐应安装测定风流压力的测压管。施工时应使其壁面光滑，各类风门要严密，使漏风量小。

4.5.2 扩散器（扩散塔）

抽出式通风时，无论是离心式通风机还是轴流式通风机，在通风机的出口都外接一定长度、断面逐渐扩大的构筑物——扩散器。其作用是降低主要通风机出口速压以提高主通风机静压。小型离心式通风机的扩散器由金属板焊接而成，扩散器的扩散角（敞角）α不宜过大，一般为8°~10°；出口处断面与入口处断面之比为3~4，扩散器四面张角的大小应视风流从叶片出口的绝对速度方向而定。大型的离心式通风机和大中型的轴流式通风机的外接扩散器，一般用砖和混凝土砌筑。其各部分尺寸应根据风机类型、结构、尺寸和空气动力学特

性等具体情况而定，总的原则是，扩散器的阻力小，出口动压小并无回流。轴流式通风机扩散器如图4-17所示，离心式通风机扩散器如图4-18所示。

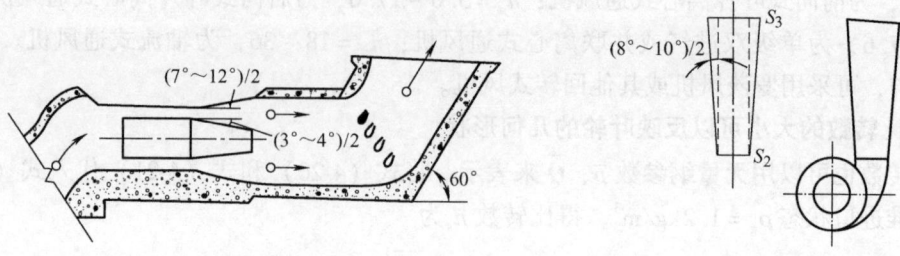

图4-17　轴流式通风机扩散器　　　　图4-18　离心式通风机扩散器

4.5.3　防爆门（防爆井盖）

装有主要通风机出风井的上口，必须安装防爆设施。在斜井井口安设防爆门和立井井口安设防爆井盖的作用是，当井下一旦发生瓦斯或煤尘爆炸时，受高压气浪的冲击作用，自动打开，以保护主要通风机免受毁坏；在正常情况下它是气密的，以防止风流短路。图4-19所示为不提升的通风立井井口的钟形防爆井盖。防爆井盖1用钢板焊接而成，其下端放入密封液槽2中，槽中盛油密封（不结冰地区用水封），槽深与负压相适应；在其四周用四条钢丝绳绕过滑轮3用平衡重锤4配重；井口壁四周还应装设一定数量的压脚5，在反风时用以压住井盖，防止掀起造成风流短路。装有提升设备的井筒设井盖门，一般为铁木结构。与门框接合处要加严密的橡胶垫层。防爆门（井盖）应设计合理，结构严密，维护良好，动作可靠。

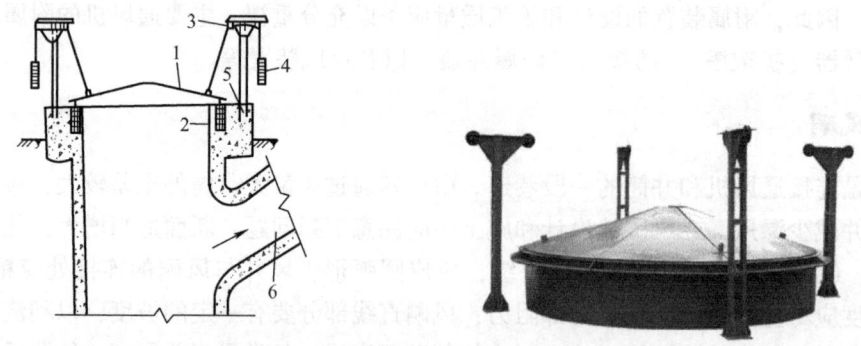

图4-19　立井井口的钟形防爆井盖示意图

1—防爆井盖　2—密封液槽　3—滑轮　4—平衡重锤　5—压脚　6—风硐

4.5.4　反风装置及其功能

反风装置是用来使井下风流反向的一种设施，以防止进风系统发生火灾时产生的有害气体进入作业区；有时为了适应救护工作也需要进行反风。

反风方法因通风机的类型和结构不同而异。目前的反风方法主要有：设专用反风道反风，利用备用通风机的风道反风，通风机反转反风和调节动叶安装角反风。

1. 设专用反风道反风

图 4-20 所示为轴流式通风机做抽出式通风时利用专用反风道反风示意图。反风时，风门 1、5、7 打开，新鲜风流由反风门 1 经反风导向门 5 进入反风绕道 6，再返回风硐送入井下。正常通风时，风门 1、7、5 均处于水平位置，井下的污浊风流经风硐直接进入通风机，然后经扩散器排到大气中。

图 4-21 为离心式通风机做抽出式通风时利用反风道反风示意图。通风机正常工作时反风门 1 和 2 在实线位置。反风时，风门 1 提起，风门 2 放下，风流自反风门 2 进入通风机，再从反风门 1 进入反风绕道 3，经风井流入井下。

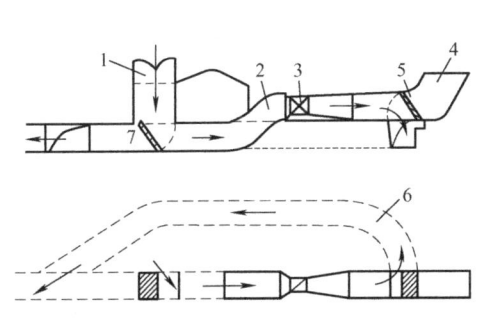
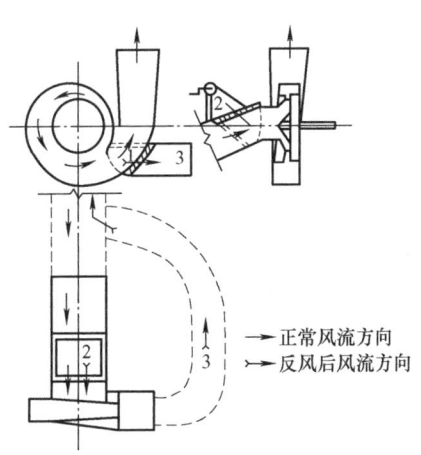

图 4-20　轴流式通风机做抽出式通风时
利用专用反风道反风示意图
1—反风进风门　2—风硐　3—风机
4—扩散器　5、7—反风导向门　6—反风绕道

图 4-21　离心式通风机做抽出式通风时
利用反风道反风示意图
1—反风控制风门　2—反风进风门
3—反风绕道

2. 轴流式通风机反转反风

调换电动机电源的任意两项接线，使电动机改变转向，从而改变通风机叶（动）轮的旋转方向，使井下风流反向。此种方法基建费较少，反风方便，但反风量较小。

3. 利用备用通风机的风道反风（无地道反风）

如图 4-22 所示，当两台轴流式通风机并排布置时，工作通风机（正转）可利用另一台备用通风机的风道作为"反风道"进行反风。图中Ⅱ号通风机正常通风时，分风门 4、反风入风顶盖门 6、反风入风侧门 7 和反风门 9 处于实线位置。反风时通风机停转，将分风门 4、反风门 9Ⅰ、9Ⅱ拉到虚线位置，然后开启反风入风顶盖门 6、反风入风侧门 7，压紧反风入风顶盖门 6、反风入风侧门 7，再起动Ⅱ号通风机，便可实现反风。

4. 调整动叶安装角进行反风

对于动叶可同时转动的轴流式通风机，只要把所有叶片同时偏转一定角度（大约 120°），不必改变叶（动）轮转向就可以实现矿井风流反向，如图 4-23 所示。我国上海鼓风机厂生产的 GAF 型通风机，结构上具有这种性能。国外此种通风机应用得较多。

反风装置应满足下列要求：定期进行检修，确保反风装置处于良好状态；动作灵敏可靠，能在 10min 内改变巷道中风流方向；结构要严密，漏风少；金属矿山反风量不应小于正常风量的 60%，煤矿不少于 40%；每年至少进行一次反风演习。

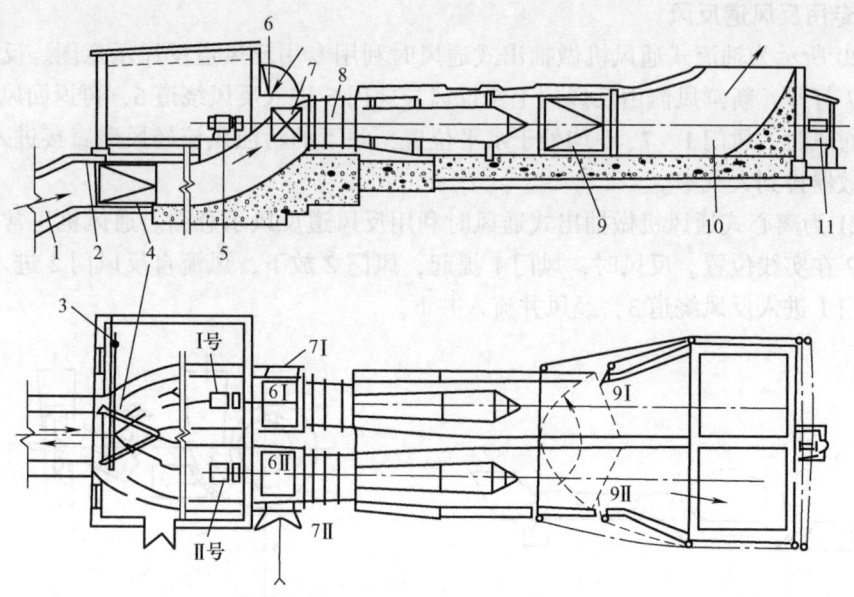

图 4-22 轴流式通风机无地道反风
1—风硐 2—静压管 3、11—绞车 4—分风门 5—电动机 6—反风入风顶盖门
7—反风入风侧门 8—通风机 9—反风门 10—扩散器

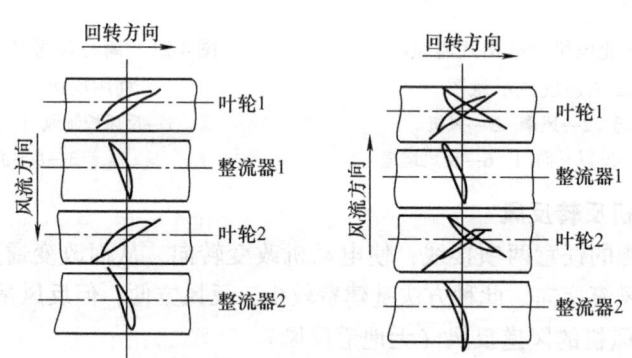

图 4-23 调整动叶安装角反风

4.6 矿井通风机的联合运转

目前一些大型矿井,由于矿井范围大,井筒较多,采深逐渐变深,通风系统复杂,用单台通风机作业不能满足生产对通风的要求,必须使用多台主要通风机进行通风,形成通风机在通风网络中联合作业,以达到增加风量的目的。两台或两台以上通风机同在一个风网上工作叫通风机联合工作,两台通风机联合工作与一台通风机单独工作有所不同。如果不能掌握通风机联合工作的特点和技术,将会事与愿违,后果不良,甚至可能损坏通风机。因此,分析通风机联合运转的特点、效果、稳定性和合理性是十分必要的。

通风机联合工作可分为串联和并联两大类。下面就两种联合工作的特点进行分析。

4.6.1 通风机串联工作

一台通风机的进风口直接或通过一段巷道（或管道）连接到另一台通风机的出风口上同时运转，称为通风机串联工作。

通风机串联工作的特点是，通过管网的总风量等于每台通风机的风量（没有漏风）。两台通风机的工作风压之和等于所克服管网的阻力。即

$$\left.\begin{array}{l} H = H_{s1} + H_{s2} \\ Q = Q_1 = Q_2 \end{array}\right\} \quad (4\text{-}32)$$

式中　H——管网的总阻力（Pa）；

　　H_{s1}、H_{s2}——1、2 两台通风机的工作静压（Pa）；

　　Q——管网的总风量（m³/s）；

　　Q_1、Q_2——1、2 两台通风机的风量（m³/s）。

1. 风压特性曲线不同的通风机串联工作分析

（1）串联通风机的等效特性曲线　如图 4-24 所示，两台不同型号的通风机 F_1 和 F_2 的特性曲线分别为 Ⅰ、Ⅱ。两台通风机串联的等效合成曲线 Ⅰ+Ⅱ 按风量相等风压相加原理求得。即在两台通风机的风量范围内，作若干条风量坐标的垂线（等风量线），在等风量线上将两台通风机的风压相加，得该风量下串联等效通风机的风压（点），将各等效通风机的风压点连起来，即可得到通风机串联工作时的等效合成特性曲线 Ⅰ+Ⅱ。

（2）通风机的实际工况点　在风阻为 R 的风网上通风机串联工作时，各通风机的实际工况点按下述方法求得：在等效通风机特性曲线 Ⅰ+Ⅱ 上作风网风阻特性曲线 R，两者交点为 M_0，过 M_0 作横坐标垂线，分别与曲线 Ⅰ 和 Ⅱ 相交于 $M_Ⅰ$ 和 $M_Ⅱ$，此两点即是两通风机的实际工况点。

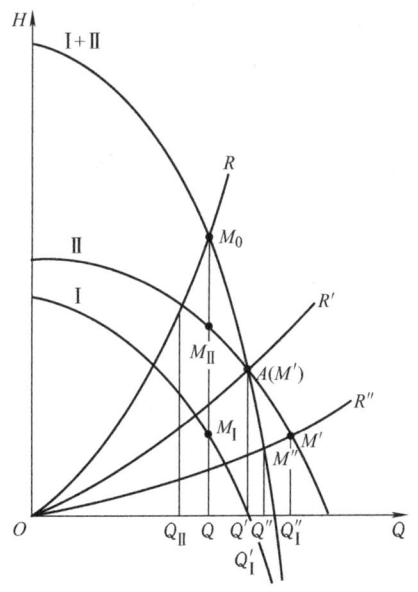

图 4-24　风压特性曲线不同的通风机串联工作

为了衡量串联工作的效果，可用等效通风机产生的风量 Q 与能力较大通风机 F_2 单独工作产生风量 $Q_Ⅱ$ 之差表示。由图 4-24 可见，当工况点位于合成特性曲线与能力较大风机 F_2 性能曲线 Ⅱ 交点 A（通常称为临界工况点）的左上方（如 M_0）时，$\Delta Q = Q - Q_Ⅱ > 0$，则表示串联有效；当工况点 M' 与 A 点重合（即风网风阻 R' 通过 A 点）时，$\Delta Q = Q - Q_Ⅱ = 0$，则串联无增风；当工况点 M'' 位于 A 点右下方（即风网风阻为 R''）时，$\Delta Q = Q - Q_Ⅱ < 0$，则串联不但不能增风，反而有害，即小通风机成为大通风机的阻力。这种情况下串联显然是不合理的。

通过 A 点的风阻为临界风阻，其值大小取决于两通风机的特性曲线。欲将两台风压曲线不同的通风机串联工作时，事先应将两通风机所决定的临界风阻 R' 与风网风阻 R 进行比较，当 $R' < R$ 方可应用。还应该指出的是，对于某一形状的合成特性曲线，串联增风量取决于

风网风阻。

2. 风压特性曲线相同的通风机串联工作

如图 4-25 所示，两台特性曲线相同（性能曲线 Ⅰ 和 Ⅱ 重合）的通风机串联工作，临界点 A 位于 Q 轴上。这就意味着在整个合成曲线范围内串联工作都是有效的，不过工作风阻不同增风效果不同而已。

根据上述分析可得出如下结论：

1）通风机串联工作适用于因风阻大而风量不足的管网。

2）风压特性曲线相同的通风机串联工作较好。

3）串联合成特性曲线与工作风阻曲线相匹配，才会有较好的增风效果。

4）串联工作的任务是增加风压，用于克服管网中的过大阻力，保证按需供风。

3. 通风机与自然风压串联工作

（1）自然风压的特性　自然风压的特性是指自然风压与风量之间的关系。在机械通风矿井中，冬季自然风压随风量增大略有增大；夏季，若自然风压为负时，其绝对值也将随风量增大而增大。通风机停止工作时自然风压依然存在。故一般用平行 Q 轴的直线表示自然风压的特性。如图 4-26 中 Ⅱ 和 Ⅱ′ 分别表示正和负的自然风压特性。

（2）自然风压对通风机工况点的影响　在机械通风矿井中自然风压对机械风压的影响，类似于两台通风机串联工作。如图 4-26 所示，矿井风阻曲线为 R，通风机特性曲线为 Ⅰ，自然风压特性曲线为 Ⅱ，按风量相等风压相加原则，可得到正负自然风压与通风机风压的合成特性曲线 Ⅰ+Ⅱ 和 Ⅰ+Ⅱ′。风阻 R 与其交点分别为 M_1 和 M_1'，据此可得通风机的实际工况点为 M 和 M'。由此可见，当自然风压为正时，机械风压与自然风压共同作用克服矿井通风阻力，使风量增加；当自然风压为负时，成为矿井通风阻力。

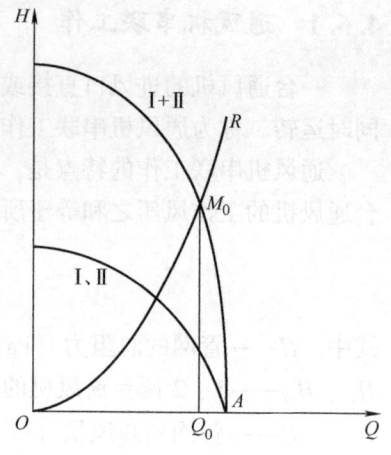

图 4-25　风压特性曲线相同的通风机串联工作

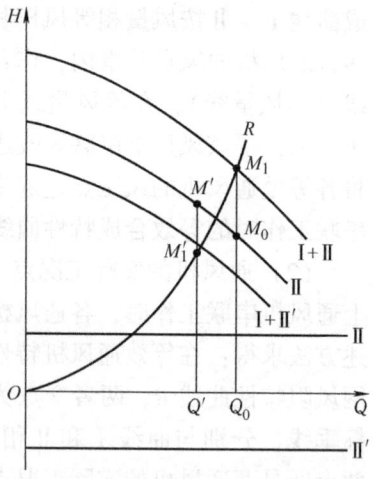

图 4-26　通风机与自然风压串联工作

4.6.2　通风机并联工作

当矿井仅用一台主要通风机工作不能满足矿井需风量时，可用两台或两台以上主要通风机并联工作来增加矿井风量。主要通风机并联工作如图 4-27 所示，两台通风机的进风口直接或通过一段巷道连接在一起工作为通风机并联。通风机并联有集中并联和对角并联之分。

1. 集中并联

理论上，两台通风机的进风口（或出风口）可视为连接在同一点。所以两台通风机的静压相等，等于风网阻力；两台通风机的风量流过同一条巷道，故通过巷道的风量等于两台通风机风量之和。即：

第4章 矿井通风动力

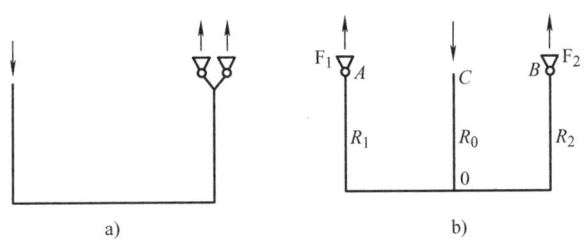

图 4-27 主要通风机并联工作
a) 集中并联 b) 对角并联

$$\left. \begin{array}{l} H = H_{s1} = H_{s2} \\ Q = Q_1 + Q_2 \end{array} \right\} \quad (4\text{-}33)$$

式中符号意义同前。

(1) 风压特性曲线不同的通风机并联工作

如图 4-28 所示，两台不同型号的通风机 F_1 和 F_2 的特性曲线分别为 Ⅰ、Ⅱ。两台通风机并联后的等效合成曲线 Ⅲ 可按风压相等风量相加原理求得。即在两台通风机的风压范围内，作若干条等风压线（压力坐标轴的垂线），在等风压线上把两台通风机的风量相加，得该风压下并联等效通风机的风量（点），将等效通风机的各个风量点连起来，即可得到通风机并联工作时的等效合成特性曲线 Ⅲ。

通风机并联后在风阻为 R 的管网上工作，R 与等效通风机的特性曲线 Ⅲ 的交点为 M，过 M 作纵坐标轴垂线，分别与曲线 Ⅰ 和 Ⅱ 相交于 m_1 和 m_2，此两点就是 F_1 和 F_2 两台通风机的实际工况点。

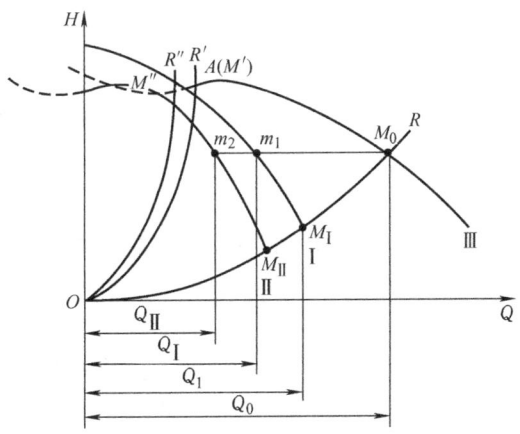

图 4-28 风压特性曲线不同的通风机并联工作

并联工作的效果，也可用并联等效通风机产生的风量 Q 与能力较大通风机 F_1 单独工作产生风量 Q_1 之差来分析。由图 4-28 可见，当 $\Delta Q = Q - Q_1 > 0$，即工况点 M 位于合成特性曲线与大通风机曲线的交点 A 右侧时，则并联有效；当风网风阻 R'（称为临界风阻）通过点 A 时，$\Delta Q = 0$，则并联增风无效；当风网风阻 $R'' > R'$ 时，工况点 M'' 位于点 A 左侧时，$\Delta Q < 0$，即小通风机反向进风，则并联不但不能增风，反而有害。

此外，由于轴流式通风机的特性曲线存在马鞍形区段，因而合成特性曲线在小风量时比较复杂，当风网风阻 R 较大时，通风机可能出现不稳定工作。

(2) 风压特性曲线相同的通风机并联工作 如图 4-29 所示，两台特性曲线 Ⅰ（Ⅱ）相同的通风机 F_1 和 F_2 并联工作，Ⅲ 为其合成特性曲线，R 为风网风阻。M 和 M' 为并联的工况点和单独工作的工况点。由 M 做等风压线与曲线 Ⅰ（Ⅱ）相交于 m_1，此即通风机的实际工况点。由图可见，总有 $\Delta Q = Q - Q_1 > 0$，且 R 越小，ΔQ 越大。应该指出，两台特性相同的通风机并联作业，同样存在不稳定运转情况。

2. 对角并联

在图 4-30a 所示的对角并联通风系统中，两台不同型号的通风机 F_1 和 F_2 的特性曲线分别为Ⅰ、Ⅱ，各自单独工作的管网分别为 OA（风阻为 R_1）和 OB（风阻为 R_2），公共风路为 OC（风阻为 R_0）。如图 4-30 所示，为了分析对角并联系统的工况点，先将两台通风机移至点 O。方法是，按等风量条件下把通风机 F_1 的风压与风路 OA 的阻力相减的原则，求通风机 F_1 为风路 OA 服务后的剩余特性曲线Ⅰ′，即作若干条等风量线，在等风量线上将通风机 F_1 的风压减去风路 OA 的阻力，得通风机

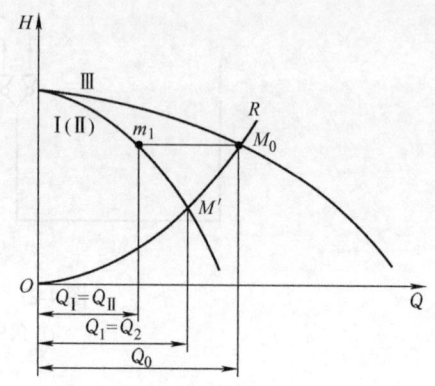

图 4-29 风压特性曲线相同的通风机并联工作

F_1 服务风路 OA 后的剩余风压点，将各剩余风压点连起来即得剩余特性曲线Ⅰ′。按相同方法，在等风量条件下，把通风机 F_2 的风压与风路 OB 的阻力相减得到通风机 F_2 为风路 OB 服务后的剩余特性曲线Ⅱ′。这样就变成了等效通风机 F_1' 和 F_2' 集中并联于点 O，为公共风路 OC 服务（图 4-30），按风压相等风量相加原理求得等效风机 F_1' 和 F_2' 集中并联的特性曲线Ⅲ，它与风路 OC 的风阻曲线 R_0 的交点为 M_0，由此可得风路 OC 的风量 Q_0。

过 M_0 作 Q 轴平行线与特性曲线Ⅰ′和Ⅱ′分别相交于 $M_Ⅰ'$ 和 $M_Ⅱ'$ 点。再过 $M_Ⅰ'$ 和 $M_Ⅱ'$ 点作 Q 轴垂线与曲线Ⅰ和Ⅱ相交于 $M_Ⅰ$ 和 $M_Ⅱ$ 点，此即在两台通风机的实际工况点，其风量分别为 Q_1 和 Q_2。显然 $Q_0 = Q_1 + Q_2$。

由图 4-30b 可见，每台通风机的实际工况点 $M_Ⅰ$ 和 $M_Ⅱ$，既取决于各自风路的风阻，又取决于公共风路的风阻。当各分支风路的风阻一定时，公共段风阻增大，两台通风机的工况点上移；当公共段风阻一定时，某一分支的风阻增大，则该系统的工况点上移，另一系统通风机的工况点下移；反之亦然。这说明两台通风机的工况点是相互影响的。因此，采用轴流式通风机做并联通风的矿井，要注意防止因一个系统的风阻减小引起另一系统的风压增加，进入不稳定区工作。

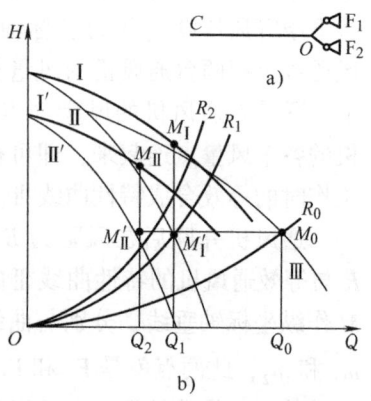

图 4-30 对角并联通风系统分析

4.6.3 并联与串联工作的比较

如图 4-31 所示，两台型号相同的离心式通风机的风压特性曲线为Ⅰ，两者串联和并联工作的特性曲线分别为Ⅱ和Ⅲ，N-Q 为其功率特性曲线，R_1、R_2 和 R_3 为大小不同的三条风网风阻特性曲线。当风阻为 R_2 时，正好通过Ⅱ、Ⅲ两曲线的交点 B。若并联则通风机的实际工况点为 M_1，若串联则实际工况点为 M_2。显然在这种情况下，串联和并联工作增风效果相同。但从消耗能量（功率）的角度来看，并联的功率为 N_p，而串联的功率为 N_s，显然 $N_s > N_p$，故采用并联是合理的。当通风机的工作风阻为 R_1，并联运行时工况点 A 的风量比串联运行工况点 F 大时，而每台通风机的实际功率反而小，故采用并联较合理。当通风机

的工作风阻为 R_3，并联运行时工况点为 E，串联运行工况点为 C，则串联比并联增风效果好。对于轴流式通风机则可根据其压力和功率特性曲线进行类似分析。

应该指出的是，选择联合运行方案时，不仅要考虑风网风阻对工况点的影响，还要考虑运转效率和轴功率大小。在保证增风或按需供风后应选择能耗较小的方案。

综上所述，可得出如下结论：

1）并联适用于风网风阻较小，但因通风机能力小导致风量不足的情况。

2）风压特性曲线相同的离心式通风机并联运行较好。

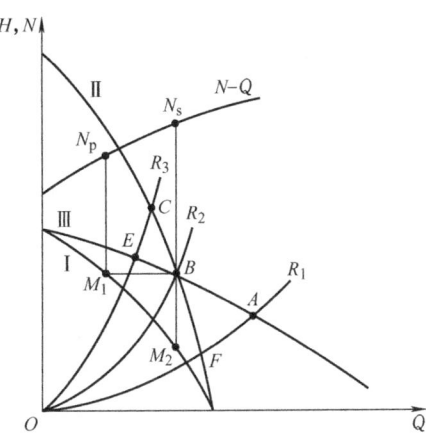

图 4-31　并联与串联工况点

3）轴流式通风机并联作业时，若风阻过大则可能出现不稳定运行。所以，使用轴流式通风机并联工作时，除要考虑并联效果外，还要进行稳定性分析。

【例 4-2】 某矿为抽出式通风系统，通风机的个体特性曲线如图 4-32 所示，矿井的总风阻 $R = 0.56 \text{N} \cdot \text{s}^2/\text{m}^8$，试求通风机的风量、静压、效率和输入功率各为多少？若矿井总风阻降为 $R = 0.14 \text{N} \cdot \text{s}^2/\text{m}^8$ 时，通风机运转是否合理？

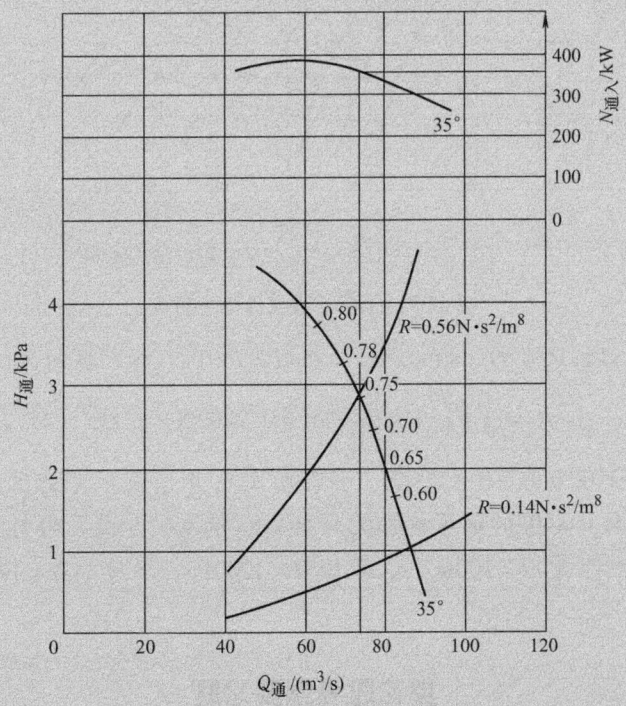

图 4-32　通风机特性曲线

【解】（1）当矿井总风阻 $R = 0.56 \text{N} \cdot \text{s}^2/\text{m}^8$ 时，矿井的阻力特性方程为 $H = 0.56Q^2$，

在图 4-32 中绘制阻力特性曲线，与通风机压力特性曲线的交点为 $Q_\text{通} = 73\text{m}^3/\text{s}$ 和 $H_\text{通静} = 2950\text{Pa}$，并得通风机的静压效率 $\eta_\text{静} = 0.74$，输入功率 $N_\text{通入} = 270\text{kW}$。

(2) 当矿井总风阻 $R = 0.14\text{N} \cdot \text{s}^2/\text{m}^8$ 时，同样可绘制矿井阻力特性曲线，由图 4-32 可知，通风机的静压效率低于 60%，因此，通风机运转不合理。

【例 4-3】 某矿井主通风机为 62A14-11 型 No24，$n = 600\text{r/min}$，叶片数为 16 片，叶片角 $\theta = 30°$，其个体性能曲线如图 4-33 所示，风机风量 $Q = 80\text{m}^3/\text{s}$，风压 $H = 770\text{Pa}$。出于矿井改造的需要增加风量，采取转速不变，而叶片角调到 $\theta = 40°$ 的措施。求通风机的新工况和轴功率各为多少？

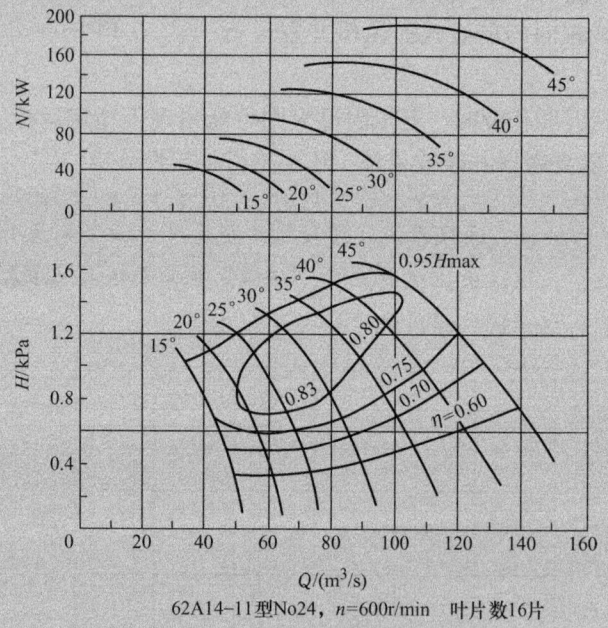

图 4-33 某矿主通风机特性曲线

【解】 由于通风机风量 $Q = 80\text{m}^3/\text{s}$，风压 $H = 770\text{Pa}$，得矿井的风阻 R 为

$$R = \frac{H}{Q^2} = \frac{770}{80^2}\text{N} \cdot \text{s}^2/\text{m}^8 = 0.1203\text{N} \cdot \text{s}^2/\text{m}^8$$

则矿井的阻力特性方程为 $H = 0.1203Q^2$，并在图 4-33 中绘制矿井的阻力特性曲线，该阻力特性曲线与叶片角 $\theta = 40°$ 的通风机性能曲线交点即为矿井通风的新工况点，从图 4-33 中可知新工况点风机风量 $Q = 100\text{m}^3/\text{s}$，风压 $H = 1200\text{Pa}$，轴功率 $N = 147\text{kW}$。

复习思考题及习题

4-1 矿井自然风压是怎样产生的？进、排风井井口标高相同的井巷系统内是否会产生自然风压？

4-2 影响自然风压大小和方向的主要因素是什么？能否用人为的方法产生或增加自然风压？

4-3 矿井主通风机工作时对自然风压有什么影响？

4-4 如何考虑利用与控制矿井自然风压？

4-5 按通风机构造分类，矿井通风机有哪几类？各有哪些特点？

4-6 主要通风机特性的主要参数和特性曲线有哪些？并用图示表示。

4-7 主要通风机附属装置各有什么作用？设计和施工时应符合哪些要求？

4-8 什么是通风机的工况？同一类型的通风机，转速不同时，其风量、风压、功率和效率有何变化？

4-9 试述通风机串联或并联工作的目的及其适用条件。

4-10 如图4-34所示的井巷通风系统，各点空气的物理参数如表4-4所示，求该系统的自然风压。

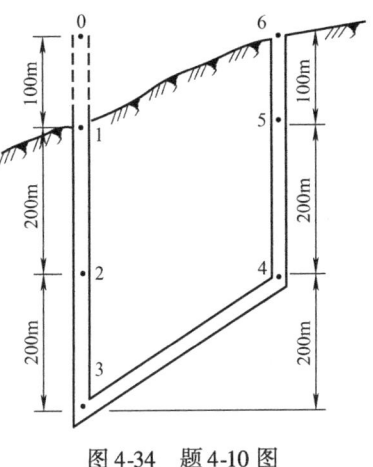

图4-34 题4-10图

表4-4 井巷空气的物理参数

测点	0	1	2	3	4	5	6
$t/℃$	-5	-3	10	15	23	23	20
p/Pa	98924.9	100178.2	102751.2	105284.4	102404.6	100071.5	98924.9
φ		0.5			0.95		

4-11 某矿井用的两台通风机 Ⅰ 和 Ⅱ 串联工作，测得2台通风机的性能参数如表4-5所示，矿井总风阻 $R_1 = 2.7 N·s^2/m^8$，求全矿井的总风量和总阻力及两台通风机的运行工况；若矿井风降 $R_2 = 0.5 N·s^2/m^8$，求2台通风机联合运行的工况点，并分析通风机的工况状态。

表4-5 两台通风机 Ⅰ 和 Ⅱ 的性能参数

风量/(m³/s)	5	10	20	30	40	50	60
通风机 Ⅰ 风压/Pa	1700	1670	1550	1500	1400	1300	1200
通风机 Ⅱ 风压/Pa	1200	1150	1000	600	0	-1000	-3000

第 5 章 局部通风

【学习要点】

- 熟悉局部通风方法的分类,掌握应用局部通风机、矿井全风压及引射器通风的方法。
- 掌握压入式、抽出式和混合式三种局部通风布置方式的技术要求及适用条件。
- 了解利用全风压及引射器进行局部通风的工作原理、布置方式及适用条件。
- 了解局部通风机的种类和性能,熟悉局部通风机的联合工作方式。
- 了解风筒的种类及性能参数,掌握风筒阻力、漏风的计算,熟悉风筒安装的技术要求。
- 熟悉局部通风系统的设计原则及步骤,掌握根据不同需要掘进工作面风量的计算方法。
- 正确选择局部通风机和风筒,保证局部通风机稳定可靠运转。
- 了解建井时期不同作业地点进行局部通风的技术要点,重点掌握长距离独头巷道的局部通风方法和特点。

在新建、扩建或生产矿井中,都需要开掘大量的井巷,以便准备开拓系统、新的采区及新的工作面。在掘进巷道时,为了稀释并排出掘进工作面涌出的有害气体及爆破后产生的炮烟和矿尘,创造良好的气候条件,保证人员的健康和安全,必须不断地向掘进工作面进行通风,这种通风称为掘进通风或局部通风。

本章主要阐述局部通风方法、局部通风设备、局部通风系统的设计和建井时期的通风,重点介绍局部通风机通风方法和设计计算。

5.1 局部通风方法

向井下局部地点进行通风的方法,按通风动力形式不同,可分为局部通风机通风、矿井全风压通风和引射器通风 3 种。其中最常用的是局部通风机通风。

5.1.1 局部通风机通风

局部通风机是井下局部地点通风所用的通风设备。局部通风机通风是利用局部通风机作动力,用风筒导风把新鲜风流送入掘进工作面。局部通风机通风按其工作方式不同分为压入式通风、抽出式通风和混合式通风3种。

1. 压入式通风

压入式通风如图5-1所示,局部通风机和起动装置安设在离掘进巷道口10m以外的进风侧巷道中,局部通风机把新鲜风流经风筒送入掘进工作面,污风沿掘进巷道排出。

工作面爆破后,烟尘充满迎头形成炮烟抛掷区。风流由风筒射出后,按紊动射流的特性使炮烟被卷吸到射出的风流中,两者掺混共同向前移动。风流从风筒出口形成的射流属末端封闭的有限贴壁射流,如图5-2所示。气流贴着巷道壁射出风筒后,由于吸卷作用,射流断面逐渐扩大,直至射流的断面达到最大值,此段称作扩张段,用 L_e 表示;然后,射流断面逐渐缩小直至为零,此段称收缩段,用 L_a 表示。风流从风筒出口到转向点的距离为有效射程 L_s,风筒出口与工作面的距离不能超过有效射程,否则会在工作面附近出现烟流停滞区。

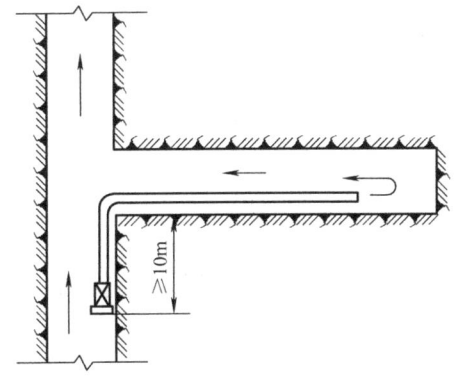

图5-1 压入式通风　　图5-2 压入式通风流场分布

在有效射程以外的独头巷道会出现循环涡流区,为了有效地排出炮烟,风筒出口与工作面的距离应小于有效射程 L_s。压入式风筒出口到工作面的距离 $L_压$ 为

$$L_压 \leq L_s = (4 \sim 5)\sqrt{S} \tag{5-1}$$

式中　S——掘进巷道净断面面积(m^2)。

压入式通风的优点是局部通风机和起动装置都位于新鲜风流中,不易引起瓦斯和煤尘爆炸,安全性好;风筒出口风流的有效射程长,排烟能力强,工作面通风时间短;对风筒适应性强,既可用硬质风筒,又可用柔性风筒。压入式通风的缺点是污风沿巷道排出,污染范围大,炮烟从掘进巷道排出的速度慢,需要的通风时间长。单一的压入式通风方式将会使大量的粉尘吹出工作面,造成有人工作的巷道及回风系统被严重污染,直接影响工人的身体健康。压入式局部通风适用于以排出瓦斯为主的煤巷、半煤岩巷掘进通风。《煤矿安全规程》规定,煤巷、半煤岩巷和有瓦斯涌出的岩巷中掘进通风方式必须采用压入式。

2. 抽出式通风

抽出式通风如图5-3所示。局部通风机安装在离掘进巷道口10m以外的回风侧巷道中,新鲜风流沿掘进巷道流入工作面,污风经风筒由局部通风机抽出。

这种通风方式在风筒吸风口附近形成一股流入风筒的风流,离风筒越远风速越小,只能在一定距离以内有吸入炮烟的作用,这段距离称为有效吸程 L_e,在有效吸程以外的炮烟处于停滞状态。

因此，抽出式风筒口离工作面的距离 $L_{抽}$ 应为

$$L_{抽} \leqslant L_e = 1.5\sqrt{S} \tag{5-2}$$

式中 S——掘进巷道净断面面积（m^2）。

在有效吸程以外的独头巷道循环涡流区，炮烟处于停滞状态。因此，抽出式通风风筒吸入口距工作面的距离只有小于有效吸程，才能取得好的通风效果。抽出式通风是把局部通风机安装在离巷道口10m以外的回风侧，新鲜风流沿巷道流入，污风通过硬质风筒由局部通风机排出。抽出式通风流场分布如图5-4所示。

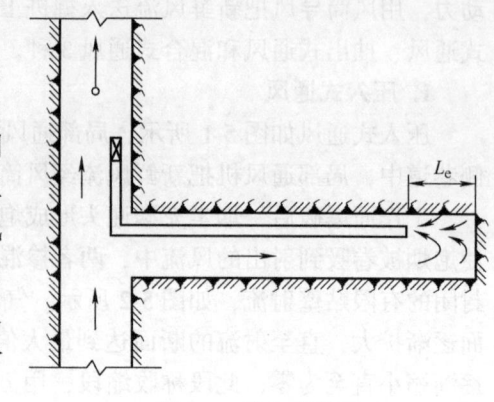

图 5-3 抽出式通风

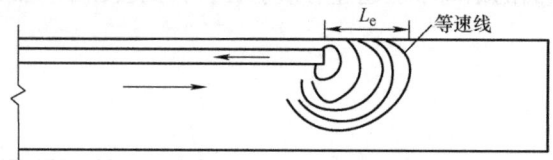

图 5-4 抽出式通风流场分布

压入式通风与抽出式通风的优缺点比较：

1) 抽出式通风时，污浊风流必须通过局部通风机，极不安全。而压入式通风时，局部通风机安设在新鲜风流中，通过局部通风机的为新鲜风流，故安全性高，在瓦斯矿井一般不使用抽出式通风。

2) 抽出式通风有效吸程小，排出工作面炮烟的能力较差。压入式通风风筒出口射流的有效射程大，排出工作面炮烟和瓦斯的能力强。

3) 抽出式通风由于炮烟从风筒中排出，不污染巷道中的空气，故劳动卫生条件好。压入式通风时炮烟沿巷道流动，劳动卫生条件较差，而且排出炮烟的时间较长。

4) 抽出式通风只能使用刚性风筒或带刚性圈的柔性风筒，压入式通风可以使用柔性风筒。

3. 混合式通风

混合式通风同时采用压入式通风和抽出式通风联合工作。其中，压入式通风向工作面供新风，抽出式通风从工作面排出污风。按局部通风机和风筒的布设位置不同，混合式通风主要分为长抽短压和长压短抽2种通风方式。

（1）长抽短压 其布置方式如图5-5所示。工作面污风由压入式风筒压入的新风予以冲淡和稀释，由抽出式风筒排出。抽出式风筒吸风口与工作面的距离应小于污染物分布集中带长度，与压入式通风机的吸风口距离应大于10m以上；为了保证风筒重叠段巷道内进入新鲜风流，抽出式通风机的风量应大于压入式通风机的风量；压入式风筒的出风口与工作面间的距离应在有效射程之内。若采用长抽短压式通风时，其中抽出式风筒须用刚性风筒或带刚性骨架的可伸缩风筒。

（2）长压短抽 其布置方式如图5-6所示。新鲜风流经压入式风筒送入工作面，工作面污风经抽出式通风除尘系统净化，被净化的风流沿巷道排出。抽出式风筒吸风口与工作面距

离应小于有效吸程，对于综合机械化掘进工作面，应尽可能靠近最大产尘点。压入式风筒出风口应超前抽出式风筒出风口10m以上，它与工作面的距离应不超过有效射程。压入式通风机的风量应大于抽出式通风机的风量。

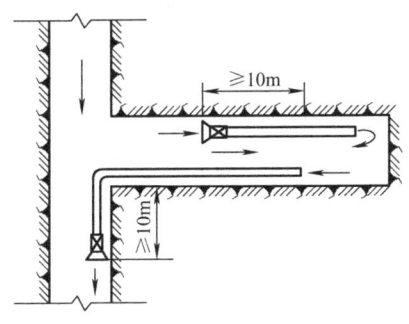
图5-5 长抽短压通风方式

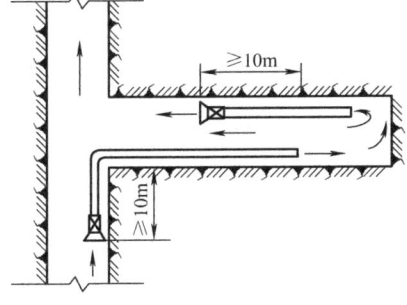
图5-6 长压短抽通风方式

混合式通风兼有抽出式与压入式通风的优点，通风效果好。其主要缺点是增加了一套通风设备，电能消耗大，管理也比较复杂，降低了压入式与抽出式两列风筒重叠段巷道内的风量。混合式通风适用于大断面、长距离掘进巷道。煤巷、半煤岩巷的掘进工作面，如采用混合式通风时，必须制订安全措施。但在瓦斯喷出区域或煤（岩）与瓦斯突出煤层、岩层中，掘进通风方式不得采用混合式。

基于上述分析，机掘工作面多采用与除尘器配套的长压短抽式通风除尘系统，如图5-7所示。

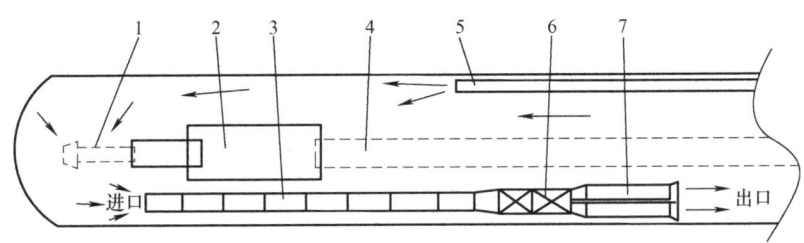

图5-7 机掘工作面长压短抽式通风除尘系统
1—掘进机截割臂 2—掘进机 3—抽出式吸风筒
4—带式运输机 5—压入式风筒 6—通风机 7—除尘器

5.1.2 全风压通风

全风压通风是直接利用矿井主通风机所造成的风压对掘进工作面进行的通风。借助风障和风筒等导风设施将新风引入工作面，并将污风排出掘进巷道。矿井全风压通风的形式有：

1. 利用纵向风障导风

如图5-8所示，在掘进巷道中安设纵向风障，将巷道分隔成两部分，一侧进风，一侧回风。选择风障材料的原则是漏风少、经久耐用、便于取材。短巷道掘进时可用木板、帆布等材料，长巷道掘进时用砖、石和混凝土等材料。纵向风障在矿山压力作用下将变形破坏，容易产生漏风。在矿井主要通风机正常运转，并有足够的全风压克服导风设施的阻力，全风压能连续供给掘进工作面风量，无需附加局部通风机，管理方便，但其工程量大，有碍于运输。所以，只适用于地质构造稳定，矿山压力较小，长度较短，瓦斯涌出量大，使用通风设备不安全或技术上不可行的局部地点大断面巷道掘进中。

2. 利用风筒导风

如图5-9所示，利用风筒将新鲜风流导入工作面，工作面污风由掘进巷道排出。为了使新鲜风流进入导风筒，应在风筒入口处的贯穿风流巷道中设置风墙和调节风门。利用风筒导风法辅助工程量小，风筒安装、拆卸比较方便，通常用于需风量不大的短巷掘进通风中。

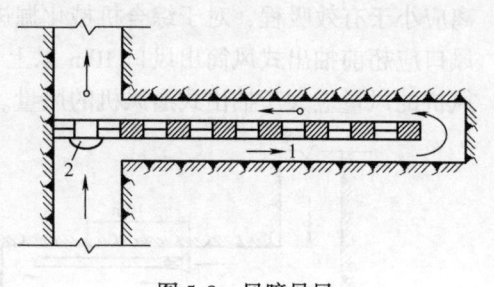

图5-8　风障导风
1—风障　2—调节风门

3. 利用平行巷道通风

如图5-10所示，当掘进巷道较长，利用纵向风障和风筒导风有困难时，可采用2条平行巷道通风。采用双巷掘进，在掘进主巷的同时，距主巷10~20m平行掘进1条副巷（或配风巷），主副巷之间每隔一定距离开掘1个联络眼，前1个联络眼贯通后，后1个联络眼便封闭上。利用主巷进风，副巷回风，2条巷道的独头部分可利用风筒或风障导风。

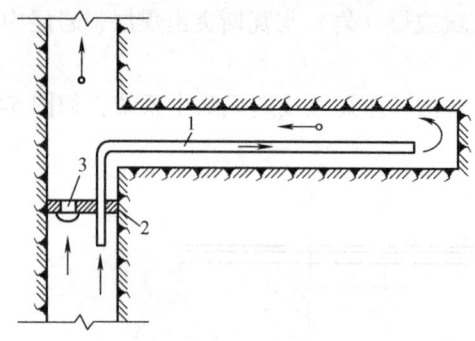

图5-9　风筒导风
1—风筒　2—风墙　3—调节风门

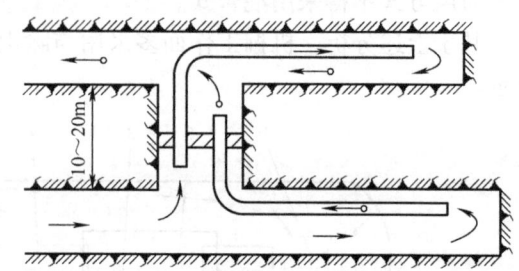

图5-10　平行巷道导风

利用平行巷道通风，可以缩短独头巷道的长度，不用局部通风机就可保证较长巷道的风量，连续可靠，安全性好。因此，平行巷道通风适用于有瓦斯、冒顶和透水危险的长巷掘进，特别适用于在开拓布置上为满足运输、通风和行人需要而必须掘进2条并列的斜巷、平巷或上下山的掘进中。

4. 钻孔导风

如图5-11所示，离地表或邻近水平较近处掘进长巷反眼或上山时，可用钻孔提前沟通掘进巷道，以便形成贯穿风流。为克服钻孔阻力，增大风量，可利用大直径钻孔或在钻孔口安装风机。

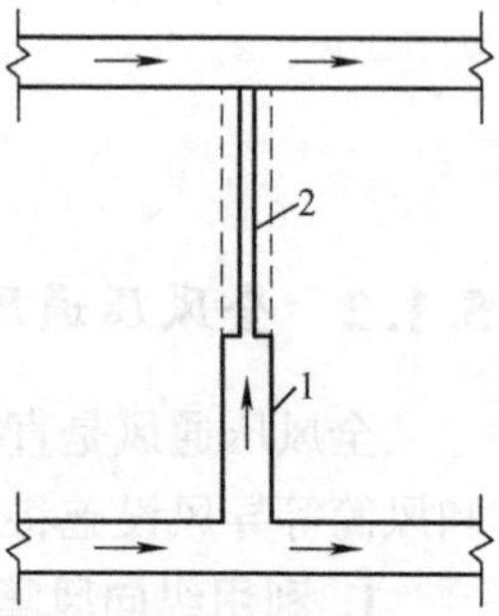

图5-11　钻孔导风
1—上山　2—钻孔

5.1.3　引射器通风

利用引射器产生的通风负压，通过风筒导风的通风方法称为引射器通风。引射器的通风原理是利用压力水或压缩空气经喷嘴高速射出产生射流，如图5-12所示。周围的空气被卷吸到射流中，为了减少射流与卷吸空气间冲击损失，空气和射流在混合管内掺混，整流后共同向前运动，使风筒内有风流不断流过。引射器通风的工作原理及布置方式如图 5-12a 所示。

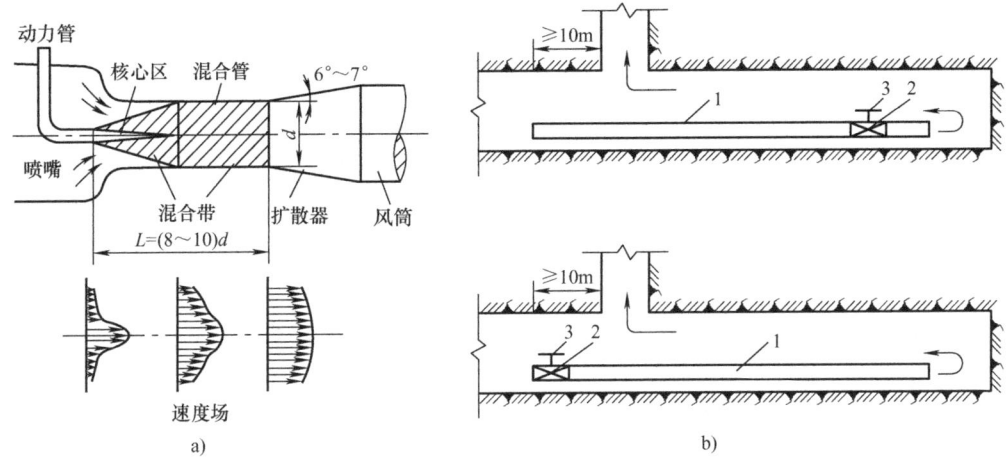

图 5-12 引射器通风
a) 工作原理 b) 布置方式
1—风筒 2—引射器 3—水管（或风管）

引射器通风一般采用压入式，其布置方式如图 5-12b 所示。利用引射器通风的主要优点是无电气设备、无噪声。水力引射器通风还能起降温、降尘作用。在煤与瓦斯突出严重的煤层掘进时，用它代替局部通风机通风，设备简单，比较安全。其缺点是供风量小（20～200m³/min），需要水源或压气。引射器通风适用于需风量不大的短巷道掘进通风；在含尘量大、气温高的采掘机械附近，采取水力引射器与其他通风方法联合使用，形成混合式通风。

5.2 局部通风设备

5.2.1 局部通风机

井下局部地点通风所用的通风机称为局部通风机，掘进工作要求通风机体积小、风压高、效率高、噪声低、性能可调、坚固防爆。

1. 局部通风机的种类及性能

（1）JBT 系列局部通风机 JBT 系列局部通风机是目前煤矿中广泛使用的局部通风机，其全风压效率只有 60%～70%，风量、风压偏低，噪声高达 103～118dB（A），已逐渐被淘汰。

（2）BKJ66-11 系列局部通风机 BKJ66-11 系列局部通风机的结构如图 5-13 所示。全系列通风机型号有 No3.6、No4.0、No4.5、No5.0、No5.6、No6.3 共 6 个规格，其特性曲线如图 5-14 所示。

BKJ66-11 系列局部通风机的优点是：效率高，最高效率达 90%，且高效区宽，比 JBT 系列局部通风机效率提高 15%～30%，耗电少。BKJ66-11 系列局部通风机的性能参数如表 5-1 所示。

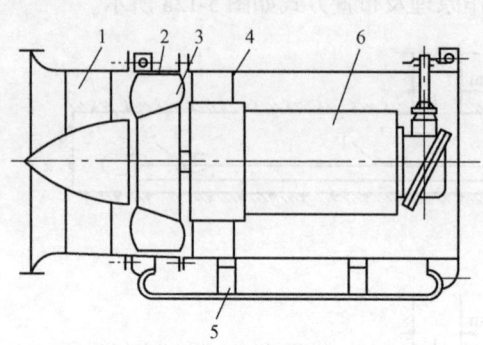

图 5-13 BKJ66-11 系列局部通风机的结构
1—前风筒 2—主风筒 3—叶轮
4—风筒 5—滑架 6—电动机

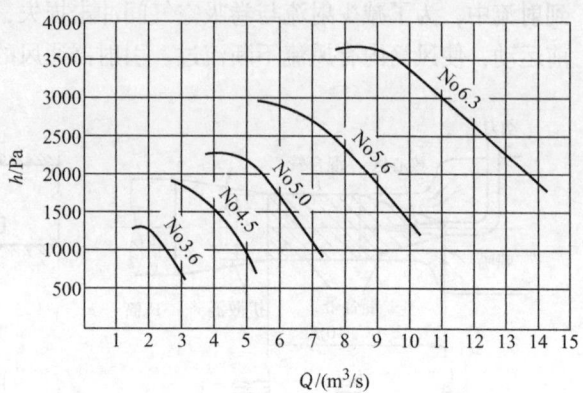

图 5-14 BKJ66-11 系列局部通风机的特性曲线

表 5-1 BKJ66-11 系列局部通风机的性能参数

型 号	风量/(m³/min)	全风压/Pa	功率/kW	转速/(r/min)	动轮直径/m
BKJ66-11 No3.6	80~150	600~1200	2.5	2950	0.36
BKJ66-11 No4.0	120~210	800~1500	5.0	2950	0.40
BKJ66-11 No4.5	170~300	1000~1900	8.0	2950	0.45
BKJ66-11 No5.0	240~420	1200~2300	15	2950	0.50
BKJ66-11 No5.6	330~570	1500~2900	22	2950	0.56
BKJ66-11 No6.3	470~800	2000~3700	42	2950	0.63

（3）对旋式局部通风机 我国生产的对旋式局部通风机有 FDB 系列、FDⅡ系列、2BKJ 系列，其特点是通风机结构形式为矿用隔爆型、对旋、消声、轴流式。其主要由集流器、机壳、电动机、叶轮、消声器等部件组成，具有结构紧凑、噪声低、风压高、流量大、效率高、使用安全可靠、维修方便等特点。根据用户需求，可做成双通风机双电源、快拆快装结构，既可整机使用，又可分级使用，可满足不同距离的通风要求，从而降低能耗，确保掘进工程通风总能耗最低。图 5-15 所示是我国研制生产的 FDⅡ系列对旋轴流式通风机的结构。

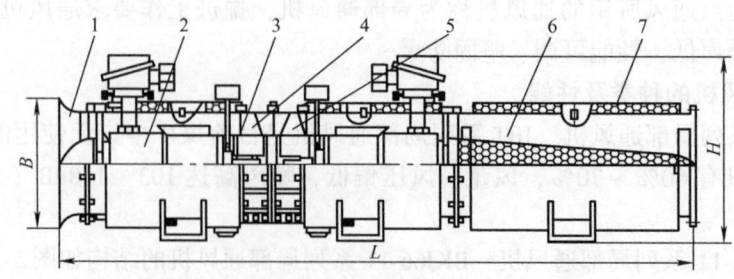

图 5-15 FDⅡ系列对旋轴流式通风机的结构
1—集流器 2—电动机 3—机壳 4—Ⅰ级叶轮 5—Ⅱ级叶轮 6—扩散器 7—消声层

2. 局部通风机的联合工作

（1）局部通风机串联 当通风距离长、风筒阻力大，1 台局部通风机风压不能保证掘进需风量时，可采用 2 台或多台局部通风机串联工作。串联方式有集中串联和间隔串联 2 种。若 2 台局部通风机之间仅用较短（1~2m）的铁质风筒连接称为集中串联，如图 5-16a 所示；若局部通风机分别布置在风筒的端部和中部，则称为间隔串联，如图 5-16b 所示。

局部通风机串联的布置方式不同，沿风筒的压力分布不同。集中串联的风筒全长均应处于正压状态，以防将柔性风筒抽瘪。但靠近风机侧的风筒承压较高，柔性风筒容易胀裂，且漏风较多。间隔串联的风筒承压较低，漏风较少。但 2 台局部通风机相距过远时，其连接风筒可能出现负压段，如图 5-16c 所示，使柔性风筒抽瘪而不能正常通风。

（2）局部通风机并联　当风筒风阻不大，用 1 台局部通风机供风不足时（说明局部通风机本身供风量不足，而非风压过小，是局部通风机直径偏小所致），可采用 2 台或多台局部通风机集中并联工作，即 2 台或多台风机共用同一列风筒。当一列风筒的风阻过大，集中并联供风仍然不足时，也可以每台风机各自用独立的风筒向工作面供风。

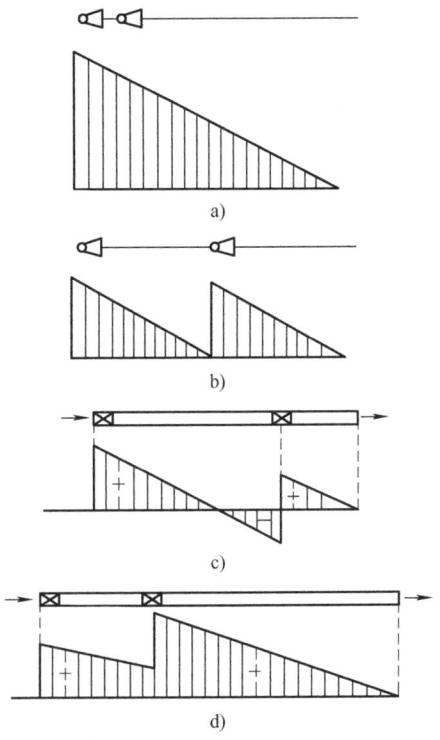

图 5-16　局部通风机串联的布置及压力分布
a）集中串联　b）间隔串联　c）间隔串联通风机间距过远　d）间隔串联通风机间距过近

局部通风机联合工作时，无论串联或并联，均应选用同型号的通风机，以防出现异常工况。

5.2.2　风筒的种类及参数

风筒是最常见的导风装置。对风筒的基本要求是漏风小、风阻小、质量小、拆装方便。

1. 风筒的类型

掘进通风使用的风筒分硬质风筒和柔性风筒两类。

（1）硬质风筒　一般由厚 2~3mm 的铁板卷制而成，常见的铁风筒规格如表 5-2 所示。铁风筒的优点是坚固耐用，使用时间长，各种通风方式均可使用。其缺点是成本高，易腐蚀，笨重，拆、装、运不方便，在弯曲巷道中使用困难。铁风筒在煤矿中使用日渐减少。目前广泛使用一种玻璃钢风筒，其优点是比铁风筒轻便（质量仅为钢材的 1/4），抗酸、碱腐蚀性强，摩擦阻力系数小，但成本高于铁风筒。

表 5-2　常见的铁风筒规格

风筒直径/mm	风筒节长/m	风筒壁厚/mm	垫圈厚/mm	风筒质量/(kg/m)
400	2, 2.5	2	8	23.4
500	2.5, 3	2	8	28.3

(续)

风筒直径/mm	风筒节长/m	风筒壁厚/mm	垫圈厚/mm	风筒质量/(kg/m)
600	2.5, 3	2	8	34.8
700	2.5, 3	2.5	8	46.1
800	3	2.5	8	54.5
900	3	2.5	8	60.8
1000	3	2.5	8	60.8

(2) 柔性风筒 主要有帆布风筒、胶布风筒和人造革风筒等。常见的胶布风筒规格如表 5-3 所示。柔性风筒的优点是轻便，拆装搬运容易，接头少。其缺点是强度低，易损坏，使用时间短，且只能用于压入式通风。目前煤矿中采用压入式通风时均采用柔性风筒。

表 5-3 常见的胶布风筒规格

风筒直径/mm	风筒节长/m	风筒壁厚/mm	垫圈厚/mm	风筒质量/(kg/m)
300	10	1.2	1.3	0.071
400	10	1.2	1.6	0.126
500	10	1.2	1.9	0.195
600	10	1.2	2.3	0.283
800	10	1.2	3.2	0.503
1000	10	1.2	4.0	0.785

为了充分利用柔性风筒的优点，扩大使用范围，可以使用带刚性骨架的可伸缩风筒，即在柔性风筒内每隔一定距离加一个钢丝圈或螺旋形钢丝圈。此种风筒能承受一定的负压，可用于抽出式通风，而且具有可伸缩的特点，比铁风筒使用方便。图 5-17a 所示是用金属整体螺旋弹簧钢丝为骨架的塑料布风筒。图 5-17b 所示为快速接头软带。风筒直径有 300mm、400mm、500mm、600mm 和 800mm 等规格。

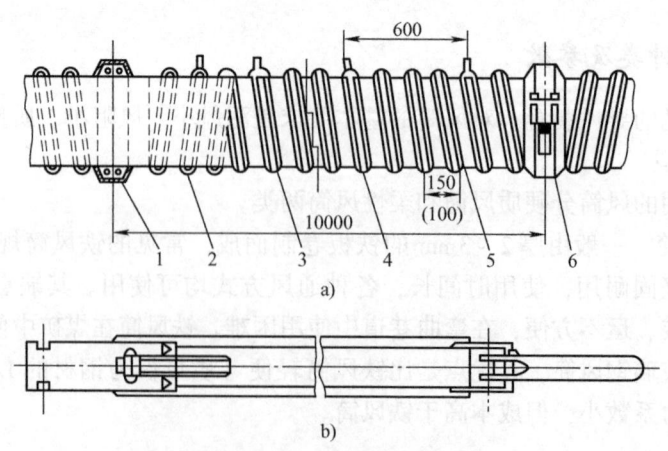

图 5-17 可伸缩风筒的结构
1—圈头 2—螺旋弹簧 3—吊钩 4—塑料压条 5—风筒布 6—快速弹簧接头

2. 风筒的阻力

风筒风阻包括风筒的摩擦风阻 R_{fr} 和局部风阻 R_{er}，局部风阻包括接头风阻 R_{jo}、弯头风阻

R_{be} 和风筒的出口风阻 R_{ou}（压入式）或是入口风阻 R_{in}（抽出式）。

风筒的总风阻 R_p（$N \cdot s^2/m^8$）可按下式计算

$$R_p = R_{fr} + R_{jo} + R_{be} + R_{ou}$$
$$= 6.5\alpha \frac{L}{d^5} + n\xi_{jo}\frac{\rho}{2S^2} + \sum \xi_{be}\frac{\rho}{2S^2} + \xi_{ou}\frac{\rho}{2S^2} \tag{5-3}$$

式中 L——风筒全长（m）;

d——风筒直径（m）;

S——风筒的断面积（m^2）;

α——风筒的摩擦阻力系数（$N \cdot s^2/m^4$），金属风筒内壁粗糙度大致相同，所以 α 值只与直径有关，柔性风筒和带刚性圈的柔性风筒的摩擦阻力系数都与风压有关;

ξ_{jo}——风筒接头的局部阻力系数，当风筒全长共有 n 个接头时，则接头总的局部阻力系数按 $n\xi_{jo}$ 计算;

ξ_{be}——风筒拐弯局部阻力系数，按拐弯角度 β 查表确定;

ξ_{ou}——风筒出口局部阻力系数，取 $\xi_{ou} = 1$;

ξ_{in}——风筒入口局部阻力系数，当入口处完全修圆时 $\xi_{in} = 0.1$，不修圆的直角入口 $\xi_{in} = 0.5 \sim 0.6$;

ρ——空气密度（kg/m^3）。

在实际应用中，一般将实测百米风筒平均风阻（包括局部风阻）作为衡量风筒管理质量和设计的数据。

根据风筒的百米风阻值 R_{100} 可以直接计算长度为 L 的风筒实际风阻。即

$$R_p = \frac{L}{100}R_{100} \tag{5-4}$$

风筒直径的选择主要取决于送风量、送风距离以及巷道断面面积的大小等因素。生产中，一般根据经验选取标准直径。

同直径风筒的摩擦阻力系数 α 值可视为常数，金属风筒的 α 值可按表 5-4 选取，玻璃钢风筒的 α 值可按表 5-5 选取。

表 5-4 金属风筒摩擦阻力系数

风筒直径/mm	200	300	400	500	600	800
$\alpha \times 10^4/(N \cdot s^2/m^4)$	49	44.1	39.2	34.3	29.4	24.5

表 5-5 JZK 系列玻璃钢风筒摩擦阻力系数

风筒型号	JZK-800-42	JZK-800-50	JZK-700-36
$\alpha \times 10^4/(N \cdot s^2/m^4)$	19.6~21.6	19.6~21.6	19.6~21.6

柔性风筒和带钢骨架的柔性风筒的摩擦阻力系数与其壁面承受的风压有关。在实际应用中，整列风筒风阻除与长度和接头等有关外，还与风筒的吊挂维护等管理质量密切相关，一般根据实测风筒百米风阻作为衡量风筒管理质量和设计的数据。当缺少实测资料时，胶布风筒的摩擦阻力系数值与百米风阻 R_{100} 可参见表 5-6 中的数据。

表 5-6 胶布风筒的摩擦阻力系数与百米风阻值

风筒直径/mm	300	400	500	600	700	800	900	1000
$\alpha \times 10^4/(N \cdot s^2/m^4)$	53	49	45	41	38	32	30	29
$R_{100}/(N \cdot s^2/m^8)$	412	314	94	34	14.7	6.5	3.3	2.0

3. 风筒的漏风

正常情况下，金属和玻璃钢风筒的漏风主要发生在接头处；胶布风筒的漏风不仅在接头，而且全长的壁面和缝合针眼都有漏风，所以风筒漏风属于连续的漏风。漏风使局部通风机风量与风筒出口风量不等。因此，应采用始末端风量的几何平均值作为风筒的风量 Q。即

$$Q = \sqrt{Q_f Q_o} \tag{5-5}$$

式中 Q_f——风筒出口风量（m^3/s）；

Q_o——局部通风机的供风量（m^3/s）。

显然 Q_f 与 Q_o 之差就是风筒的漏风量 Q_l，它与风筒种类，接头的数目、方法和质量，以及风筒直径、风压等有关，但更主要的是与风筒的维护和管理密切相关。反映风筒漏风程度的指标参数主要有：

（1）漏风量备用系数 ϕ　漏风量备用系数可用下式计算

$$\phi = \frac{Q_f}{Q_o} \tag{5-6}$$

金属风筒的漏风主要发生在连接处。若把风筒漏风看成是连续的，且漏风状态是湍流，在风筒全长上的漏风量备用系数可按下式计算

$$\phi = \left(1 + \frac{1}{3}Kdn\sqrt{R}\right)^2 \tag{5-7}$$

式中 d——风筒直径（m）；

n——风筒的接头数目；

R——风筒全长的摩擦风阻（$N \cdot s^2/m^8$）；

K——相当于直径为 1m 的风筒的透风系数；K 值的大小与风筒的连接质量有关：插接时可取 0.0026～0.0032，法兰盘连接用草绳垫圈时可取 0.0019～0.0026，法兰盘连接用橡胶垫圈可取 0.00032～0.0019。

（2）漏风率　风筒漏风量占局部通风机工作风量的百分数称为风筒漏风率 η_l，可用下式计算

$$\eta_l = \frac{Q_l}{Q_f} \times 100\% = \frac{Q_f - Q_o}{Q_f} \times 100\% \tag{5-8}$$

η_l 虽能反映风筒的漏风情况，但不能作为对比指标，故常用百米漏风率 η_{l100}（%）来表示，可用下式计算

$$\eta_{l100} = \eta_l \times \frac{100}{L} \times 100 \tag{5-9}$$

式中 L——风筒全长（m）。

柔性风筒不仅接头漏风，在风筒全长上都有漏风，而漏风量随风筒内风压增大而加大。柔性风筒的漏风量备用系数，可以根据风筒 100m 长度的漏风率 η_{l100} 来计算。将式（5-9）和式（5-8）代入式（5-6）得

$$\phi = \frac{1}{1 - \dfrac{\eta_{l100} L}{10000}} \tag{5-10}$$

如果每节风筒的漏风率为 η_i,则风筒的备用系数为

$$\phi = \frac{1}{1 - n\eta_i} \tag{5-11}$$

柔性风筒不同通风距离的百米漏风率可从表 5-7 中查取,不同接头类型的百米漏风率可从表 5-8 中查取。

表 5-7 不同通风距离柔性风筒百米漏风率

通风距离/m	<200	200~500	500~1000	1000~2000	>2000
η_{l100}(%)	<15	<10	<3	<2	<1.5

表 5-8 不同接头类型柔性风筒百米漏风率

风筒接头类型	胶接	多反边	多层反边	插头
η_{l100}(%)	0.1~0.4	0.6~0.4	3.05	12.8

(3)有效风量率 掘进工作面风量占局部通风机工作风量的百分数称为有效风量率 p_e,即

$$p_e = \frac{Q_o}{Q_f} \times 100\% = \frac{Q_f - Q_1}{Q_f} \times 100\% = (1 - \eta_1) \times 100\% \tag{5-12}$$

(4)漏风系数 风筒有效风量率的倒数称为风筒漏风系数 p_1,即

$$p_1 = \frac{1}{p_e} \tag{5-13}$$

5.2.3 风筒的安装

多年来,我国矿山职工与工程技术人员,为提高局部通风机通风效率,提高掘进工作面的有效风量,积累了很多行之有效的局部通风技术和管理经验,提高了单巷掘进的送风距离。

1. 风筒漏风尽量少

(1)改进接头方法 风筒接头的好坏直接影响风筒的漏风和风筒阻力。风筒接头方法一般采用插接法,即把风筒的一端顺风流方向插到另一节风筒中,并拉紧风筒使两个铁环靠紧。这种接头方法操作简单,但漏风大。为减少漏风,普遍采用的是反边接头法,如图 5-18 所示。

(2)减少接头数,适当增加风筒节长 不论采用那种接头方法,均不能杜绝漏风,因此,应尽量减少接头数,即尽量选用长节风筒。目前普遍使用的柔性风筒,每节长 10m,可采用胶粘接头法,将 5~10 节风筒顺序粘接起来,使每节风筒的长度增到 50~100m,从而大量减少接头数以减少漏风。

(3)减少针眼漏风 胶布风筒是用线缝制成的,在风筒吊环鼻和缝合处,都有很多针眼,据现场观测在 1kPa 压力下,针眼普遍漏风。因此,对风筒的针眼处应用胶布粘补,以减少漏风。

矿井通风与除尘

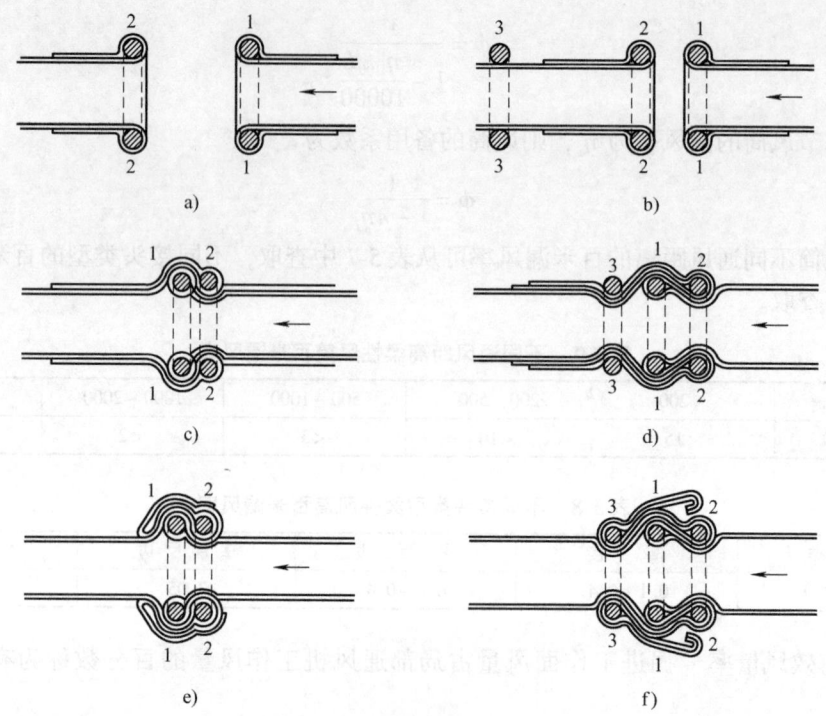

图 5-18　风筒接头连接方式示意图
a)、c)、e) 双反边接头　b)、d)、f) 多反边接头
注：图中数字表示不同接头。

（4）防止风筒破口漏风　风筒靠近工作面前端，应设置 3~4m 长的一段铁风筒，随工作面推进向前移动，以防爆破崩坏胶布风筒。掘进巷道要加强支护，以防冒顶片帮砸坏风筒。风筒要吊挂在上帮的顶角处，防止被矿车刮破。对于风筒的破口、裂缝要及时粘补，损坏严重的风筒应及时更换。

2. 降低风筒的通风阻力

1）风筒悬吊要平、直、稳、紧，逢环必吊，缺环必补，防止急拐弯。通风机安装、悬吊也要与风筒保持平直。通风机与风筒直径不同时，要用异径缓变接头连接。

2）在每隔一定距离风筒上安装放水嘴，随时放出风筒中凝结的积水。

5.3　局部通风系统的设计

根据开拓、开采巷道的布置情况、掘进区域煤岩层的自然条件及掘进工艺，确定合理的局部通风方法及其布置方式，选择风筒类型和直径，计算风筒出入口风量及风筒通风阻力，选择局部通风机等工作称之为局部通风系统设计。

5.3.1　设计原则

局部通风是矿井通风系统的一个重要组成部分，其新风取自矿井主流风，污风又排入矿井主流风。其设计原则可归纳如下：

1）矿井和采区通风系统设计应为局部通风创造条件。

2）局部通风系统要安全可靠、经济合理和技术先进。

3）尽量采用技术先进的低噪、高效型局部通风机。

4）压入式通风宜用柔性风筒，抽出式通风宜用带刚性骨架的可伸缩风筒或完全刚性的风筒。风筒材质应选择阻燃、抗静电型材料。

5）当一台通风机不能满足通风要求时可考虑选用两台或多台通风机联合运行。

5.3.2 设计步骤

1）确定局部通风系统，绘制掘进巷道局部通风系统布置图。

2）按通风方法和最大通风距离，选择风筒类型与直径。

3）计算通风机风量和风筒出口风量。

4）按掘进巷道通风长度变化，分阶段计算局部通风系统总阻力。

5）按计算所得局部通风机设计风量和风压，选择局部通风机。

6）按矿井灾害特点，选择配套安全技术装备。

5.3.3 风量计算

1. 煤矿掘进工作面通风量计算

掘进工作面实际需要风量 Q（m³/min），应按各煤矿企业制定的"一通三防"规定或根据瓦斯、二氧化碳涌出量、炸药用量和同时工作的最多人数进行局部通风机的实际吸风量分别计算，并选取其中最大值。

1）按瓦斯（二氧化碳）涌出量计算。计算公式为

$$Q = 100qk \tag{5-14}$$

式中　100——单位瓦斯涌出量的配风量，以回风流瓦斯浓度（体积分数）不超过1%或二氧化碳浓度（体积分数）不超过1.5%的换算值；

　　　　q——掘进工作面回风流中平均绝对瓦斯涌出量（m³/min）；

　　　　k——掘进工作面因瓦斯涌出不均匀的备用风量系数，应根据实际观测的结果确定（掘进面最大绝对瓦斯涌出量与平均绝对瓦斯涌出量之比），通常，机掘工作面取 $k = 1.5 \sim 2$，炮掘工作面取 $k = 1.8 \sim 2.0$。

低瓦斯高二氧化碳矿井还必须按二氧化碳涌出量计算，可参照按瓦斯涌出量的计算方法。

2）按炸药使用量计算。计算公式为

$$Q = 25A \tag{5-15}$$

式中　25——每1kg炸药爆炸不低于25m³的配风量；

　　　　A——掘进工作面一次爆破所用的最大炸药用量（kg）。

3）按工作人员数量计算。计算公式为

$$Q = 4n \tag{5-16}$$

式中　4——每人每分钟应供给的最低风量（m³/min）；

　　　　n——掘进工作面同时工作的最多人数。

4）按局部通风机的实际吸风量计算。计算公式为

岩巷掘进　　　　　　　　　$Q = Q_f I + 9S$ 　　　　　　　　　　(5-17)

煤巷掘进 $$Q = Q_f I + 15S \tag{5-18}$$

式中 Q_f——掘进工作面局部通风机的实际吸风量（m³/min），安设局部通风机的巷道中的风量，除了满足局部通风机的吸风量外，还应保证局部通风机吸入口至掘进工作面风流之间的风速，岩巷不小于 0.15m/s，煤巷和半煤巷不小于 0.25m/s，以防止局部通风机吸入循环风和这段距离内风流停滞，造成瓦斯积聚；

I——掘进工作面同时运转的局部通风机数量；

S——掘进巷道的断面面积（m²）。

5）按风速进行验算。掘进工作面的最低风量 Q 为

$$Q = 60 u_{min} S \tag{5-19}$$

式中 u_{min}——掘进工作面的最低风速（m/s），按《煤矿安全规程》要求，岩巷取 0.15m/s，煤巷和半煤巷取 0.25m/s。

上式为每个岩巷、煤巷和半煤巷掘进工作面的最低风量，但风量不得大于 $4 \times 60S$。Q 大于或等于掘进工作面实际需要风量与风筒实际漏风量之和，需实测确定。

2. 金属矿山掘进工作面通风量计算

金属矿山独头工作面污浊空气的主要成分是爆破后的炮烟及各种作业工序所产生的矿尘，故局部通风所需风量也就以排出炮烟和矿尘作为计算依据。

（1）按排出炮烟计算风量 具体如下。

1）压入式通风的风量可按下式计算

$$Q_p = \frac{19}{t} \sqrt{A l_r S} \tag{5-20}$$

式中 Q_p——压入式通风工作面所需风量（m³/s）；

t——通风时间（s），一般取 1800s；

A——一次爆破的炸药消耗量（kg）；

l_r——巷道长度（m）；

S——巷道断面面积（m²）。

2）抽出式通风的风量计算可按下式计算

$$Q_e = \frac{18}{t} \sqrt{A l_0 S} \tag{5-21}$$

式中 Q_e——抽出式通风所需风量（m³/s）；

l_0——炮烟抛掷带长度（m），取决于爆破方式及炸药消耗量，其数值可按下面的方法估算。

电雷管起爆时 $$l_0 = 15 + \frac{A}{5} \tag{5-22}$$

火雷管起爆时 $$l_0 = 15 + A \tag{5-23}$$

必须指出，式（5-22）和式（5-23）只适用于爆破立即开始通风的情况。否则，由于炮烟不断往外蔓延，增大了炮烟的容积，上述方法计算的风量偏小，势必要延长通风时间。

3）混合式通风的风量计算。由于使用两台不同工作方式的局部通风机，它们的风量要分别计算。即

$$Q_{mp} = \frac{19}{t} \sqrt{A l_w S} \tag{5-24}$$

$$Q_{me} = (1.2 \sim 1.25) Q_{mp} \tag{5-25}$$

式中 Q_{mp}——压入式工作的局部通风机风量（m³/s）；
Q_{me}——抽出式工作的局部通风机风量（m³/s）；
l_w——抽出式的吸风口到工作面的距离（m）。

由式（5-24）可以看出，混合式通风时，当 l_w 越小，所需要的压入风量也越小。故在这种情况下可以考虑用喷射风筒来代替压入式工作的局部通风机，其布置如图 5-19 所示，与两台局部通风机混合式通风布置相似，但仍要保证喷射风筒出口到工作面的距离小于有效射程。

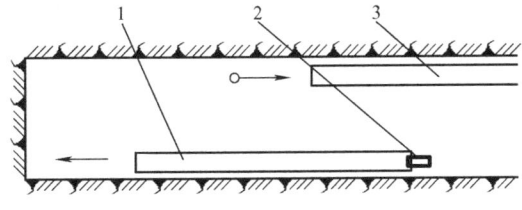

图 5-19 用喷射风筒做混合式通风
1—喷射风筒 2—喷嘴 3—风筒

（2）按排出矿尘计算风量 具体如下。
1) 按排尘风速计算风量可按下式计算

$$Q = uS \tag{5-26}$$

式中 Q——需要的通风风量（m³/s）；
u——排尘风速（m/s），掘进巷道一般不小于 0.25m/s；
S——巷道断面面积（m²）。

2) 按排尘风量确定风量。排尘风量定额是根据设计的产尘强度（mg/s），在稳定的通风过程中保持工作面粉尘浓度不超过许可范围时的平均统计风量值。其计算方法是

$$Q = \frac{G}{C - C_0} \tag{5-27}$$

式中 G——设备的产尘强度（mg/s）；
C——允许的粉尘浓度（mg/m³）；
C_0——进风的粉尘浓度（mg/m³）。

【例 5-1】 某独头掘进巷道长 200m，断面面积为 6.5m²，用火雷管起爆，一次爆破火药量为 20kg。若采用抽出式通风，通风时间限于 20min，其有效吸程和所需风量各为多少？

【解】 抽出式风筒有效吸程 L_e 由式（5-2）计算，即

$$L_e = 1.5\sqrt{S} = 1.5\sqrt{6.5}\,\text{m} = 3.82\,\text{m}$$

由于火雷管起爆时，炮烟抛掷带长度由式（5-23）计算，即

$$l_0 = 15 + A = (15 + 20)\,\text{m} = 35\,\text{m}$$

抽出式通风所需风量由式（5-21）计算，即

$$Q_e = \frac{18}{t}\sqrt{Al_0S} = \frac{18}{20 \times 60}\sqrt{20 \times 6.5 \times 35}\,\text{m}^3/\text{s} = 1.012\,\text{m}^3/\text{s}$$

5.3.4 风筒的选择

风筒选择其原则如下：

1) 风筒直径能保证最大通风长度时,局部通风机供风量能满足掘进工作面通风的要求。

2) 在巷道断面允许的条件下,尽可能选择直径较大的风筒,以降低风阻,减少漏风,降低通风电耗。

一般立井凿井时,选用 600~1000m 的铁风筒或玻璃钢风筒;通风长度在 200m 以内,宜选用直径为 300~400mm 的风筒;通风长度 200~500m,宜选用直径 400~500mm 的风筒;通风长度 500~1000m,宜选用直径 500~600m 的风筒,煤矿可选用直径 800~1000m 的风筒。

3) 尽量选用阻燃、抗静电性能好的风筒。

5.3.5 局部通风机的选型

已知井巷掘进所需风量和所选用的风筒,则可以计算风筒的通风阻力。根据风量和风筒的通风阻力,在可选择的各种通风设备全压范围,选用合适的局部通风机。

1. 选型原则

1) 尽量选用高效率、低噪声的局部通风机。
2) 尽量采用系列化产品,以便于管理、维护、维修与联合运行。

2. 确定局部通风机的工作参数

(1) 需风量 根据掘进工作面所需风量 Q_0 和风筒的漏风情况,用式 (5-6) 计算通风机的工作风量 Q_f,即

$$Q_f = \phi Q_0 \tag{5-28}$$

(2) 风压 局部通风机要克服风筒的通风阻力 h 及风流出口的阻力,设风筒出风口动压损失为 h_{v0},得局部通风机的全压 H_t (Pa) 为

$$H_t = h + h_{v0} = R_f Q^2 + \frac{1}{2}\rho \frac{Q_0^2}{S^2} = R_f Q_f Q_0 + 0.811\rho \frac{Q_0}{d^4} \tag{5-29}$$

式中 R_f——压入式风筒的总风阻 ($N \cdot s^2/m^8$);

d——风筒直径 (m)。

3. 选择局部通风机

根据需要的 Q_f 和 H_t 值在各类局部通风机特性曲线上,确定局部通风机的合理工作范围,选择长期运行效率较高的局部通风机。局部通风机可分轴流式和离心式两种。矿用局部通风机多为轴流式。这种局部通风机体积小,效率较高,但噪声较大。

我国目前生产的轴流式通风机有防爆型系列和非防爆型系列。金属矿山由于没有瓦斯和煤尘爆炸危险,因此多选用结构简单、使用轻便的非防爆型局部通风机。

【例 5-2】 某矿掘进一条长 930m 的独头巷道,采用混合式通风方式,如图 5-20 所示。在距离工作面 72m 处,用一台局部通风机作为压入式通风,其风筒直径为 300mm,总长为 62m。在距离工作面 52m 处,用一台局部通风机由工作面向外排风,风筒直径为 500mm,总长度为 851m。掘进巷道断面面积为 4.4m²,一次爆破炸药量为 20kg,通风时间为 20min,试计算工作面所需风量,并选择局部通风机。

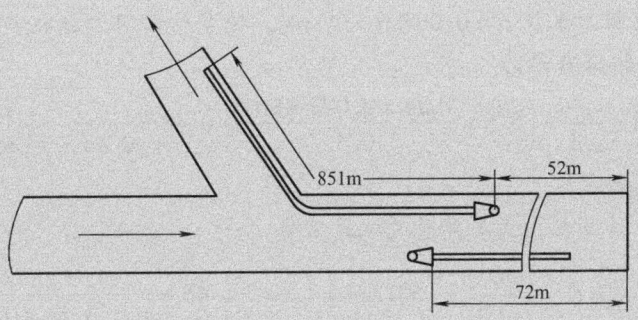

图5-20 掘进巷道混合式通风

【解】（1）压入式局部通风机的计算。由式（5-24）计算混合式通风工作面所需风量为

$$Q_{mp} = \frac{19}{t}\sqrt{Al_wS} = \frac{19}{20\times60}\sqrt{20\times52\times4.4}\,m^3/s = 1.07\,m^3/s$$

取风筒接头的漏风率为0.02，压入式风筒每节长度为10m，共6节，由式（5-11）计算风筒漏风备用系数 ϕ 为

$$\phi = \frac{1}{1-n\eta_i} = \frac{1}{1-6\times0.02} = 1.14$$

则压入式局部通风机风量为

$$Q_{fp} = 1.14\times1.07\,m^3/s = 1.22\,m^3/s$$

考虑风筒接头处的局部风阻，将 α 值增大25%可以近似认为所计算出来的风阻包括了风筒的摩擦风阻 R_1 和风筒接头处的局部风阻 R_2。本题风筒转弯处的局部风阻取 $R=0$。

由式（5-3）计算压入式风筒的风阻为

$$R = 6.5\times\frac{1.25\alpha L}{d^5} = 6.5\times\frac{1.25\times0.004\times62}{0.3^5}\,N\cdot s^2/m^8 = 829.2\,N\cdot s^2/m^8$$

由式（5-29）计算压入式局部通风机风压为

$$H_{tp} = RQ_{fp}Q_{mp} + \frac{\rho Q_{mp}^2}{2S^2}$$

$$= 829.2\times1.22\times1.07\,Pa + \frac{1.2\times1.07^2}{2\times(3.14\times0.15^2)^2}\,Pa = 1219.7\,Pa$$

故可选用JF-42-2GS型局部通风机，功率为4kW。

（2）抽出式局部通风机的计算。有效排风量为 Q_{me}

$$Q_{me} = 1.2Q_{fp} = 1.2\times1.22\,m^3/s = 1.46\,m^3/s$$

取风筒接头的漏风率为0.005，抽出式风筒长度为851m，每节长度为40m，共22节，由式（5-11）计算风筒漏风备用系数 ϕ 为

$$\phi = \frac{1}{1-n\eta_i} = \frac{1}{1-22\times0.005} = 1.12$$

则抽出式局部通风机风量为

$$Q_{fe} = 1.12\times1.46\,m^3/s = 1.64\,m^3/s$$

取风筒的摩擦阻力系数 $\alpha = 0.003\ \text{N} \cdot \text{s}^2/\text{m}^4$,转弯局部阻力系数 $\xi = 0.48$,风筒直径 $d = 0.5\text{m}$,则风筒的阻力 R 为

$$R = 6.5 \times \frac{1.25\alpha L}{d^5} + \xi \frac{\rho}{2S^2} = \left(6.5 \times \frac{1.25 \times 0.003 \times 851}{0.5^5} + 0.48 \times \frac{1.2}{2 \times (3.14 \times 0.25^2)^2}\right) \text{N} \cdot \text{s}^2/\text{m}^8$$
$$= 671.28\ \text{N} \cdot \text{s}^2/\text{m}^8$$

由式(5-29)计算抽出式局部通风机风压为

$$H_{te} = RQ_{fe}Q_{me} + \frac{\rho Q_{me}^2}{2S^2} = \left(671.28 \times 1.64 \times 1.46 + \frac{1.2 \times 1.46^2}{2 \times (3.14 \times 0.25^2)^2}\right) \text{Pa}$$
$$= 1640.53\ \text{Pa}$$

抽出式局部通风机计算的风量为 $1.64\text{m}^3/\text{s}$,风压为 1640.53Pa,选用 JF-52-2 型局部通风机,功率为 11kW。

5.4 建井时期的通风

5.4.1 井筒掘进通风

1. 立井开凿时通风的特点

立井是下向掘进,与一般掘进通风相比具有以下特点:

1) 由于岩壁与空气的温差及其他原因,任何立井都有或大或小的自然风压。

2) 炮烟温度较空气温度高,有自动向上流动的趋势。

3) 立井内一般都有淋水,它既能带动空气流动,增强自然风流,又能溶解某些有害气体(如 NO_2 等),降低炮烟的浓度,这对通风是有利的。淋水量绝大部分集中在井壁附近。

4) 井筒掘进断面大,一次爆破炸药量多,排除炮烟所需风量较大。由于淋水量大,产尘量小,一般瓦斯涌出量不大,故经常性通风需风量较小。

5) 立井与大气直接相连,受地面气候影响较大。

6) 立井施工常多段平行作业,吊盘多,电气设备多,要求井筒内空气经常保持清新。

2. 立井开凿时的通风方式

立井开凿,从动工至安装锁口盘之前,在 30m 以内一般可利用自然通风。当开凿深度超过 30m 时,应使用局部通风机风筒通风。当井筒深度较浅,如小于 200m,可采用压入式通风。压入式通风可较好地利用自然风压和淋水作用,风筒可使用柔性风筒,如图 5-21a 所示。当井筒较深

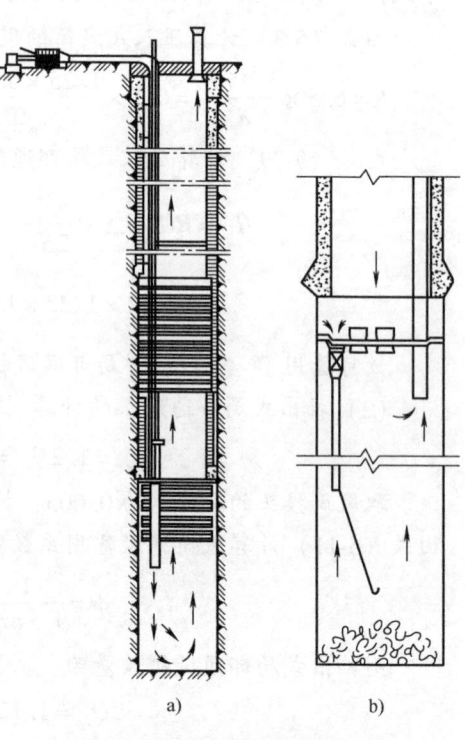

图 5-21 立井开凿时的通风方式

时，压入式通风的缺点明显突出：由于井筒断面大、风速小，加之又有 3 或 4 道吊盘，污风沿井筒排出很慢，这对多段平行作业特别不利；出风方向与淋水方向相反，往往造成井筒内烟雨交加、雾气腾腾，使井筒内劳动条件恶劣。使用抽出式通风，则整个井筒内空气新鲜，劳动条件好，也便于井底车场掘进阶段的通风系统布置。故当井筒深度超过 200m 时，采用抽出式通风为宜。当井筒工作面通风效果不良时，可采用混合式通风，即在吊盘上安一小局部通风机，接上一小段风筒，向工作面吹风，污风通过抽出式风筒吸出。如果吊盘较高，可用小局部通风机垂直固定于吊盘下，如图 5-21b 所示。

3. 井筒掘进时的风量计算

不穿过瓦斯煤层的井筒掘进所需最大风量，一般可按排除炮烟的公式即式（5-17）～式（5-22）计算。由于淋水能溶解炮烟中部分毒气并帮助通风，因此在上列风量计算中乘以涌水修正系数 K，如表 5-9 所示。

表 5-9 涌水修正系数

级 别	涌水特征	系数 K
I	井筒干燥与深度无关；井筒含水而深度小于 200m	1.0
II	井筒含水，深度大于 200m，涌水量小于 $6m^3/h$	0.85
III	井筒含水，深度大于 200m，降水如雨，涌水量为 $6\sim15m^3/h$	0.67
IV	井筒含水，深度大于 200m，降水如暴雨，涌水量大于 $15m^3/h$	0.53

应指出，出于立井掘进时自然通风和淋水的作用，应用上述公式计算的风量往往较实际需风量偏大，因此曾有人建议再加一个考虑自然通风影响的系数。在计算大断面井筒掘进需风量时，如按最小允许风速计算，风量偏大更多，现场往往不按最小风速校验。

4. 井筒掘进通风用通风机及其布置

井筒掘进通风用的通风机，一般应根据井筒最深时的需风量和风压来选择。但井筒掘进通风用的通风机往往还为后期工程服务，为减少通风设备（包括通风机、风筒）的改装工程量，则应根据服务期内通风最困难时的风量和风压选择。如某井筒通风机要同时为井筒、井底车场和部分大巷掘进服务，选择通风机时应分别计算井筒、车场和大巷掘进时的风量和风压，按其中最大者选择通风机。

为顺应爆破后需风量大、平时需风量小的特点，可采用风量可调变频通风机，或在同一井口布置两套大小不同的通风机，共用一列风筒。爆破后用大通风机系统，平时用小通风机系统，其布置如图 5-22 所示。井筒掘进时，通风机通常布置在地面。通风机应离井口保持一段距离（一般为 10～15m）；通风机房应避开永久通风机房和风硐的位置，且不影响施工期间的运输和提升；井下排出的污风应避开常年主要风向，以免造成井口空气污染。风筒要以最少的转弯、圆滑过渡，连至井下，以减小阻力。

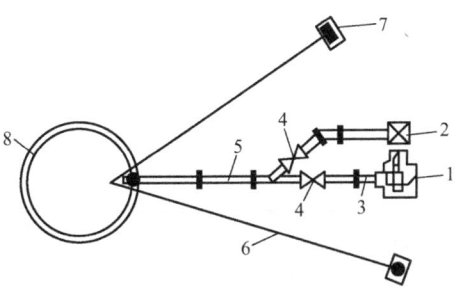

图 5-22 两套通风机的地面布置
1、2—大、小通风机 3—大小接头 4—闸门
5—风筒 6—钢丝绳 7—绞车 8—井筒

抽出式通风时，通风机要设合理的扩散器。从地面引入新风的风筒穿过井盖门和锁口盘即可，过长将增加阻力。

当井筒很深，自然通风风量大于局部通风机工作风量时，也可将通风机设于井筒联络巷内，如图5-23所示。图中两通风机均做压入式工作，联络巷以上井筒则利用自然通风。现场也常采用对工作面b做抽出通风，对工作面a做压入通风的形式。当自然通风不能满足局部通风机工作风量要求时，可将通风机穿过在联络巷内的风墙，用通风机克服风筒和井筒的阻力。通风机设于联络巷内可大大减小风筒长度和悬吊重量，有条件时可采用。

5. 风筒的悬吊与接长

立井开凿时，一般使用直径600～1000mm的铁风筒或玻璃钢风筒。其悬吊方式有两种，一种是用慢速绞车、钢丝绳通过天轮吊挂，风筒固定在两根钢丝绳之间，用扣紧箍圈加以固定，如图5-24a所示适用于金属风筒，图5-24b所示适用于柔性风筒。

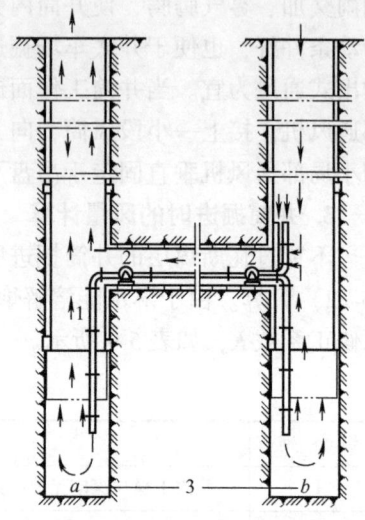

图5-23 通风机设在联络巷内
1—风筒 2—通风机 3—两井筒掘进面

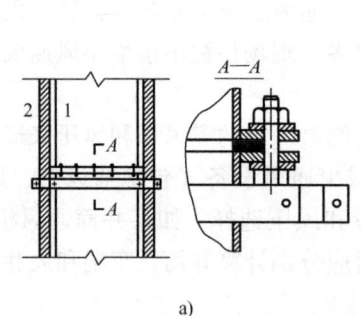
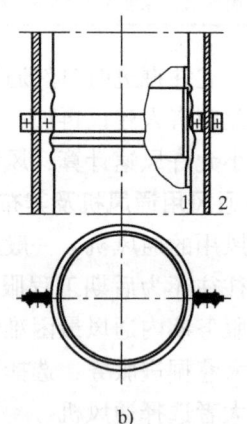

图5-24 风筒的悬吊方式
1—风筒 2—钢丝绳

金属风筒卡子的一般规格如表5-10所示。

表5-10 金属风筒卡子的一般规格

风筒直径/mm	钢丝绳直径/mm	钢丝绳质量/(kg/m)	钢丝绳间距/mm	卡圈长度/mm	备 注
500	12.5	0.59	650	750	
600	21	1.6	750	860	卡子用厚5～10mm的铁板制作，宽50～60mm，螺栓孔径18mm，卡子总质量为5～12kg
700	37	4.3	880	1020	
800	43.5	6.1	980	1120	
900	56	10.6	1080	1250	
1000	60	12.3	1180	1380	

另一种悬挂方式，是将风筒用卡子固定在井壁上或已装好的罐道梁上，如图 5-25 和图 5-26 所示。

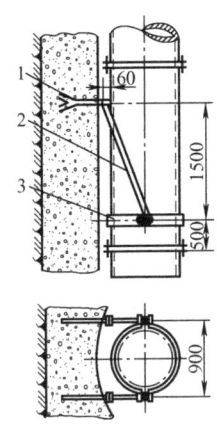

图 5-25　井壁固定风筒
1—挂钩　2—拉杆　3—风筒卡子

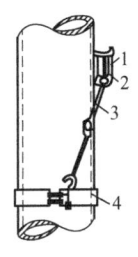

图 5-26　钢梁吊挂风筒
1—U 形卡　2—钢梁　3—拉紧杆　4—管卡

悬吊风筒用钢丝绳的强度计算，要考虑风筒和连接件的自重及钢丝绳的自重，并考虑 5 倍以上的安全系数。

随着井筒加深，风筒必须不断接长。风筒接长的方式随风筒悬吊方式不同而异。当在井壁或罐道梁上固定风筒，或使用柔性风筒时，通常在井下将风筒末端接长。在接长柔性风筒时，最下方一节风筒要拉紧，勿使其褶皱或扭曲。

风筒的下端一般伸出工作盘，工作盘离井筒掘进头的距离因作业方法而异，一般不超过 30m。当在井口接长风筒时，最末一节风筒常采用加强风筒，它的一端不设法兰盘，沿风筒轴向有加强筋，沿风筒周边有加强环（用扁铁做成）。在柔性风筒的末端，为稳定风筒、防止变形，也可在风筒末端加一节 1m 长的金属风筒。

5.4.2　大巷及上山掘进时的通风

主石门、大巷及部分上山掘进时的通风，是建井期间最困难阶段的工作。因为经常要掘进长距离独头巷道，有时长达数千米，通风距离长、风阻大、通风管理要求严格。如果煤层有突出危险，在此阶段揭开煤层时可能发生煤与瓦斯突出，必须考虑有效的事故防范措施。

本阶段应合理安排巷道掘进次序，以尽快形成矿井总风压通风系统，尽量缩短独头巷道通风距离。矿井通风方式不同，巷道掘进程序也不同。

中央并列式通风系统的矿井：当副井（风井）掘至回风水平时，可利用安装在地面的局部通风机同时掘进回风石门及总回风道；当大巷掘至第一个采区上山位置后，同时掘进采区上山，使进、回风大巷尽快贯通。大巷向下一个采区继续掘进时，为缩短独头巷道的通风距离，局部通风机应及时前移至距掘进头最近的（利用总风压通风的）新鲜风流内。

中央分列式通风系统矿井，为缩短基建时间，开凿主、副井的同时，应开凿风井和总回风巷。总回风巷掘至第一个采区上山位置时，应立即转入该上山的下向掘进，以便尽快与大巷贯通。

两翼对角式通风系统的矿井,主、副井开凿时,也应同时开凿两翼风井和总回风道。首先要贯通的上山可从进、回风方向同时掘进。当总进、回风道沟通时两翼风井的通风机应安装完毕。

分区对角式通风系统的矿井,因不必作总回风道,主、副井开凿的同时,可开凿分区风井与采区下山,大巷与分区风井贯通时,采区风井的主通风机应安装完毕。

下面对本阶段通风中的几个问题略做说明。

1. 临时主通风机的位置

临时主通风机的作用是保证已贯通的井筒(或巷道)间形成稳定的具有较大风量的贯穿风流。

1)临时主通风机设在地面。在可能条件下,要尽快地安装地面临时主通风机。它管理方便,不会产生循环风,比较安全。万一发生瓦斯突出、喷出或其他事故,地面主通风机能照常工作,便于救灾和恢复生产。其缺点是建井期间,井筒往往还在施工、安装或有提升任务,封闭较困难。

2)临时主通风机设在井下。可在井下安设一台较大的临时主通风机,也可安设若干台小通风机并联运转用作临时主通风机。前者安装工程量较大,有时需另作井巷工程;后者只需在井巷内砌筑两道风墙,通风机通过风筒将风流导过两道风墙,根据所需风量大小,可增减小通风机的台数,通风机位置移动也较容易。

设在井下的临时主通风机位置,应遵循如下原则:不使瓦斯通过通风机,不因通风机进出口的压差引起煤层自燃,不影响井下运输,不造成循环风。有煤与瓦斯突出危险的矿井,临时主通风机不宜设在井下。在井下设临时主通风机时,应保留井筒施工期间的地面通风机作为备用。必要时起动,可使部分井巷处于新风中,有利于发生事故时恢复通风和救灾工作。

2. 通风系统的调整

随着井巷工程的进展,建井期间矿井主风流要多次调整。调整中,原来的进风井可能变为回风井,先前的回风巷也可能变为进风巷,为此,要新设或拆除一些通风设施。现场把这种调整称为"改风"。合理的建井通风方案,既要使各阶段通风系统合理,又要使各阶段接续顺利,改风工程量小。在改风中应注意以下问题:

1)充分利用自然风压。改风中要估计到自然风压的作用,并尽量加以利用。主、副井贯通后,临时主通风机形成贯穿风流,使进、回风井井壁与风流产生热交换,导致两井筒中空气温度和密度不同,产生自然风压。自然风压的作用方向和大小与临时主通风机开始工作的季节有关。在选择通风方案时,要考虑顺应自然风压的趋势;在改风时间的选择上,最好在自然风压大的冬天进行,以减小改风的困难。

2)充分做好改风前的工作,特别是通风系统大调整时,对时间较长的通风工程,如通风机安装、风门、风墙工程的施工等一定要提前做好。

3)根据实测资料预计改风的效果。为此,改风前应进行必要的通风测定,弄清通风系统、各分支间的压力关系。

4)充分估计改风后可能出现的问题。为此,应画出改风前后的通风网路图,找出角联分支,预计可能出现风流反向和循环风、无风及瓦斯积聚的地点,制定应急措施。

5)加强领导和组织工作,尽量缩短改风过程。改风中要加强检查、确保安全。改风后要进行一次全面的通风测定，发现系统混乱或某些地点风量不足时，要及时调整。

3. 长距离独头巷道通风技术

矿井开拓期常要掘进长距离独头巷道，掘进这类巷道时，多采用局部通风机通风。因此，长距离独头巷道通风的技术要领是：选择合理的通风方式与设备，减少风筒的漏风，降低风筒的风阻。技术管理是通风效果好坏的关键，为了保证通风效果，需要注意以下几方面问题。

1）通风方式选择要得当，一般采用混合式通风。

2）条件许可时，尽量选用大直径的风筒，以降低风筒风阻，提高有效风量。

3）保证风筒接头的质量。根据实际情况，尽量增长每节风筒的长度，减少风筒接头处的漏风。

4）风筒悬吊力求"平、直、紧"，以消除局部阻力。

5）要有专人负责，经常检查和维修。

在实际工作中，还可采用局部通风机串联通风方法来解决长距离巷道掘进时的通风问题。在没有高风压局部通风机的情况下，可用多台局部通风机串联工作。图 5-27 所示为局部通风机的串联方式。

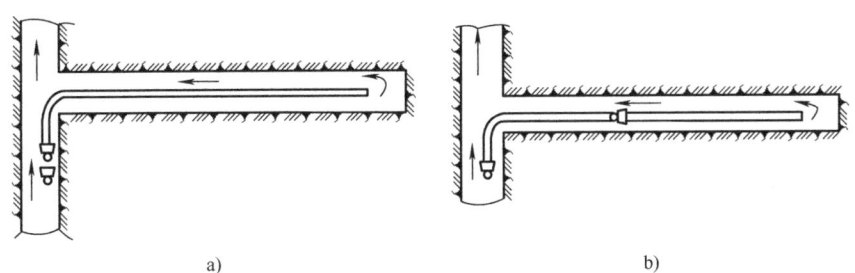

图 5-27 局部通风机的串联方式
a) 集中串联 b) 间隔串联

在相同（通风机和风筒）条件下，集中串联通常比间隔串联漏风大，这是因为漏风量的大小与风筒内外压差有关。与间隔串联时风筒内外压差比较，集中串联时风筒内外压差成倍增加。

采用柔性风筒进行局部通风机间隔串联通风时，应使风筒内不出现负压区，以防止柔性风筒被吸瘪。当风筒全长为 L、串联局部通风机台数为 n，串联局部通风机的间距 L_f 应符合

$$L_f = \frac{L}{n} \tag{5-30}$$

综上所述，无论哪种局部通风机串联通风都存在一定的缺点，所以在一般情况下尽量不用局部通风机串联通风，应力求提高风筒制造和安装质量，加强管理，减少漏风，发挥单台局部通风机的效能。

另外，还可利用钻孔和局部通风机配合通风。当掘进距离离地表较近的长巷道时，可以借助钻孔通风，新风由巷道进，污风由安装在钻孔上的局部通风机抽至地面，如图 5-28 所示。

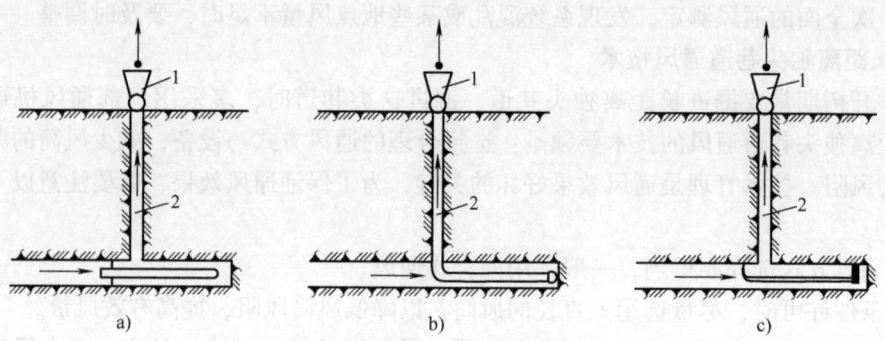

图 5-28 钻孔与局部通风机配合通风的三种方式
1—局部通风机 2—钻孔

5.4.3 天井掘进时的通风

由于天井断面较小，中间又布置放矿格间、梯子、风水管等，梯子上又有安全棚子，放炮后炮烟多集中在天井最上部，这些都给通风带来困难。图 5-29 所示为掘进高度不大的天井通风方法。

多年来，我国矿山对天井掘进通风方法进行了不少试验，对改善天井通风收到了显著成效。这些方法如下：

（1）风、水（或压气）混合式通风 在安全棚子上部设风水喷雾器，在安全棚子下部设抽出式风筒，构成风、水混合式通风方法，如图 5-30 所示。

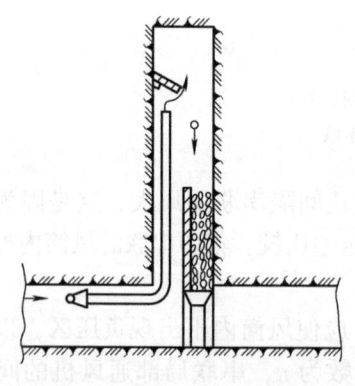   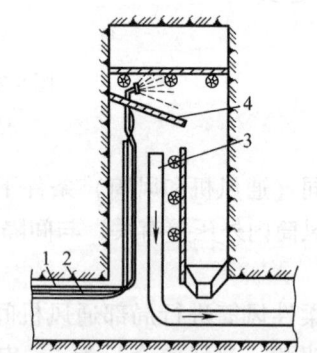

图 5-29 掘进高度不大的天井通风方法   图 5-30 风、水（或压气）混合式通风
　　　　　　　　　　　　　　　　　　　　　　1—压气管 2—水绳 3—风筒 4—安全棚

（2）用吊罐掘进天井时的通风 图 5-31 所示是用吊罐掘进天井的通风方法，局部通风机做压入式通风，污风从吊罐大眼排走。图 5-32 所示是用吊罐掘进斜天井的通风方法，通风机安装在上部阶段水平巷道里，利用吊罐大眼进行抽风，同时在吊罐底座下，面向天井四壁安装数个水喷雾喷头，在吊罐上升中冲洗井壁。

（3）风筒戴防护帽 如图 5-33 所示，由于风筒末端在安全棚之上，所以能够有效地排出炮烟。

（4）天井钻孔通风 在未掘进天井前先用钻机由下往上打大直径钻孔，将上下阶段贯通。掘进天井时可在上阶段安装局部通风机抽风,如图 5-34 所示。当钻孔直径较大时也可不用局部通风机,而利用矿井总风压通风。

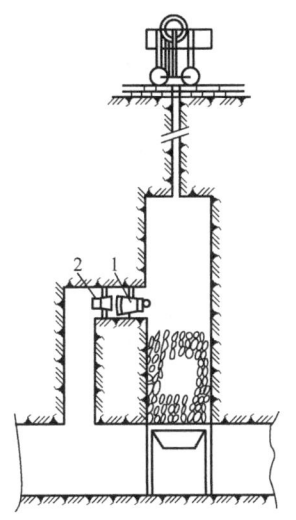 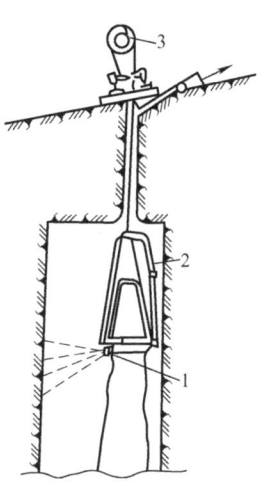

图 5-31　用吊罐掘进天井的通风方法　　　　图 5-32　用吊罐掘进斜天井的通风方法
　　1—吊罐　2—局部通风机　　　　　　　　　1—喷嘴　2—吊罐　3—绞车

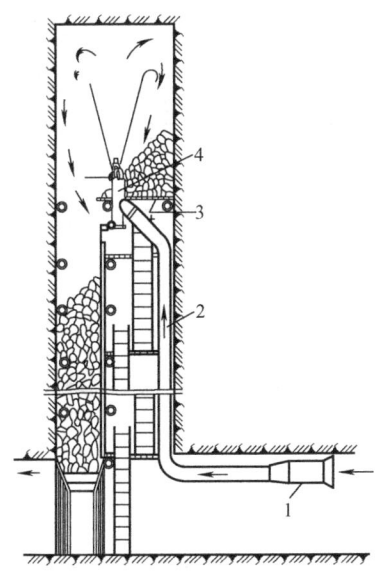 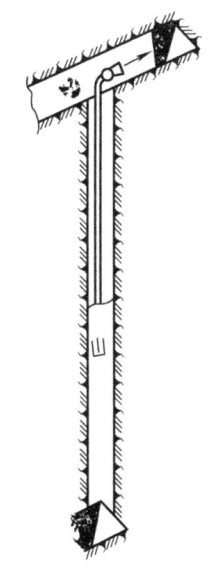

图 5-33　风筒戴防护帽的天井通风　　　　　图 5-34　钻孔局部通风
1—局部通风机　2—风筒　3—安全棚　4—防护帽

目前一些矿山已采用天井钻机,这就从根本上改变了天井掘凿的工艺,因而从根本上改变了天井掘进时的通风方法,大大地改善了工人的劳动条件,值得推广。

5.4.4　井底车场施工时的通风

井底车场掘进通风是指车场调车巷道和硐室掘进时的通风。

1. 井底车场掘进通风系统

井底车场通风分为两个阶段。第一个阶段是主、副井未贯通前开凿联络巷时的通风。此时，仍依靠井筒开凿时的通风系统，原来若采取压入式通风时，可将风筒接长至联络巷掘进头；若采用抽出式通风时，则可在吊盘上另安一小通风机做压入式通风，将新风送至掘进工作面，污风仍由地面通风机抽出。第二个阶段是主、副井贯通后车场掘进时的通风。这时主、副井已构成一个井筒进风、一个井筒回风的主贯穿风流。各掘进头采用局部通风机通风，从主风流取用新鲜风。

车场掘进时主风流系统有以下几种方式。

（1）临时主通风机设在地面　具体如下。

1）双井筒进风、风筒回风。新风由主井、副井井筒进入井下。污风通过设于副井内的风筒排出。在井底车场巷道内设立风墙，将新风与污风隔开。副井风筒穿过风墙，直接将污风引走。该法的优点是在两井筒内均为新鲜风，副井不需密闭；缺点是污风从风筒排走，通风阻力大。该法适于两井筒内多段平行作业时。

2）一个井筒进风，一个井筒回风。如图5-35所示，主、副井贯通后，拆除井筒内风筒，在副井口加井盖，安装临时主通风机做抽出式通风。新风自主井进入，污风由副井排出，如图5-35a所示。该法的优点是回风阻力小，缺点是回风井空气污浊，对多段平行作业的副井不利，测量放线工作也难以进行。此时井下通风系统如图5-35b所示。

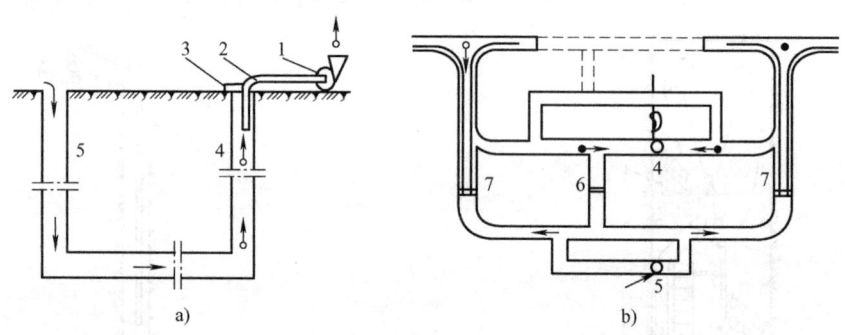

图5-35　副井回风

1—主通风机　2—风筒　3—副井密闭　4—副井　5—主井　6—密闭　7—局部通风机

（2）通风机设于井下　如图5-36所示，在主井的井底两侧各设带风门的风墙，在风墙上安一台或几台局部通风机分别进行压入式通风。为减少阻力，随着井巷的贯通，局部通风机不断移动。

2. 井底车场掘进通风的特点与原则

图5-37所示是正在掘进中的井底车场的通风系统示意图。新风从主井1进入，污风从副井2排出。有7个掘进工作面同时施工。为防止污风循环及串联风，需设风门将主、副井的某些联络巷道风流隔断（如图5-37中

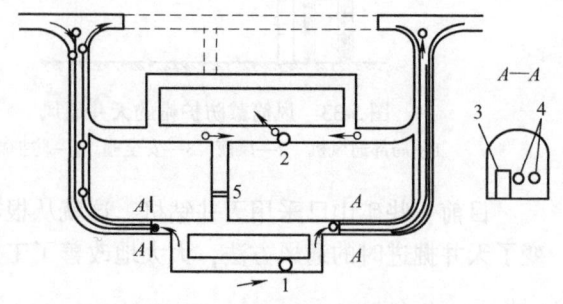

图5-36　通风机设于井下通风

1—主井　2—副井　3—风门　4—通风机　5—密闭

联络巷3）。

井底车场掘进通风具备如下显著特点：一是巷道断面大、掘进头多；二是车场掘进期间巷道贯通次数多，如图5-37中已完成巷道就经过三次贯通，二期工程做完，还要完成两次贯通，而每次贯通后都必须及时调节通风系统；三是车场施工时间长，往往整个建井期间，车场工程都在施工。

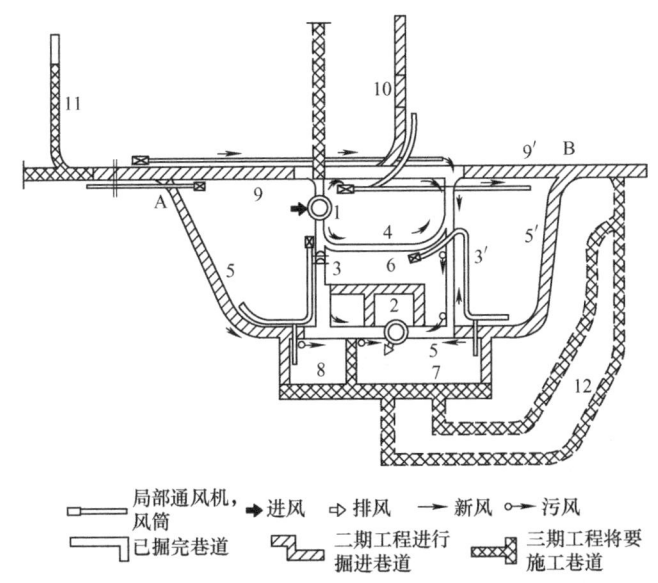

图 5-37 井底车场掘进通风系统
1—主井 2—副井 3、3′、4、6—联络巷 5、5′—绕道 7—泵房 8—变电所
9、9′—主要运输巷 10—采区上山 11—专用回风巷 12—水仓

进行井底车场掘进通风设计和通风组织管理时应遵循如下原则：

1）寻求最佳施工顺序，以缩短建井工期。为此，应首先施工连锁工程，尽快使两井筒贯通，形成贯穿风流，并尽快使主贯穿风流巷道范围扩大，以便更多的掘进头开工。对非连锁工程和后期通风需要封闭的工程则应排在后期施工。

2）各掘进头尽量采用独立通风，避免多头串联。为此，可采用三通风筒，用一台通风机为多头服务，如图5-37所示。在分支风筒中设风阀调节风量，以便在各工作面依次放炮后分别加强通风。

3）通风机应设在新鲜风流内，避免循环风。每完成一次新的贯通后，局部通风机应及时移到合理位置。

4）风门、局部通风机数量要尽量少。风门要设在运输不频繁的巷道内，在改变系统时，尽量不移动或少移动。

大型矿井建井周期长，特别是对角式通风系统矿井，在主、副井和两翼风井贯通前要做大量井巷工程。必须采取一切措施，尽量增加同时掘进的工作面数，并保证足够的风量。主、副井系统在贯通后，即可设临时主通风机形成强大的贯穿风流，保证多头掘进用风。独眼风井系统则无此条件，建井期间，风井在提矸，并有其他装备，不能布置多列大断面圆形风筒。

复习思考题及习题

5-1 局部通风方法按其动力形式不同,可分为哪几种?

5-2 掘进独头巷道时,采用压入式、抽出式、混合式通风方式,各应注意哪些事项?

5-3 试述局部通风机压入式、抽出式通风的优缺点及其适用条件。

5-4 试述混合式通风的特点与要求。

5-5 试述局部通风机串联、并联的目的,以及方式和使用条件。

5-6 掘进工作面的风量如何进行配置?

5-7 风筒的选择与使用应注意哪些问题?

5-8 试述风筒有效风量率、漏风率、漏风系数的含义及其相互关系。

5-9 某岩巷掘进长为250m,断面面积为8m²,风筒漏风系数为1.18,一次爆破炸药用量为10kg,采用压入式通风,通风时间为20min,求该掘进工作面所需风量。

5-10 试述局部通风机的设计步骤。

5-11 局部通风设备选型的一般原则是什么?安装局部通风机应注意哪些问题?

5-12 井底车场通风的特点是什么?怎样避免多头掘进时串联风?

5-13 试述井底车场施工顺序与通风、加快建井速度的关系?

5-14 立井开凿时通风有何特点?

5-15 如何选择立井开凿时的通风方式?

5-16 立井开凿时通风机安装、风筒悬吊与接长应注意哪些问题?

5-17 某掘进巷道,采用压入式通风,其橡胶风筒的接头数目 $n=12$,一个接头的漏风率为0.02,工作面的需风量为 $1.51\text{m}^3/\text{s}$,问通风机供风量为多少?

5-18 某矿主通风机设于地表,压入式工作。已知风硐中相对静压为200Pa,风硐中测风断面面积为6m²,风速为8m/s,排风井断面面积为8m²,空气密度为 1.2kg/m^3,自然风压为零,电动机供电线电压为3000V,线电流为40A,功率因数为0.85,电动机效率为0.95。试求主通风机的工作风量与全压、主通风机的全压效率、矿井阻力及矿井总风阻。

5-19 某立井深650m,无瓦斯涌出,井筒断面面积为581m²,用爆破法掘进,一次最多炸药用量50kg,井筒淋水量8t/h,工作盘离工作面距离不超过30m,试计算需风量,并选择通风机。

5-20 掘进一运输大巷,断面面积为8m²,最长送风距离1400m(其中上山200m),用爆破法掘进,每次爆破炸药用量最多 $A=10\text{kg}$,上山中绝对瓦斯涌出量为 $1\text{m}^3/\text{min}$。试计算需风量并选择通风机。

第6章

采区通风

【学习要点】

- 了解煤矿采区通风系统的基本要求。
- 掌握煤矿采区进、回风上山的布置方式和技术特点。
- 了解采煤工作面上行通风与下行通风的技术特点和适用条件。
- 了解回采工作面进风巷和回风巷的布置形式和各自的技术特点,学会根据需要选择正确的布置形式。
- 熟悉金属矿山阶段通风网络的主要结构,掌握阶段通风网络的布置形式、技术特点和适用条件。
- 了解金属矿山采场通风网络的结构形式和通风方法。
- 掌握煤矿及金属矿山各类作业面和相关硐室根据不同需要的需风量计算方法。
- 了解采区通风构筑物的基本类型、结构形式及技术要点。

采区通风系统是矿井通风系统的主要组成单元,是采区生产系统的重要组成部分。通常每个矿井都有几个采区同时生产。每个采区内有回采工作面、备用工作面、掘进工作面和硐室等用风地点,是矿井通风的主要对象。搞好采区通风是保证矿井安全生产的基础。

本章主要阐述煤矿采区通风方法、金属矿山采区通风方法、采区供风量计算和采区通风设施等基本内容。重点要求掌握的是采区供风量计算和采区通风设施的类型。

6.1 煤矿采区通风

6.1.1 煤矿采区通风系统的基本要求

采区通风系统应该满足以下基本要求:

1) 单独的回风道,实行分区通风,回采工作面和掘进工作面都要采用独立通风。

除有瓦斯(或二氧化碳)喷出和煤与瓦斯(或二氧化碳)突出的矿井之外,对于其他矿井的回采工作面、掘进工作面之间,以及回采与掘进工作面之间,独立通风有困难时可以采用串联通风,但必须保证串联风流中的氧、瓦斯、二氧化碳和其他有害气体的浓度以及浮尘浓度、气温、风速等，符合安全规程的要求，并必须有经过审批的安全措施。此外，要尽量避免采用角联或复杂通风网络；无法避免时，要有保证风流稳定的措施。

2) 对于必须设置的通风设施（风门、风桥、风墙和风筒等）和通风设备（局部通风机、辅助通风机等）要选择适当的位置，严守规格质量，严格管理制度，保证安全运转。最好还要建立一套反映风门开关、局部通风机停转和风流参数变化的遥测和遥信系统，以便及时发现和处理问题。

3) 要保证通风阻力小，通过能力大，风流畅通，风量按需分配。此外，特别是回风巷道要有足够的断面，使支架整齐，加强维护，以及及时处理局部冒顶和堵塞。

4) 要设置防尘管路，避灾路线，避难硐室和灾变时的风流控制措施，必要时还需建立抽放瓦斯、防火灌浆和降温等管路系统。

6.1.2 采区进风上山与回风上山的布置

通常一个采区布置两条上山，一条是运煤上山，另一条是轨道上山。当采区生产能力大，产量集中，瓦斯涌出量大时，可增设专用的通风上山。布设两条上山时，可采用轨道上山进风，运输机上山回风；也可采用运输机上山进风，轨道上山回风，这些做法各有利弊，现分析如下。

1. 运输机上山进风、轨道上山回风

运输机上山进风、轨道上山回风的通风系统如图6-1所示，风流与运煤方向相反，容易引起煤尘飞扬，使进风流中的煤尘浓度增大；煤炭在运输过程中所涌出的瓦斯，可使进风流中的瓦斯浓度增高，影响工作面的安全和卫生条件；运输机所散发的热量，使进风流温度升高。此外，需在轨道上山的下部车场安设风门，此处运输矿车来往频繁，需加强管理，防止风流短路。

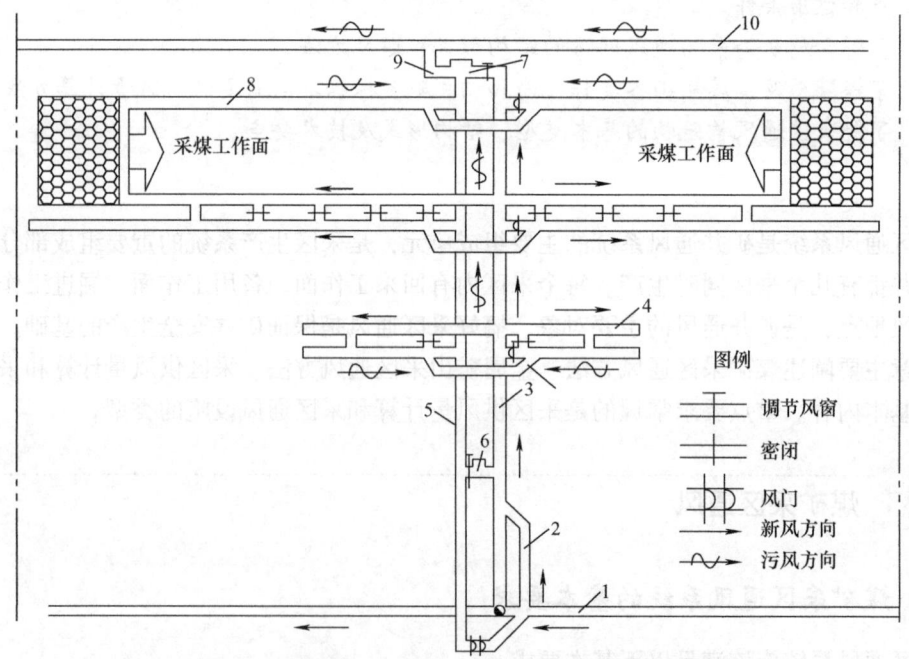

图6-1 运输机上山进风、轨道上山回风的通风系统
1—进风大巷 2—进风联络巷 3—运输机上山 4—运输机平巷 5—轨道上山
6—采区变电所 7—绞车房 8—回风巷 9—回风石门 10—总回风巷

2. 轨道上山进风、运输机上山回风

采用轨道上山进风、运输机上山回风的通风系统如图6-2所示，虽能避免上述缺点，但

由于输送机处于回风流中，轨道上山的上部和中部甩车场都要安装风门，风门数目较多。

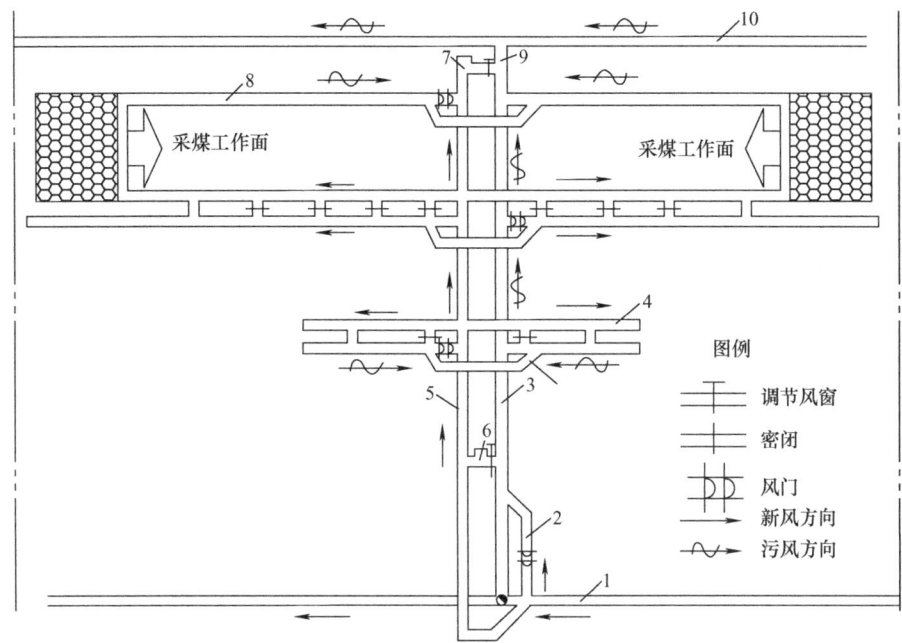

图 6-2 轨道上山进风、运输机上山回风的通风系统
1—进风大巷　2—进风联络巷　3—运输机上山　4—运输机平巷　5—轨道上山
6—采区变电所　7—绞车房　8—回风巷　9—回风石门　10—总回风巷

以上选择应根据煤层赋存条件、开采方法以及瓦斯、煤尘、温度等具体条件而定，通常在瓦斯煤尘危害较大的采区，采用轨道上山进风、运输机上山回风的通风系统较为合理。

对生产能力大或多煤层开采时，采区可布置三条或四条上山，如图 6-3 和图 6-4 所示。

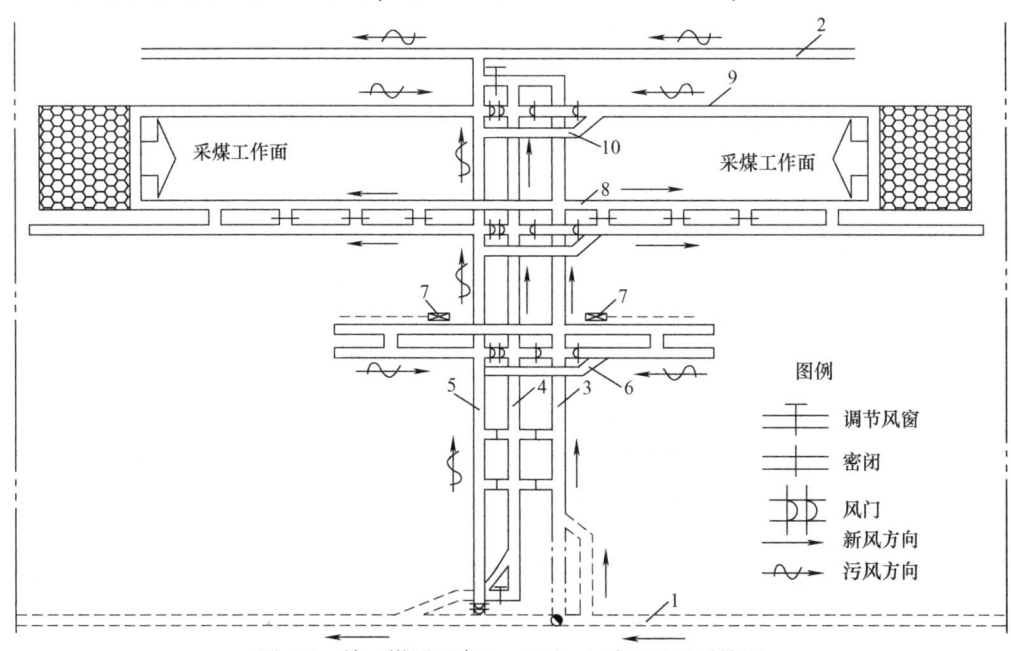

图 6-3 单一煤层三条上（下）山采区通风系统图
1—运输大巷　2—回风大巷　3—运输上山　4—轨道上山　5—专用回风上山
6—中部车场　7—局部通风机　8—区段进风巷　9—区段回风巷　10—上部车场

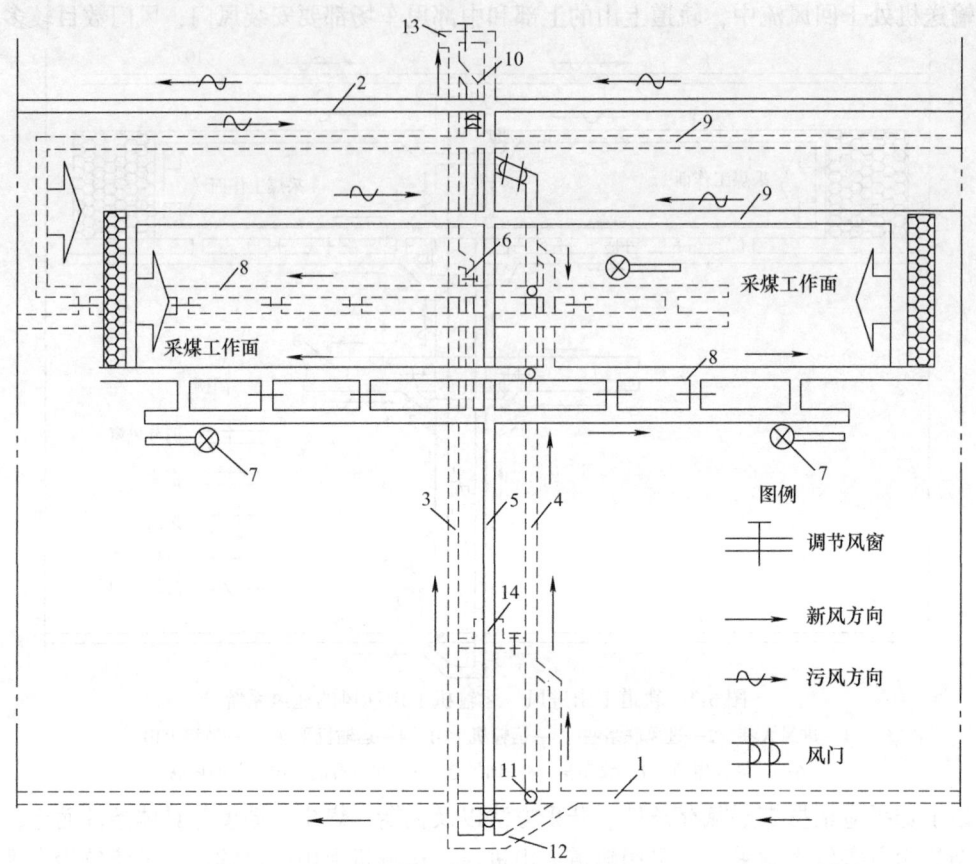

图 6-4　多煤层开采三条上（下）山采区通风系统图
1—运输大巷　2—回风大巷　3—轨道上山　4—运输上山　5—回风上山　6—中部车场　7—局部通风机
8—区段进风巷　9—区段回风巷　10—上部车场　11—煤仓　12—下部车场　13—绞车房　14—变电所

6.1.3　采煤工作面上行通风与下行通风分析

上行通风与下行通风是指进风流方向与煤层倾斜的关系而言，同向、逆向指风流方向与煤炭运输方向而言。

如图 6-5 所示，当采煤工作面进风巷道水平低于回风巷时，采煤工作面的风流沿倾斜向上流动，称为上行通风，如图 6-5a、c 所示；当采煤工作面进风巷道水平高于回风巷时，采煤工作面的风流沿倾斜向下流动，称为下行通风，如图 6-5b、d 所示。风流方向与煤炭运输方向一致时，称为同向通风，如图 6-5b、c 所示；否则称为逆向通风。

实际上，在倾斜煤层中，上行同向（图 6-5c）和下行逆向（图 6-5d）通风都是不存在的，只有上行逆向（图 6-5a）和下行同向（图 6-5b）通风，简称上行风和下行风。这两种方式各有优缺点，现分析如下：

1）采煤工作面涌出的瓦斯比空气轻，其自然流动的方向和上行风的方向一致，在正常风速（大于 0.5~0.8m/s）下，瓦斯分层流动和局部积存的可能性较小，下行风的方向与瓦斯自然流向相反，两者易于混合且不易出现瓦斯分层流动和局部积存的现象。

2）煤炭在运输巷运输过程中所涌出的瓦斯，被上行风流带入工作面，而下行风流则把这部分瓦斯带入采区的回风道中,故上行风比下行风工作面风流中的瓦斯浓度大。

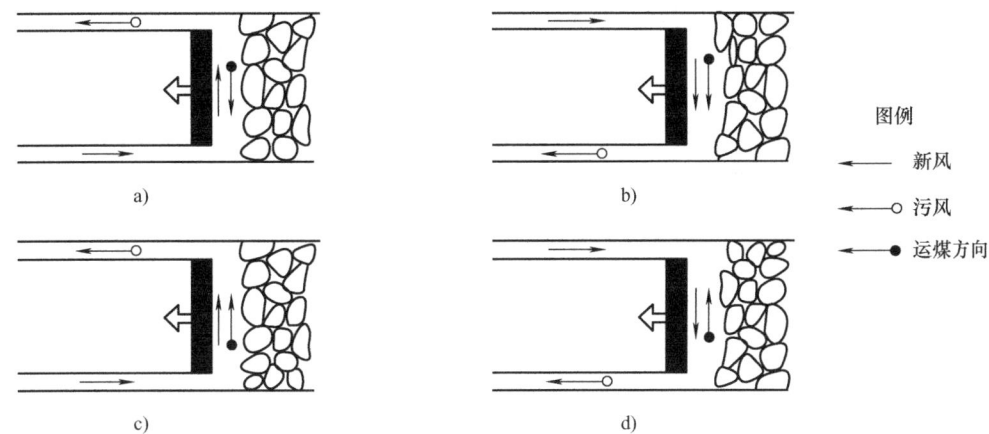

图 6-5 采煤工作面上行风与下行风

3) 上行风的方向与煤炭运输方向相反,所产生的粉尘受到逆向的冲击,容易飞扬,而且运煤巷中飞扬的煤尘,都被上行风带入工作面,故上行风比下行风工作面风流中的粉尘浓度大。

4) 采用上行风时,须先把采区的进风流导至采区进风道,然后进入工作面,流经的路线较长,风流会由于压缩和地温加热而升温;又因巷道中机电设备散发的热量也加入风流中,故上行风比下行风工作面的气温要高。

5) 对于条件相同的回采工作面,如图6-6所示,无论是上行风(图6-6a),还是下行风(图6-6b),在工作面进风流和回风流的能量差的作用下,顶板裂缝中的瓦斯大部分流向回风巷,故回风巷比进风巷的顶板瓦斯涌出量要大。采用下行风时,运输设备在回风巷运转,安全性较差。

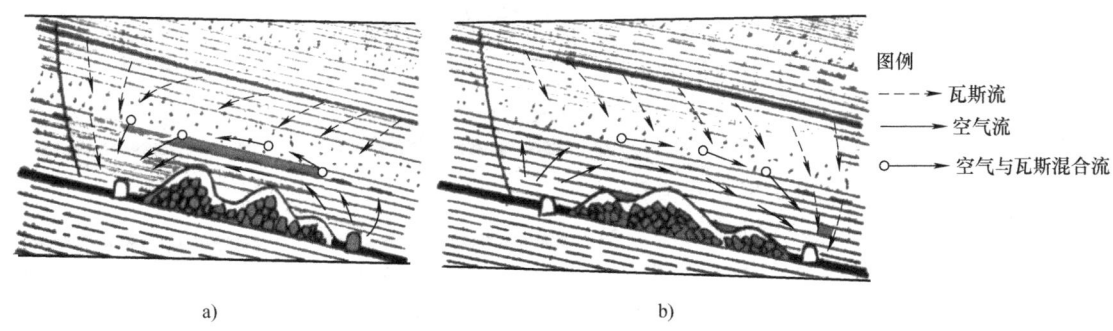

图 6-6 采煤工作面上行和下行通风巷道断面图
a) 上行通风 b) 下行通风

6) 除浅矿井在夏季外,采用上行风时,采区进风流和回风流之间产生的自然风压和机械风压的作用方向相同;而采用下行风时,其作用方向相反,故下行风比上行风所需要的机械风压要大;而且,主要通风机一旦因故停转,工作面的下行风流就有停风或反向的可能。

7) 工作面一旦起火,所产生的火风压和下行风工作面的机械风压作用方向相反,会使工作面的风量减小，瓦斯浓度增加，故下行风在起火地点瓦斯爆炸的可能性比上行风要大。

如图6-7所示，Ⅰ号工作面的火风压较大时，在下行风起火工作面，如图6-7a所示的风流路线2-Ⅰ-3（包括进风段2-Ⅰ）上，风流方向可能逆转，且在并联工作面的风流路线2-Ⅱ-3上可能侵入有害的火灾气体。在上行风起火工作面，如图6-7b所示的风流路线2-Ⅰ-3上，风流方向不会逆转，但在并联工作面的风流路线2-Ⅱ-3上，风流方向可能逆转和侵入火灾气体，而且在起火工作面的进风段2-Ⅱ也可能侵入火灾气体。因此，无论用上行风还是下行风，都应采取防止风流逆转和防止火灾气体侵入风流的安全措施。

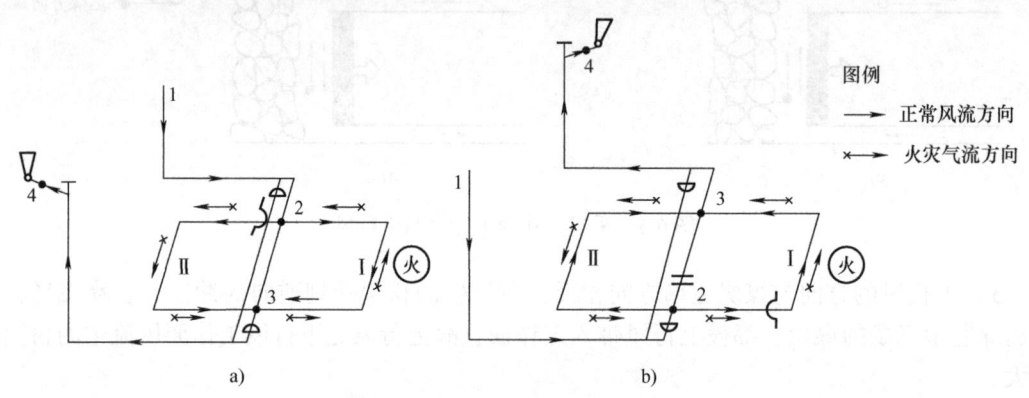

图6-7 正常和火灾时通风风流方向

6.1.4 回采工作面进风巷和回风巷的布置形式

长壁式回采工作面的进巷道和回风巷的布置形式有U形、Z形、Y形、双Z形和W形等，这些形式都是U形的变形，是为加大工作面长度、增加工作面风量、改善工作面条件、预防采空区漏风和瓦斯涌出等目的而设计出来的，目前我国多采用U形，分为后退式和前进式两种。

1. U形与Z形通风系统

该类型的通风系统如图6-8所示。工作面通风系统只有一条进风巷道和一条回风巷道。U形后退式通风系统在我国使用比较普遍。其优点是结构简单，巷道施工维修量小，工作面漏风少，风流稳定，易于管理等；其缺点是上隅角瓦斯易超限，工作面进、回风巷要提前掘进，维护工作量大。

前进式通风系统的维护工作量小，不存在采掘工作面串联通风问题，在巷旁支护好、漏风不大时，有一定的优越性。采用前进式U形通风系统的工作面的采空区瓦斯不涌向工作面，而是涌向回风平巷。

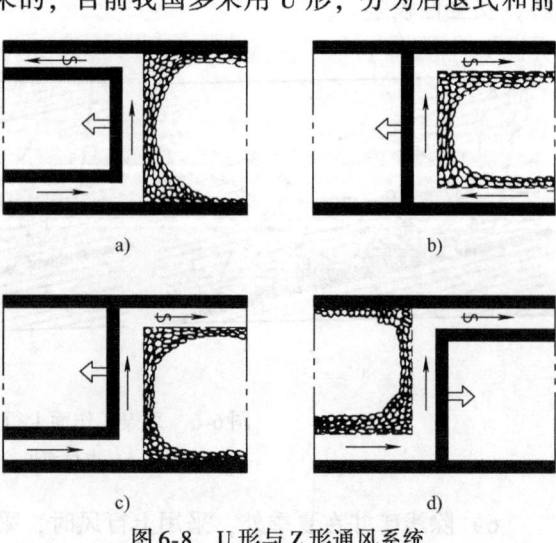

图6-8 U形与Z形通风系统
a) U形后退式通风系统 b) U形前进式通风系统
c) Z形后退式通风系统 d) Z形前进式通风系统

采用 Z 形后退式通风系统的工作面的采空区瓦斯不会涌入工作面，而是涌向回风巷，工作面采空区回风侧能用钻孔抽放瓦斯，但进风则不能抽放瓦斯。采用 Z 形前进式通风系统的工作面的进风侧沿采空区可以抽放瓦斯，采空区的瓦斯易涌向工作面，特别是上隅角，回风侧不能抽放瓦斯。Z 形通风系统的采空区漏风，介于采用 U 形后退式和 U 形前进式通风系统之间；该通风系统需沿空支护巷道控制经过采空区的漏风，其难度较大。

2. Y 形、W 形及双 Z 形通风系统

这三种采煤工作面通风系统均为"两进一回"或"一进两回"的采煤工作面通风系统。

据进风巷与回风巷的数量和位置的不同，Y 形通风系统可以有多种不同的方式。生产实际中应用较多的是在回风侧加入附加的新鲜风流，与工作面回风汇合后从采空区侧流出的通风系统，如图 6-9a 所示。工作面采用 Y 形通风系统会使回风道风量加大，但上隅角及回风道的瓦斯不易超限，并可在上部进风道内抽放瓦斯。

后退式 W 形通风系统（图 6-9b），用于高瓦斯的长工作面或双工作面。该系统的进、回风平巷都布置在煤体中。当由中间及下部平巷进风，上部平巷回风时，上、下段工作面均为上行式通风，但上段工作面的风速高，对防尘不利，上隅角瓦斯可能会超限，所以在瓦斯涌出量很大时，常采用上、下平巷进风，中间平巷回风的 W 形通风系统；或者反之，采用由中间巷进风，上、下平巷回风的通风系统，以增加风量，提高产量。在中间巷内布置抽瓦斯钻孔时，抽放孔由于处于抽放区域的中心，因而抽放率比采用 U 形通风系统的工作面提高 50%。

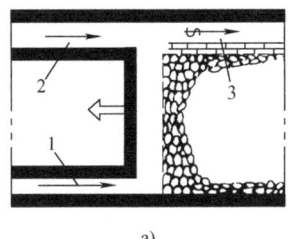 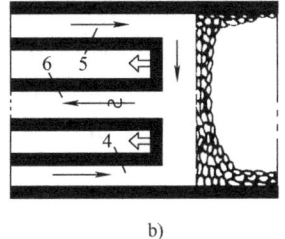

a)   b)

图 6-9 Y 形及 W 形通风系统

1—主进风道 2—副进风道 3—沿空巷 4—下部平巷 5—上部平巷 6—中间平巷

W 形前进式通风系统的巷道维护在采空区内，巷道维护困难，漏风大，采空区涌出的瓦斯量也大。

双 Z 形通风系统如图 6-10 所示，其中间巷与上、下平巷分别在工作面的两侧。双 Z 形前进式通风系统的上、下进风平巷维护在采空区时，如图 6-10a 所示，漏风携出的瓦斯可能会使工作面超限；双 Z 形后退式通风系统的上、下入风平巷布置在煤体中，如图 6-10b 所示，漏风携出的瓦斯不进入工作面，工作面比较安全。双 Z 形通风系统的工作面有一段是下行通风，并且需设边界上山，维护在采空区的巷道在支护上还要防止漏风，这些特点在采用时应予以注意。

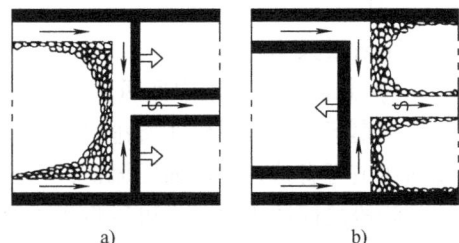

图 6-10 双 Z 形通风系统

3. H 形通风系统

在 H 形通风系统中,"两进两回"的通风系统如图 6-11a 所示,"三进一回"的通风系统如图 6-11b 所示。其特点是:工作面风量大,采空区瓦斯不涌向工作面,气象条件好,增加了工作面的安全出口,工作面机电设备都在新鲜风流巷道中,通风阻力小,在采空区的回风巷道中可抽放瓦斯,易于控制上隅角的瓦斯。但沿空护巷困难;由于有附加巷道,可能影响通风的稳定性,管理复杂。

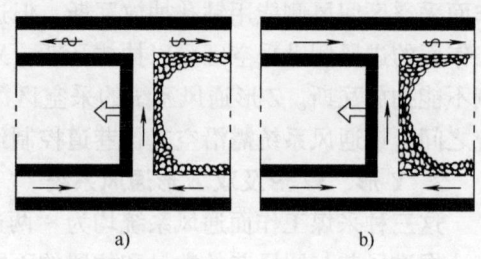

图 6-11　H 形通风系统

在工作面和采空区的瓦斯涌出量都较大,在入风侧和回风侧都需增加风量以稀释整个工作面的瓦斯时,可考虑采用 H 形通风系统。

6.2　金属矿山采场通风

6.2.1　金属矿山阶段通风网络结构

金属矿山通常多阶段同时作业。为使各阶段作业面都能从进风井得到新鲜风流,并将所产生的污风送到回风井,各作业面的风流应互不串联,就必须对各阶段的进、回风巷道统一安排,构成一定形式的阶段通风网络。阶段通风网络由阶段进风道、阶段回风道、矿井总回风道和集中回风天井等巷道连接而成,如图 6-12 所示。

1)阶段进风道。

通常以阶段运输巷兼作阶段进风巷。当运输道中的装卸矿作业的产尘量大或漏风严重难以控制时,也可开凿专门进风道。

2)阶段回风道。通常利用上阶段已结束的运输道作为下阶段的回风道。如果没有一个已结束作业的运输道可供回风之用,则应设立专用的阶段回风道。专用回风道可一个阶段设立一条,或两个阶段共用一条。

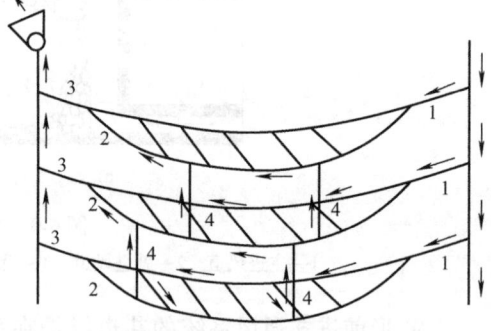

图 6-12　阶段通风网络结构
1—阶段进风道　2—阶段回风道
3—矿井总回风道　4—集中回风天井

3)总回风道与集中回风天井。在各开采阶段的最上部,维护或开凿一条专用回风道,用以汇集下部各阶段作业所排出的污风,并将其送到回风井,此回风道称为总回风道。建立总回风道可省掉各阶段的回风道,但需建立集中回风天井。集中回风天井是沿走向布置的贯通各阶段的回风小井,它可以将各阶段作业面排出的污风送至上部总回风道。

金属矿山推广使用以下几种阶段通风网络。

1. 阶梯式

当矿体由边界回风井向中央进风井方向后退回采时,可利用上阶段已结束作业时运输道作为下阶段的回风道，使各阶段的风流呈阶梯式互相错开，新风与污风互不串联，如图 6-13 所示。这种通风网络结构简单，工程量最少，风流稳定，适用于能严格遵守回采顺序，矿体规整的脉状矿床。其缺点是对开采顺序限制较大，常因不能维持所要求的开采顺序而造成风流污染。

2. 平行双巷式

每个阶段开凿两条相互平行的巷道，其中一条进风，一条回风，构成平行双巷通风网络。各阶段采场均由本阶段进风道得到新鲜风流，其污风可经上阶段或本阶段回风道排走，如图 6-14 所示。平行双巷通风网络结构简单，能有效地解决风流串联污染。但是开凿工程量较大，适于在矿体较厚、开采强度较大的矿山使用。有些矿山结合探矿工程，只需开凿少量专用通风巷道即可形成平行双巷，也可使用此通风网络。

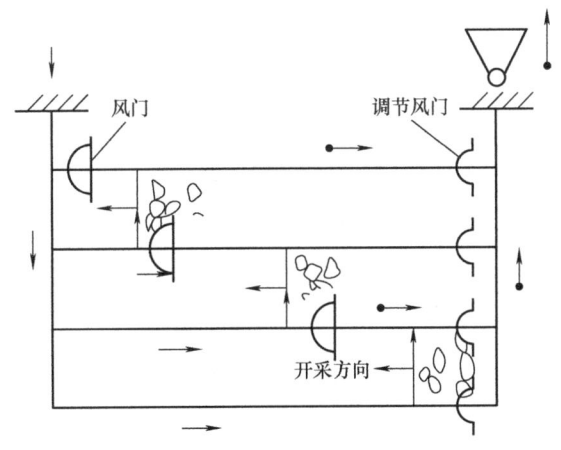

图 6-13 阶梯式通风网络

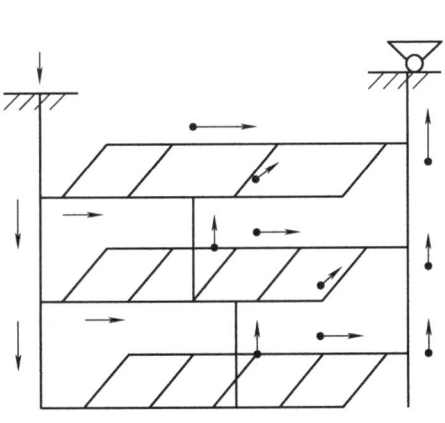

图 6-14 平行双巷式通风网络

3. 棋盘式

由各阶段进风道、集中回风天井和总回风道所构成。通常，在上部已采阶段维护或开凿一条总回风道，然后沿矿体走向每隔一定距离（60～120m），保留一条贯通上下各阶段的回风天井。各天井与阶段运输道交叉处用风桥或绕道跨过。另有一分支巷道与采场回风道相沟通。各回风天井均与上部总回风道相连。新鲜风流由各阶段运输平巷进入采场，污浊风流通过采场回风道和分支联络巷道引进回风天井，直接进入上部总回风道，其网络结构如图 6-15 所示。棋盘式通风网能有效地消除多阶段作业时，回采作业面间风流串联，但需开凿一定数量的专用回风天井，通风构筑物也较多，通风成本较高。

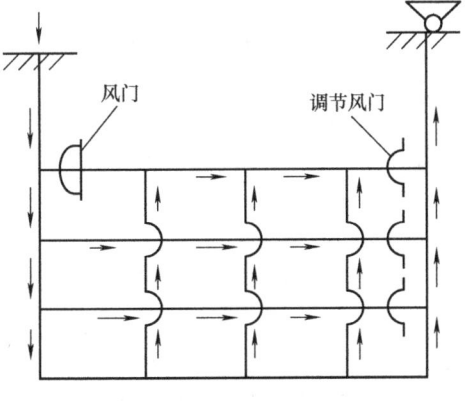

图 6-15 棋盘式通风网络

4. 上、下行间隔式

每隔一个阶段建立一条脉外集中回风平巷，用来汇集上、下两个阶段的污风，然后排到回风井。在回风阶段上部的作业面，由上阶段运输道进风，风流下行，污风由下部集中到回风平巷排走；在回风阶段下部的作业面，由下阶段运输道进风，风流上行，污风也汇集于回风平巷排走，其网路结构如图6-16所示。上、下行间隔式通风网络能有效地解决多阶段作业时作业面风流串联问题。开凿工程量比平行双巷式少，适于在开采强度较大的矿山使用。但回风平巷必须专用，并加强主通风机对回风系统的控制和风量调节，防止出现风流反向。

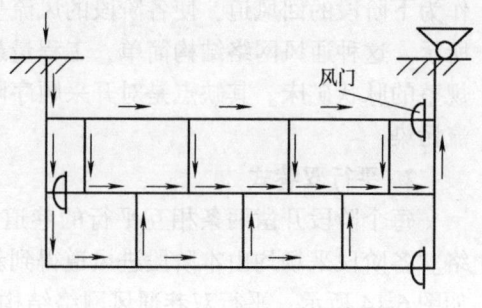

图6-16　上、下行间隔式通风网络

5. 梳式

当开采平行密集脉状矿床时，每一阶段建立一条脉外集中回风道，还不能将各层矿脉的污风全部汇集到回风道中。盘古山钨矿建立了一种叫作梳式的通风网络，较好地解决了各层矿脉的回风问题。该矿将穿脉巷道断面扩大，然后用风障隔成两格，一格运输兼进风，另一格回风。回风格与沿脉回风平巷相连，构成形如梳状的回风系统。各采场均由本阶段的穿脉运输格进风，其污风则由本阶段或上阶段穿脉巷道的回风格排到沿脉集中回风平巷，如图6-17所示。此通风网络能有效地解决作业面间风流串联问题。但扩大穿脉巷道断面和修建风障的工程较大；进、回风格相距很近，容易漏风。这种通风网络适用于开采多层密集脉状矿体的矿井。

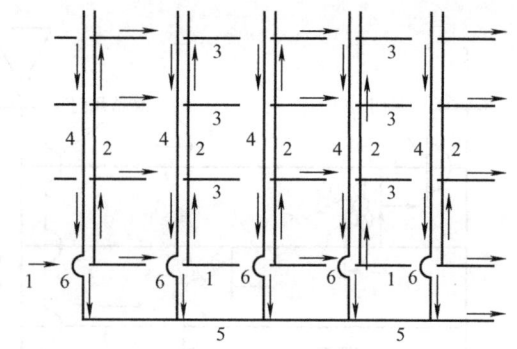

图6-17　梳式通风网络
1—阶段运输平巷　2—穿脉巷运输格　3—沿脉运输平巷
4—穿脉巷回风格　5—阶段脉外回风巷　6—风桥

6.2.2　金属矿山采场通风网路及通风方法

合理的采场通风网络和通风方法，是保证整个通风系统发挥有效通风作用的最终环节，是整个通风系统的重要组成部分。按照各种采矿方法的结构特点，回采作业面的通风可归纳为：①无出矿水平的巷道型或硐室型采场的通风；②有出矿底部结构采矿法的通风；③无底柱分段崩落采矿法的通风。

1. 无出矿水平的巷道型或硐室型采场的通风

浅孔留矿法、充填法、房住法和壁式崩落法的采场，均属于无出矿水平的巷道型或硐室型采场。这类采场的特点是凿岩、充填和出矿作业都在采场内进行，风路简单，通风较容易，通常采用主通风机的总风压形成贯穿风流通风。

对于作业面较短的采场，可在一端用一条人行天井兼作进风井，另一端设置一条贯通上阶段回风道的回风天井，如图6-18a所示。对于作业面较长或开采强度较大的采场，可在两端各设置一条人行天井做进风井，在中央开凿贯通上阶段回风井的通风天井，如图6-18b所示。这样布置采场进、回风道之后，即可利用主通风机的总风压来通风。一般情况下，位于主风路附近的采场都能获得比较好的通风效果。在远离主风路的边远地区，由于总风压微弱而风量不足时，可在中段回风道中增设局部通风机加强通风。

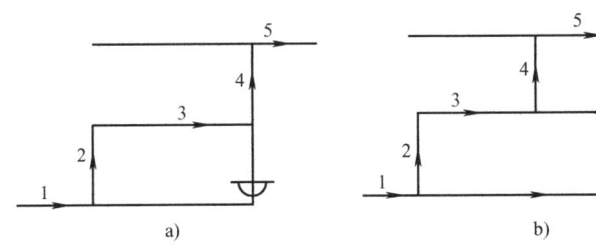

图 6-18 巷道型或硐室型采场的通风路线
1—进风平巷 2—进风天井 3—作业面 4—回风天井 5—回风道

对于采场空间较大，同时作业机台数较多的硐室型采场，除合理布置进风井与回风井位置，使采场内风流畅通，不产生风流停滞区以外，还应采取喷雾洒水及其他除尘净化措施。

2. 有出矿底部结构采矿法的通风

在崩落法、分段法、阶段矿房法及留矿法等采矿法中，广泛使用出矿底部结构。这类结构的出矿能力大，效率高，生产安全。有出矿底部结构时，采场工作面分为两部分：一部分是出矿工作面，另一部分是凿岩工作面。这两部分各有独立的通风路线，风流互不串联，均应利用贯通风流通风。出矿巷道中工作人员应处于上风侧。各出矿巷道之间构成并联风路，保持风流方向稳定，风量分配均匀。图 6-19 所示为有出矿底部结构采矿法的通风路线。新鲜风流由进风平巷经人行天井到出矿水平和上部凿岩工作面。清洗作业面后的污浊风流，由回风天井排到上阶段回风道。凿岩作业面与出矿水平巷道之间风流互不串联，通风效果好。

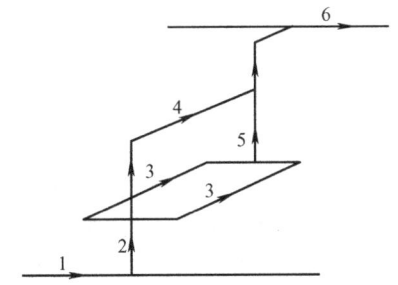

图 6-19 有出矿底部结构采矿法的通风路线
1—进风平巷 2—人行天井 3—出矿巷道
4—凿岩作业面 5—回风天井 6—回风平巷

3. 无底柱分段崩落采矿法的通风

无底柱分段崩落采矿法的采准和回采工作多在独头巷道内进行，通风比较困难，通常采用局部通风方式来解决，如图 6-20 所示。由于作业区内爆破冲击波较强，应特别注意通风机和风筒的布置与维护。此时，不仅要合理选择局部通风机和风筒，还要有一个合理的采区通风路线，以保证在分段巷道中有较强的贯通风流。一般情况下，分段巷道可布置在下脉外，沿走向每隔一定距离设一回风井，通过分支联络巷与分段巷道和上阶段回风平巷相连。新鲜风流由运输平巷和进风天井送入各分段巷道，污风由各回风天井排至上阶段回风道，如图 6-21 所示。

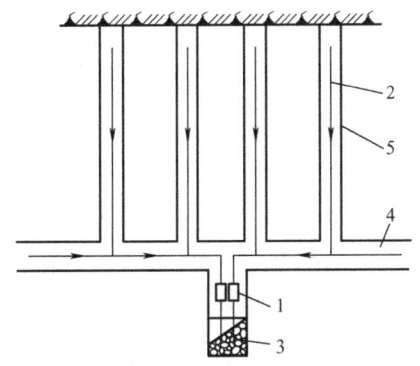

图 6-20 无底柱分段崩落采矿法的进路通风
1—局部通风机 2—风筒 3—回风天井
4—分段巷道 5—回采进路

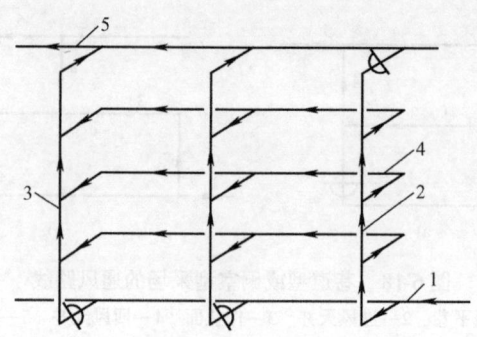

图 6-21 无底柱分段崩落法采区通风网络
1—进风（运输）平巷 2—进风天井 3—回风天井 4—分段巷道 5—回风巷

6.3 采区风量计算

根据生产采区实际需要，安全可靠和经济合理的保质保量供风，是搞好采区通风的核心问题。但因计算风量的影响因素较多，各个采区的情况又不尽一致，至今仍不得不分别用各种因素进行近似计算，然后选用其中最大值。对于新设计的采区，要参照条件相同的生产采区进行计算，投产后进行修正；对于生产采区，也要根据情况的不断变化随时进行调整。

采区需风量（m^3/min），按下列原则分别计算，并采用其中最大值。

1）按井下同时工作的最多人数计算。即

$$Q_{总进} = 4NK \tag{6-1}$$

式中 N——井下同时工作的最多人数（人）；

4——每人每分钟应供给的最低风量[$m^3/(min \cdot 人)$]；

K——风量备用系数，包括备用工作面风量系数、沿程漏风系数及瓦斯涌出不平衡系数，一般取 $K = 1.20 \sim 1.25$。

2）按实际需要，分别计算出采区内各用风地点所需风量之和，并乘以适当的系数，计算风量的公式如下

$$Q = k(\sum Q_{采} + \sum Q_{掘} + \sum Q_{硐} + \sum Q_{其他}) \tag{6-2}$$

式中 k——采区风量备用系数，包括采区漏风和配风不均匀等因素，该值应从实测和统计中求得，一般可取 $1.20 \sim 1.25$。

$Q_{采}$——各回采工作面和备用工作面所需风量之和（m^3/min）；

$Q_{掘}$——各掘进工作面所需风量之和（m^3/min）；

$Q_{硐}$——各硐室所需风量之和（m^3/min）；

$Q_{其他}$——除上述各用风地点外，其他巷道所需风量之和（m^3/min）。

6.3.1 煤矿采区需风量计算

1. 回采工作面需风量计算

采煤工作面实际需要风量，应按照稀释和排放瓦斯、二氧化碳、炮烟及其他有害气体、

粉尘，并使工作面有适宜的气温和风速，分别进行计算后，取其中最大值。采煤工作面有串联通风时，应使每一个串联工作面空气中的有害气体、粉尘、气温和风速均符合《煤矿安全规程》的要求。

1）按瓦斯涌出量计算。即

$$Q_{采} = 100 q_{瓦} K_{采通} / C \tag{6-3}$$

式中　$Q_{采}$——采煤工作面实际需要风量（m^3/min）；

$q_{瓦}$——采煤工作面瓦斯相对涌出量（m^3/min）；

$K_{采通}$——采煤工作面瓦斯涌出不均匀和备用风量系数，通常机采工作面取 $K_{采通} = 1.2 \sim 1.6$，炮采工作面取 $K_{采通} = 1.4 \sim 2.0$，水采工作面取 $K_{采通} = 2.0 \sim 3.0$；

C——采煤工作面回风流中允许的最大瓦斯含量为 1.0%（体积分数），$C = 1$。

2）按 CO_2 涌出量计算。按 CO_2 涌出量计算工作面实际需风量方法同式（6-3），采煤工作面回风流中的 CO_2 最大允许含量为 1.5%（体积分数），$C = 1.5$。

3）按工作面温度计算。采煤工作面应有良好的气候条件，采煤工作面空气温度与风速应符合表 6-1 的要求。

采煤工作面的需风量计算公式为

$$Q_{采} = 60 v_{采} S_{采} K_{采} \tag{6-4}$$

式中　$v_{采}$——采煤工作面的风速（m/s），按采煤工作面温度从表 6-1 中选取；

$S_{采}$——采煤工作面有效通风断面面积（m^2），取最大和最小控顶时有效断面的平均值；对于综采工作面，使用支撑式支护时，近似计算 $S_{采} = 3.75(M - 0.3)$；使用掩护式支护时，近似计算 $S_{采} = 3(M - 0.3)$；其中 M 为煤层开采厚度（m）；

$K_{采}$——工作面的长度确定的系数，可根据工作面长度按表 6-2 选取。

表 6-1　采煤工作面空气温度与风速对应表

采煤工作面空气温度 $t/℃$	采煤工作面风速 $v_{采}/(m \cdot s^{-1})$
<15	0.3 ~ 0.5
15 ~ 18	0.5 ~ 0.8
18 ~ 20	0.8 ~ 1.0
20 ~ 23	1.0 ~ 1.5
23 ~ 26	1.5 ~ 1.8

表 6-2　采煤工作面长度与风量系数对应表

采煤工作面长度/m	工作面风量系数 $K_{采}$
<15	0.8
50 ~ 80	0.9
80 ~ 120	1.0
120 ~ 150	1.1
150 ~ 180	1.2
>180	1.3 ~ 1.4

4）按使用炸药量计算。即

$$Q_{采} = 25 A_{采} \tag{6-5}$$

式中　25——每 1kg 炸药爆破后所需风量 [$m^3/(min \cdot kg)$]；

$A_{采}$——该工作面一次爆破炸药的最大用量（kg）。

5）按工作人数计算。即

$$Q_{采} = 4 N_{采} \tag{6-6}$$

式中　4——每人每分钟应供给的最低风量 [$m^3/(min \cdot 人)$]；

$N_{采}$——采煤工作面同时工作的最多人数（人）。

6）按风速验算。由式（6-3）~式（6-6）计算中，取最大值 $Q_{采大}$，以回采工作面最低风速 0.25m/s 和最高风速 4m/s 的规定进行验算。即

$$Q_{采大} \geq 0.25 \times 60 S_采 \tag{6-7}$$

与

$$Q_{采大} \leq 4 \times 60 S_采 \tag{6-8}$$

若 $Q_采$ 符合风速要求，则为该工作面的风量确定值；若不符合要求，则需调整。风速低则适当增加风量；风速高则可扩大断面面积。最后，取其中最大值。

7）备用采煤工作面需风量计算。备用采煤工作面需风量通常为产量相同的生产采面需风量的一半。当采区风量不富裕时，也可以按工作面不积聚瓦斯为原则配风，但工作面风速不应低于 0.25m/s。

2. 掘进工作面需风量计算

掘进工作面需风量的计算原则和方法与回采工作面基本相同。采区内掘进工作面风量可按照第 5 章局部通风的风量计算方法进行计算，再考虑局部通风装置的漏风。

3. 硐室需风量

采区内每个独立通风的硐室需风量之和，为矿井硐室总需风量 $\sum Q_硐$。

1）机电硐室的需风量 $Q_{电硐}$ 应能带走设备运转散发的热量，所以按设备发热量计算。即

$$Q_{电硐} = \frac{860 W_i \theta}{1.2 \times 0.24 \times 60 \Delta t} \tag{6-9}$$

式中　W_i——机电硐室中设备运转的总功率（kW）；

　　　θ——设备运转的发热系数，实测得出，一般水泵房 $\theta = 0.02 \sim 0.04$，压气机房 $\theta = 0.20 \sim 0.23$；

　　　Δt——该硐室回风与进风的温差（℃）。

2）火药库，按库内空气每小时置换 4 次计算。即

$$Q_{药库} = 4V/60 \tag{6-10}$$

式中　V——火药库与其联络巷的空间总体积（m^3）；

　　　$Q_{药库}$——火药库需风量（m^3/min）。按经验，大型库为 $100 \sim 150 m^3/min$，中型库为 $60 \sim 100 m^3/min$。

3）其他硐室需风量，常以经验数配风。采区绞车房 $Q_{绞车} = 60 \sim 80 m^3/min$，采区变电所 $Q_{变电} = 60 \sim 80 m^3/min$，充电硐室 $Q_{充电} = 100 \sim 200 m^3/min$。

4. 其他需风巷道的需风量计算

根据瓦斯涌出量和风速分别进行计算，采用其最大值。

1）按瓦斯涌出量计算。即

$$Q_{其他} = 133 Q_瓦 K_{其他} \tag{6-11}$$

式中　$Q_瓦$——其他用风巷道的瓦斯绝对涌出量（m^3/min）；

　　　$K_{其他}$——其他用风巷道瓦斯涌出不均匀的风量备用系数，一般取 $K_{其他} = 1.2 \sim 1.3$。

2）按最低风速验算。其他通风行人巷道按最低风速 0.15m/s 进行验算。即

$$Q_{其他} \geq 9 S_{其他} \tag{6-12}$$

式中　$S_{其他}$——其他需风井巷净断面面积（m^2）。

6.3.2　金属矿山采区需风量计算

1. 回采工作面的需风量计算

回采工作面的风量，是根据不同的采矿方法，按爆破后排烟和凿岩出矿时排尘分别计

算，然后取其较大值作为该回采工作的风量。在回采过程中爆破工作又根据一次爆破用炸药量的多少分为浅眼爆破和大爆破两种。因此，回采工作面所需风量也要按照这两种情况分别计算。

(1) 浅眼爆破回采工作面所需风量计算　由于采矿场形式不同，采场内风流结构和排烟过程也不一样。根据采场回采工作面通风风流结构特性划分为巷道型与硐室型两类。

1) 按爆破后排烟计算。

① 巷道型回采工作面的风量计算。巷道型回采工作面，是指采场回采工作面横断面面积与采场进风巷横截面面积相差不大，即采场宽度或高度等于或小于6m，长度等于或大于宽度或高度的6~8倍，并利用贯穿风流通风的采矿场。属于这类采场的采矿方法有开采薄矿脉的充填法、浅孔留矿法、长壁法以及有贯穿风流通风的分层崩落法等，如图6-22所示。

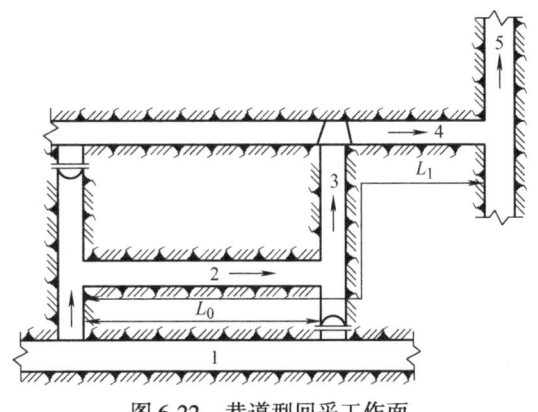

图 6-22　巷道型回采工作面
1—运输平巷　2—采场　3—回风天井
4—回风平巷　5—回风井

这类采场的通风过程可利用"湍流变形"作用加以分析：风流进入采场后，横断面上风流速度分布不均匀，使工作面的炮烟出现了逐渐伸长的炮烟波，并使回采工作面任一断面上的炮烟平均浓度随着通风时间的延长逐渐降低；当采场出口断面上的炮烟平均浓度降到安全规程规定的允许浓度时，就认为整个回采工作面通风完毕。当巷道型采场的回风道（包括回风天井和平巷）有人员通行或作业时，这部分巷道的炮烟浓度也必须达到允许浓度后才允许人员进入，才算全巷道通风完毕。

巷道型回采工作面的风量可按下式计算

$$Q_s = \frac{18}{t}\sqrt{AV_1(2 - V_0/V_1)} \tag{6-13}$$

式中　V_0——采场通风空间体积（m³），$V_0 = LS$；

　　　L——采场长度（m）；

　　　S——采场横断面面积（m²）；

　　　A——一次爆破用药量（kg）；

　　　t——通风时间（s），一般为1200~2400s；

　　　V_1——全巷道空间体积（m³），包括V_0及下风侧排风井巷。

② 硐室型回采工作面的风量计算。硐室型回采工作面，是指采场进风巷道横断面面积与回采工作面横断面面积相差较大，即采场宽度等于或大于8m，采场长度不小于宽度的2倍，并利用贯穿风流通风的采场，如图6-23所示。其中采场空间高度基本等于进风巷道高度的称扁平型硐室，采场空间高度和宽度比进风巷道

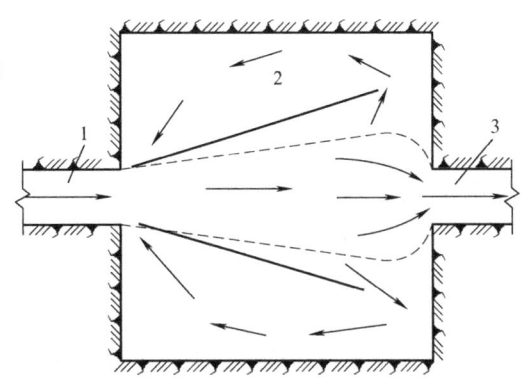

图 6-23　硐室型回采工作面
1—进风巷　2—硐室采场　3—回风巷

大得多的称非扁平型硐室。属于这类形式的采矿方法有中厚度以上矿体的房柱法、全面法、分段崩落法和充填法等。这类采场回采工作面的通风过程可用"湍流扩散"作用加以说明。新鲜风进入硐室后,由于湍流射流的扩散作用,新鲜风流与炮烟介质发生强烈的质量交换,使硐室中的炮烟与新鲜风流相混合而被带走,从而不断地降低采场中炮烟的平均浓度。

硐室型回采工作面的风量可按下式计算

$$Q = 2.3 \frac{V}{K_t t} \lg \frac{500A}{V} \tag{6-14}$$

式中 V——回采工作面空间(m^3);

K_t——湍流扩散系数,它取决于硐室与进风巷的形状及位置关系,其值可以按以下两种方法查表或计算得到。

a. 当完全自由风流满足下式,即

$$\frac{al}{\sqrt{S}} \geq 0.38 \tag{6-15}$$

式中 a——自由风流湍流构造系数,可取 0.06~0.10,十分粗糙的巷道取大值,光滑的巷道取小值;

l——自由风流作用方向上硐室的长度(m);

S——引导风流进入硐室的巷道断面面积(m^2);

湍流扩散系数 K_t 如表6-3 所示。

表6-3 湍流扩散系数

$\frac{al}{\sqrt{S}}$	K_t	$\frac{al}{\sqrt{S}}$	K_t	$\frac{al}{\sqrt{S}}$	K_t
0.376	0.300	0750	0.529	2.420	0.810
0.420	0.335	0.945	0.600	3.750	0.873
0.554	0.395	1.240	0.672	6.600	0.925
0.605	0.460	1.680	0.744	15.100	0.965

b. 当 $\frac{al}{\sqrt{S}} < 0.38$ 时,则完全自由风流的湍流扩散系数可通过下式计算。即

$$K_t = 1.35 \frac{al}{\sqrt{S}} \left(1 - 1.12 \frac{al}{\sqrt{S}}\right) \tag{6-16}$$

另外,当硐室有多个进、回风口时,可取 $K_t = 0.8 \sim 1$。

2)按排尘风速计算风量。按排出粉尘计算风量有两种方法:一种是按作业地点产尘量大小计算风量;另一种是按排尘风速计算风量。前一种方法,由于各种作业条件下产尘量的大小受多种因素影响,较难准确掌握,至今未得到广泛使用。后一种方法是目前通用的计算方法。现根据采场形式的不同分别予以介绍。

① 巷道型回采工作面按排尘风速计算风量。即

$$Q = Sv \tag{6-17}$$

式中 S——巷道型采场作业地点的过风断面面积(m^2);

v——巷道型回采工作面要求的排尘风速(m/s),一般取 $v = 0.15 \sim 0.50$ m/s(断面小且凿岩机多取大值,反之取小值,但必须保证一个工作面的风量不能小于

$1m^3/s$),耙矿巷道可取 $v = 0.50m/s$;对于无底柱崩落法的进路通风,可取 $v = 0.30 \sim 0.40m/s$;其他巷道,可取 $v = 0.25m/s$。

② 硐室型采场按照排尘风速计算风量。硐室型采场中风流的结构特性近似于受限射流。风流在硐室中向前运动形成射流区,并在射流的诱导下形成逆向的回流区或称二次循环区。

按排尘风速计算硐室风量时,只要硐室中射流区受限扩张末端断面平均风速达到排尘风速要求,即可满足硐室排尘通风要求。

根据排尘通风要求,射流区受限扩张段末端的断面平均风速应达到排尘所需风速,取平均风速为 $0.25m/s$,则硐室入风口的风速为

$$u_0 = \frac{1}{0.772 + 4.1n} \tag{6-18}$$

硐室型回采工作的风量为

$$Q = u_0 S_0 = \frac{S_0}{0.772 + 4.1n} \tag{6-19}$$

式中 S_0——硐室入风口断面面积(m^2);

n——射流的受限系数;扁平型硐室的 $n = b/B$,其中,B 为硐室侧壁距轴线的距离,b 为硐室入风口宽度一半;完全发展的圆形射流的 $n = S_0/S$,其中,S_0 为硐室入风口断面面积,S 为硐室横断面面积。

(2) 大爆破采场的通风及风量计算　大爆破采场是指采用深孔、中深孔或药室爆破的大量落矿采场。大爆破采场多成封闭形(即矿房由矿柱包围;若为崩落法,则顶部及侧壁有崩落矿岩),仅在下部有漏斗与耙矿巷道相通。大爆破后,在采场内部形成较高的气压,在这个压力作用下,炮烟通过天井(凿岩硐室被崩掉时)、漏斗和耙矿巷道向外涌出,一部分涌入进风巷道,另一部分流入回风巷道。如果采场两侧或一侧为已采完的崩落区,则炮烟也可能逸入崩落区中。剩下的炮烟则残存于采场的自由空间和矿石堆的空隙中。

大爆破后通风的首要任务就是将充满于巷道中的大量炮烟,在比较短的时间内,以较大的风量稀释并排出矿井。在放矿时,存留于崩落矿石之间的炮烟随矿石的放出而涌出来。因此,在正常通风时,除了正常作业(包括凿岩、出矿等)所需的风量外,还应考虑排出这部分炮烟而适当加大风量。

1) 大爆破后排炮烟风量计算。大爆破后大量炮烟涌入到巷道中,其通风过程与巷道型采场十分相似。大爆破后通风的风量可按下式计算

$$Q = \frac{40.3}{t}\sqrt{iAV} \tag{6-20}$$

式中 t——通风时间(s),通常取 $2 \sim 4h$,炸药量大时还可延长;

A——大爆破的炸药量(kg);

i——炮烟涌出系数,可查表 6-4;

V——充满炮烟的巷道容积(m^3),$V = V_1 + iAB_c$,其中 V_1 是排风侧巷道容积(m^3);B_c 是 1kg 炸药所产生的全部气体量。

表 6-4　炮烟涌出系数

采矿方法	采落矿石与崩落区接触面的数目	i
封闭扇形中段崩落法	顶部和 1 个侧面	0.193
	顶部和 2~3 个侧面	0.155

(续)

采矿方法		采落矿石与崩落区接触面的数目	i
阶段强制崩落法		顶部	0.157
		顶部和 1 个侧面	0.126
		顶部和 2~3 个侧面	0.115
空场处理	表土下或表土下 1~2 个阶段	—	0.095
	若干阶段以下	—	0.124
房柱法深孔落矿	$V/A < 3$	—	0.175
	$V/A = 3~10$	—	0.250
	$V/A > 10$	—	0.300

2) 大爆破后放矿时期风量计算。

① 按排烟计算。在大爆破后放矿时期排出的炮烟有两个来源：一个是从矿石堆渗出的炮烟，另一个是二次爆破生成的炮烟，而后者往往是主要的。故计算排除这些炮烟时，可按二次爆破炸药量，并稍许加大即可。可用下式计算风量

$$Q = \frac{25.5}{t}\sqrt{AS_BL_B} \tag{6-21}$$

式中 S_B——耙矿巷道的断面面积（m^2）；

L_B——耙矿巷道长度的一半（m）；

A——二次破碎爆破的炸药量（kg）；

t——二次破碎后的通风时间（s），一般取 $t = 300s$。

② 按排尘风速计算风量。按排尘风速计算风量的方法同前。通常采用适当延长通风时间和临时调节风流，加大爆破区通风量的方法。为了加速大爆破后的通风过程，在爆破前对爆破区的通风线路要做适当的调整，尽量缩小炮烟的污染范围。

2. 掘进工作面所需风量计算

掘进工作面包括开拓、采准和切割工作面。各工作面的风量可按照第 5 章局部通风的风量计算方法进行计算，再考虑局部通风装置的漏风，求其总和。

3. 硐室所需风量

井下要求独立风流通风的硐室如炸药库、破碎硐室和主溜井装卸硐室等，必须进行风量计算，并计入矿井总风量中。但有些硐室回风可重新使用，不计入矿井总风量之中。

1) 井下炸药库。一般要求独立的贯穿风流通风，风量可取 $1~2m^3/s$。

2) 井下破碎硐室。井下破碎硐室所需风量可按换气量计算。根据硐室的温度、湿度和粉尘含量等因素考虑，硐室内每小时换气 4~6 次，通风效果良好。如果无除尘设施或除尘设备不完善，则每小时换气次数可以适当增多。若硐室内气候条件较好，除尘实施完善，则每小时换气次数可适当减少。另外，还应考虑所选用的除尘设备所需风量。

3) 装卸硐室的需风量，风量取 $1.5~2m^3/s$。

将以上各项风量计算值代入式 (6-2)，便得到全矿总风量。

6.4 采区通风构筑物

矿井通风构筑物是矿井通风系统中的风流调控设施，用以保证风流按生产需要的路线流

动。凡用于引导风流、遮断风流和调节风量的装置,统称为通风构筑物。合理地安设通风构筑物,并使其经常处于完好状态,是矿井通风技术管理的一项重要任务。

通风构筑物可分为两大类:一类是通过风流的构筑物,包括主通风机风硐、反风装置、风桥、导风板、调节风窗和风障;另一类是遮断风流的构筑物,包括挡风墙和风门等。主通风机风硐、扩散器与反风装置参考 4.5 节,本节主要介绍采区通风构筑物。

6.4.1 风桥

风桥是将两股交叉着的风流(新鲜风流和污浊风流)隔开的一种通风构筑物。通常"桥下"是运输巷道,供行人、运输和进风;"桥上"是专供污风通过的回风道。对它的要求是结构简单、阻力小、漏风少。通风系统中进风道与回风道交叉处,需构筑风桥。风桥应坚固耐久,不漏风。主要风桥应采用砖石或混凝土构筑或开凿立体交叉的绕道。风桥的风阻要小,通过风桥的风速不大于 10m/s,主要风路上的风桥断面面积应不小于 $1.5m^2$,次要风路上应不小于 $0.75m^2$。

风桥按其结构形式及材料,可分为绕道式风桥(图 6-24)、混凝土风桥(图 6-25)、砖风桥、木风桥、风筒风桥(图 6-26)等。

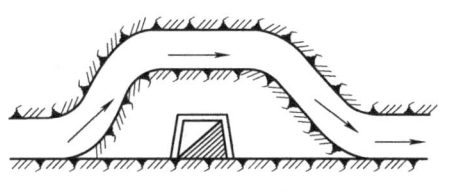

图 6-24 绕道式风桥

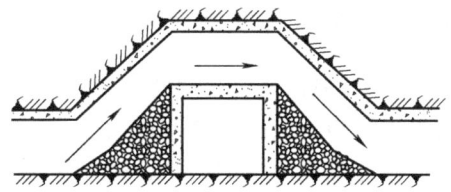

图 6-25 混凝土风桥

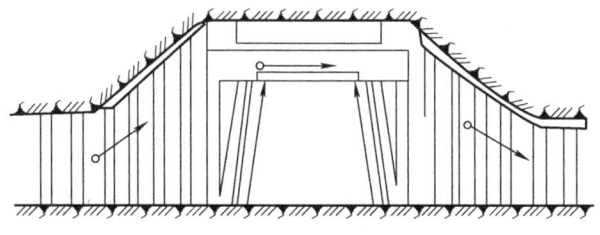

图 6-26 风筒风桥

绕道式风桥最坚固,漏风量最小,允许通过的风量最大,造价也最高;其他几种风桥造价依次降低,效果也依次减弱。所以在服务期限不长、通过风量不大的地方,往往采用木风桥或风筒风桥。

6.4.2 导风板

矿井通风工程中使用以下几种导风板。

1. 引风导风板

压入式通风的矿井,为防止井底车场漏风,在进风石门与阶段沿脉巷道交叉处,安设引导风流的导风板,利用风流动压的方向性,改变风流分配状况,提高矿井有效风量率。图 6-27 所示是引风导风板安装示意图。导风板可用木板、铁板和混凝土板制成。

2. 降阻导风板

在风速较高的巷道直角转弯处，为降低通风阻力，可用铁板制成机翼形或普通形导风板，减少风流冲击的能量损失。图 6-28 所示是直角转弯处的导风板装置。

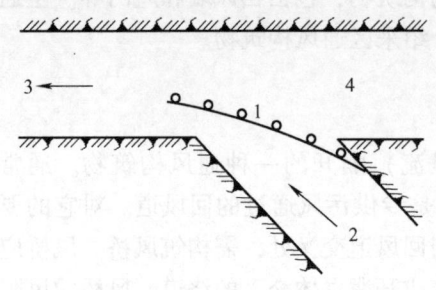

图 6-27　引风导风板安装示意图

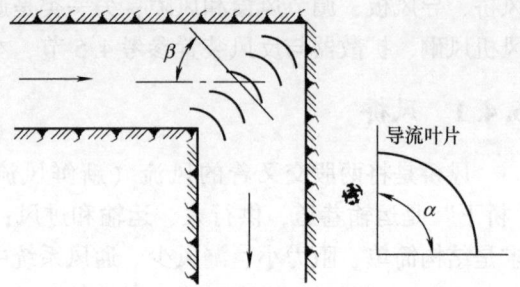

图 6-28　直角转弯处的导风板装置

3. 汇流导风板

在三岔口巷道中，当两股风流对头相遇时，可安设图 6-29 所示的汇流导风板，以减少风流相遇时的冲击能量损失。

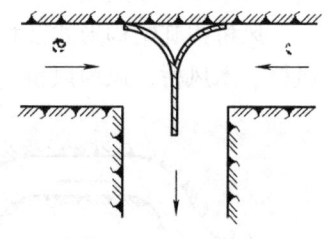

图 6-29　汇流导风板

6.4.3　调节风窗及纵向风障

1) 调节风窗是以增加巷道局部阻力的方式，调节巷道风量的通风构筑物。在挡风墙或风门上留一个可调节其面积大小的窗口，通过改变窗口的面积，控制所通过的风量，从而调节风网风量。调节风窗多设置在无运输、行人或运输行人较少的巷道中。

2) 纵向风障是沿巷道长度方向砌筑的风墙。它将一个巷道隔成两个格间，一格入风，另一格回风。纵向风障可在长独头巷道掘进通风时应用。根据服务时间的长短，纵向风障可用木板、砖石或混凝土构筑。

6.4.4　挡风墙（密闭）

挡风墙又称密闭，是隔断风流的构筑物。挡风墙通常砌筑在非生产的巷道里。对挡风墙的要求有：挡风墙墙垛应深入巷道周壁的矿岩内，根据矿岩的稳定程度，应深入矿岩周壁 0.3～0.5m 以上，以保证巷道周边矿岩松动后，挡风墙仍严密不漏风；砌筑挡风墙应保证质量，坚固耐用，不易损坏；应经常对挡风墙进行检查和定期维修。根据服务期限长短，挡风墙分永久性挡风墙和临时性挡风墙。

1) 永久性挡风墙，服务年限大于 5 年；用于永不通行的井巷和密闭采空区、火灾区及地压很大的地方；挡风墙所承受的风压在 200～300Pa 以上。永久性挡风墙可用砖、料石或混凝土砌筑，其结构如图 6-30 所示，墙上部厚度不小于 0.45m，下部不小于 1m；挡风墙前后 5m 以内的巷道支护要完好，用防护支架；无积煤

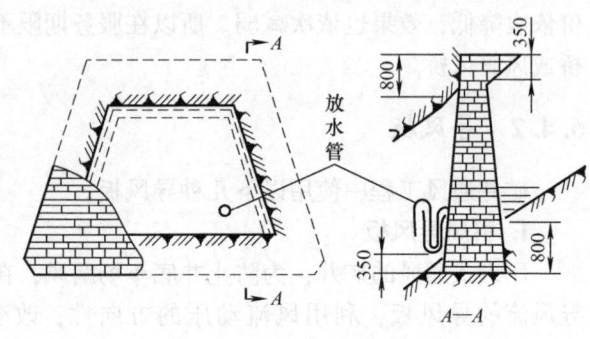

图 6-30　永久性挡风墙的结构

（岩），无片帮、冒顶；四周掏槽，在煤中槽深不小于1m，在岩石中不小于0.5m；面要严、抹平、刷白、不漏风。挡风墙内有涌水时，应在墙上装设放水管以排出积水，可把放水管一端做成U形，利用水封防止放水管漏风。

2）临时性挡风墙，由于服务期限短，可用木柱、木板、可塑性材料或废旧风筒布等建造，造价较低。木板要用鱼鳞式搭接，用黄泥、石灰抹面，无裂缝；基本不漏风；要设在帮顶良好处，四周要掏槽，在煤中槽深不小于0.5m，在岩石中不小于0.3m，墙内外5m巷道内支护良好，用防腐支架，无积煤；墙外要设置栅栏和警标。

6.4.5 风门

在通风系统中，既需要隔断风流，又需要通车行人的地方，需建立风门。风门至少要建立两道，其间距要大于运输工具长度，以便一道风门开启时，另一道风门是关闭的。风门分为普通风门和自动风门。在回风道中，只行人不通车或通车不多的地方，可构筑普通风门；在通车行人比较频繁的主要运输巷道上，则应建筑自动风门。

1. 普通风门

普通风门可用木板或铁板构成，如图6-31所示。这种风门的结构特点是门扇与门框呈斜面接触，接触处有可缩性衬垫，比较严密、结实，一般可使用1.5~2年。迎着风流方向用人力开启，靠门内外的压力差把门关紧；门框和门轴都要向关闭的方向倾斜80°~85°，使风门能靠自重而关闭，门框下设门槛，过车的门槛要留有轨道穿过的槽缝；门墙两帮和顶底都要掏槽，在煤中掏槽深度不小于0.3m，在岩石中不小于0.2m，槽中要填实。门墙厚度不小于0.3m，门板要错口接缝，木板厚度不小于30mm，铁板厚度不小于2mm，通车巷道的门槛下部设挡风帘，通过电缆、水管或风管的孔口要堵严；风门前后5m内的巷道要支护良好，无空帮和空顶；漏风率不大于2%。

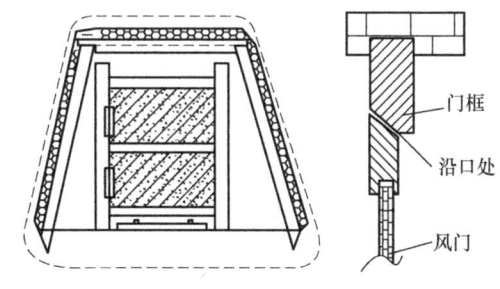

图6-31 普通风门

2. 自动风门

自动风门是借助各种动力实现开启与关闭的一种风门。自动风门种类很多，常用的自动风门有以下几种。

（1）碰撞式自动风门 由门板、推门杠杆、门耳、缓冲弹簧、推门弓和铰链等组成，如图6-32所示。其工作原理是靠矿车碰撞风门两侧的缓冲弹簧及推门弓，使风门自动打开；由于风门倾斜80°~85°，借风门自重而关闭。其优点是结构简单，经济实用；其缺点是碰撞构件容易损坏，需经常维修，只可在行车不太频繁的巷道中使用。

（2）压气驱动或液压驱动风门 风门的动力来源是压缩空气或高压水，如图6-33所示。压缩

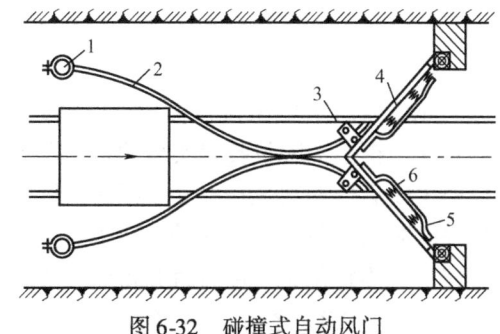

图6-32 碰撞式自动风门
1—杠杆回转轴 2—碰撞推门杠杆 3—门耳
4—门板 5—推门弓 6—缓冲弹簧

空气驱动装置是用矿井空压站为掘进提供的压缩空气作为风门的驱动动力,只要给压气电磁阀通电,使电磁阀开启,压缩空气即可进入气缸推动活塞往复运动,从而带动风门启闭。液压驱动是用静水压力作驱动风门动力,静水压力是靠垂直高差形成位能的,通过管路和液压元件转换为机械能推动风门,动作原理与压气驱动相似。这种风门简单可靠,但只能用于有压缩空气和高压水源的地方,严寒易冻的地点不能使用。

(3) 电动推杆驱动风门 风门是以电动机为动力,当驱动电动机通电旋转,通过减速机构,带动丝杠螺母把电动机的圆周运动变为直线运动,利用电动机的正、反旋转完成推拉动作和风门开闭,如图6-34所示。电动机的起动与停止,可借车辆触动电气开关或光电控制器自动控制。电动推杆驱动系统与液(气)驱动系统相比,可省去复杂的管路、阀和液(气)压源。电动推杆具有系列防爆产品,可供煤矿选择使用。

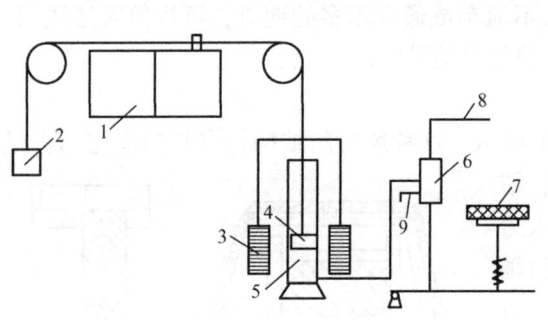

图6-33 水力配重自动风门
1—门扇 2—平衡锤 3—重锤 4—活塞 5—水缸
6—三通水阀 7—电磁铁 8—高压水管 9—放水管

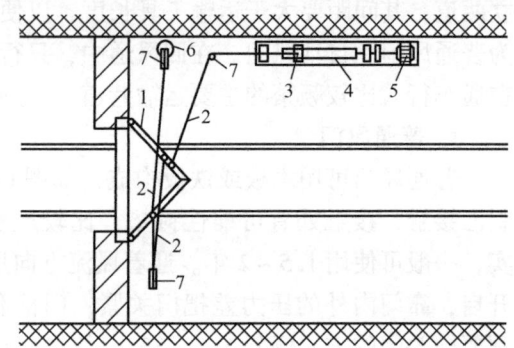

图6-34 电力自动风门
1—门扇 2—牵引绳 3—滑块 4—螺杆
5—电动机 6—配重 7—导向滑轮

(4) 压力平衡式风门(无压风门) 无压风门由门框、门扇、连杆平衡机构和重锤等部分组成。两扇风门分别向两个方向开启,通过连杆和支撑臂实现联动,改变连杆长度可以调整风门的严密度,其结构如图6-35所示。两扇门A、B通过支撑臂及连杆连成一个整体。当门A向前运动时,门B在连杆的带动下向后运动,这样打开风门的阻力F只有起动风门的气动力和重锤的重力,因为风压差作用在门A上的力等于作用在门B上的力,而两力通过连杆相互抵消,故称为无压风门。

无压风门采用压力平衡原理,通过四连杆机构及固定在门框上的限位装置实现两扇风门异向同步开闭,风门关闭后使两扇风门边的挡风皮子严密接触,具有良好的防漏风效果。由于作用在风门上的矿井负压通

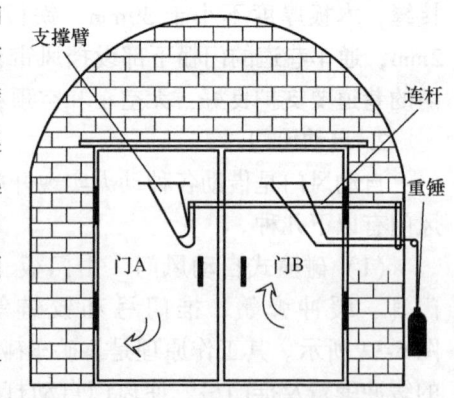

图6-35 无压风门的结构

过连杆机构转化为一种内力并得到平衡,风门开关力的大小取决于重锤的质量(重锤质量一般在10~25kg之间),从而保证了风门打开时省力、方便灵活。如图6-36所示,由于两扇风门的面积近似相等,则作用在两扇风门上的矿井负压也大小相等,即$F_1 \approx F_2$,调整连杆机构使两扇风门紧密接触,风门处于关闭状态,则作用于单扇门上正反力矩相等。

无压风门主要用于矿山井下进回风巷和主要进回风巷之间每个联络巷中，是目前所有风门的替代品，该类风门是目前我国煤矿井下较为理想的一种风门，其主要优点有：风门开启力小，开启力与风压大小及风向无关；双向隔风，漏风量小，无需再设反向风门；钢质构造，结构简单，坚固耐用；关闭平稳，安全可靠；防火性能好，能有效阻止带式运输巷可能发生的火灾，防止火灾及有害气体进入其他巷道；压力平衡式风门既能手动操作，也可动力操作，如再加一套控制系统，可实现风门的自动开启；两道风门之间可实现相互闭锁。

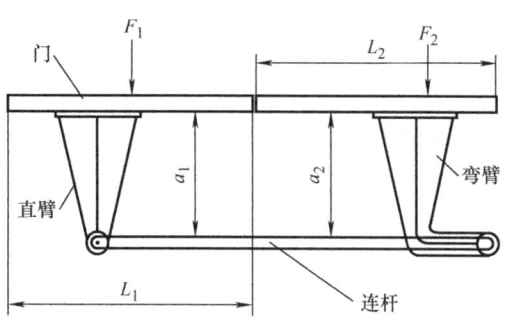

图 6-36　无压风门的平衡原理

复习思考题及习题

6-1　煤矿采区通风系统包括哪些部分？

6-2　试比较运输机上山和轨道上山进风的优缺点和适用条件。

6-3　何谓下行风、上行风？试从防止瓦斯积聚、防尘及降温角度分析下行风、上行风的优缺点。

6-4　长壁式回采工作面的进风巷和回风巷的布置有哪几种形式？

6-5　金属矿山阶段通风网络结构有几种形式？并用图示表示。

6-6　无底柱分段崩落法开采时，在采场通风上存在哪些困难？有哪几种解决方案？

6-7　写出煤矿采区风量计算步骤和方法。

6-8　写出金属矿山采区需风量计算步骤和方法。

6-9　矿井通风构筑物有哪些？各起什么作用？

6-10　简述无压风门的工作原理和结构。

第7章

矿井通风网络风量分配及调节

【学习要点】

- 正确理解通风网络的基本术语，掌握风量分配所遵循的基本定律，熟悉矿井通风系统平面图、网络图和立体图的绘制方法。
- 熟悉串联、并联及角联通风网络的基本特性，掌握角联巷道内风流方向的判别方法。
- 正确理解复杂通风网络的解算原理和方法，掌握回路法和节点法的技术要点，学会应用改进的斯考德-恒斯雷法解算通风网络。
- 熟悉计算机解算矿井通风网络的原理、方法和步骤。
- 熟悉矿井总风量及局部风量调节的基本方法，掌握各调节法的基本原理及技术特点。
- 熟悉多台通风机联合运转时相互影响的严重性，掌握多台通风机不稳定运转的预防措施。

为了达到矿井用风地点需风量的要求，必须要进行矿井通风网络风量分配和调节。

本章主要介绍矿井通风系统图、通风网络的基本术语、风量分配基本定律、通风网络的基本形式和特性、风量分配与调节和复杂网络解算的方法，并详细介绍矿井风量调节的原理和方法。

7.1 概述

7.1.1 矿井通风系统图

矿井通风系统是由纵横交错的井巷构成的一个复杂系统，矿井通风系统图是矿井安全生产必备的图件。它是根据矿井开拓、采区巷道布置及矿井的通风系统绘制而成的。矿井通风系统图包括矿井通风系统的风流路线与方向，通风设施和安装的位置。总体来说，矿井通风系统图包括矿井通风系统平面图、矿井通风系统网络图和矿井通风系统立体图。

1. 矿井通风系统平面图

矿井通风系统平面图是表示矿井通风系统的风流路线与方向、流速、风量、阻力、通风装备和通风设施等情况的总图，由各巷道在水平面上投影绘制而成。根据线型的不同，矿井通风系统平面图可以分为单线图和双线图。

对于单一水平开采的采区通风系统和矿井通风系统，其通风系统平面图一般是在复制的开拓平面图上标注风流方向、风量、通风装备和通风设施绘制而成的。

对于多水平开采的矿井，绘图时各主要巷道按投影关系与比例绘制，各采区与工作面尺寸按比例绘制，至于各水平的各采区与工作面不必严格地按高程与投影关系绘制，可有意识地把各水平的各采区或工作面位置错开，以便在图样上清楚地看出各巷道在通风系统中的相互关系，避免图形重叠、混乱。

2. 矿井通风系统网络图

通风网络（路）是用图论的方法对通风系统进行抽象描述，把通风系统变成一个由线、点及其属性组成的系统；矿井通风系统网络图是用直观的几何图形来表示通风网络的。

由于矿井通风系统往往是十分复杂的立体结构，巷道数目多、纵横交错、上下重叠，相互关系不易一目了然，直接用实际的通风系统图分析通风问题有很多不便。为克服这些缺点，需要对通风系统网络化，即用反映巷道空间关联的单线条来表示通风系统中各风流（道）的分合关系，将通风系统图抽象成点与线集合的网状线路示意图。此图就是通风系统网络图，简称通风网络图或风网。在该图中点可以位移，边可以伸缩、曲直、翻转，必要时，还可以对点或边进行简化，但必须反映风流的分合关系。图的几何形状也不是唯一的，可画成长方形（图7-1a中分支用直线表示），也可画成椭圆形（图7-1b中分支多用弧线），也有画成圆形的。

(1) 通风系统网络图的手工绘图步骤　通风系统网络图的画法没有统一的格式，习惯上手工绘图的步骤如下：

1) 节点编号。即在通风系统系统图上确定节点（风流的分合点）的位置，并从进风井口开始，沿风流流动方向直到出风井口为止，按由小到大的顺序对节点进行编号，如图7-1a所示。

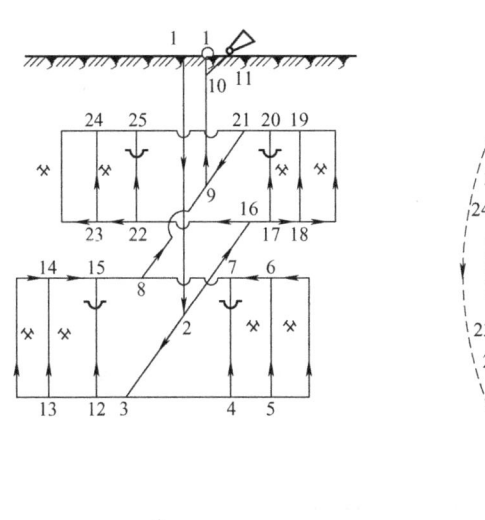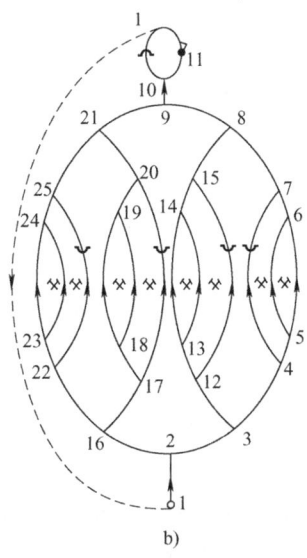

图 7-1　通风系统网络图的绘制

为便于查对，编号时应按翼、采区逐片编号，以使其号码接近；所有通大气且标高相同的点均作为一个节点编同一个号码（习惯上为1号点）；如果通大气的点的标高明显不同，要考虑自然风压时，在两点之间可加一个虚分支（用虚线表示）；井底车场或采区车场可简化为一个节点，风硐与回风井交叉点处应设一个节点，以便绘出地面漏风分支；通风机入口可设节点，也可不设节点；不能有虚节点（即不是风流分合点上编了号），不能漏掉应编号的节点；不要用1′、2′、…、10′编号。

2）绘制草图。首先把用风地点（回采面、独立通风的掘进面、硐室等）排列在图样中央的同一条竖线或横线位置，各个用风地点可写上用风地点名称的长方框形表示或用不同符号表示。节点可用圈内写有节点号的圆圈表示，也可用旁边写有节点号的黑圆点表示，如图7-1和图7-2所示。为便于查对，通常把对称的两翼画在对称的位置上，即把同一翼的用风地点排列在图样的一侧（如左侧），把另一翼的用风地点排在图样的另一侧（如右侧），而每一采区用风地点又排列在一起。其次从每个用风地点的始点开始，逆风流方向逐个节点、逐条分支地画到进风井口或压入式通风机的入风口；再从用风地点的末点开始，顺其风流方向画至出风井口或抽出式通风机的扩散器出口。在向两端逐点绘制过程中，遇到风流流入或流出时，在节点处应留出分岔，并在分岔上标明流入或流向节点的号码。为使图形美观，应利用边（分支）可伸缩、曲直、位移的特点，尽量避免或减少跨越分支的数量。整个网络图可水平排列，也可垂直排列。习惯上，水平排列时，把进风系统排在图的左侧，回风系统在图的右侧；垂直排列时，把进风系统排在图的下部，回风系统在图的上部。无论何种形式排列，进风井分支均排在中心线位置。只有一个回风井时，回风井分支也排在中心线位置，有两个回风井时，其分支排列在中心线的两侧对称位置。

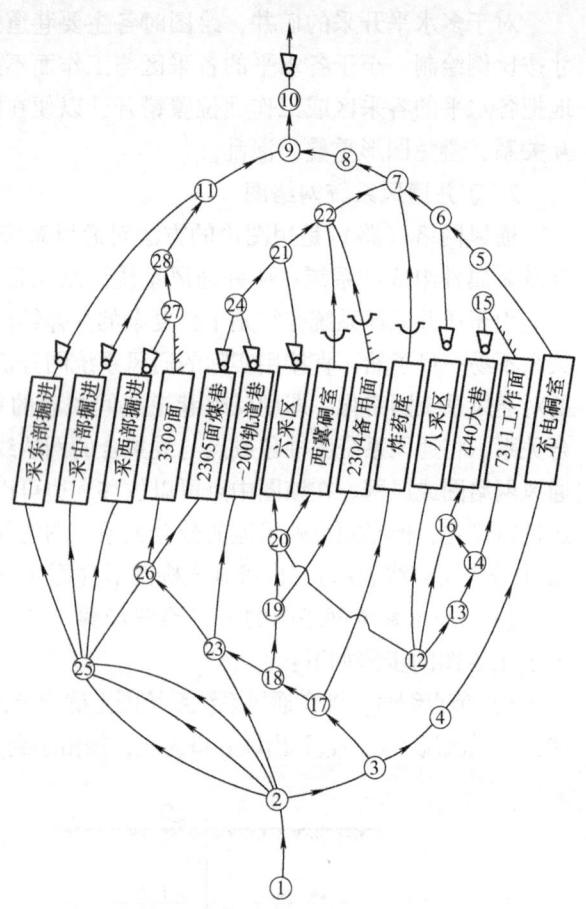

图7-2 某矿通风系统网络图

图上用实线表示实际存在的分支，用虚线表示漏风分支或准备开掘的分支；用不同的标志表示进、回风井，采掘面，进、回风流，通风构筑物等；用不同颜色的线条或用粗线条表示固定风量风道（分支）。

3）检查核对。为了防止遗漏节点或分支，草图绘好后，应进行查对。查对时最好由两人进行。查对的方法是：按节点序号由小到大逐个进行，检查流入与流出节点的分支数及分支的始末点号是否与系统图上的相符。

4）修整图形。在经查对无误的基础上，根据网络图的同构特性，利用翻转和伸缩的方法，对草图进行修整和变形。要求修整、变形后的网络图中有最少的跨越分支，且外观美观、结构正确。经再次查对无误后，即成为正式的通风系统网络图。

（2）通风系统网络图的简化　按通风系统实际分支和节点画出的网络图，往往过于复杂（尽管在绘图过程中已做初步简化），不便分析研究问题，有时重点不突出。因而应根据分析问题的需要，对网络图进行简化。简化的原则是：简化后的网络结构必须体现出原通风系统的结构特点，不失真；由于简化导致的网络解算误差应在允许的误差范围内，解算的结果才有实用价值。简化的内容和方法是：

1）并边。简单的串联或并联分支可用一条等效分支代替。等效分支的风阻值，按串、并联风阻计算公式求算。一进一出的局部角联风网，也可用一条等效分支代表，其等效风阻值按 $R = h/Q^2$ 计算。根据解题的需要，在某些情况下，一个采区或某个系统（如一翼）也可用一条等效分支代替，例如，研究全矿通风系统时，每个采区都可简化为一条分支，研究某个系统（采区或一翼）内的问题时，别的系统（采区或一翼）则可简化为一条分支；多通风机工作的矿井，如果只是为了研究各主要通风机之间的相互影响，则可把各主要通风机工作的通风系统简化为一条分支。在需详细研究的通风系统内，具有下述情况之一者，不能做并边处理：①用风地点所处的分支；②需要进行调节的分支；③有源（辅助通风机、自然风压）分支；④并联分支之一有分、合流（节点）的风网。

2）并点。在实际系统中，阻力很小（如小于10Pa，或小于总阻力的1%）的分支，可将其始末点并为一个节点，压降很小的局部风网（如井底车场、采区车场）也可并为一个节点；标高相同的几个进风井口可并为一个节点；当几个进风井口标高相同、井底之间通风阻力很小（<10Pa），而且不需研究各井的风量分配时，可将这几个进风井合并为一个等效分支，即各井底节点并为一个节点，各井口节点也并为一个节点。但是，在某些情况下，尽管两节点间的阻力很小，也不宜进行并点，例如，并点后会改变风流分合关系者、某些不能简化的角联风网的两端点、直接用风分支两端点。能否并点，主要取决于研究问题的目的及并点后引起的误差大小。

3）断路。风阻很大的分支可视为断路。例如，一些漏风量很少的通风构筑物所在的分支，可视为断路，在网络图中可不画出。

总之，应根据分析研究的目的、对象和要求结果的精确程度决定网络的简化程度。该繁处则繁，应简处则简。简化后，必然产生误差，简化越多，误差越大。一般而言，重点研究区域的风网，尽量少简化，非重点研究的区域，则多简化。

3. 通风系统立体图

矿井通风系统立体图是根据投影原理把矿井巷道的立体图像投影到平面上而形成的图形。它能较好地表达巷道之间的立体关系，是进行通风系统设计和现场施工管理必不可少的资料。一般采用轴测投影法绘制矿井通风系统立体图。轴测投影的实质就是把空间物体连同空间坐标轴投影于投影面上，利用三个坐标轴确定物体的三个尺度。其特点是：平行于某一坐标轴的所有线段，其轴向伸缩系数相等。其作图步骤如下：

1）在通风系统平面图上选定假定的坐标系的坐标原点和坐标轴的方向。坐标轴原点宜采用平面图上已有的特征点（如立井中心），坐标轴 x 和 y 宜平行于主要巷道方向（如石门和平巷），然后在平面图上画出坐标轴网格（宜用铅笔轻轻地画出，以便于修改或删除）。

2) 确定轴间角（两轴测投影轴间的夹角）和轴向伸缩系数（沿某一投影轴的线段的投影长度与该线段真实长度之比），轴间角一般为 45°~60°。轴向伸缩系数 p（x 轴）、q（y 轴）和 r（z 轴）一般为 0.5~1，p、q 和 r 可相等（称为等测投影），也可各不相等（称为三测投影），或者有两个相等，而第三个系数不同（称为二测投影）。

3) 根据各水平的巷道平面图做出轴测投影图。如在作图 7-3 所示的 -30m 水平巷道轴测投影时，首先在图纸的上部做轴 x、y、z，并根据平面图的比例尺和轴向缩放系数，画 -30m 水平的坐标格网。此后，根据平面图中巷道特征点（如立井中心、巷道交叉点等）的坐标，在轴测坐标格网中画出巷道特征点，然后用双线连接各特征点，即得各井巷的轮廓。

4) 画完上水平后，将轴 z 向下延长，在延长线上按比例尺截取两水平间高差的投影长度（如图 7-3 所示的 -30m 水平与 -230m 水平间高差为 200m，乘上轴向缩放系数 $r=1$，即得投影长度为 200m），然后过截取点，平行于上水平的 x 轴和 y 轴

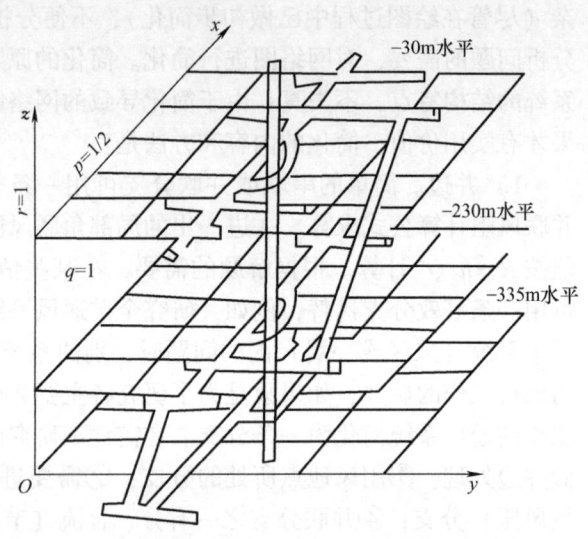

图 7-3 通风系统立体图

作下水平的 x 和 y 轴，最后按上一步骤所述，作出下水平（如 -230m 水平）的巷道轴测投影。依此类推，即可做出各水平的轴测投影。

5) 用双线连接各水平之间的井巷（如上山、下山、立井、斜井）。

6) 用阴影线或其他线条对各井巷进行修饰（如两平行线中某一侧线条粗，另一侧线条细），即得全矿或某地区的巷道轴测投影图。

7) 涂抹掉轴测投影图上的坐标格网，标注巷道名称、风向、通风设备和通风设施等内容，即得通风系统立体图。

为使图面更清晰、立体感更强，可以不必拘泥于某些巷道的严格尺寸及其位置，做些放大、缩小、简化和移动，这样画出的图即为通风系统立体示意图。图 7-3 所示为采用轴测投影法绘制的通风系统立体图。由于立体图的三维性，其投影关系复杂、不易掌握，近些年来又发展了计算机绘制通风系统立体图。而使用计算机绘图又可分为以下两种：

① 直接绘图方式，利用某些绘图命令直接绘图，其过程基本同人工绘图，键入一条命令，绘制一部分图样。只是用计算机的命令代替了手中的铅笔，从而使图形质量得以改善、图样修改量大为减少。

② 事先编程方式，完全由程序控制绘图所需命令及其执行过程。只要输入程序所需要的原始数据，便可自动绘出满足要求的图样。这很有利于简化绘图过程、提高绘图速度，同时有助于计算机绘图的推广。

7.1.2 通风网络的基本术语

任何一个通风网络都是由一些基本单元组成的，矿井风流流经各个巷道和工作面，构成

复杂的通风网络系统。首先必须了解这些基本单元的含义。

1. 节点

节点是指三条或三条以上风道的交点；断面或支护方式不同的两条风道，其分界点有时也可称为节点。如图 7-4 所示中的 b、c 等。

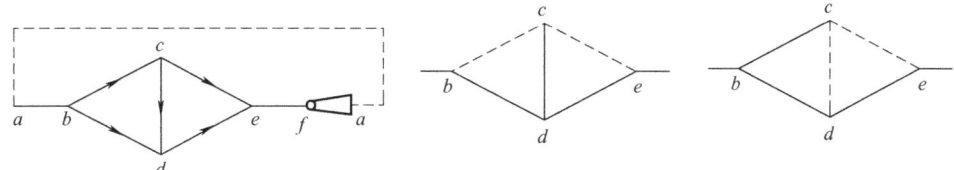

图 7-4　通风网络节点示意图

2. 分支

分支是两节点间的连线，也叫风道，在风网图上，用单线表示分支。其方向即为风流的方向，箭头由始节点指向末节点。如图 7-4 中 a-b，b-c 等。

3. 路

路是由若干方向相同的分支首尾相接而成的线路，即某一分支的末节点是下一分支的始节点。

4. 回路和网孔

回路和网孔是由若干方向并不都相同的分支所构成的闭合线路，其中有分支者叫作回路，无分支者叫作网孔。如图 7-4 中的 b-c-e-d-b 是一个回路；b-c-d-b 是一个网孔。

5. 假分支

假分支是风阻为零的虚拟分支，一般是指通风机出口到进风井口虚拟的一段分支。如图 7-4 所示中 a-a 分支。

6. 生成树、余树

它包括风网中全部节点而不构成回路或网孔的一部分分支构成的图形。每一种风网都可选出若干生成树。通常讨论的树都是生成树。一个网络图中，把树去掉，剩下的部分图形称之为余树。

7. 弦

在任一风网的每棵树中，每增加一个分支就构成一个独立回路或网孔，这种分支叫作弦（又名余树弦）。

7.1.3　风量分配基本定律

风流在网络中流动时要遵循风量平衡定律、风压平衡定律和通风阻力定律。

1. 风量平衡定律

网络中流进某一节点（或闭合回路）的风量之和等于流出该节点（或闭合回路）的风量之和，称为风量平衡定律。如图 7-5 所示，图中点 4 称为节点，根据质量守恒定律，在单位时间内流入一个节点的空气质量，等于单位时间内流出该节点的空气质量。当空气密度不变时，可以将空气的体积流量（即风量）来代替空气的质量流量，

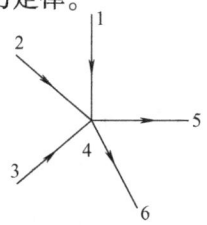

图 7-5　风流流经节点图

则各风量之间的关系式为

$$Q_{1-4} + Q_{2-4} + Q_{3-4} = Q_{4-5} + Q_{4-6} \tag{7-1}$$

对于图 7-6 所示的闭合回路 2-4-5-7-2 中,各风路风量之间的关系式为

$$Q_{1-2} + Q_{3-4} = Q_{5-6} + Q_{7-8} \tag{7-2}$$

将式(7-1)和式(7-2)写成一般数学式,则为

$$\sum_{i=1}^{n} Q_i = 0 \tag{7-3}$$

式(7-3)表示流入及流出某节点(或闭合回路)的各分支风量的代数和等于零。如果对流入的风量取(+)号,则流出的风量取(−)号。

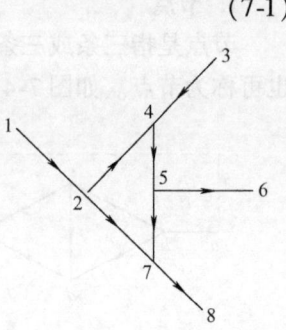

图 7-6 风流流经闭合回路

2. 风压平衡定律

在任一闭合回路中,无自然风压及通风机工作时,根据伯努利方程,各分支阻力的代数和等于零(沿着回路,设分支流向为顺时针方向时,其阻力取正值,则流向为逆时针方向者取负值);或者说顺时针流向分支的压降(阻力)之和等于逆时针流向分支的压降之和,称为风压平衡定律。

对于图 7-6 所示闭合回路 2-4-5-7-2,有

$$h_{2-4} + h_{4-5} + h_{5-7} = h_{2-7}$$

上述闭合风路中有自然风压及通风机工作时,有自然风压 H_n 及通风机风压 H_f,同样符合风压平衡定律。即

$$\sum_{i=1}^{n} h_i = H_n \pm H_f \text{ 或 } \sum_{i=1}^{n} h_i - H_f \pm H_n = 0 \tag{7-4}$$

式中,风压单位均为 Pa。

3. 通风阻力定律

通风阻力定律,就是风流在巷道中流动时所损失的风压 h 与风量 Q、风阻 R 之间的关系,在通常条件下,矿井通风网络中的风流都属于湍流状态,因此通风阻力定律表达式为

$$h_i = R_i Q_i^2 \tag{7-5}$$

式中 h_i——风网中第 i 条风路的风压(Pa);

R_i——第 i 条风路的风阻($N \cdot s^2/m^8$);

Q_i——第 i 条风路的风量(m^3/s)。

7.2 通风网络的基本形式和特性

通风网络按巷道连接方式,可分为串联、并联、角联及复杂连接的通风网络。

7.2.1 串联通风网络

若干风路顺次首尾相接,称为串联通风网络,如图 7-7 所示。其特点如下:

1. 总风量 M_s(质量流量)和分支风量 M_i 的关系

根据风流连续定律,总风量 M_s 等于各分支风量 M_i(单位为 kg/s)。即

$$M_s = M_1 = M_2 = M_3 = \cdots = M_n \tag{7-6}$$

当空气密度相等，即 $\rho_1 = \rho_2 = \cdots = \rho_n$ 时，则体积流量 Q_s 与 Q_i （单位为 m^3/s）彼此相等。即

$$Q_s = Q_1 = Q_2 = Q_3 = \cdots = Q_n \tag{7-7}$$

2. 总阻力 h_s 和各分支阻力 h_i 的关系

由伯努利方程可知，系统总阻力（即系统始、末两断面的总机械能之差），等于各串联分支始、末断面总机械能差的叠加，所以串联时的总阻力 h_s 等于各分支阻力 h_i （单位为 Pa）之和。即

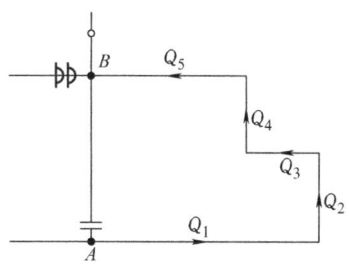

图 7-7 串联通风网络

$$h_s = h_1 + h_2 + \cdots + h_n = \sum_{i=1}^{n} h_i \tag{7-8}$$

3. 串联时的总风阻 R_s 与各分支风阻 R_i 的关系

因为网络系统的总风阻 R_s （$N \cdot s^2/m^8$）等于其总阻力 h_s 除以总风量 Q_s 的平方，即

$$R_s = h_s/Q_s^2 \tag{7-9}$$

将式（7-7）、式（7-8）代入式（7-9），整理得串联时的总风阻 R_s 等于各分支风阻 R_i （单位为 $N \cdot s^2/m^8$）之和。即

$$R_s = R_1 + R_2 + R_3 + \cdots + R_n \tag{7-10}$$

4. 总等积孔 A_s 与各分支等积孔 A_i （单位为 m^2）的关系

等积孔 A 与风阻 R 的关系可用下式表示

$$R = \frac{1.42}{A^2}$$

将此式代入式（7-10）并简化得

$$A_s = \frac{1}{\sqrt{\frac{1}{A_1^2} + \frac{1}{A_2^2} + \frac{1}{A_3^2} + \cdots + \frac{1}{A_n^2}}} \tag{7-11}$$

式中 $A_1, A_2, A_3, \cdots, A_n$ ——各分支的等积孔（m^2）。

7.2.2 并联通风网络

组成风网的各分支从同一点分开，又在另一点同时汇合的风网称为并联通风网络，如图 7-8 所示，风流从 A 处分流，到 B 处又汇合。并联通风网络的特点如下：

1. 总风量 M_s （质量流量）和分支风量 M_i 的关系

并联通风网络的总风量 M_s 等于各分支风量 M_i （单位为 kg/s）之和。即

$$M_s = M_1 + M_2 + M_3 + \cdots + M_n \tag{7-12}$$

当空气密度相等，即 $\rho_1 = \rho_2 = \cdots = \rho_n$ 时，则总的体积流量 Q_s 等于各分支体积流量 Q_i （单位为 m^3/s）之和。即

$$Q_s = Q_1 + Q_2 + Q_3 + \cdots + Q_n \tag{7-13}$$

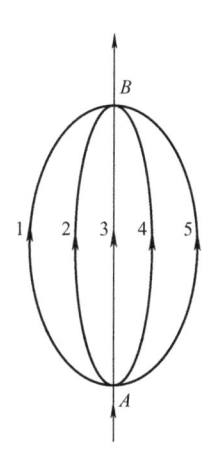

图 7-8 并联通风网络

2. 总阻力 h_s 与各分支阻力 h_i 的关系

并联通风网络的总阻力 h_s 等于各分支阻力 h_i（单位为 Pa）。即

$$h_s = h_1 = h_2 = \cdots = h_n \tag{7-14}$$

因为各分支有共同的始点和终点，因此，各分支的阻力都等于始、终断面的总机械能之差。但当各分支位能差不相等时，或分支中存在通风机等通风动力时，并联分支的风压不相等，式 (7-14) 不成立。如图 7-9 所示，分支 1 为水平风道，其阻力 h_1 为 a、b 两点的全压差，即 $h_1 = p_{ta} - p_{tb}$；分支 2 则先经下山下行，后又经过上山才到达 b，其阻力 h_2 中应包括上、下山的位能差，即 $h_2 = p_{ta} - p_{tb} + zg(\rho - \rho')$。所以 $h_1 \neq h_2$，这是一种特殊情况。

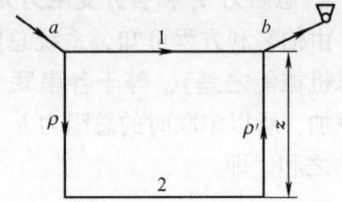

图 7-9　总阻力和各分支阻力不等情况

3. 并联时总风阻 R_s 与各分支风阻 R_i 之间的关系

并联通风网络总风阻 R_s 的倒数的平方根等于各分支风阻 R_i（单位为 $N \cdot s^2/m^8$）的倒数的平方根之和。其推证如下：

因 $R_s = h_s/Q_s^2$，所以

$$\frac{1}{\sqrt{R_s}} = \frac{Q_s}{\sqrt{h_s}} = \frac{Q_1 + Q_2 + Q_3 + \cdots + Q_n}{\sqrt{h_s}}$$

$$= \frac{Q_1}{\sqrt{h_s}} + \frac{Q_2}{\sqrt{h_s}} + \frac{Q_3}{\sqrt{h_s}} + \cdots + \frac{Q_n}{\sqrt{h_s}}$$

即

$$\frac{1}{\sqrt{R_s}} = \frac{1}{\sqrt{R_1}} + \frac{1}{\sqrt{R_2}} + \frac{1}{\sqrt{R_3}} + \cdots + \frac{1}{\sqrt{R_n}} \tag{7-15}$$

或

$$R_s = 1 \bigg/ \left(\frac{1}{\sqrt{R_1}} + \frac{1}{\sqrt{R_2}} + \frac{1}{\sqrt{R_3}} + \cdots + \frac{1}{\sqrt{R_n}} \right) \tag{7-16}$$

4. 并联通风网络总等积孔面积 A_s 与各等积孔面积 A_i 的关系

并联通风网络总等积孔 A_s 等于各分支等积孔 A_i（单位为 m²）之和。即

$$A_s = A_1 + A_2 + \cdots + A_n \tag{7-17}$$

5. 并联通风网络的风量分配

若已知并联通风网络的总风量 Q_s，在不考虑其他通风动力及风流密度变化时，由于 $h_i = h_s$，且 $h_i = R_i Q_i^2$，$h_s = R_s Q_s^2$，得

$$R_i Q_i^2 = R_s Q_s^2 \tag{7-18}$$

所以

$$Q_i = \sqrt{\frac{R_s}{R_i}} Q_s \tag{7-19}$$

将式 (7-16) 代入，可得各分支分配的风量为

$$Q_1 = \frac{Q_s}{1 + \sqrt{\frac{R_1}{R_2}} + \sqrt{\frac{R_1}{R_3}} + \cdots + \sqrt{\frac{R_1}{R_n}}} \quad Q_2 = \frac{Q_s}{\sqrt{\frac{R_2}{R_1}} + 1 + \sqrt{\frac{R_2}{R_3}} + \cdots + \sqrt{\frac{R_2}{R_n}}}$$

$$Q_n = \frac{Q_s}{\sqrt{\frac{R_n}{R_1}} + \sqrt{\frac{R_n}{R_2}} + \cdots + \sqrt{\frac{R_n}{R_{n-1}}} + 1} \tag{7-20}$$

由上可见，并联通风网络中各分支的风量取决于总风阻与该分支风阻之比。风阻小的分支风量大，风阻大的分支风量小。要想按需控制各分支风量，可以从改变各分支分风阻比（R_s/R_i）入手，此外，当各分支的风阻为定值时，各分支风量与总风量 Q_s 成线性比例关系，即各分支风量随总风量的增减而增减。

【**例7-1**】 某矿通风网络如图7-10所示，已知各条巷道的风阻 $R_1 = 0.25\mathrm{N \cdot s^2/m^8}$，$R_2 = 0.34\mathrm{N \cdot s^2/m^8}$，$R_3 = 0.46\mathrm{N \cdot s^2/m^8}$，巷道1的风量 $Q_1 = 65\mathrm{m^3/s}$。求 BC、BD 风路自然分配的风量及风路 ABC、ABD 的阻力各为多少？

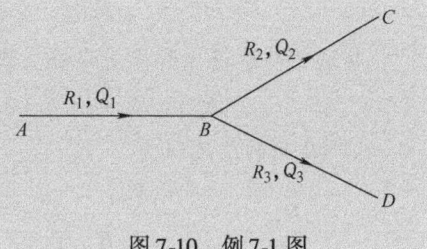

图7-10 例7-1图

【**解**】 由于风路 BC 和 BD 为并联网络，自然分配的风量为

$$Q_2 = \frac{Q_1}{1+\sqrt{\dfrac{R_2}{R_3}}} = \frac{65}{1+\sqrt{\dfrac{0.34}{0.46}}}\mathrm{m^3/s} = 34.95\mathrm{m^3/s}$$

则

$$Q_3 = Q_1 - Q_2 = (65 - 34.95)\mathrm{m^3/s} = 30.05\mathrm{m^3/s}$$

根据阻力定律，计算各巷道的阻力为

$h_1 = R_1 Q_1^2 = 0.25 \times 65^2 \mathrm{Pa} = 1056.25\mathrm{Pa}$ $h_2 = R_2 Q_2^2 = 0.34 \times 34.95^2 \mathrm{Pa} = 415.31\mathrm{Pa}$

$h_3 = R_3 Q_3^2 = 0.46 \times 30.05^2 \mathrm{Pa} = 415.38\mathrm{Pa}$

风路 ABC 的阻力为 $h_{ABC} = h_1 + h_2 = (1056.3 + 415.31)\mathrm{Pa} = 1471.56\mathrm{Pa}$

风路 ABD 的阻力为 $h_{ABD} = h_1 + h_3 = (1056.3 + 415.38)\mathrm{Pa} = 1471.63\mathrm{Pa}$

【**例7-2**】 某矿通风网络如图7-11所示，已知各巷道的风阻 $R_1 = 0.6\mathrm{N \cdot s^2/m^8}$，$R_2 = R_3 = 0.2\mathrm{N \cdot s^2/m^8}$。当流进点 A 的总风量 $Q = 60\mathrm{m^3/s}$ 时，求风路1和风路2、3自然分配的风量为多少？若在 CB 间开凿巷道4，其风阻 $R_4 = 0.8\mathrm{N \cdot s^2/m^8}$，当保持流进点 A 的总风量 $Q = 60\mathrm{m^3/s}$ 不变时，求巷道1、2、3和4的风量各为多少？

【**解**】 （1）由于巷道2和巷道3是串联，则其风阻为

$$R_{23} = R_2 + R_3 = (0.2 + 0.2)\mathrm{N \cdot s^2/m^8} = 0.4\mathrm{N \cdot s^2/m^8}$$

巷道1与巷道2和3是并联。则 AB 间的总风阻为

$$R_{AB} = \frac{R_1 R_{23}}{(\sqrt{R_1} + \sqrt{R_{23}})^2} = \frac{0.4 \times 0.6}{(\sqrt{0.4}+\sqrt{0.6})^2}\mathrm{N \cdot s^2/m^8}$$
$$= 0.12\mathrm{N \cdot s^2/m^8}$$

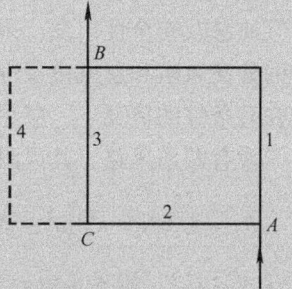

AB 间的总阻力为

$$h_{AB} = R_{AB} Q^2 = 0.12 \times 60^2 \mathrm{Pa} = 432\mathrm{Pa}$$

图7-11 例7-2图

则风路1和风路2、3自然分配的风量为

$$Q_1 = \sqrt{h_{AB}/R_1} = \sqrt{432/0.6}\mathrm{m^3/s} = 27\mathrm{m^3/s}$$

$$Q_2 = Q_3 = Q - Q_1 = (60 - 27)\,\text{m}^3/\text{s} = 33\,\text{m}^3/\text{s}$$

(2) 当开凿巷道 4 时，巷道 4 和 3 是并联，其风阻为

$$R_{34} = \frac{R_3 R_4}{(\sqrt{R_3} + \sqrt{R_4})^2} = \frac{0.2 \times 0.8}{(\sqrt{0.2} + \sqrt{0.8})^2}\,\text{N} \cdot \text{s}^2/\text{m}^8 = 0.09\,\text{N} \cdot \text{s}^2/\text{m}^8$$

巷道 2 与巷道 3 和 4 是串联，则巷道 2、3 和 4 的总风阻为

$$R_{234} = R_2 + R_{34} = (0.09 + 0.2)\,\text{N} \cdot \text{s}^2/\text{m}^8 = 0.29\,\text{N} \cdot \text{s}^2/\text{m}^8$$

则 AB 间的总风阻为

$$R_{AB} = \frac{R_1 R_{234}}{(\sqrt{R_1} + \sqrt{R_{234}})^2} = \frac{0.6 \times 0.29}{(\sqrt{0.6} + \sqrt{0.29})^2}\,\text{N} \cdot \text{s}^2/\text{m}^8 = 0.101\,\text{N} \cdot \text{s}^2/\text{m}^8$$

AB 间的总阻力为

$$h_{AB} = R_{AB} Q^2 = 0.101 \times 60^2\,\text{Pa} = 363.6\,\text{Pa}$$

巷道 1 和巷道 2 的风量为

$$Q_1 = \sqrt{h_{AB}/R_1} = \sqrt{363.6/0.6}\,\text{m}^3/\text{s} = 24.62\,\text{m}^3/\text{s}$$

$$Q_2 = Q - Q_1 = (60 - 24.62)\,\text{m}^3/\text{s} = 35.38\,\text{m}^3/\text{s}$$

由于巷道 2、3 和 4 的阻力为

$$h_2 = R_2 Q_2^2 = 0.2 \times 35.38^2\,\text{Pa} = 250.3\,\text{Pa}$$

$$h_3 = h_4 = h_{AB} - h_2 = (363.6 - 250.3)\,\text{Pa} = 113.3\,\text{Pa}$$

则巷道 3 和巷道 4 的风量为

$$Q_3 = \sqrt{h_3/R_3} = \sqrt{113.3/0.2}\,\text{m}^3/\text{s} = 23.8\,\text{m}^3/\text{s}$$

$$Q_4 = (35.38 - 23.8)\,\text{m}^3/\text{s} = 11.58\,\text{m}^3/\text{s}$$

7.2.3 串联通风网络与并联通风网络的比较

在任何一个矿井的通风网络中，都同时存在串联通风网络与并联通风网络。矿井的进、回风风路多为串联通风网络，而工作面与工作面之间多为并联通风网络。从提高工作地点的空气质量及安全性出发，采用并联通风网络（即分区通风）具有明显的优点。此外，在同样的分支风阻和总风量条件下，若干分支并联时的总阻力也远小于它们串联时的总阻力。因此在有条件的情况下，应尽量采用并联通风网络，避免串联通风网络，现举例分析如下。

设有两条风路，其风阻相等，即 $R_1 = R_2 = 0.8\,\text{N} \cdot \text{s}^2/\text{m}^8$，两条风路串联，则总风阻 $R_s = R_1 + R_2 = 1.6\,\text{N} \cdot \text{s}^2/\text{m}^8$；若两条风路为并联的，则此时的总风阻 $R_s = 1/\left(\dfrac{1}{\sqrt{R_1}} + \dfrac{1}{\sqrt{R_2}}\right) = 0.2\,\text{N} \cdot \text{s}^2/\text{m}^8$，则为串联时总风阻的 1/8。若通过总风量 Q_s 同为 $10\,\text{m}^3/\text{s}$，则并联时的阻力 $h_s = R_s Q_s^2 = 20\,\text{Pa}$，而串联时的阻力 $h_s = R_s Q_s^2 = 160\,\text{Pa}$，则为并联时阻力的 8 倍。因此，通风消耗的功率，串联也为并联的 8 倍。

综合起来，并联通风网络较之串联通风网络，有下列优点：

1) 总风阻及总阻力较小，并联通风网络的总风阻比其中任一分支的风阻都小。

2）各并联分支的风量可用改变分支风阻等方法，按需要进行调节。

3）各并联分支都有独立的新鲜风流；串联时则不然，后一风路的入风是前一风路排出的污风，互相影响大，尤其是在发生事故时，串联的危害更为显著。

7.2.4 角联通风网络

在并联井巷间有一条或数条井巷，构成角联通风网络。其中两条并联井巷称为边缘井巷，其间的连接井巷称对角井巷。

角联通风网络的主要特点是，对角井巷的风流方向和大小均不稳定。

如图 7-12 所示，并联巷道 ACD 和 ABD 之间有 BC 巷道相通连，巷道 BC 叫对角巷道，AB、AC、CD、DB 巷道叫边缘巷道。仅有一条对角巷道的网络叫简单角联通风网络。当网络中有两条或两条以上的对角巷道时叫复杂角联通风网络，如图 7-13 所示。角联通风网络的特点是对角巷道的风流方向可能改变，即风流方向不稳定。图 7-12 所示的简单角联通风网络，其对角风道 BC 中的风流可能有三种情况：

1）对角巷道 BC 中没有风流，即 $Q_{BC}=0$，这时 B、C 两点压力相等，即
$$h_{BC}=0, \text{且 } Q_{AB}=Q_{BD}, Q_{AC}=Q_{CD}$$

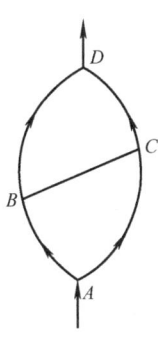
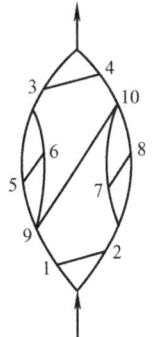

图 7-12　简单角联通风网络　　　　图 7-13　复杂角联通风网络

根据风压平衡定律
$$h_{AB}=h_{AC}, \quad h_{BD}=h_{CD}$$

根据阻力定律
$$R_{AB}Q_{AB}^2=R_{AC}Q_{AC}^2, \quad R_{BD}Q_{BD}^2=R_{CD}Q_{CD}^2$$

两式相除，得
$$\frac{R_{AB}Q_{AB}^2}{R_{BD}Q_{BD}^2}=\frac{R_{AC}Q_{AC}^2}{R_{CD}Q_{CD}^2}$$

故
$$\frac{R_{AB}}{R_{BD}}=\frac{R_{AC}}{R_{CD}} \text{或} \left(\frac{R_{AC}}{R_{CD}}\right)\bigg/\left(\frac{R_{AB}}{R_{BD}}\right)=M=1 \tag{7-21}$$

2）对角巷道中风流由 B 流向 C，这时点 B 压力大于点 C 压力，分支 AC 的阻力 h_{AC} 必大于 AB 的阻力 h_{AB}，即
$$h_{AC}>h_{AB}$$

故
$$R_{AC}Q_{AC}^2>R_{AB}(Q_{BD}+Q_{BC})^2$$

$$\frac{R_{AC}}{R_{AB}} > \frac{(Q_{BD}+Q_{BC})^2}{Q_{AC}^2}$$

同时，$h_{DB} > h_{CB}$，即

$$R_{CD}(Q_{BC}+Q_{AC})^2 < R_{BD}Q_{BD}^2$$

故

$$\frac{R_{CD}}{R_{BD}} < \frac{Q_{BD}^2}{(Q_{BC}+Q_{AC})^2}$$

又因

$$\frac{Q_{BD}^2}{(Q_{BC}+Q_{AC})^2} < \frac{(Q_{BD}+Q_{BC})^2}{Q_{AC}^2} < \frac{R_{AC}}{R_{AB}}$$

故

$$\frac{R_{AC}}{R_{AB}} > \frac{R_{CD}}{R_{BD}} 或 \frac{R_{AC}}{R_{CD}} > \frac{R_{AB}}{R_{BD}} 或 \left(\frac{R_{AC}}{R_{CD}}\right) \bigg/ \left(\frac{R_{AB}}{R_{BD}}\right) = M > 1 \quad (7-22)$$

3）对角巷道中风流由 C 流向 B，同理可证得这时必定

$$\frac{R_{AB}}{R_{BD}} > \frac{R_{AC}}{R_{CD}} 或 \left(\frac{R_{AC}}{R_{CD}}\right) \bigg/ \left(\frac{R_{AB}}{R_{BD}}\right) = M < 1 \quad (7-23)$$

由上可见，对于简单角联通风网络的某一侧边缘巷道，当其对角巷道的风阻之比大于另一侧边缘巷道相应的风阻比，即 $M>1$ 时，则对角巷道的风流必流向该侧；反之，$M<1$，则流向另一侧。如果某一简单角联通风网络，其风阻比相等，即 $M=1$，则对角巷道中无风流流动。简单角联通风网络的这种特性与电学中的桥式电路极为相似。在生产实际中，分支巷道风阻可能因堆放材料、断面变形、风门开启等种种原因而变化，从而使边缘巷道的风阻比以及 M 值也随之变化。当 M 值由大于 1 变为小于 1（或反之，由小于 1 变为大于 1）时，对角巷道中的流向即反转，所以 M 值越接近于 1，流向越不稳定。据统计资料，对于带有通风构筑物（风门、风窗等）的分支系统，$M<0.01$ 或 $M>100$ 时流向才不易逆转；不带通风构筑物的分支系统，$M<0.06$ 或 $M>15$ 时流向才不易逆转。

当分支 AC、BC、BD 中都有工作面时（图 7-12），为了保证三个工作面互不串联，均有新鲜风流供给，必须使风流由 B 流向 C，否则，如果风流由 C 流向 B，则三个工作面将依次大串联。在这种情况下，应特别注意保持对角巷道的风流稳定，使风流不致逆转。

当通风网络中对角巷道风流方向改变的结果，并未引起工作面风流方向改变或未造成灾害性影响的角联通风网络，称之为无害角联通风网络。如回风道之间或进风道之间的对角巷道。

由于边缘巷道风阻比例关系变化，会引起工作面风流方向改变或造成灾害的角联通风网络，称之为有害角联通风网络。如进风道与工作面之间、工作面与工作面之间的对角巷道。

在分析通风网络时，对于无害角联通风网络可以保留，对有害角联通风网络要尽量避免。一旦出现有害角联通风网络时，可采取相应措施予以处理：①切断对角巷道的风流；②改变边缘巷道的风阻配比（如扩大断面，清理障碍物，加风窗等），以保持对角巷道风流方向的稳定性；③用辅助通风机扭转风流方向；④改变通风网络结构，变角联通风网络为并联通风网络。

【例7-3】 有一简单角联通风网络如图 7-14 所示，已知各巷道风量风阻 $R_1 = 4.0\text{N} \cdot \text{s}^2/\text{m}^8$，$R_2 = 0.5\text{N} \cdot \text{s}^2/\text{m}^8$，$R_3 = 0.1\text{N} \cdot \text{s}^2/\text{m}^8$，$R_4 = 3.0\text{N} \cdot \text{s}^2/\text{m}^8$，$R_5 = 7.0\text{N} \cdot \text{s}^2/\text{m}^8$。试

判断对角巷道 BC 的风流方向。

【解】 由于 $\dfrac{R_1}{R_2}=\dfrac{4}{0.5}=8$,而 $\dfrac{R_3}{R_4}=\dfrac{0.1}{3}=0.033$,得

$$\dfrac{R_1}{R_2}>\dfrac{R_3}{R_4}$$

则对角巷道风流方向为 $C\to B$。

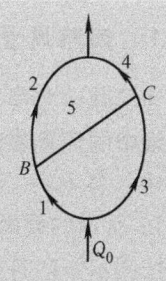

图 7-14 例 7-3 图

7.2.5 复杂通风网络

复杂通风网络解算的原理和方法将在 7.3 节内容中详细讲解。

7.3 复杂通风网络的解算原理及方法

复杂通风网络是由众多分支组成的包含串联、并联、角联子网络的结构复杂的风网。由于复杂风网中各分支风量与风阻存在复杂的非线性关系,因此,其风量分配及调节方案不能用解析法直接求解。

通风的基本任务是根据各用风地点(如采掘工作面、充电硐室、炸药库等)的需要供给新鲜风流。新风在被送到各用风地点的前后,都要经过许多风路,这些进、回风风路与用风巷道有时形成复杂的通风网络。复杂通风网络解算的目的就是要求计算其总风阻、它和某一通风机(其特性曲线是一定的)配合时得到的总风量、各分支的风向和风量,以便验算各地的风速和风量是否符合规程,是否要采取某些调整措施。

在矿井设计中特别是改建和扩建矿井通风设计时,往往要解算复杂通风网络。

解算复杂通风网络的原理是依据风量平衡定律、风压平衡定律、通风阻力定律及已知的参数列出方程组(独立方程的个数要和独立未知数的个数相等),然后求解。由于未知数的个数众多,通风阻力定律又是二次方程,用代数法解算甚为困难。1931 年,H. 柴操德提出几何法计算 θ 型通风网络风量;1938 年,S. 威克斯提出了简单通风网络的图解法;20 世纪 50 年代,W. 马斯等提出电力模拟法解算复杂通风网络;同时,D. R. 斯考德在 H. 克罗斯的水力管网解算法的基础上,提出了通风网络(迭代)试算法。以后该试算法在使用中不断完善,特别是应用数字计算机解算通风网络以来,复杂通风网络迭代试算法得到了迅速发展和广泛使用。

解算复杂通风网络的迭代试算法可分为两大类:一类是回路法,即由假定回路内分支风向和风量开始,逐步修正,使之满足风压平衡定律;一类是节点法,由假定风流节点的压力值开始,逐步修正压力分布值,使之满足风量平衡定律。

目前广泛应用的是回路法,特别是斯考德-恒斯雷法,这种方法的实质是以图论为基础,以风流运动的基本定律为依据,利用迭代法逐次求得回路修正风量,直到其值不大于一个事先给定的精度为止,以获得接近方程组真实解的渐进风量。本节主要介绍改进的斯考德-恒斯雷迭代试算法。

7.3.1 回路风量及独立回路的选择

为了减少方程个数，可使用回路风量原理，它是把风流在通风网络中的流动看成是在一些互不重复的独立的闭合回路（网孔）中，各有一定风量在循环，这种风量称为回路风量。在图 7-15 所示的通风网络中，可看作是在 ABDEFA、BCDB、DCED 中，按图示方向各有风量 q_1、q_2、q_3 在循环，也就是说这三个回路的风量分别为 q_1、q_2、q_3，这时各分支风量相应为

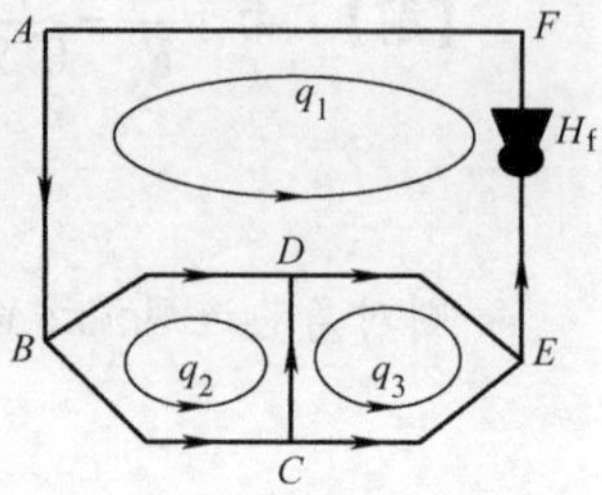

$$Q_{AB} = Q_{EF} = q_1, \quad Q_{BC} = q_2, \quad Q_{CE} = q_3$$
$$Q_{BD} = q_1 - q_2, \quad Q_{DE} = q_1 - q_3, \quad Q_{CD} = q_3 - q_2$$

图 7-15 通风网络回路图

这样，分支的风量都可用回路风量来表示。其中只属于一个回路的分支（如分支 BC、CE、EFAB）称为独立分支，它的风量称为独立风量，它等于回路风量；同时属于两个或两个以上回路的分支（如分支 BD、DE、CD）称为非独立分支。用图论可以证明，当通风网络的分支总数为 B，节点总数为 J 时，独立分支数（独立风量数）M 为

$$M = B - J + 1 \tag{7-24}$$

非独立分支数 N 为

$$N = J - 1 \tag{7-25}$$

一个通风网络，可能圈划的回路数是很多的，可以比分支数多；但是用回路风量表示所有分支风量时，必要而最少的回路数应等于独立分支数 M。而且，这 M 个回路必须是互相独立的，而不是任选的；必须使 M 个独立分支正好分别属于 M 个独立回路。这时，独立回路数 M 就是独立方程数，各独立回路的风量则为这 M 个独立方程的根。

独立回路可人工选择或由计算机选择。选择时，先选定 M 条独立分支，然后依次圈划回路，使每一条独立分支只属于一个回路，同时又要使这 M 个回路能包括全部分支，而不漏掉一个分支；当然，非独立分支可以同时属于若干个回路。独立回路的选择结果也不是唯一的，它可以有若干个。

7.3.2 风压逐渐平衡试算法（改进的斯考德-恒斯雷法）

风量平衡定律、风压平衡定律和通风阻力定律是网络迭代试算的基本理论依据，迭代过程（渐近计算法）的基本思路是：先定出网络中各个回路风量的近似值（作为方程组的近似根），使它们满足风量平衡定律（不满足风压平衡定律），然后利用风压平衡定律对初拟的回路风量逐一进行修正。这样经过多次反复迭代计算、修正，使风压逐渐平衡，风量逐渐接近于真值。

为提高迭代过程的收敛速度，在每一次迭代过程中不是等到把所有回路风量修正值全部求出之后，再逐个修正各分支的风量，而是求出一个回路的风量修正值后，立即对构成本回路的分支的风量及时地给以修正，并在计算后面回路风量修正值时，均采用已经修正过的风量，这就是所谓的塞德尔技巧。

回路风量修正值 ΔQ 的计算方法，是由泰勒级数的近似展开式导出的，计算公式如下

$$\Delta Q = \frac{-\sum R_i Q_i^2}{2\sum |R_i Q_i|} \tag{7-26}$$

式中 $\sum R_i Q_i^2$ ——闭合回路中各分支阻力的代数和；其中各分支阻力的正负号按下列原则确定：当分支流向与回路流向相同时取（+）号，反之，取（-）号；

$\sum |R_i Q_i|$ ——闭合回路中各分支风量与风阻乘积绝对值之和。

为简明和便于理解起见，下面以并联通风网络来解释风量修正值 ΔQ 的计算公式。图 7-16 所示为两分支并联通风网络，风阻分别为 R_1、R_2，设其总风量为 Q，风路 ACB、ADB 自然分配的真实风量应当为 Q_C、Q_D，初拟风量分别是 Q_1、Q_2，初拟风量与真实风量的差值则为风量修正值。

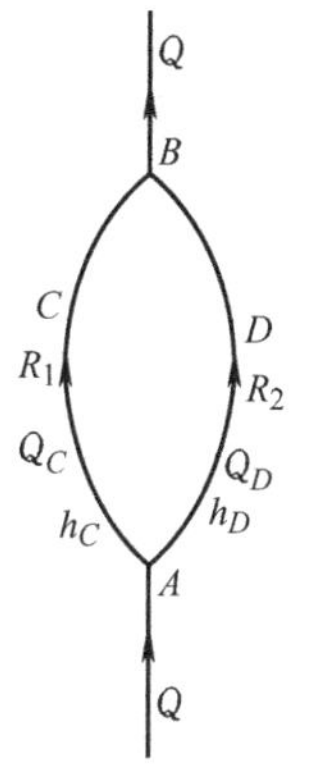

当初拟风量 Q_1 小于实际风量 Q_C 时，则
$$Q_C = Q_1 + \Delta Q$$
这时初拟风量 Q_2 必大于实际风量，故
$$Q_D = Q_2 - \Delta Q$$
按风量平衡定律有
$$Q_C + Q_D = Q_1 + Q_2 = Q$$

图 7-16 两分支并联通风网络

按通风阻力定律和风压平衡定律有
$$h_C = R_1 Q_C^2 = R_1 (Q_1 + \Delta Q)^2 = R_1 Q_1^2 + 2R_1 Q_1 \Delta Q + R_1 \Delta Q^2$$
$$h_D = R_2 Q_D^2 = R_2 (Q_2 - \Delta Q)^2 = R_2 Q_2^2 - 2R_2 Q_2 \Delta Q + R_2 \Delta Q^2$$
$$\sum h = h_C - h_D = 0, \quad h_C = h_D$$

忽略二次微量 ΔQ^2，得下列近似式
$$R_1 Q_1^2 + 2R_1 Q_1 \Delta Q = R_2 Q_2^2 - 2R_2 Q_2 \Delta Q$$
整理得
$$(2R_1 Q_1 + 2R_2 Q_2) \Delta Q = -(R_1 Q_1^2 - R Q_2^2)$$
故
$$\Delta Q = -\frac{R_1 Q_1^2 - R_2 Q_2^2}{2R_1 Q_1 + 2R_2 Q_2}$$

对任一回路可写成一般形式，即得
$$\Delta Q = -\frac{\sum R_i Q_i^2}{2\sum |R_i Q_i|}$$

修正后的风量值 Q_i' 为
$$Q_i' = Q_i \pm \Delta Q \tag{7-27}$$

式中，ΔQ 前的正负号，当分支流向与回路流向一致时，取正，反之取负。因 ΔQ 是近似值，但是，它比修正前的 Q_i' 值接近于真值，这样经过若干次重复计算，修正，直到所需要的精度，即 ΔQ 小于某定值，例如 $\Delta Q \leq 0.001 \text{m}^3/\text{s}$，计算结束。

当闭合回路中有通风机风压和自然风压作用时，风量修正值 ΔQ 为
$$\Delta Q = \frac{-\sum R_i Q_i^2 - H_f \mp H_n}{2\sum |R_i Q_i| - K} \tag{7-28}$$

式中 H_f ——通风机风压，它的作用方向与回路流向相同，因为是动力，所以取负号；

H_n ——回路自然风压；因为自然风压是压力，故其正负号的取法与阻力的取法相反，

即自然风压作用方向与回路流向相同时取负号,相反时取正号;

K——通风机曲线的斜率,$K = \dfrac{dH_f}{dQ_f}$。

一般通风机的特性曲线可用 $H_f = a_0 + a_1Q + a_2Q^2 + a_3Q^3 + \cdots\cdots$ 多项式拟合,其在某一工况点的斜率可对上式求导得出,即 $K = \dfrac{dH_f}{dQ_f} = a_1 + a_2Q + a_3Q^2 + \cdots\cdots$。因此,$K$ 是随工况而变化的。

为了加快计算中的收敛速度,应做到以下几点:

1) 在有多个网孔的网络中,选择网孔时须使得网孔的公共分支风阻最小,而非公共分支风阻较大。要做到这一点,可先将风网中风阻值较小的 $(J-1)$ 条分支为树枝,构成一棵最小树。再选择风阻值较大的 M 条分支为弦,这样在由这颗最小树的树枝和弦所构成的 M 个独立网孔或回路中,风阻最小的分支处于公共分支,而风阻较大的分支处于非公共分支上。

2) 任一闭合网孔或风路的风量校正值求得后,应对本闭合风路的各支风量及时进行校正。

3) 在相邻闭合风路的风量校正值计算中,凡是进行过风量校正的风路均应采用校正后的风量,而不再采用拟定风量。

7.3.3 改进的斯考德-恒斯雷法解算网络实例

【例7-4】 某矿井通风网络如图7-17所示,各巷道风阻分别为:$R_1 = 1.47 \text{N}\cdot\text{s}^2/\text{m}^8$,$R_2 = 1.372 \text{N}\cdot\text{s}^2/\text{m}^8$,$R_3 = 4.116 \text{N}\cdot\text{s}^2/\text{m}^8$,$R_4 = 1.176 \text{N}\cdot\text{s}^2/\text{m}^8$,$R_5 = 0.784 \text{N}\cdot\text{s}^2/\text{m}^8$,$R_6 = 0.98 \text{N}\cdot\text{s}^2/\text{m}^8$,$R_7 = 8.82 \text{N}\cdot\text{s}^2/\text{m}^8$,$R_8 = 0.588 \text{N}\cdot\text{s}^2/\text{m}^8$,$R_9 = 2.93 \text{N}\cdot\text{s}^2/\text{m}^8$。安装的通风机型号为 $70\text{B}_2 - 21 - \text{No}12$,$n = 1000 \text{r/min}$,$\theta = 40°$。试求:各巷道分配的风量;矿井总阻力和总风阻。

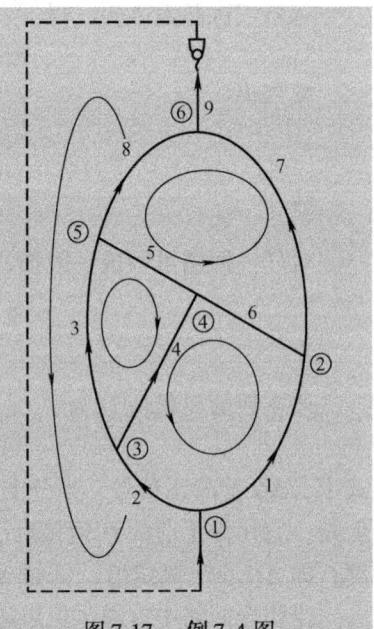

图7-17 例7-4图

【解】 解算时,按以下步骤进行。

(1) 将通风系统图画成通风网络图。

做图时沿风流方向对巷道、各巷道交叉点(节点)进行编号;凡与大气相通的进、回风井口之间用虚线连接起来,其风阻为零,作为一个节点考虑;复杂通风网络应做简化处理,简化原则如下:

节点合并——两节点靠近,节点间风阻很小,阻力很小,可将两节点合并为一个点。

巷道合并——对于在某一区段中存在的并联巷道,可合并为一条巷道。

(2) 确定风流方向。

可根据巷道的位置和风阻大小，初步拟定。初拟方向与实际不符合时，计算出的风量将为负值，表示真实风向与初拟方向相反。图7-17中所示为初拟风向。

(3) 确定独立回路数，选择独立回路。

该例中 $B=9$, $J=6$, 故由式 (7-24) 可得独立回路数为

$$M = B - J + 1 = 9 - 6 + 1 = 4$$

圈划独立回路时应按前述独立回路的要求进行，使每一条独立分支只属于一个回路，同时又要使这 M 个回路能包括全部分支，而不漏掉一个分支，常用的方法有"加边法""破圈法""缩边法"等。

"加边法"选择独立回路的步骤如下：

1) 把通风机所在分支排在最后，然后将其他分支按风阻值由大到小排列：8、5、6、4、2、1、3、7、9。

2) 按次序把边（分支）一条一条地加在图上，如图7-18所示。

当将边1加至图7-18e时，即构成一个独立回路 (2-4-6-1)，最后加上边1叫独立分支；同理把边3加在图上可以构成另一个独立回路 (4-5-3)，边3也是独立分支；通风机所在的风路作为独立分支，构成一个独立回路 (8-5-6-7)，边7是独立分支，构成一个独立回路 (2-4-5-8-9)。故圈划的四个独立回路为：2-4-6-1，4-5-3，8-5-6-7，2-4-5-8-9。各回路流向同独立分支流向，拟定如图7-18所示。

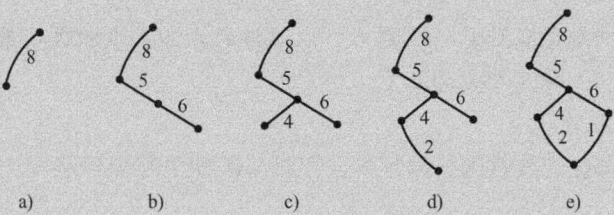

图7-18 加边法选择独立回路

(4) 拟定初始风量。

从进风段开始，根据巷道风阻和流方向，按风量平衡定律进行初拟风量。对要求固定风量的巷道，以固定风量作为初拟值。

最初拟定值越接近正确值，就越能减少试算次数，即加快收敛速度。不过，即使最初拟定值与正确值相差较大，经过若干次试算，也能得到接近于真实值的结果。本例中初拟各巷道风量为：$Q_1 = 8.7 \text{m}^3/\text{s}$, $Q_2 = 11.3 \text{m}^3/\text{s}$, $Q_3 = 11.3 \text{m}^3/\text{s}$, $Q_4 = 0$, $Q_5 = 0$, $Q_6 = 0$, $Q_7 = 8.7 \text{m}^3/\text{s}$, $Q_8 = 11.3 \text{m}^3/\text{s}$, $Q_9 = 20 \text{m}^3/\text{s}$。

(5) 计算回路风量修正值 ΔQ, 修正回路中各分支的风量。

在 2-4-6-1 回路中

$$\Delta Q_1 = -\frac{\sum R_i Q_i^2}{2 \sum |R_i Q_i|} = -\frac{-R_2 Q_2^2 - R_4 Q_4^2 + R_1 Q_1^2 + R_6 Q_6^2}{2(R_2 Q_2 + R_4 Q_4 + R_1 Q_1 + R_6 Q_6)}$$

$$= -\frac{-1.372 \times 11.3^2 - 1.076 \times 0^2 + 1.47 \times 8.7^2 + 0.98 \times 0^2}{2(1.372 \times 11.3 + 1.076 \times 0 + 1.47 \times 8.7 + 0.98 \times 0)} \text{m}^3/\text{s} = \frac{63.9}{58.59} \text{m}^3/\text{s} \approx 1.13 \text{m}^3/\text{s}$$

各分支风量修正为

$$Q_1' = Q_1 + \Delta Q = (8.7 + 1.13)\text{m}^3/\text{s} = 9.83\text{m}^3/\text{s}$$

$$Q_2' = Q_2 - \Delta Q = (11.3 - 1.13)\text{m}^3/\text{s} = 10.17\text{m}^3/\text{s}$$

$$Q_4' = (0 - 1.13)\text{m}^3/\text{s} = -1.13\text{m}^3/\text{s}$$

$$Q_6' = (0 + 1.13)\text{m}^3/\text{s} = 1.13\text{m}^3/\text{s}$$

风量修正后巷道 4 的风量为负值,说明与原拟定方向相反,因此巷道风流方向应改变过来。在计算后面回路风量修正值时,2、4、6 分支即取上面所得的 Q_2'、Q_4'、Q_6' 值作为假定风量。

这样可依次将 4-5-3、8-5-6-7、2-4-5-8-9 回路的风量修正值 ΔQ_II、ΔQ_III、ΔQ_IV 计算出来,并修正回路中各分支的风量。

安装通风机的回路,其风量修正值应按式 (7-28) 计算。式 (7-28) 中通风机的风压 H_f 和通风机特性曲线在风量为 Q_i 点的斜率 H_f',是以流过通风机所在巷道的风量 Q_i 和给定的通风机特性曲线为依据计算得出的。例如本题当 $Q_i = 20\text{m}^3/\text{s}$ 时,对应的 $70B_2 - 21 - N_o12$($n = 1000\text{r/min}$,$\theta = 40°$)通风机风压 $H_\text{f} = 1568\text{Pa}$,斜率 $H_\text{f}' \approx -20 \times 9.8\text{Pa} \approx -196\text{Pa}$(在本算例中,因通风机特性曲线在风量变化范围内近似为直线,$H_\text{f} = 5488 - 196Q_\text{f}$,故 $H_\text{f}' = -196\text{Pa}$,为一常量)。

对网络的所有回路修正计算一次之后,以同样的方法,步骤进行第二次、第三次……计算、修正,直到满足精度要求为止。

(6) 计算精度校验。

以风量修正值 ΔQ 作为精度校验标准,即当 ΔQ 对于每个回路都小于某一预先给定值时,计算结束。

本例经过三次试算即满足精度要求,三次试算过程如表 7-1 ~ 表 7-3 所示。

各巷道风量计算结果为:$Q_1 = 9.98\text{m}^3/\text{s}$,$Q_2 = 10.08\text{m}^3/\text{s}$,$Q_3 = 5.06\text{m}^3/\text{s}$,$Q_4 = 5.02\text{m}^3/\text{s}$,$Q_5 = 9.88\text{m}^3/\text{s}$,$Q_6 = 4.86\text{m}^3/\text{s}$,$Q_7 = 5.12\text{m}^3/\text{s}$,$Q_8 = 14.94\text{m}^3/\text{s}$,$Q_9 = 20.06\text{m}^3/\text{s}$。

(7) 计算总阻力 h_m 和总风阻 R_m。

总阻力为

$$h_\text{m} = h_1 + h_7 + h_9 \text{ 或 } h_\text{m} = h_2 + h_3 + h_9$$

$$h_\text{m} = (145.53 + 233.02 + 1179.04)\text{Pa} = 1557.59\text{Pa}$$

总风阻为

$$R_\text{m} = h_\text{m}/Q^2 = (1557.59/20.06^2)\text{N} \cdot \text{s}^2/\text{m}^8 = 3.87\text{N} \cdot \text{s}^2/\text{m}^8$$

复杂通风网络解算时,应按步骤列成醒目的计算表格,以便于检查和计算。

人工解算复杂通风网络,十分烦琐费时,而且容易出错,目前多已采用电子计算机解算。上述解算原理和步骤也就是用电子计算机解算所用的数学模型和计算过程。

第 7 章 矿井通风网络风量分配及调节

表 7-1 巷道风量计算结果（第一次近似计算）

回路	巷道编号	风阻 R/ $(N \cdot s^2/m^8)$	第一次近似计算				
			假定风量 $Q/(m^3/s)$	$RQ/$ $(N \cdot s/m^5)$	渐进风压 RQ^2/Pa	风量校正值 $\Delta Q/(m^3/s)$	渐进风量 $Q'/(m^3/s)$
(1)	(2)	(3)	(4)	(5)	(6)	(7)	(8)
1-2-4-6	1	1.47	8.70	25.48	111.26		9.83
	2	1.37	11.30	30.96	−174.26		10.17
	4	1.18	0	0	0		−1.13
	6	0.98	0	0	0		1.13
	小计			56.44	63.00	+1.13	
3-4-5	3	4.12	11.30	93.11	526.08		5.80
	4	1.18	1.13	2.66	1.50		−4.37
	5	0.78	0	0	0		5.50
	小计			95.77	527.58	−5.5	
8-5-6-7	8	11.30	11.30	2.21	−1.25		4.32
	5	0.78	5.50	8.58	−23.59		8.69
	6	0.98	2.21	13.33	−75.34		14.49
	7	8.70	8.70	153.47	667.58		5.51
	小计			177.59	567.41	−3.19	
2-4-5-8-9	2	1.37	10.17	27.89	141.70		10.30
	4	1.18	4.37	10.31	22.53		4.50
	5	0.78	8.69	13.56	58.90		8.82
	8	0.59	14.49	17.09	123.88		14.62
	9	2.93	20.00	117.20	1172.00		20.13
	小计			186.05			
	$H_f = 1568 Pa$			$\Delta Q = -\dfrac{1519.01-1568}{186.03+196} m^3/s = 0.128 m^3/s$			
	小计						

注：$H_f = a_0 + a_1 Q = 5488 - 196 Q_f$，$Q_f = Q_9$。

表 7-2 巷道风量计算结果（第二次近似计算）

回路	巷道编号	风阻 R/ $(N \cdot s^2/m^8)$	第二次近似计算				
			假定风量 $Q'/(m^3/s)$	$RQ'/$ $(N \cdot s/m^5)$	渐进风压 RQ'^2/Pa	风量校正值 $\Delta Q'/(m^3/s)$	渐进风量 $Q''/(m^3/s)$
(1)	(2)	(3)	(9)	(10)	(11)	(12)	(13)
1-2-4-6	1	1.47	9.80	28.90	−142.04		9.95
	2	1.37	10.30	28.12	145.34		10.18
	4	1.18	4.50	10.62	23.90		4.38
	6	0.98	4.32	8.47	−18.29		4.44
	小计			76.11	8.91	−0.12	
3-4-5	3	4.12	5.80	47.79	138.60		5.03
	4	1.18	4.38	10.34	−22.67		5.15
	5	0.78	8.82	13.76	−60.68		9.59

（续）

回路	巷道编号	风阻 R/($N \cdot s^2/m^8$)	第二次近似计算				
			假定风量 Q'/(m^3/s)	RQ'/($N \cdot s/m^5$)	渐进风压 RQ'^2/Pa	风量校正值 $\Delta Q'$/(m^3/s)	渐进风量 Q''/(m^3/s)
	小计				71.89	55.25	−0.77	
8-5-6-7	8	11.30	14.62	8.70	19.32		4.81
	5	0.78	9.59	14.96	71.74		9.96
	6	0.98	4.44	17.25	121.11		14.99
	7	8.70	5.51	97.19	−267.78		5.14
	小计			138.10	−55.61	0.37	
2-4-5-8-9	2	1.37	10.18	27.89	141.98		10.11
	4	1.18	5.15	12.15	31.30		5.08
	5	0.78	9.96	15.54	77.38		9.89
	8	0.59	14.99	17.69	132.57		14.94
	9	2.93	20.13	117.96	1187.29		20.06
	小计			191.23	1570.52	−0.0723	
	$H_f = 1542.52\text{Pa}$			$\Delta Q = -\dfrac{1570.52 - 1542.52}{191.23 + 196}\text{m}^3/\text{s} = -0.07\text{m}^3/\text{s}$				

表7-3 巷道风量计算结果（第三次近似计算）

回路	巷道编号	风阻 R/($N \cdot s^2/m^8$)	第三次近似计算				
			假定风量 Q''/(m^3/s)	RQ''/($N \cdot s/m^5$)	渐进风压 RQ''^2/Pa	风量校正值 $\Delta Q''$/(m^3/s)	渐进风量 Q'''/(m^3/s)
(1)	(2)	(3)	(14)	(15)	(16)	(17)	(18)
1-2-4-6	1	1.47	9.95	29.25	−145.53		9.98
	2	1.37	10.11	27.70	140.03		10.08
	4	1.18	5.08	11.99	30.45		5.05
	6	0.98	4.81	9.43	−22.67		4.48
	小计			78.37	2.28	−0.029	
3-4-5	3	4.12	5.03	41.45	104.24		5.06
	4	1.18	5.05	11.92	−30.09		5.02
	5	0.78	9.89	15.43	−76.29		9.86
	小计			68.80	−2.14	0.031	
8-5-6-7	6	0.98	4.84	9.49	22.96		4.86
	5	0.78	9.86	15.38	75.83		9.88
	8	11.30	14.92	17.61	131.34		14.94
	7	8.70	5.14	90.67	−233.02		5.12
	小计			133.15	−2.89	0.022	
2-4-5-8-9	2	1.37	10.08	27.62	139.2		10.08
	4	1.18	5.02	11.85	29.74		5.02
	5	0.78	9.88	15.41	76.14		9.88
	8	0.59	14.94	17.63	131.69		14.94
	9	2.93	20.06	117.55	1179.04		20.06
	小计			190.06	1555.81	−0.0011	
	$H_f = 1556.24\text{Pa}$			$\Delta Q = -\dfrac{1555.81 - 1556.24}{190.06 + 196}\text{m}^3/\text{s} = 0.001\text{m}^3/\text{s}$				

7.4 计算机解算矿井通风网络

矿井实际的通风网络绝大多数为复杂通风网络，复杂通风网络中风量的解算是矿井通风安全技术管理中的一项重要的内容。而在多数情况下，复杂通风网络参数的解算仅依靠手工计算是难以完成的，电子计算机的出现使复杂通风网络的计算步入一个新的阶段。计算机解算通风网络也经历了两个发展阶段。第一个阶段主要是纯数值计算时期。这一时期开发的通风网络解算软件仅仅满足数值计算的功能，数据的输入、输出多采用文本方式的数据文件，没有图形显示功能，多数应用于 DOS 操作系统下。由于复杂通风网络的解算往往需要处理大量的数据，数据类型繁杂；由于通风网络系统的复杂性，对每一分支的查找、分析与处理就相当困难；数据的输入输出格式均以数据文件的格式存储，没有提示，用户难以弄清每个数据项所代表的具体含义，而且缺少数据的自动检错能力，容易出错；数据的修改更新也相当困难。这些不足极大地制约了矿井通风网络解算软件的推广使用。第二个阶段就是通风网络可视化解算时期。这是在 Windows 视窗操作系统推出后，有关高等院校和科研机构在原数值计算的基础上，采用可视化编程技术，规范了通风网络参数的录入与输出，关联了通风网络参数与图形，使通风网络解算软件更加实用化。通风网络解算软件编制通常是采用面向对象的可视化语言和网络化数据库技术，按照面向对象的软件开发方法，基于 Windows 操作系统开发的，软件不仅具有通风网络解算的数据处理功能，而且能实现解算过程和解算结果的可视化。

7.4.1 迭代方法

图 7-19 所示某通风网络示意图，其中分支数 $B=6$，节点数 $J=4$，按图论该通风网络的独立回路数 $M=B-J+1=3$。若已知该通风网络各分支的风阻、通风机特性和自然风压，则该通风网络各分支的风量可由下列方程确定。

（1）节点风量平衡方程

$$\sum_{j=1}^{n} a_{ij}Q_i = 0, \quad i = 1,2,\cdots,M \tag{7-29}$$

式中 Q_j——j 分支的风量（m³/s）；

a_{ij}——风流方向的符号函数。

$$a_{ij} = \begin{cases} 1 & (i \text{ 节点为 } j \text{ 分支的末节点,即风流流向该节点}) \\ -1 & (i \text{ 节点为 } j \text{ 分支的始节点,即风流流出该节点}) \\ 0 & (i \text{ 节点不是 } j \text{ 分支的端点}) \end{cases}$$

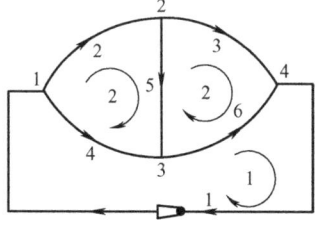

图 7-19 某通风网络示意图

由于 J 个节点可列出 $J-1$ 个独立方程，故根据图 7-19 可列出 3 个独立方程。

由节点 1：$Q_4 = Q_1 - Q_2$

由节点 2：$Q_5 = Q_2 - Q_3$

由节点 4：$Q_6 = Q_1 - Q_3$

即各分支的风量均可用 Q_1、Q_2 和 Q_3 表示，故 1、2、3 分支可选为余树。

（2）回路风压平衡方程

$$f_i = \sum_{j=1}^{n} b_{ij}R_jQ_j|Q_j| - p_i - F_i(Q_i) = 0, \quad i = 1,2,\cdots,M \tag{7-30}$$

式中　　f_i——沿 i 回路的阻力或风压的代数和；

　　Q_j，R_j——j 分支的风量和风阻；

　　p_i——i 回路自然风压的代数和，即 $p_i = \sum_{j=1}^{n} b_{ij} p_j$；

　　p_j——j 分支的自然风压；

　　$F_i(Q_i)$——第 i 个通风机的风压；$F_i(Q_i) = 0$，$(i = NF+1, NF+2, \cdots, M)$；

　　NF——装有通风机的分支数或通风机台数；

　　b_{ij}——表示分支风流方向的符号函数：

$$b_{ij} = \begin{cases} 1 & j \text{ 分支包括在 } i \text{ 回路中并与回路同向；} \\ -1 & j \text{ 分支包括在 } i \text{ 回路中并与回路反向；} \\ 0 & j \text{ 分支不包括在 } i \text{ 回路中。} \end{cases}$$

式（7-30）中将 $R_j Q_j^2$ 写成 $R_j Q_j |Q_j|$ 主要是考虑风流的方向。

由于一个风网有 M 个独立回路，故可建立 M 个回路方程，与节点方程一起共有 $(B-J+1)+(J-1) \geqslant B$ 个独立方程，可解出 B 个分支的风量且有定解。

由图 7-19 可知，回路方程为

$$f_1 = R_1 Q_1^2 + R_4 (Q_1 - Q_2)^2 + R_6 (Q_1 - Q_3)^2 - p_1 - F_1(Q_1) = 0$$

$$f_2 = R_2 Q_2^2 + R_5 (Q_2 - Q_3)^2 - R_4 (Q_1 - Q_2)^2 = 0$$

$$f_3 = R_3 Q_3^2 - R_6 (Q_1 - Q_3)^2 - R_5 (Q_2 - Q_3)^2 = 0$$

上述方程以 Q_1、Q_2、Q_3 为变元，可简写成

$$f_i = f_i(Q_1, Q_2, Q_3) - p_i - F_i(Q_i) = 0, \quad i = 1, 2, 3 \tag{7-31}$$

对于复杂通风网络，上述方程将是一个大型非线性方程组，一般用线性化的方法按泰勒公式展开略去高阶项，则其第 K 次线性近似计算式为

$$f_i^{(K+1)} = f_i^{(K)} + \frac{\partial f_i}{\partial Q_1} \Delta Q_1^{(K)} + \frac{\partial f_i}{\partial Q_2} \Delta Q_2^{(K)} + \frac{\partial f_i}{\partial Q_3} \Delta Q_3^{(K)} - \frac{dF_1(Q_1)}{dQ_1} \Delta Q_1^{(K)} = 0$$

$$i = 1, 2, 3, \cdots, M \tag{7-32}$$

式（7-32）因自然风压为常量求导为 0。对通风机风压用二次多项式表示为

$$F_1(Q_1) = C_1 + C_2 Q_i + C_3 Q_i^2 \tag{7-33}$$

故求导后　　　　　　　　　　$F_1(Q_1)' = C_2 + 2C_3 Q_1$

式（7-32）如果写成一般式，即有 M 个回路的通风网络时为

$$f_i^{(K+1)} = f_i^{(K)} + \frac{\partial f_i}{\partial Q_1} \Delta Q_1^{(K)} + \frac{\partial f_i}{\partial Q_2} \Delta Q_2^{(K)} + \cdots + \frac{\partial f_i}{\partial Q_M} \Delta Q_M^{(K)} - F_i(Q_i)' \Delta Q_i^{(K)} = 0$$

$$i = 1, 2, \cdots, M \tag{7-34}$$

式（7-34）写成矩阵形式，即

$$\begin{pmatrix} \dfrac{\partial f_1}{\partial Q_1} & \dfrac{\partial f_1}{\partial Q_2} & \cdots & \dfrac{\partial f_1}{\partial Q_M} \\ \dfrac{\partial f_2}{\partial Q_1} & \dfrac{\partial f_2}{\partial Q_2} & \cdots & \dfrac{\partial f_2}{\partial Q_M} \\ \vdots & \vdots & & \vdots \\ \dfrac{\partial f_M}{\partial Q_1} & \dfrac{\partial f_M}{\partial Q_2} & \cdots & \dfrac{\partial f_M}{\partial Q_M} \end{pmatrix}_{Q=Q^{(k)}} \begin{pmatrix} \Delta Q_1^{(K)} \\ \Delta Q_2^{(K)} \\ \vdots \\ \Delta Q_M^{(K)} \end{pmatrix} = - \begin{pmatrix} f_1 \\ f_2 \\ \vdots \\ f_M \end{pmatrix} \tag{7-35}$$

如果直接求解上述矩阵,则称为牛顿-拉夫逊法。其中的系数矩阵即为雅可比矩阵,该矩阵元素均在 $Q = Q^{(K)}$ 处取值。显然,用牛顿法求解比较烦琐。为简化计算,克罗斯(Cross)法对式(7-34)给定如下限制:

当

$$\frac{\partial f_i}{\partial Q_i}\Delta Q_i > \sum_{\substack{i=1\\j\neq i}}^{M} \frac{\partial f_i}{\partial f_j}\Delta Q_j$$

时,将式(7-34)简化成如下一般式

$$f_i^{(K+1)} = f_i^K + \left(\frac{\partial f_i}{\partial Q_i} - F_i'\right)\Delta Q_i^K = 0 \quad \text{或} \quad \left(\frac{\partial f_i}{\partial Q_i} - F_i'\right)\Delta Q_i = -f_i \tag{7-36}$$

这种简化相当于式(7-35)中的系数矩阵在其主元素大于同行副元素之和的情况下删去所有副元素,而变为

$$\begin{pmatrix} \frac{\partial f_1}{\partial Q_1} & & & 0 \\ & \frac{\partial f_2}{\partial Q_2} & & \\ & & \ddots & \\ 0 & & & \frac{\partial f_M}{\partial Q_M} \end{pmatrix} \begin{pmatrix} \Delta Q_1 \\ \Delta Q_2 \\ \vdots \\ \Delta Q_M \end{pmatrix} = - \begin{pmatrix} f_1 \\ f_2 \\ \vdots \\ f_M \end{pmatrix} \tag{7-37}$$

从而使计算大为简化,故

$$\Delta Q_i = -\frac{f_i}{\frac{\partial f_i}{\partial Q_i} - F_i'}, \quad i = 1, 2, \cdots, M \tag{7-38}$$

如考虑式(7-30),则

$$\Delta Q_i = -\frac{\sum_{j=1}^{N} b_{ij} R_j | Q_j | Q_j - p_i - F_i}{2\sum_{j=1}^{N} b_{ij}^2 R_j | Q_j | - F_i'} \tag{7-39}$$

式中,F_i 和 F_i' 分别为通风机特性曲线方程表示的风压及通风机特性曲线的斜率;$2\sum_{j=1}^{N} b_{ij}^2 R_j | Q_j |$ 为回路中 j 分支风量与风阻乘积的累加值,这项累加均为正数相加,也可写成 $2\sum_{j=1}^{N} | R_j Q_j |$。因为对任一回路求偏导数时总是正数相加。如对图 7-19 的第 3 回路有

$$\frac{\partial f_3}{\partial Q_3} = 2R_3 Q_3 - 2R_6 (Q_1 - Q_3)^2 \times (-1) - 2R_5 (Q_2 - Q_3) \times (-1)$$
$$= 2R_3 Q_3 + 2R_6 (Q_1 - Q_3)^2 + 2R_5 (Q_2 - Q_3)$$
$$= 2R_3 Q_3 + 2R_6 Q_6 + 2R_5 Q_5$$
$$= 2\sum | R_j Q_j |$$

如果回路中没有自然风压和通风机时,式(7-39)可写成

$$\Delta Q_i = -\frac{\sum_{j=1}^{N} b_{ij} R_j | Q_j | Q_j}{2\sum_{j=1}^{N} | R_j Q_j |}, \quad i = 1, 2, \cdots, M \tag{7-40}$$

假如给通风网络一部分分支赋风量初值，可满足式（7-29），并使所有分支得到风量初值，但这组风量值一般不能满足式（7-30），故需 $a_{ij}\Delta Q_i$ 对 Q_j 进行修正，使回路风压平衡方程逐渐接近满足。但修正 Q_j 时又使回路之间的公共分支的风量（树枝的风量）发生变化，进而影响其他回路的收敛。因此，需要对各回路的风量进行反复迭代计算和修正。其步骤为：

1）给余树赋风量 Q_i, $i = 1, 2, \cdots, M$。
2）根据余树风量求各树枝的风量 Q_j, $j = M+1, M+2, \cdots, B$。
3）按式（7-39）或式（7-40）计算 ΔQ_i, $i = 1, 2, \cdots, M$。
4）检验：如果 $\max\limits_{1 \leq i \leq M} |f_i^{(K)}| \leq \varepsilon$ 或 $\max\limits_{1 \leq i \leq M} |\Delta Q_i^{(K)}| \leq \varepsilon$，$\varepsilon$ 为迭代精度指标，为预先给定的小正数，则迭代完成，否则转5）。
5）$Q_j^{(K+1)} = Q_j^{(K)} + Q_{ij}\Delta Q^{(K)}$，然后返回3）。

应该指出，斯科特-辛斯利（Scott-Hinsley）法对线性方程组的处理是在满足给定的限制条件下，舍去系数矩阵中除主元素以外的所有副元素。系数矩阵中的各元素是对回路风压求偏导数，其值为 $2R_iQ_i$ 的代数和，如以式（7-31）为例列出其系数矩阵为

$$\begin{pmatrix} \dfrac{\partial f_1}{\partial Q_1} & \dfrac{\partial f_1}{\partial Q_2} & \dfrac{\partial f_1}{\partial Q_3} \\ \dfrac{\partial f_2}{\partial Q_1} & \dfrac{\partial f_2}{\partial Q_2} & \dfrac{\partial f_2}{\partial Q_3} \\ \dfrac{\partial f_3}{\partial Q_1} & \dfrac{\partial f_3}{\partial Q_2} & \dfrac{\partial f_3}{\partial Q_3} \end{pmatrix} = \begin{pmatrix} 2(R_1Q_1 + R_4Q_4 + R_6Q_6) - F_i' & -2R_4Q_4 & -2R_6Q_6 \\ -2R_4Q_4 & 2(R_2Q_2 + R_4Q_4 + R_5Q_5) & -2R_5Q_5 \\ -2R_5Q_5 & -2R_2Q_2 & (R_3Q_3 + R_6Q_6 + R_5Q_5) \end{pmatrix}$$

显然，在一般条件下由于风量 Q_j 未知，难以确定矩阵中各元素的值。为简化算法并尽量满足给定的限制条件，斯科特-辛斯利法以风阻 R 值为依据，通过最小树构造回路，并使余树的风阻为最大来达到增大主元素的数值。在通常情况下上述做法基本满足要求。但是，正因为对系数矩阵做了上述处理，则出现该算法的收敛性不但与风量初值有关，而且也与回路的选择有关。在个别情况下可能出现迭代计算已达最大迭代次数而未收敛，即没有达到精度指标的要求，特别是当精度取值很高时可能遇到这种情况，但这并不一定是真正的发散。

为解决可能出现的这类问题，在计算中将风阻值和迭代若干次（一般为 5～8 次）所得风量的乘积赋给风阻值，再返回重选回路 i，这样可大大加快收敛速度，程序框图如图 7-20 所示。

7.4.2 确定余树

利用通风网络树图的余树作为选择回路的基础分支。一般采用构造最小树的"破圈"方法选择余树。其做法是：

1）把所有分支按一定次序排列。
排列的次序为先固定风量分支（通常是按需供风的分支），接着为安装有通风机的分支，最后是一般分支。固定风量分支和装通风机分支内部的次序可任意，而一般分支则是按其风阻值降序排列。

2）固定风量分支和装通风机分支指定为余树。

第7章 矿井通风网络风量分配及调节

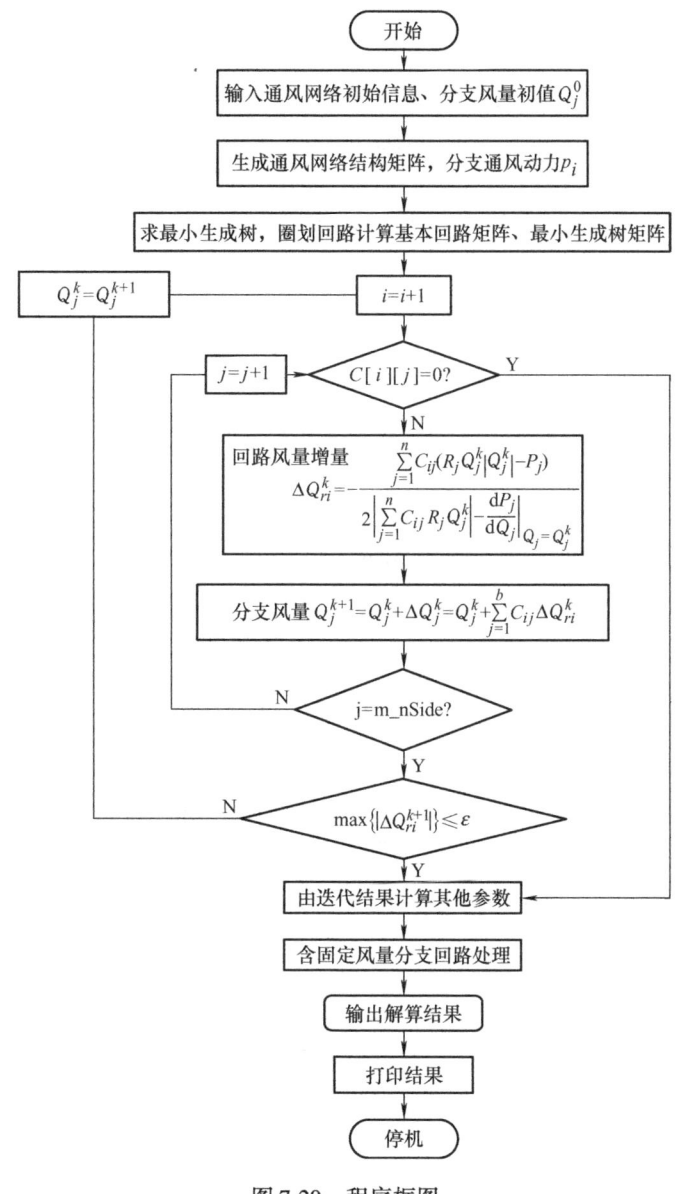

图 7-20 程序框图

3）从一般分支中选择一些风阻较大者作为余树，使余树的总数为 $M(M=B-J+1)$ 个，所谓选择风阻较大者是指一个回路中风阻为最大的分支，以这些分支的风阻为矩阵的主元素，构成回路的非公用分支。

程序的操作过程相当于将通风网络图中的分支去掉，仅保留全部节点，然后从风阻最小的分支开始，逐一向通风网络图中原来该分支的位置添图以形成最小树。在建立最小树的过程中一旦出现回路，则最后形成回路的分支就是余树。显然余树是该回路的高阻分支，去掉余树形成最小树的过程称为"破圈"，具体做法为：

①从风阻最小的分支开始，在原通风网络图上用蓝色画出相应分支的位置。

②开始画的蓝色分支本身构成一子图，该子图的节点标识号为1。

③如所画的蓝色分支与已有的蓝色分支相连，使已有子图增加一个分支，则该分支的节点标志号取已有子图节点的标志号。

④如所画的蓝色分支形成一新的子图，其节点标志号取图中最大标志号加1。

⑤如所画的蓝色分支使已有的两个子图连为一体，则该新子图的节点标志号统一为同一值。

⑥如所画蓝色分支位于图中出现的回路中，则该分支就是余树并涂以红色。

对任一通风网络按上述步骤操作完后，则相连通的蓝色分支组成最小树，红色分支为余树。

7.4.3 选回路

选回路是以余树为基础，从风阻最大的分支开始逐一查找可与余树出风节点相连的分支，反复操作直到构成回路为止。程序中规定余树的方向为回路的方向，回路中与余树方向一致的分支为正向分支，否则为反向分支，并逐一记录。要求余树连接的必须是一般分支，因为一个回路只能含有一个余树。具体操作如下：

1）从一般分支中风阻较大的分支开始逐一检查。

2）如所取分支始节点等于余树的末节点，则余树连接一正向分支，形成一个链，链的末节点就是所接分支的末节点。

3）如分支的末节点等于余树的末节点，则余树连接一反向分支，形成一个链，链的末节点就是所接分支的始节点。

4）如所取分支的始/末节点等于链的末节点，则该链又增加一正/反向分支。

5）如所取分支的另一节点等于余树的始节点，则形成回路。

应说明，在选回路的过程中有时可能误入歧途，出现只有余树与链的末节点连接的状况。在这种情况下需逐次后退，即从链中去掉一个分支再按上述步骤继续选回路，一直到正确选出回路为止。

7.4.4 处理通风机特性曲线

考虑到通风机联合工作时的相互影响以及通风机工作的不稳定问题，对通风机性能曲线采用二段曲线拟合法，其中对正常工作段用拉格朗日插值法拟合，如图7-21所示，其方程为

$$H_{fi} = \begin{cases} C_1 + C_2 Q_i + C_3 Q_i^2, & \text{当 } Q_i \geq Q_1 \\ H_1, & \text{当 } Q_i < Q_1 \end{cases}$$

$$i = 1, 2, 3, \cdots, NF \tag{7-41}$$

式中　NF——通风机台数；

　　　Q_i——第i台通风机的风量（m³/s）；

　　　H_{fi}——第i台通风机产生的风压（Pa）；

　　　Q_1——通风机性能曲线上第1点的风量（m³/s）。

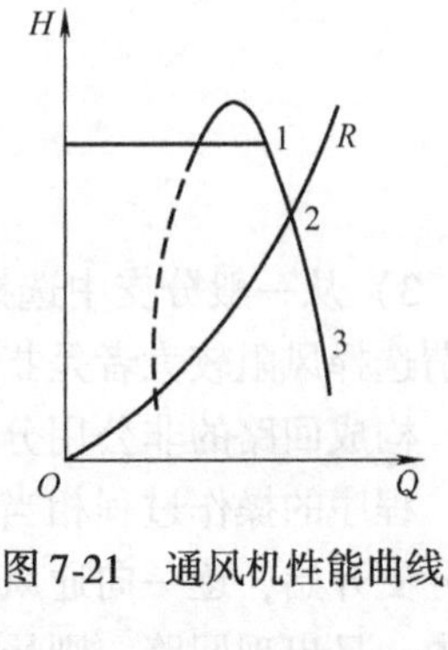

图7-21　通风机性能曲线

为拟合通风机性能曲线的工作段，应在通风机性能曲线图上选三点，其中第1点成为上限点，第2点接近高效点，第3点为下限点。一般，对于新型通风机三个点的效率均应高于70%。根据三个点的风量和风压值(Q_i, H_i)可写出曲线拟合系数的求解公式。即

$$C_3 = -\frac{H_3(Q_1 - Q_2) + H_1(Q_2 - Q_3) + H_2(Q_3 - Q_1)}{(Q_1 - Q_2)(Q_2 - Q_3)(Q_3 - Q_1)}$$

$$C_2 = \frac{H_1 - H_2}{Q_1 - Q_2} - C_3(Q_1 + Q_2) \quad (7\text{-}42)$$

$$C_1 = H_1 - C_3 Q_1^2 - C_2 Q_1$$

因此，只要输入通风机性能曲线上三个点的参数即可求出拟合系数，因而只要知道通风机的风量就可用式（7-42）求出通风机产生的风压值，其精度完全能满足需求。

对通风机性能曲线的不稳定工作段，采用直线拟合，由于这段曲线处于非工作区，而且实际上不稳定工作段的曲线形状很不相同（主要指轴流式通风机），对实际运用没有意义。采用直线代替非工作段曲线主要是计算过程中不使数据偏离太远，另外也为防止二次曲线出现两个交点的问题，如图 7-21 中的虚线所示，有利于计算过程的收敛。

7.4.5 赋风量初值

在迭代计算之前应对通风网络图的余树给定风量初值，然后根据风量平衡方程对每一回路中的各分支赋风量初值，作为迭代计算的基础。程序规定：固定风量分支以固定风量为初值，通风机分支以通风机性能曲线第 2 点的风量为初值，而其他余树均以 10 为初值。然后按回路对各个分支赋值。

7.4.6 迭代计算

迭代计算是已知通风网络各分支的风阻、自然风压和通风机性能曲线，求解通风网络的风量分配。为保证按需配风的固定风量值不变，程序规定含有固定风量的回路不参与迭代计算。由于这类回路中除固定风量分支外，其余分支都是与其他回路共用的分支，因而实际上都参与了迭代计算。迭代计算以回路为单位，直到所有回路的修正风量都达到预定精度为止。

7.4.7 计算固定风量分支的阻力和风阻值

由于固定风量分支不参与迭代计算，固定风量分支的阻力是按回路的风压平衡关系计算的。即

$$h_{\text{fix}} + \sum_{\substack{i=1 \\ j \neq \text{fix}}}^{N} h_{fi} = 0$$

故

$$h_{\text{fix}} = -\sum_{\substack{i=1 \\ j \neq \text{fix}}}^{N} h_{fi} \quad (7\text{-}43)$$

式中 h_{fix}——固定风量分支的阻力（Pa）；

h_{fi}——第 i 台通风机产生的风压（Pa）。

固定风量分支的风阻 R_{fix}（单位为 kg/m^7）为

$$R_{\text{fix}} = h_{\text{fix}}/Q_{\text{fix}}^2 \quad (7\text{-}44)$$

式中 Q_{fix}——固定风量分支的风量（m^3/s）。

上述风阻值是保证固定风量值不变，固定风量分支必须具有的风阻值，有时该值小于固定风量分支实际的风阻值，供阻力调节时参考。

7.5 矿井风量调节

在矿井通风网络中，风流按各风路风阻大小自然流动，其风量不可能恰好满足各用风地点按需风量的要求，而且随着生产的发展，矿井的井巷状况及工作面位置等条件均在变化，因此，对矿井的风量分配要经常地进行调节，使其满足各用风地点的需要，达到安全生产的目的。所以风量调节是矿井通风管理工作中一项不可缺少的、经常性的工作，它直接影响矿井开采的经济性和安全性。

风量调节计算原则是在已知通风网络中各风道风阻和所需风量的条件下，根据风压平衡原理，计算被调风道所需调节的风压值，此风压值是各种调节方法确定调节量的依据。在调节的每一网孔中至少确定一条风道作为风量调节风道。

矿井风量调节的措施多种多样。从调节设施来看，有通风机、射流机、风窗、风幕和增加并联井巷或扩大通风断面等。按其调节的范围，可分为局部风量调节与矿井总风量调节。从通风能量的角度看，可分为增能调节、耗能调节和节能调节。本节主要介绍这些调节方法的原理与特点。

7.5.1 局部风量调节

局部风量调节是指在采区内部各工作面间、采区之间或生产水平之间的风量调节。调节方法有增阻调节法、减阻调节法、辅助通风机调节法及空气幕调节法。

1. 增阻调节法

(1) 增阻调节法的基本原理　在并联通风网络中以阻力大的风道的阻力值为依据，在阻力小的风道中增加一个局部阻力，使两并联通风网络的阻力达到平衡，以保证各风路的风量按需供给。通常采用风窗来实现增阻调节。

调节风窗就是在风门或风墙上开一个面积可调的小窗口，如图 7-22a 所示。由图 7-22b 可以看出，风流流过窗口时，由于突然收缩和突然扩大而产生一个局部阻力 h_w。调节窗口的面积，可使此项局部阻力 h_w 和该风路所需增加的局部阻力值相等。要求增加的局部阻力值越大，风窗面积越小，反之越大。

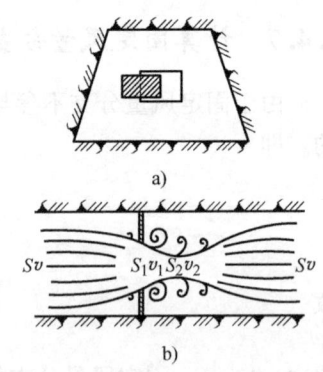

图 7-22　调节风窗

(2) 调节风窗面积 S（m^2）的计算公式　当求出 h_w 值后，调节风窗的面积 S 可按下式计算：

1) 当 $S_w/S \leq 0.5$ 时

$$S_w = \frac{QS}{0.65Q + 0.84S\sqrt{h_w}} \qquad (7-45)$$

式中　Q——安装风窗巷道的风量（m^3/s）；

S——安装调节风窗处的巷道断面面积（m^2）；

h_w——调节风窗所造成的局部阻力（Pa）；

S_w——调节风窗的面积（m^2）。

2) 当 $S_w/S > 0.5$ 时

$$S_w = \frac{QS}{Q+0.76S\sqrt{h_w}} \tag{7-46}$$

在求调节风窗面积之前，S_w/S 的比值是未知的，计算时可先用 $S_w/S \leqslant 0.5$ 时的计算式计算。如果求得的面积值越大，符合 $S_w/S \geqslant 0.5$ 的条件，再用式（7-46）重新计算。

【**例7-5**】 有一并联通风网络如图7-23所示，其中 $R_1 = 0.8\mathrm{N \cdot s^2/m^8}$，$R_2 = 1.2\mathrm{N \cdot s^2/m^8}$。矿井总进风量 $Q = 30\mathrm{m^3/s}$，如按生产要求，1分支的风量应为 $Q_1 = 5\mathrm{m^3/s}$，求：(1) 若采用增阻调节法，则该并联通风网络中哪条分支需调节，调节量是多少？(2) 若1分支设置调节风窗处的巷道断面面积 $S_1 = 4\mathrm{m^2}$，调节风窗的面积是多少？

【**解**】 (1) 由于1分支风量 $Q_1 = 5\mathrm{m^3/s}$，则2分支风量为

$$Q_2 = Q - Q_1 = (30-5)\mathrm{m^3/s} = 25\mathrm{m^3/s}$$

分支1和2的阻力分别为

$$h_1 = R_1 Q_1'^2 = 0.8 \times 5^2 \mathrm{Pa} = 20\mathrm{Pa}$$
$$h_2 = R_2 Q_2'^2 = 1.2 \times 25^2 \mathrm{Pa} = 750\mathrm{Pa}$$

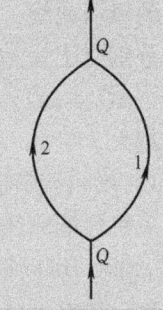

图7-23 例7-5图

为保证按需供风，必须使两分支的风压平衡。为此，需在1分支的回风段设置一调节风窗，使它产生一局部阻力 $h_w = h_2 - h_1 = (750-20)\mathrm{Pa} = 730\mathrm{Pa}$。调节风窗的形式如图7-22所示，在风门或风墙的上部开一个面积可调的矩形窗口，通过改变调节风窗的开口面积来改变调节风窗对风流所产生的阻力 h_w。

(2) 调节风窗面积由式（7-46）计算，即

$$S_w = \frac{QS}{Q+0.76S\sqrt{h_w}} = \frac{5 \times 4}{5+0.76 \times 4\sqrt{730}}\mathrm{m^2} = 0.23\mathrm{m^2}$$

(3) 增阻调节法的分析 具体如下。

1) 增阻调节使通风网络总风阻增加，如果主要通风机特性曲线不变，总风量会减少。因此，在一定条件下可能达不到风量调节的预期效果。如图7-24所示，已知主要通风机风压曲线 I 和两分支的风阻曲线 R_1、R_2，并联通风网络的总风阻曲线 R（按风压相等、风量相加的原则绘制）。曲线 R 与曲线 I 交点 a 即为主要通风机的工作点，自点 a 做垂线和横坐标相交，得出矿井总风量 Q。从点 a 做水平线和曲线 R_1、R_2 交于 b、c 两点，由这两点做垂线分别得两风路的风量 Q_1 和 Q_2。

如在1风路中安设一风阻为 R_w 的调节风窗，则该风路的总风阻为 $R_1' = R_1 + R_w$。在图上绘出 R_1' 曲线，并绘出 R_1' 和 R_2 并联的风阻曲线

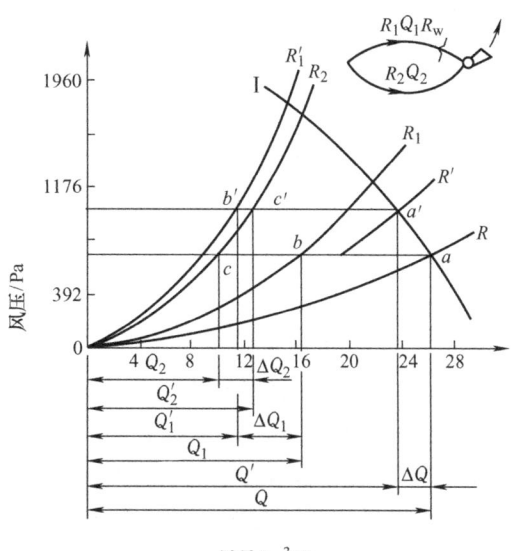

图7-24 某主要通风机的特性曲线

R'。由曲线 R' 与曲线 I 的交点 a' 得出调节后的矿井总风量 Q'。由 a' 做水平线交曲线 R_1' 和曲线 R_2 于 b' 和 c' 两点，自这两点得出风量分别为 Q_1' 和 Q_2'。当通风机性能不变时，由于矿井总风阻增加，使总风量减少，其减少值为 $\Delta Q = Q - Q'$，安装调节风门的分支中风量也减少，其减少值为 $\Delta Q_1 = Q_1 - Q_1'$；另一分支风量增加，其增加值为 $\Delta Q_2 = Q_2 - Q_2'$。显然减少的多，增加的少，其差值就等于总风量的减少值，即 $\Delta Q = \Delta Q_1 - \Delta Q_2$。

2）总风量的减少值与主要通风机性能曲线的陡缓有关。如图 7-25 所示，I 为轴流式通风机的风压曲线，II 为离心式通风机的风压曲线。R、R' 为调节前后的风阻曲线，与通风机曲线分别交于 a、b 和 a'、b'；从这些点的横坐标可得出总风量的减少值 ΔQ 和 $\Delta Q'$。从图中看出，$\Delta Q' > \Delta Q$，表明通风机的风压曲线越陡（轴流式通风机），总风量的减少值越小，反之则越大。

3）增阻调节法有一定的范围，超出该范围可能达不到调节的目的。在图 7-25 中，若主要通风机性能曲线不变，且取 $R = 0.59 \mathrm{N} \cdot \mathrm{s}^2/\mathrm{m}^8$，$R' = 1.64 \mathrm{N} \cdot \mathrm{s}^2/\mathrm{m}^8$。当不断改变调节风窗风阻 R_w 时，可以得到并联通风网络中各分支对应的风量及其变化，如图 7-26 所示，随着 R_w 的增加，所在 1 分支的风阻 R_1' 增加，风量 Q_1' 不断减少，Q_2' 增大，但当 Q_2' 增加到一定限度时，变化很小。因为风路中总风量是下降的。

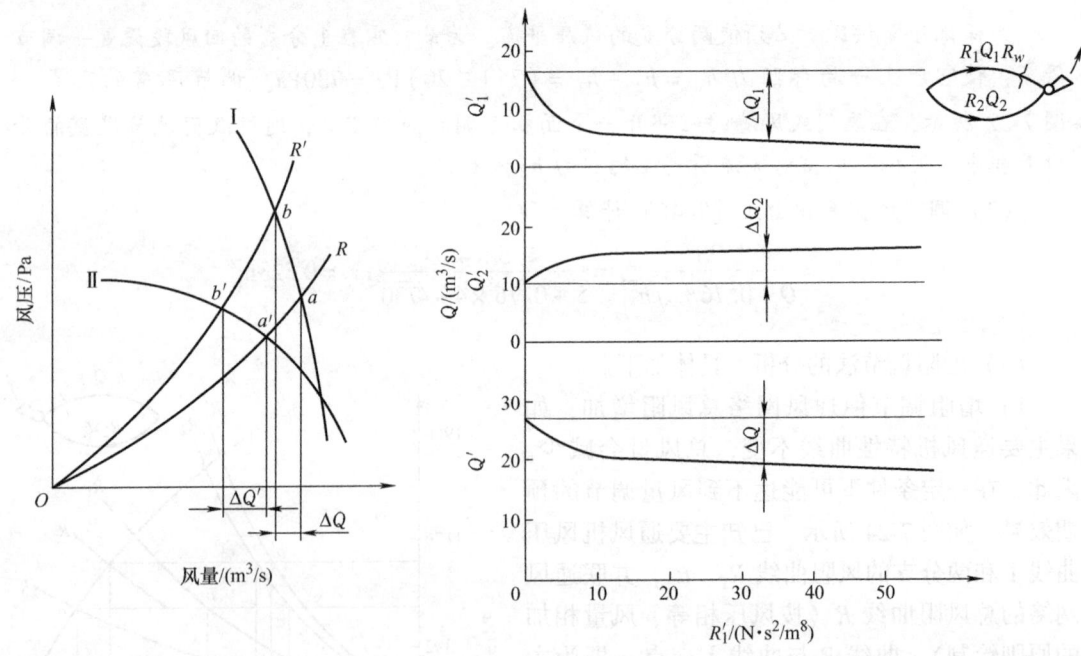

图 7-25 某主要通风机的风压特性曲线　　图 7-26 风量与风阻的关系

(4) 增阻调节法的特点　具体如下。

1）增阻调节具有简单易行、见效快的特点，我国矿山广泛用来进行并联通风网络的风量调节。其缺点是增大了矿井阻力，使总风量降低。

2）总风量减少的程度取决于该调节巷道在整个通风系统中所处的地位，在主要风道中影响较大，次要风道中影响较小。

3）增阻调节法有一定限度。当某条巷道风阻增加时，这条巷道风量减少，而另一条巷道风量增加，但增加到一定值后，其增加率减少。

4）总风量减少值的大小与通风机性能曲线的陡缓程度有关。

5）风窗应尽量安设在回风侧，以免影响运输。

6）有时也可用风帘、风幕等代替风窗。

总之，增阻调节法具有简单易行、见效快的优点，但它增大了矿井总风阻，使总风量减少。为保持风量不减少，就必须提高主通风机的风压，增加了能量消耗。因此，在安排作业面和布置巷道时尽量避免通风网络中各风路的阻力相差悬殊。

（5）使用增阻调节法的注意事项 具体如下。

1）调节风门应尽量安设在回风巷道中，以免妨碍运输。当非安设在运输巷道不可时，则可采取多段调节，即用若干个面积较大的调节风窗来代替一个面积较小的调节风窗（这些大面积调节风窗的阻力之和应等于小面积调节风窗的阻力），此时大面积的调节风窗可让运输设备通过。

2）在复杂的通风网络中，要注意调节风窗位置的选择，防止重复设置，避免增大风压和电能消耗。如图 7-27 所示的复杂通风网络，若每条风路所需风压值（Pa）是括号内的数值（根据各风路的风阻和所需要的风量算得），网孔 B 和 C 的风压不平衡，可在 3-6 风路上设置一个调节风窗，使它消耗 100Pa 的风压，安设这个调节风窗后，每个网孔的风压都平衡，从 1 到 8 并联回路的总风压为 380Pa。如果不加分析，把调节风窗设在 6-7 风路中，便会破坏网孔 C、D 和并联回路的风压平衡，因而使 1 到 8 并联回路的总风压增加 100Pa，而且调节风窗的数目增加三个。若把调节风窗设在 2-3 风路中，也会造成同样的浪费。

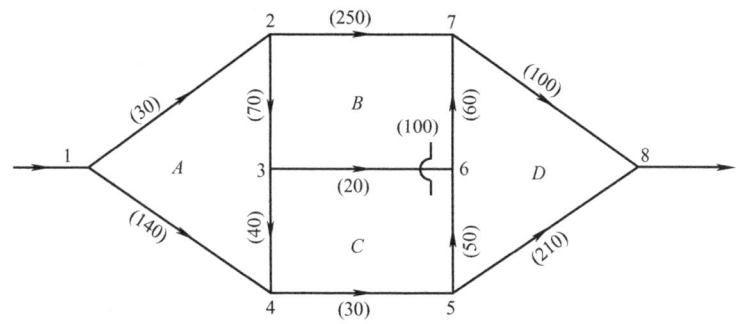

图 7-27 某复杂通风网络

2. 降阻（减阻）调节法

（1）降阻调节法的基本原理 降阻调节法与增阻调节法相反，它是以并联通风网络中阻力较小风路的阻力值为基础，使阻力较大的风路降低风阻，以达到并联通风网络各风路的阻力平衡。风路中的风阻包括摩擦风阻和局部风阻。

（2）降阻调节的计算 如图 7-28 的并联通风网络，两巷道的风阻分别为 R_1 和 R_2，所需风量为 Q_1 和 Q_2，则两巷道的阻力分别为

$$h_1 = R_1 Q_1^2, \quad h_2 = R_2 Q_2^2 \tag{7-47}$$

如果 $h_1 > h_2$，则以 h_2 为依据，把 h_1 减到 h_1'，为此，须把 R_1 降到 R_1'，即

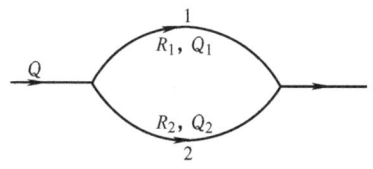

图 7-28 某并联通风网络

$$h'_1 = R'_1 Q_1^2 = h_2, \quad R'_1 = \frac{h_2}{Q'^2_1} \tag{7-48}$$

式（7-48）表明，降阻调节与增阻调节相反。为保证风量按需分配，当两并联巷道的阻力不等时，以小阻力为依据，设法降低大阻力巷道的风阻，使网孔达到阻力平衡。由 $R = \alpha LU/S^3$ 可知，降阻的主要办法是扩大巷道的断面面积。如把巷道全长 L（m）的断面面积扩大到 S'_1，则

$$R'_1 = \frac{\alpha'_1 L'_1 U'_1}{S'^3_1} \tag{7-49}$$

式中 α'_1——巷道1扩大后的摩擦阻力系数（$N \cdot s^2/m^4$）；

U'_1——巷道1扩大后的周界，随断面大小和形状而变化（m）。

$$U'_1 = C\sqrt{S'_1} \tag{7-50}$$

式中 C——取决于巷道断面形状的系数，如表7-4所示。

表7-4 不同巷道断面形状的系数

巷道断面形状	梯形巷道	三心拱巷道	半圆拱巷道
系数 C	4.03~4.28	3.8~4.06	3.78~4.11

由式（7-49）和式（7-50）得到巷道1扩大后的断面面积为

$$S'_1 = \left(\frac{\alpha'_1 L_1 C}{R'_1}\right)^{\frac{2}{5}} \tag{7-51}$$

如果所需降阻的数值不大，而且客观上又无法采用扩大巷道断面的措施时，可改变巷道壁面的平滑程度或支架类型，以减小摩擦阻力系数来调节风量。改变后的摩擦阻力系数可用下式计算

$$\alpha'_1 = \frac{R'_1 S'^{2.5}_1}{L'_1 C} \tag{7-52}$$

（3）降阻调节法的分析　降阻调节的分析与增阻调节的分析类似，也可用如图7-24所示的通风机特性曲线和风阻特性曲线来分析（这里不再叙述）。降阻调节法的优点是使矿井总风阻减少。若通风机风压曲线不变，采用降阻调节后，矿井总风量增加。因而，在增加风量的风路中风量的增加值将大于另一风路的风量减少值，其差值就是矿井总风量的增加值。

（4）降阻调节的方法　当局部风阻较大时应首先考虑降低局部风阻。摩擦风阻与摩擦阻力系数成正比，与风路断面面积的三次方成反比。因而降低摩擦风阻的主要方法是改变支架类型（即改变摩擦阻力系数）或扩大巷道断面。

降阻调节法的措施主要有：①扩大巷道断面；②减小摩擦阻力系数；③清除巷道中的局部阻力物；④采用并联通风网络；⑤缩短风流路线的总长度等。

（5）降阻调节法的特点　降阻调节法的优点是矿井总风阻减少，若通风机性能不变，将增加矿井总风量。其缺点是工作量大、工期长、投资大，有时需要停产施工。因此，在采取扩大巷道断面和改变支架类型措施之前，应根据矿井具体情况，结合通风机性能曲线进行分析、计算，确认有效及经济合理时，才确定降阻调节措施。

降阻调节法一般用在矿井年产量增大或原设计不合理等特殊情况下，降低主风流中某一段巷道的阻力。当所需降低风阻值不大时，应首先考虑降低局部风阻，如清除堆积物等。有

时可在阻力大的风路旁测开一风路与之并联或清理与之并联的废旧巷道来进风、回风之用。

3. 辅助通风机调节法（增压调节法）

（1）增压调节法的基本原理　当并联通风网络中两并联风路的阻力相差悬殊，用增阻或减阻调节都不合理或都不经济时，可在风量不足的风路中安设辅助通风机，以提高克服该风路阻力的通风压力，达到调节风量的目的。用辅助通风机调节时，应将辅助通风机安设在阻力大（风量不足）的风路中，且辅助通风机所应造成的有效压力应等于两并联风路的阻力差值。辅助通风机的风量应等于该风路需通过的风量，如图 7-29 所示。

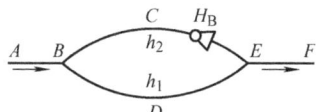

图 7-29　辅助通风机调节法

（2）辅助通风机调节的方法　在生产实际中，辅助通风机调节的方法有两种：带风墙的辅助通风机和无风墙的辅助通风机。

1）带风墙的辅助通风机调节法。带风墙的辅助通风机的巷道断面上，除辅助通风机外其余断面均用风墙密闭，巷道内风流全部通过辅助通风机，如图 7-30a 所示。为检查方便，在风墙上开一个小门，小门一定要严密。若在运输巷道安设辅助通风机，必须将辅助通风机安设在绕道中，而在与绕道相并联的巷道中至少要设置两道自动风门，其距离要大于一列车的长度，如图 7-30b 所示。

带风墙的辅助通风机调节风量时，辅助通风机的能力必须选择适当，才能达到预期效果，否则将会出现以下不合理的工作状况：如果辅助通风机能力不足，则不能调节到所需要的风量值；若辅助通风机能力过大，可能造成与其并联风路风量大量减少，甚至无风或风流大循环；若安设辅助通风机的风墙不严密，在辅助通风机周围出现局部风流循环，将降低辅助通风机的通风效果。

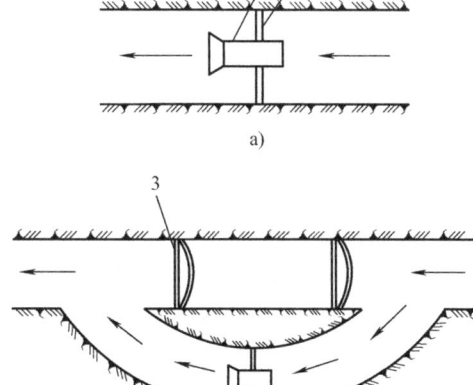

图 7-30　带风墙的辅助通风机调节法
1—通风机　2—风墙　3—风门

选择辅助通风机时，其风压应等于并联风路间阻力差，风量应等于该设辅助通风机风路的需风量。

带风墙的辅助通风机是靠风机的全压做功，能克服较大的阻力差值，可用于阻力差较大的区域性调节。

2）无风墙辅助通风机调节法。如图 7-31 所示，辅助通风机的作用是靠它的出口动压引射风流，增加风路的风量。无风墙的辅助通风机在风路中工作时，其出口动压除去由辅助通风机出口到风路全断面突然扩大的能量损失和风流绕过通风机的能量损失外，所剩余的能量均用于克服风路阻力。单位体积流体的这部分能量称为无风墙辅助通风机的有效压力，以 ΔH

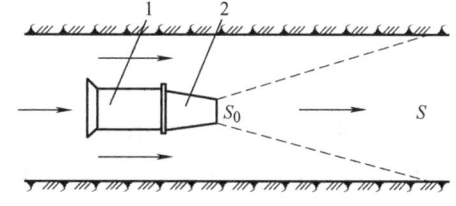

图 7-31　无风墙的辅助通风机调节法
1—通风机　2—引射器

表示。无风墙的辅助通风机在巷道中所造成的有效压力可按下式计算

$$\Delta H = K \frac{S_0}{S} H_v \tag{7-53}$$

式中　H_v——辅助通风机出口动压（Pa）；

S_0、S——辅助通风机出口面积、安设辅助通风机巷道的断面面积（m²）；

K——与辅助通风机在巷道中安装有关的试验系数，$K = 1.5 \sim 1.8$，安装条件好时取大值。

无风墙的辅助通风机的风量，在无其他通风动力的风路中单独工作时，辅助通风机风量与安设辅助通风机风路的风量及风路风阻的关系为

$$q = \frac{0.102 q_0}{\sqrt{RS_0 S}} \tag{7-54}$$

式中　q、q_0——巷道和辅助通风机的风量（m³/s）；

R——巷道风阻（N·s²/m⁸）。

【例 7-6】　如图 7-32 所示，一采区和二采区所需要的风量分别为 27.07m³/s 和 34.7m³/s，风阻分别为 0.69N·s²/m⁸ 和 1.27N·s²/m⁸。总进风段 1-2 的风阻为 0.23N·s²/m⁸，总回风段 3-4 的风阻为 0.02N·s²/m⁸，总进风量为 61.77m³/s 时，主要通风机附近的漏风量为 6.83m³/s，通过主要通风机的风量为 68.6m³/s。若采用增压调节，请选择合适的辅助通风机。

【解】　一采区和二采区产生的阻力为

$h_1 = R_1 Q_1^2 = 0.69 \times 27.07^2 \text{Pa} = 505.62 \text{Pa}$

$h_2 = R_2 Q_2^2 = 1.27 \times 34.7^2 \text{Pa} = 1529.19 \text{Pa}$

总进风段 1-2 和总回风段 3-4 的通风阻力为

$h_{1-2} = R_{1-2} Q_{1-2}^2 = 0.23 \times 61.7^2 \text{Pa} = 877.58 \text{Pa}$

$h_{3-4} = R_{3-4} Q_{3-4}^2 = 0.02 \times 61.7^2 \text{Pa} = 76.14 \text{Pa}$

由于采用增加风压的调节方法，就必须以阻力小的一采区的阻力值为依据，在阻力较大的二采区内安设一台辅助通风机，让辅助通风机产生的风压和主要通风机能够供给这两个并联采区的风压，共同来克服二采区的阻力。布置方法有以下两种：

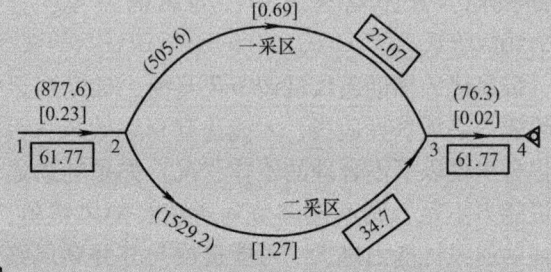

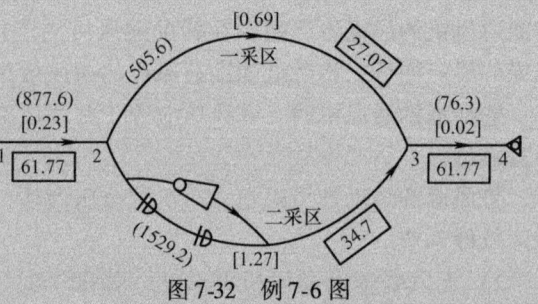

图 7-32　例 7-6 图

（1）选择合适的辅助通风机，但不调整主要通风机的风压曲线。如图 7-33 所示，若现用主要通风机是 70B₂-21 型、24 号、600r/min 的轴流式通风机，其动轮叶片安装角度是 27.5°，它的静风压特性曲线是 I 曲线。可以看出，当这台主要通风机需通过 68.6m³/s 的风量时，能够产生的静风压 $h_{fs} = 1519 \text{Pa}$，即此时通风机的工作点是点 a。

在两个并联采区以外,总进风段和总回风段的总阻力为

$$h_{1-2} + h_{3-4} = (877.58 + 76.14)\text{Pa} = 953.72\text{Pa}$$

当矿井的自然风压很小或可忽略不计时,主要通风机能够供给两个并联采区使用的剩余风压为

$$f_{af} - (h_{1-2} + h_{3-4}) = (1519 - 953.72)\text{Pa} = 565.28\text{Pa}$$

二采区按需通过 $34.7\text{m}^3/\text{s}$ 的风量时,其阻力是 1529.19Pa。这个数值超出主要通风机能够供给这个采区使用的剩余风压,故需在这个采区内安置一台合适的辅助通风机。这台辅助通风机要按以下两个数值来选择。

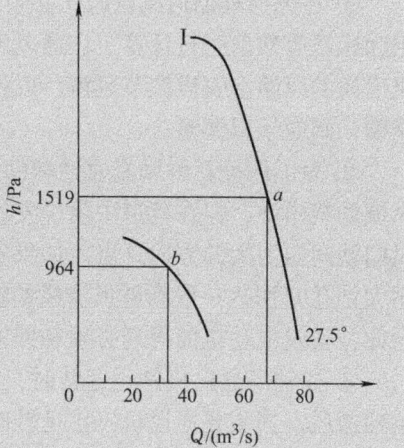

图 7-33 某通风机的风压特性曲线

通过辅助通风机的风量为二采区的风量

$$Q_{af} = 34.7\text{m}^3/\text{s}$$

辅助通风机的全风压

$$f_{aft} = (1529.19 - 565.28)\text{Pa} = 963.91\text{Pa} \approx 964\text{Pa}$$

它的全风压特性曲线应通过或大于这两个数值所构成的工作点点 b。

一采区按需通过 $27.07\text{m}^3/\text{s}$ 的风量时,其阻力是 505.62Pa,这个数值小于主要通风机能够供给这个采区使用的剩余风压。即

$$f_{aft} = (565.28 - 505.62)\text{Pa} = 59.66\text{Pa}$$

在此情况下,还要在一采区的回风流中安设调节风窗,使它能够产生 59.5Pa 的阻力。

(2) 选择合适的辅助通风机,同时调整主通风机的风压曲线。在二采区安设一台辅助通风机,这台辅助通风机需用以下两个数值来选择。

通过辅助通风机的风量

$$Q_{af} = 34.7\text{m}^3/\text{s}$$

辅助通风机的全风压

$$f_{aft} = (1529.19 - 505.62)\text{Pa} = 1023.57\text{Pa}$$

同时要调整主要通风机的静风压特性曲线,使它通过以下两个数值所构成的工作点。
主要通风机的风量

$$Q_{af} = 68.6\text{m}^3/\text{s}$$

主要通风机的静风压

$$h_{fs} = h_{1-2} + h_{3-4} + h_1 = (877.58 + 76.14 + 505.62)\text{Pa} = 1459.34\text{Pa}$$

以上讨论的两种选择辅助通风机的方法中,后一种方法虽然辅助通风机所需功率较大,但主通风机所需功率较小,比前一种方法要经济。需要注意的是辅助通风机和主要通风机有着串联运转的关系,因此选择辅助通风机不能孤立进行,必须和主要通风机紧密配合。

(3) 选择、安装和使用辅助通风机的注意事项　具体如下。

1) 带风墙的辅助通风机调节法的注意事项。

① 在选择辅助通风机时,必须根据辅助通风机服务期限以内通风最困难时的风量、风阻和风压等数值进行计算。在通风不困难时,如果辅助通风机性能不能调整,可在辅助通风机出风的风路上安设调节风窗,以控制辅助通风机的风压和风量;如果辅助通风机性能可以调整,则应予以调整。

② 为了保证新鲜风流通过辅助通风机而又不致妨碍运输,一般把辅助通风机安设在进风流的绕道中,但在巷道中至少安设两道自动风门,两风门的间距必须大于一列车的长度,风门须向压力大的方向开启。如果安设在回风流中,安设方法基本相同,但要设法(如利用大钻孔)引入一股新鲜风流供给辅助通风机的电动机使用,使电动机在新鲜风流中运转,为此,安设电动机的房间必须和回风流严密隔开。

③ 如辅助通风机停止运转时,必须立即打开巷道中的自动风门,以便利用主要通风机单独通风。当主要通风机停止运转时,辅助通风机也应立即停止运转,同时打开自动风门,以免发生相邻采区风流逆转、循环风再流入辅助通风机;此时还需根据具体情况,采取相应的安全措施。重新开动辅助通风机以前,应检查附近 20m 以内的瓦斯浓度,只有在不超过规定时,才允许开动辅助通风机。

④ 在采空区附近的巷道中安置辅助通风机时,要选择合适的位置,否则,有可能产生通过采空区的循环风或漏风,加速采空区的煤炭自燃。

⑤ 随着生产的发展,通风状况不断发展变化。因此,每隔一定时间,必须及时调节主要通风机和辅助通风机的工作点,使之相互配合。因为辅助通风机运转时,能够使它的进风路上的风流能量降低,使它的出风路上的风流能量提高。如果辅助通风机的能力过大,就有可能使点 3 空气的能量同点 2 空气的能量接近、相等,甚至超过。此时一采区将出现风量不足,没有风流,甚至发生逆转。以上三种现象都是安全生产所不允许的。若一旦出现上述情况时,其应急措施就是迅速增加二采区的风阻。

2)无风墙的辅助通风机调节法的注意事项。

① 无风墙辅助通风机的有效风压与辅助通风机出口动量成正比,故采用大风量、低压通风机,可提高出风口的总动量,也即提高通风效果。

② 辅助通风机的有效风压与安设辅助通风机巷道的断面面积成反比,故辅助通风机应安设在巷道平直、断面面积较小的地方,且为减少损失尽量安在巷道中央。

③ 无风墙辅助通风机只靠动压做功,能力较小,若巷道风阻较大时,通风机附近可能出现循环风。无风墙辅助通风机在两并联风路阻力差值较小时使用较为适宜。

(4) 增压调节法的优缺点及适用条件 具体如下。

1)增压调节法与降阻调节法的比较。由于前者在阻力较大的风路中安装辅助通风机,故可不必提高主要通风机用于这条风路上的风压,而相当于主要通风机对这条风路的工作风阻下降,这点和降阻调节法很类似。一般来说,它比降阻调节法施工快,施工也较方便,但管理工作较复杂,安全性比较差。

2)增压调节法与增阻调节法的比较。虽然增压调节法要增加辅助通风机的购置费、安装费、电力费和绕道的开掘费等,但它若能使主要通风机的电力费降低很多,服务时间又长时,还是比较经济的。其缺点是管理工作比较复杂,安全性比较差,施工比较困难。

并联通风网络中各条风路的阻力相差比较悬殊,主要通风机风压满足不了阻力较大的风路,不能采用增阻调节法,而采用降阻调节法又来不及时,可采用安装辅助通风机的增压调节法。

4. 空气幕调节法

空气幕也称气幕，矿用空气幕由供风器、整流器、通风机组成，如图 7-34 所示，安装在巷道侧壁的硐室内，从空气幕喷射出的射流在横向气流的压力下发生弯曲回流，并且风流很快扩散到巷道的整个断面上，从而达到调控巷道风流的目的。

矿用空气幕具有调节井巷风量、防止漏风、隔断风流、控制风向、防止井筒结冰及防止有毒有害气体侵入等多种功能：

1）在需要增加风量的巷道中，空气幕顺巷道风流方向工作，可代替辅助通风机、引射器，起增压调节作用。

2）在需要减少风量的巷道中，空气幕逆巷道风流方向工作，可替代风窗，起增阻调节作用。

图 7-34　矿用空气幕

1—供风器　2—整流器　3—通风机

3）在需要隔断风流的巷道中，空气幕逆巷道风流方向工作，可代替风门，起隔断风流的作用。由于空气幕安设在巷道硐室内，所以具有不妨碍运输及行人、工作可靠等优点。

【**例 7-7**】　某矿通风网络如图 7-35 所示，各巷道的风阻和风量如表 7-5 所示，试问：

（1）该通风系统属何种通风网络结构？

（2）在表 7-5 中空白处填入相应的风量与阻力。

（3）欲采用增阻风窗调节，应把风窗安设在哪条巷道中？需要调节的风压为多少？

（4）调节后的总风阻和等积孔是多少？

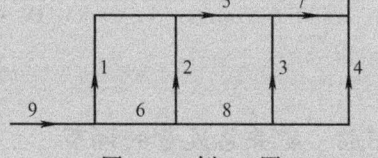

图 7-35　例 7-7 图

表 7-5　各分支的风阻和风量值

分　支	1	2	3	4	5	6	7	8	9	10
风阻/($N \cdot s^2/m^8$)	1.0	0.04	1.2	1.0	0.1	0.037	0.1	0.6	0.1	0.14
风量/(m^3/s)	8	20	4						44	
阻力/Pa										

【**解**】　（1）该通风系统属复杂的角联通风网络。

（2）根据节点风压平衡定律和阻力定律，得表 7-5 中各分支的风量和阻力值如表 7-6 所示。

表 7-6　各分支的风量和阻力值

分　支	1	2	3	4	5	6	7	8	9	10
风阻/($N \cdot s^2/m^8$)	1.0	0.04	1.2	1.0	0.1	0.037	0.1	0.6	0.1	0.14
风量/(m^3/s)	8	20	4	12	28	36	32	16	44	44
阻力/Pa	64	16	19.2	144	78.4	47.95	102.4	153.6	193.6	271.04

(3) 在由分支 6-2-1 构成的回路中有
$$h_6 + h_2 = (47.95 + 16)\text{Pa} = 63.95\text{Pa} \approx 64\text{Pa} = h_1$$
故该回路不用调节。

在由分支 2-5-3-8 构成的回路中有
$$h_2 + h_5 = (16 + 78.4)\text{Pa} = 94.4\text{Pa} \quad 和 \quad h_8 + h_3 = (153.6 + 19.2)\text{Pa} = 172.8\text{Pa}$$
故需在分支 5 上安装调节风窗，调节量
$$\Delta h_5 = (172.8 - 94.4)\text{Pa} = 78.4\text{Pa}$$

在由分支 3-4-7 构成的回路中有
$$h_7 + h_3 = (102.4 + 19.2)\text{Pa} = 121.6\text{Pa} \quad 和 \quad h_4 = 144\text{Pa}$$
故需在分支 7 上安装调节风窗，调节量
$$\Delta h_7 = (144 - 121.6)\text{Pa} = 22.4\text{Pa}$$

(4) 调节后矿井总阻力为
$$h_{最大} = h_9 + h_6 + h_8 + h_4 + h_{10} = (193.6 + 47.95 + 153.6 + 144 + 271.04)\text{Pa} = 810.19\text{Pa}$$

矿井总风阻为
$$R = \frac{h}{Q^2} = \frac{810.19}{44^2} \text{N} \cdot \text{s}^2/\text{m}^8 = 0.4185\text{N} \cdot \text{s}^2/\text{m}^8$$

矿井等积孔为
$$A = 1.19 \frac{Q}{\sqrt{h}} = 1.19 \times \frac{44}{\sqrt{810.19}} \text{m}^2 = 1.84 \text{m}^2$$

7.5.2 矿井总风量的调节

在矿井开采过程中，由于矿井产量和开采条件不断变化，矿井风量需要变更时，常常要求调节矿井总风量。总风量调节措施是改变通风机的工况点，其方法有改变通风机工作特性或改变矿井的风阻特性。

1. 改变主要通风机工作的特性曲线

(1) 改变通风机转速 当矿井风阻不变时，根据通风机的比例定律，通风机产生的风量、风压和功率分别与转速的一次、二次和三次方成正比。改变通风机转速可以得到不同的风量、压力和消耗不同的功率。

图 7-36 表示某矿开采初期和末期矿井风阻特性曲线为 R_1 和 R_2 时，改变风机转速对风量、风压和功率的影响。

当开采初期矿井需风量为 Q_1 时，若风机转速为 n_0，工况点为 M_0，风量为 Q_0，若 Q_0 比 Q_1 大 ΔQ，功率 N_0 也较大。若将转速调至 n_1，工况点为 M_1，风量正好为 Q_1，功率也由 N_0 减至 N_1。可见，开采初期转速调到 n_1 工作，在技术和经济上都比较合理。开采末期，

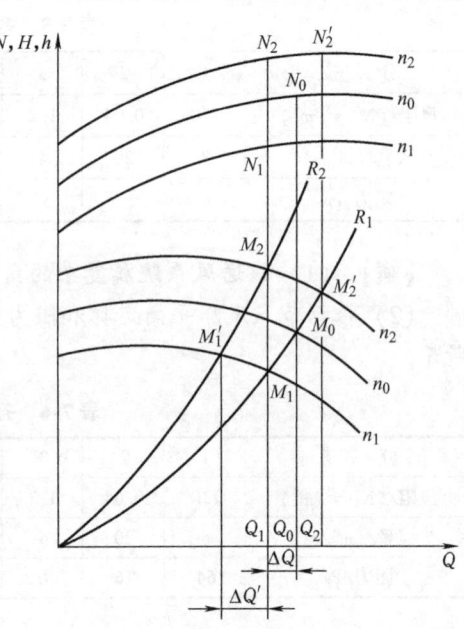

图 7-36 改变风机转速的调节方法

矿井风量若仍为 Q_1，末期矿井风阻为 R_2，若风机的转速仍为 n_1，工况点为 M_1'，其风量比 Q_1 少 $\Delta Q'$，显然不能满足生产要求。必须将转速调到 n_2，工况点为 M_2，这时风量满足要求，功率也增加到 N_2。

若开采过程中风阻特性曲线不变，仍为 R_1，但矿井总风量由 Q_1 增到 Q_2，那么通风机转速也要求提高到 n_2 工作，使其工况点为 M_2'，满足风量要求，通风机功率也相应增大。

改变通风机转速的方法主要用于离心式通风机（因为轴流式通风机可以改变动轮叶片安装角度）。其具体做法是：如果通风机和电动机之间是间接传动的，可改变带轮直径的大小来增加转速，如果通风机和电动机之间是直接传动的，则改变电动机的转速或更换电动机。也可在电动机转子回路中串联电阻进行小范围调节。

（2）改变轴流式通风机叶片安装角　轴流式通风机的特性曲线随着动轮叶片安装角的变化而变化。通风机叶片安装角度越大，风量、风压越高，反之越小。这种调节方法较方便，效果也较好，被广泛使用。

【例7-8】 如图7-37所示，某抽出式通风的矿井，现用的主通风机是轴流式，当其动轮叶片安装角为27.5°时，静风压特性曲线是Ⅰ曲线。为了满足前期生产需要，该主要通风机的风量 $Q_f = 68 \text{m}^3/\text{s}$，静风压是 1519Pa，即该主要通风机的工作点为点 a。现因生产情况的变化，井巷通风的总阻力变为 $h_{fr} = 1862\text{Pa}$；反对机械风压的自然风压 $h_n = 98\text{Pa}$；通过主要通风机的风量仍需 68m³/s。试问应如何调节轴流式通风机叶片安装角？

【解】 为了满足现阶段生产要求，主通风机的风量 $Q_f = 68\text{m}^3/\text{s}$，考虑到自然风压的反作用，主通风机的静风压

$$h_{fs} = h_{fr} + h_n = (1862 + 98)\text{Pa} = 1960\text{Pa}$$

根据上述 Q_f 和 h_{fs} 两个数值，从图7-37中找出通风机的新工作点 b，根据点 b 的位置，须把通风机的动轮叶片安装角调整到 30°，其静压特性曲线由Ⅰ调到Ⅰ'，自点 b 得到这台通风机的输入功率约为 220kW，用此数值来衡量现用电动机的能力是否够用，再由点 b 得出其通风机的静压效率是 0.64，点 b 落在这台通风机特性曲线的合理工作范围内。

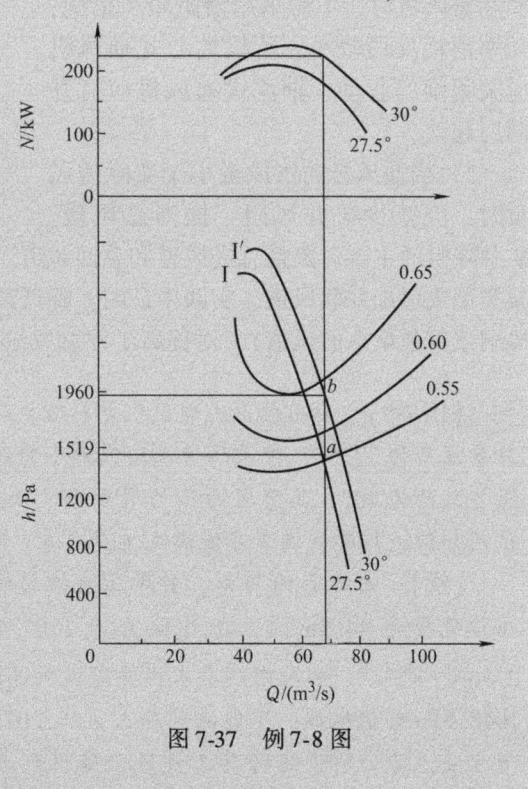

图7-37　例7-8图

（3）改变轴流式通风机的叶轮数和叶片数　（略）

（4）改变通风机前导器的叶片角度　改变前导器的叶片角度，可以改变动轮入口的风流速度，从而改变通风机产生的压力。但由于风流通过前导器时风压损失，使通风机效率降低。为了避免效率降低太多，用前导器调节的范围不宜过大，只能作为辅助调节之用。

2. 改变矿井的风阻特性

改变矿井风阻特性可通过改变巷道断面、支架类型及用调节闸门来实现,即降阻或增阻调节。如图7-38所示,若通风机特性曲线不变,矿井风阻分别为 R、R_1 和 R_2 时,工况点分别为 M_0、M_1 和 M_2,将产生不同的风量和风压。

1) 当通风机的供风量大于实际需风量时,可增加矿井总风阻,使风量减少。由于离心式通风机的功率随风量的减少而减小,所以当通风机的工作风阻由 R 增到 R_1、通风机风量由 Q_0 降到 Q_1 时,通风机的功率由 N_0 降到 N_1。对于离心式通风机来说,采用风硐中闸门增阻,降低风量在能量利用上是合理的;而轴流式通风机在有效工作范围内随风量减少而增大。所以轴流式通风机供风量大于实际需风量时,不需采用增阻限风措施,功率消耗反而较小。所以离心式通风机应关闭闸门起动,轴流式通风机应打开闸门起动。

2) 当通风机的供风量小于实际需风量时,应减少矿井风阻,提高总风量。

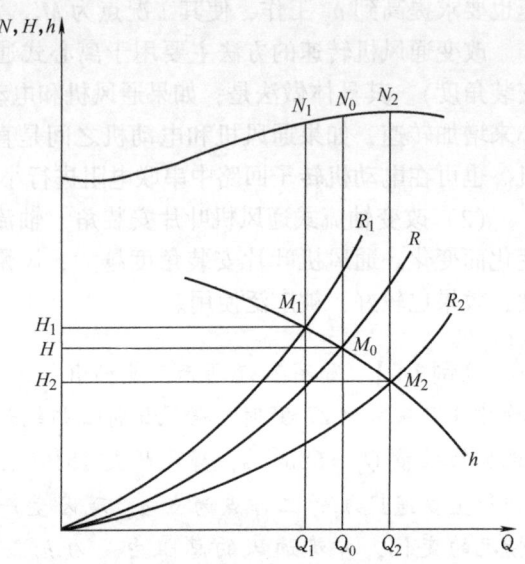

图7-38 改变矿井风阻的调节方法

矿井降阻的主要对象是总进风道和总回风道。降阻调节的主要措施是扩大巷道断面,改变支架类型或增加并联风道。实践中证明,降低某些风速较高地区局部阻力物的风阻(如风桥、风硐或其他堵塞的风道),对提高矿井总风量有时能起重要作用。

【例7-9】 某矿抽出式通风机是轴流式通风机,通风机的特性曲线如图7-39所示,叶片安装角为37.5°,静风压特性曲线为Ⅰ曲线,工作风阻曲线为Ⅰ曲线。该通风机叶片最大安装角为40°,其静压曲线为Ⅱ曲线。如果生产要求主要通风机通过 $50m^3/s$ 的风量,试问如何进行矿井调节才能满足生产要求?

【解】 由图7-39可知,静风压特性曲线Ⅰ和矿井工作风阻曲线1的工作点是 a 点,工作风量为 $44.5m^3/s$,工作阻力为 $1107.4Pa$,风阻 $R_f = (1107.4/44.5^2) N \cdot s^2/m^8 = 0.56 N \cdot s^2/m^8$。如果生产要求主要通风机通过 $50m^3/s$ 的风量,则由风压曲线Ⅱ只能产生 $1048.6Pa$ 的静风压,不能满足原有风压 $1107.4Pa$。如果用降低主要通风机工作风阻的调节方法,就必须设法将其工作风阻降低到 $R_f' = (1048.6/50^2) N \cdot s^2/m^8 = 0.42 N \cdot s^2/m^8$。用这个数值画出风阻曲线2,使它通过工作点 b,这时主要通风机的静压效率接近0.6,输入功率约为96kW。

如果不降低主要通风机的工作风阻,则工作点是点 c,此时主要通风机只能通过 $47m^3/s$ 的风量,不能满足要求。

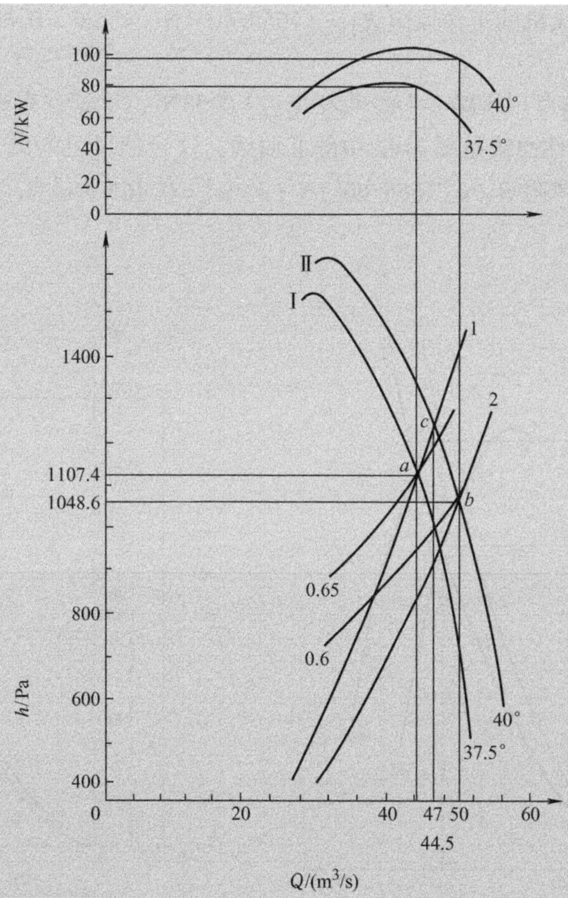

图 7-39 某轴流式通风机的特性曲线

7.6 多台通风机联合运转的相互调节

采用多台通风机联合运转的矿井，各台通风机之间彼此联系，相互影响。若不注意在必要时进行各台通风机相互调节，就有可能破坏矿井通风的正常状况，甚至严重影响安全生产。

7.6.1 多台通风机联合运转的相互影响

图 7-40 所示是某矿简化后的通风系统，各项实测的通风数据是：两翼通风机的公共风路 1-2 的风阻 $R_{1-2}=0.05\text{N}\cdot\text{s}^2/\text{m}^8$。

西翼主要通风机的专用风路 2-3 的风阻 $R_{2-3}=0.36\text{N}\cdot\text{s}^2/\text{m}^8$；西翼通风机叶片安装角度是 35°，其静风压特性曲线是图 7-41 中的 I 曲线，这台通风机的风量 $Q_I=40\text{m}^3/\text{s}$，静

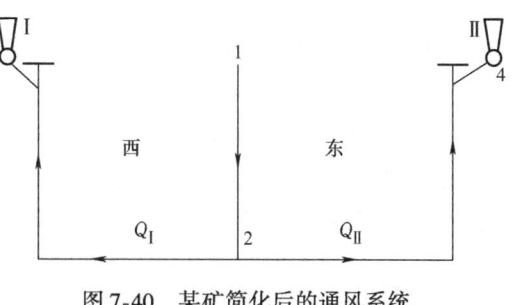

图 7-40 某矿简化后的通风系统

风压 $h_I = 1058$Pa,通风机的工作风阻 $R_I = (1058/40^2)$N·$s^2/m^8 = 0.66$N·s^2/m^8,工况点为点 a。

东翼主要通风机的专用风路 2-4 的风阻 $R_{2-4} = 0.33$N·s^2/m^8;东翼通风机的叶片安装角度是 25°,其静风压特性曲线是图 7-42 中的 II 曲线,这台通风机的风量 $Q_{II} = 60$m^3/s,静风压 $h_{II} = 1666$Pa,工作风阻 $R_{II} = (1666/60^2)$N·$s^2/m^8 = 0.46$N·s^2/m^8,工作风阻曲线是 R_{II} 曲线,工况点为点 b。

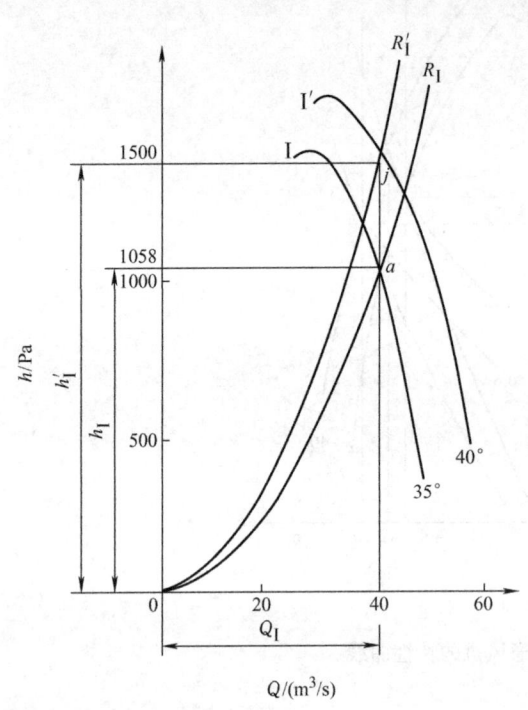

图 7-41 西翼主要通风机的特性曲线　　图 7-42 东翼主要通风机的特性曲线

在上述已知条件下,按新的生产计划要求,东翼的生产任务加大以后,由于瓦斯涌出量增加,东翼主要通风机的风量需增加到 $Q'_{II} = 90$m^3/s。这时,为了保证东翼的风量需增加到 90m^3/s(为了简便,不计漏风),矿井的总进风量也要增加,公共风路 1-2 的阻力和东翼主要通风机专用风路 2-4 的阻力都要变大,即风路 1-2 的阻力变为

$$h'_{1-2} = R_{1-2}(Q_I + Q'_{II})^2 = 0.05 \times (40+90)^2 \text{Pa} = 845\text{Pa}$$

风路 2-4 的阻力变为

$$h'_{2-4} = R_{2-4}(Q'_{II})^2 = 0.33 \times (90)^2 \text{Pa} = 2673\text{Pa}$$

因而东翼主要通风机的静风压(为了简便,不计自然风压)变为

$$h'_{II} = h'_{1-2} + h'_{2-4} = (845+2673)\text{Pa} = 3518\text{Pa}$$

为此需要对东翼通风机进行调整。当东翼主要通风机的叶片安装角度调整到 45°时,静风压特性曲线为 II′,当主要通风机通过 90m^3/s 的风量时,产生 3518Pa 的静风压,能够满足需要。这时东翼主要通风机的工作风阻则变为

$$R'_{II} = (3518/90^2)\text{N}·\text{s}^2/\text{m}^8 = 0.43 \text{N}·\text{s}^2/\text{m}^8$$

它的工作风阻曲线是 R'_{II} 曲线,新工况点是点 c。

在上述东翼主要通风机特性曲线因加大风量而调整的情况下，西翼主要通风机特性曲线是否可以因风量不改变而不需要调整？如果西翼主要通风机特性曲线不调整，就成为东翼主要通风机用特性曲线Ⅱ′和西翼主要通风机特性曲线Ⅰ联合运转对该矿进行通风。下面将讨论这种联合运转产生的影响。

先在图7-43上画出两主要通风机的特性曲线Ⅰ和Ⅱ′，并根据各风路的风阻值画出R_{1-2}、R_{2-3}和R_{2-4}三条风阻曲线。

专用风路2-3的风量就是西翼主要通风机的风量，而这条风路的阻力要由西翼主要通风机总风压中的一部分来克服，这就是说，风路2-3的风阻曲线R_{2-3}和西翼主要通风机特性曲线Ⅰ之间是串联关系。因此，可用Ⅰ和R_{2-3}两曲线按照"在相同的风量下，风压相减"的转化原则，绘出西翼主要通风机特性曲线Ⅰ为风路2-3服务以后的剩余特性曲线Ⅰ′（又名转化曲线）。

同理，用东翼风机特性曲线Ⅱ′和专用风路2-4的风阻曲线R_{2-4}，按照上述串联转化原则，画出东翼主要通风机为风路2-4服务以后的剩余特性曲线Ⅱ″，经过以上转化，在概念上好比把两翼通风机都搬到两翼分风点上，Ⅰ′和Ⅱ″两条曲线就是这两台通风机为公共风路1-2服务的特性曲线。

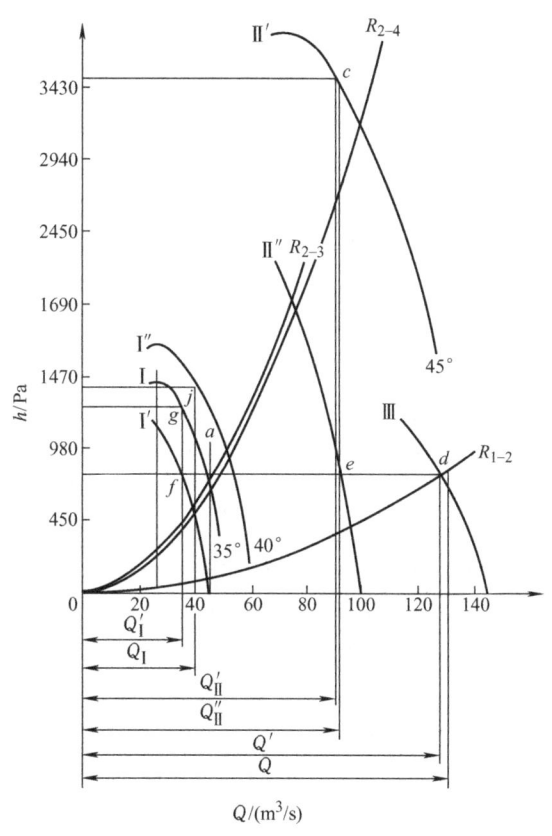

图7-43 联合运转通风机的特性曲线

因为风路1-2上的风量是两通风机共同供给的，即两通风机风量之和就是风路1-2上的风量。而风路1-2的阻力，两通风机都要承担，即在每台通风机的总风压中都要拿出相等的一部分风压来克服公共风路1-2的阻力。这在概念上好比两通风机搬到分风点后，用它们的剩余特性曲线Ⅰ′和Ⅱ″并联特性曲线为风路1-2服务。因此，用曲线Ⅰ′和Ⅱ″按照"在相同的风压下，风量相加"的并联原则，画出它们的并联特性曲线Ⅲ，它和风路1-2的风阻曲线R_{1-2}相交于点d，自点d画垂直线和横坐标相交得出矿井总风量$Q' = 127 \text{m}^3/\text{s}$，自点$d$画水平线分别交Ⅱ″和Ⅰ′两曲线于$e$和$f$两点，自这两点画垂直线和横坐标相交，得出东翼的风量$Q''_{\text{Ⅱ}} = 90.7 \text{m}^3/\text{s}$，西翼的风量$Q'_{\text{Ⅰ}} = 36.3 \text{m}^3/\text{s}$。

以上说明，在上述图例的具体条件下，当东翼通风机特性曲线调整到Ⅱ′而西翼通风机特性曲线不做相应调整时，则矿井的总风量下降（Q'比Q小3 m^3/s），通过西翼的风量供不应求（$Q'_{\text{Ⅰ}}$比$Q_{\text{Ⅰ}}$小3.7 m^3/s），而通过东翼的风量却供大于求（$Q''_{\text{Ⅱ}}$比$Q'_{\text{Ⅱ}}$大0.7 m^3/s）。

此外，从图7-43中可以看出，公共风路1-2的风阻曲线R_{1-2}越陡，调整后的矿井总风量Q'越小。这时，不仅西翼所需风量不能保证，而且东翼所需风量也不能满足。为安全运转起见，在每条通风机特性曲线上，实际使用的风压不得大于这条特性曲线上最大风压的

90%。从图 7-43 中还可以看出，只要风阻曲线 R_{1-2} 再陡一些，西翼通风机的工况点就会进入这台通风机特性曲线的不安全工作区段，使运转不稳定。

此外，两台通风机特性曲线相差越大或者西翼通风机的能力越小，矿井所需要的风量就越难保证，西翼通风机也有可能出现不稳定运转的情况。甚至在两主要通风机的特性曲线相差较大且公共风路的风阻较大的情况下，有可能造成公共风路的阻力达到西翼通风机零风量下的风压（即风量等于零时的风压）。这时，整个西翼将没有风流。如果公共风路的阻力继续增大，甚至大于西翼通风机零风量下的风压，这时西翼的风流就会反向或逆转，整个西翼变为东翼进风路线之一。

因此，对于两台或两台以上通风机进行分区并联运转的矿井，如果公共风路的风阻越大，各通风机的特性曲线相差越大，就越有可能出现上述通风恶化的现象，必须注意预防。

7.6.2 多台通风机不稳定运转的预防措施

通过以上分析可知，多台通风机并联运转时，公共风路的风阻越小，各台通风机的能力越接近，则安全稳定运转越有保证。因此，在进行通风设计时，要尽可能降低公共风路的风阻，一般地说，要求公共风路的阻力约为小通风机风压的 30%。所以，在可能的条件下，公共风路的断面面积要尽可能大些，长度要尽可能短些，或者使矿井的进风道数量尽可能多些。同时，还要尽量做到所选用的各台通风机特性曲线基本相同，这就要求各采区或各翼所需要的风压和风量尽可能做到搭配均匀。

在生产管理工作中，要尽量使公共风路保持比较小的风阻值，不要在公共风路上堆积物品；如出现冒顶、塌陷或断面变形，必须及时整修。在万一出现小通风机不稳定的运转状况时，可采用在大通风机专用风路上加大风阻的临时措施，使大通风机的风量和矿井总风量都适当减少，就能避免这种状况。更主要的是，为了预防大通风机调整后的影响，须对其他通风机做出相应的调整。例如，当生产情况要求东翼通风机的特性曲线调整到 Ⅱ′ 时，西翼通风机的特性曲线也必须及时调整，这是因为东翼通风机风量增加，使通过公共风路的总风量增大，公共风路的阻力也增大。所以西翼通风机的风量虽然不改变，但它的风压却要相应地增加，这样才能承担公共风路上所需要的风压。

根据这个原理，可用下式算出西翼通风机专用风路所需要的风压

$$h'_{2-3} = R_{2-3} Q_I^2 = 0.36 \times 40^2 \text{Pa} = 576 \text{Pa}$$

前面已算出公共风路 1-2 所需要的风压 $h'_{1-2} = 845 \text{Pa}$，所以西翼通风机的总风压应为

$$h'_I = h'_{1-2} + h'_{2-3} = (845 + 576) \text{Pa} = 1421 \text{Pa}$$

根据 h'_I 和 Q_I 两个数据所构成的新工况点 j，把西翼通风机叶片安装角度调整到 40°，使它的特性曲线 Ⅰ″ 接近 j 点（略有富裕），西翼通风机做了这样相应的调整，就能够保证井下各处所需的风量，以预防不稳定的通风状况。

西翼通风机调整后，它的工作风阻变为

$$R'_I = h'_I / Q_I^2 = (1421/40^2) \text{N} \cdot \text{s}^2/\text{m}^8 = 0.89 \text{N} \cdot \text{s}^2/\text{m}^8$$

用 R'_I 的数据，可在图 7-44 中画出这台通风机调整后的工作风阻曲线 R'_I，这曲线必然通过点 j。同理，前面已算出东翼通风机调整后的工作风阻 $R'_{II} = 0.43 \text{N} \cdot \text{s}^2 \cdot \text{m}^{-8}$，并已在图中画出工作风阻曲线 R'_{II}，该曲线必然通过新工作点 c。以上计算表明各通风机的工作风阻不一定是常数（$R_I < R'_I$、$R_{II} > R'_{II}$），当各通风机的风量和矿井总风量的比值发生变化

时,各通风机的工作风阻也就跟着发生变化。

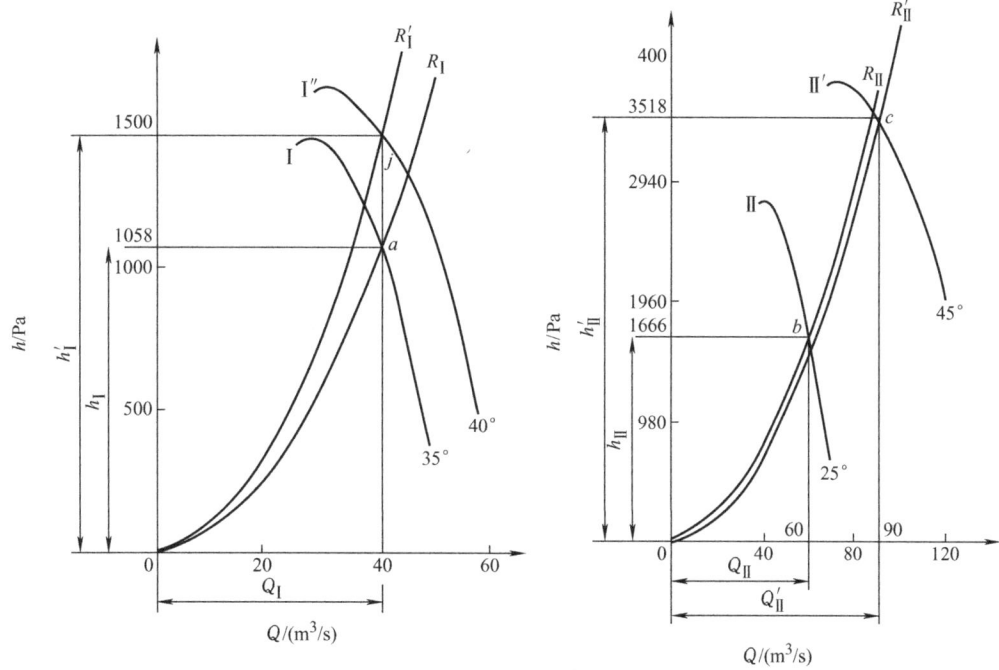

图 7-44 通风机调整后的工作风阻曲线

在上例中,调整以后的两台通风机都使用了叶片安装角度最大的特性曲线,但考虑到有时会出现反向自然风压或者风路的风阻变大等因素,可能会使两台通风机的工作点都超出合理的工作范围,造成运转不安全,而且噪声大,在此情况下,宜适当降低风路上的风阻,尽可能做到既保证矿井所需风量,又少用或不用通风机叶片最大安装角度的特性曲线。

复习思考题及习题

7-1 什么是通风网络?其主要构成元素是什么?

7-2 简述节点、分支、路、回路、网孔、生成树、余树的含义。

7-3 矿井通风网络中风流流动的基本规律有哪几个?写出其数学表达式。

7-4 比较串联通风网络和并联通风网络的特点?

7-5 写出角联分支的风向判别式,分析影响角联分支风向的因素。

7-6 并联通风网络风量调节有哪几种方法?

7-7 矿井通风网络解算问题的实质是什么?

7-8 简述矿井通风风量调节法。

7-9 图 7-45 所示为角联通风网络,各巷道风阻值为:$R_1 = 3.92 \text{N} \cdot \text{s}^2/\text{m}^8$,$R_2 = 0.752 \text{N} \cdot \text{s}^2/\text{m}^8$,$R_3 = 0.98 \text{N} \cdot \text{s}^2/\text{m}^8$,$R_4 = 0.4998 \text{N} \cdot \text{s}^2/\text{m}^8$,$R_5 = 0.49 \text{N} \cdot \text{s}^2/\text{m}^8$,试判断巷道 BC 的风流方向。

7-10 设某一通风网络及巷道中的风流方向如图 7-46 所示。各分支的风阻值为:$R_1 = 1.20 \text{N} \cdot \text{s}^2/\text{m}^8$,$R_2 = 0.60 \text{N} \cdot \text{s}^2/\text{m}^8$,$R_3 = 1.05 \text{N} \cdot \text{s}^2/\text{m}^8$,$R_4 = 0.30 \text{N} \cdot \text{s}^2/\text{m}^8$,$R_5 = 2.10 \text{N} \cdot \text{s}^2/\text{m}^8$,$R_6 = 1.20 \text{N} \cdot \text{s}^2/\text{m}^8$,

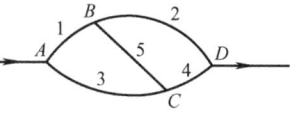

图 7-45 题 7-9 图

$R_7 = 2.10\text{N}\cdot\text{s}^2/\text{m}^8$，巷道风量为：$Q_1 = 7\text{m}^3/\text{s}$，$Q_2 = 16\text{m}^3/\text{s}$，$Q_3 = 3.2\text{m}^3/\text{s}$，$Q_4 = 17.2\text{m}^3/\text{s}$，$Q_5 = 6.4\text{m}^3/\text{s}$。试问：

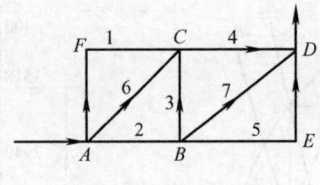

图 7-46　题 7-10 图

(1) 该通风网络属于哪种类型的通风网络？
(2) 若用增阻风窗调节，应在何处安设风窗？风窗的阻力为多大？
(3) 调整后整个风网的总风阻为多大？

7-11　某矿通风系统如图 7-47 所示，已知矿井总进风量为 $60\text{m}^3/\text{s}$，巷道 EF 和 ED 的需风量为 $15\text{m}^3/\text{s}$ 和 $20\text{m}^3/\text{s}$，每条巷道的风阻值为：$R_{AB} = 0.20\text{N}\cdot\text{s}^2/\text{m}^8$，$R_{BE} = 0.2\text{N}\cdot\text{s}^2/\text{m}^8$，$R_{BCD} = 0.6\text{N}\cdot\text{s}^2/\text{m}^8$，$R_{ED} = 0.3\text{N}\cdot\text{s}^2/\text{m}^8$，$R_{EF} = 0.4\text{N}\cdot\text{s}^2/\text{m}^8$，$R_{DF} = 0.2\text{N}\cdot\text{s}^2/\text{m}^8$，$R_{FG} = 0.3\text{N}\cdot\text{s}^2/\text{m}^8$。试问：

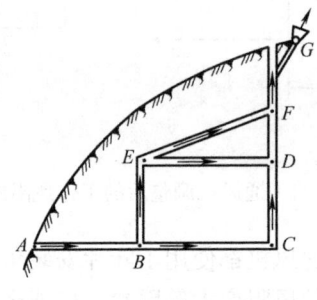

图 7-47　题 7-11 图

(1) 画出简化的通风网络图。
(2) 计算各巷道通过的风量和阻力（可用表格的形式表示）。
(3) 在忽略自然风压的情况下，计算矿井通风的最大阻力和风阻。
(4) 若采用增阻调节，应在哪些巷道中设置调节风窗才能满足按需分风要求，调节风阻值为多少？

第8章

矿井通风系统及设计

【学习要点】

- 掌握矿井通风系统设计的原则、内容和步骤，了解设计所依据的基础资料。
- 熟悉通风方式、通风方法和通风网络的分类和特点，学会根据要求拟定合理的通风系统。
- 学会根据不同需要计算生产矿井的总风量，掌握配风的原则、依据和方法。
- 了解新建矿井和延伸矿井总风量的计算和分配方法。
- 掌握矿井通风阻力的计算原则和方法。
- 了解矿井通风设备选型的要求，学会根据需要选择工况合理的通风机和电动机。
- 掌握矿井通风费用的计算方法。
- 熟悉矿井漏风的类型、特点和危害，掌握减少或防止漏风的技术措施。

矿井通风系统是由向井下各作业地点供给新鲜空气、排出污浊空气的通风网络和通风动力以及通风控制设施等构成的工程体系。矿井通风系统设计是矿井总体设计的一个重要组成部分，是保证矿井安全生产的重要环节。因此，必须密切配合其他生产环节来周密考虑、精心设计，以达到最佳效果。

矿井通风系统设计的基本任务是结合矿井开拓与开采设计，建立一个安全可靠、技术先进、经济合理和便于管理的通风系统，并在此基础上计算各用风地点所需风量、总风量和总风压，选择矿井通风设备。对于新建矿井的通风系统设计，既需要考虑当前的需要，又要考虑长远发展的要求。而对于改建或扩建矿井的通风系统设计，必须对矿井原有的生产与通风情况做出详细的调查，分析通风存在的问题，考虑矿井生产的特点和发展规划，充分利用原有的井巷与通风设备，在原有的基础上提出更完善、更切合实际的通风系统设计。

矿井通风系统按服务范围分为统一通风和分区通风；按进风井与回风井在井田范围内的布局分为中央式、对角式和中央对角混合式；按主通风机的工作方式分为压入式、抽出式和压抽混合式。此外，阶段通风网络、采区通风网络和通风构筑物，也是通风系统的重要构成要素。防止漏风，提高有效风量率，是矿井通风系统管理的重要内容。

无论新建、改扩建矿井的通风系统设计，都必须遵照国家颁布的安全规程、技术操作规程和设计规范的相关规定。

矿井通风系统设计依据的基础资料如下：

1) 矿井自然条件：地质、地形图；矿区气候条件（年最高气温、最低气温和年平均气温，常年主导风向，地温及地温增加率；对于煤矿还应考虑煤岩中游离的二氧化碳含量；煤层中的瓦斯含量和压力以及瓦斯和二氧化碳涌出量；煤的自燃倾向性及自然发火期；煤尘爆炸性指数等）。

2) 矿井生产条件：矿井年产量及服务年限；矿井的开拓、开采及运输系统；各采区储量及按年限分配的位置与产量分配情况；同时开采的煤层数（水平）、采区数、采掘工作面数；井下同时工作的最多人数；同时爆破的最多炸药消耗量；井巷断面及支护形式等。

3) 邻近生产矿井与通风系统设计有关的经验数据以及有关法规和政策规定。

在符合实际情况时，应尽可能多地收集和准备以上基础资料，以达到最佳的矿井通风系统设计，大大提高矿井的安全生产水平及效益。

本章主要阐述矿井通风系统的拟定、矿井需风量的计算及分配、矿井通风阻力的计算、矿井通风设备选型、矿井通风费用概算、通风系统的漏风及有效风量。

8.1 矿井通风系统的拟定

风流由入风口进入矿井后，经过井下各用风场所，然后流入回风井，由回风井排出矿井，风流所流经的整个线路称为矿井通风系统。

矿井通风系统是矿井生产系统的主要组成部分，包含矿井通风方式、通风方法和通风网络。矿井通风方式是指进风井（风硐）和回风井（风硐）的布置方式；矿井通风方法是指产生通风动力的方法；矿井通风网络是指井下各风路按各种形式连接而成的网络。

8.1.1 统一通风与分区通风

拟定矿井通风系统时，首先应考虑采用统一通风还是分区通风。

1. 统一通风

一个矿井构成一个整体的通风系统称统一通风，其特点是进、排风比较集中，便于管理，开采范围不大的矿井，特别是深矿井，采用全矿统一通风比较合理。

2. 分区通风

划分成若干个独立的通风系统，风流互不干扰称分区通风，其特点是分区通风具有风路短、阻力小、网络简单、风流易于控制等优点。因此，在一些矿体埋藏较浅且分散的矿山或矿井开采浅部矿体的时期，分区通风得到了广泛的应用。

由于分区通风需要具备较多的进、排风井，它的推广使用就受到一定的限制。是否适合分区通风，主要看开凿通达地表的通风井巷工程量的大小或有无现成的其他井巷可供利用。一般说来，在下述条件下，采用分区通风比较有利。

1) 矿体埋藏较浅且分散，开凿通达地表的通风井巷工程量较小，或有现成的井巷可供利用。

2) 矿体埋藏较浅，走向长，产量大，若构成一个通风系统，风路长，漏风大，网络复杂，风量调节困难。

3) 开采围岩或矿石有自然发火危险的规模较大的矿井。

3. 分区方法

分区通风不同于在一个矿区内因划分成几个井田开拓而构成的几个通风系统。分区通风的各系统处于同一开拓系统之中，井巷间存在一定的联系。

分区通风也不同于多台通风机在一个通风系统中联合作业。分区通风的各系统不仅各具独立的通风动力，而且还各有完整的进、回风井巷，各系统之间相互独立，实行分区通风应合理划分通风区域。

通常将矿量比较集中，生产上密切相关的地段，划在一个通风区域内。主要有如下几种分区方法。

（1）按矿体分区　当一个矿井只有少数几个大矿体或几个矿量比较集中的矿体群时，可根据矿体分布情况，将最靠近的矿体或矿体群划为一个通风区。图 8-1 所示为某矿按矿体划分的分区通风系统，该矿按矿体将矿井划分为两个通风区，每个区域开采两个大矿体，主提升井开凿在中间无矿带内，每一通风区均有各自的进、回风井，形成两个独立的分区通风系统。

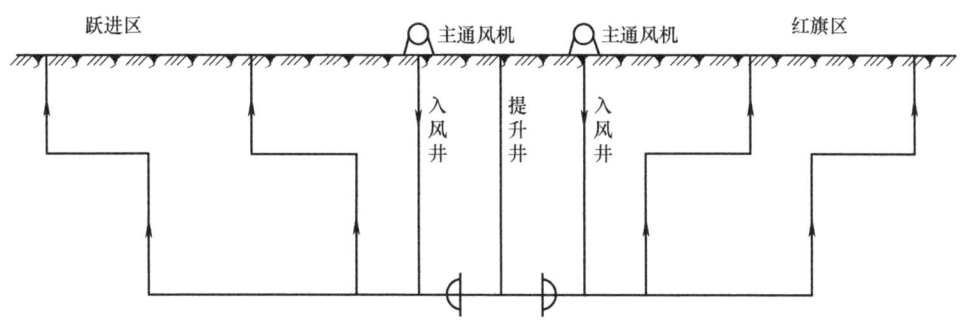

图 8-1　某矿按矿体划分的分区通风系统

（2）按阶段分区　当开采沿山坡分布的平行密集脉状矿床时，矿体距地表较近，经常有旧巷或采空区与地表贯通，上下阶段之间联系较少，可按阶段划分通风区域。图 8-2 所示是某矿按阶段划分的分区通风系统，是分区的典型例子，该矿每个阶段划分为一个或两个通风区，每个通风区均有独立的进风口和排风口，各系统之间风流互不干扰。

（3）按采区分区　对于走向长、开采范围广的矿井，可沿走向每个采区建立一个独立的通风系统。如某矿矿体走向长为 9000~12000m，共分五个采区，各采区之间联系甚少，每个采区可构成一个独立通风系统，如图 8-3 所示。

（4）按进风方法分区　某些生产矿井，当靠近地表的浅部矿体已基本上采空，并形成大量采空区和旧巷与地表相通，如果将其纳入主通风机通风系统有困难时，可将该部分从主通风机通风系统中隔离出来，单独构成一个以自然通风为主的通风区（安设临时辅助通风机加强通风）。这样，不仅可使浅部残采区形成一定的风流系统，而且使深部主通风机通风系统更为完善，如图 8-4 所示。

8.1.2　通风方式

按进风井与回风井之间的相互关系，将矿井通风系统分为如下 4 种类型。

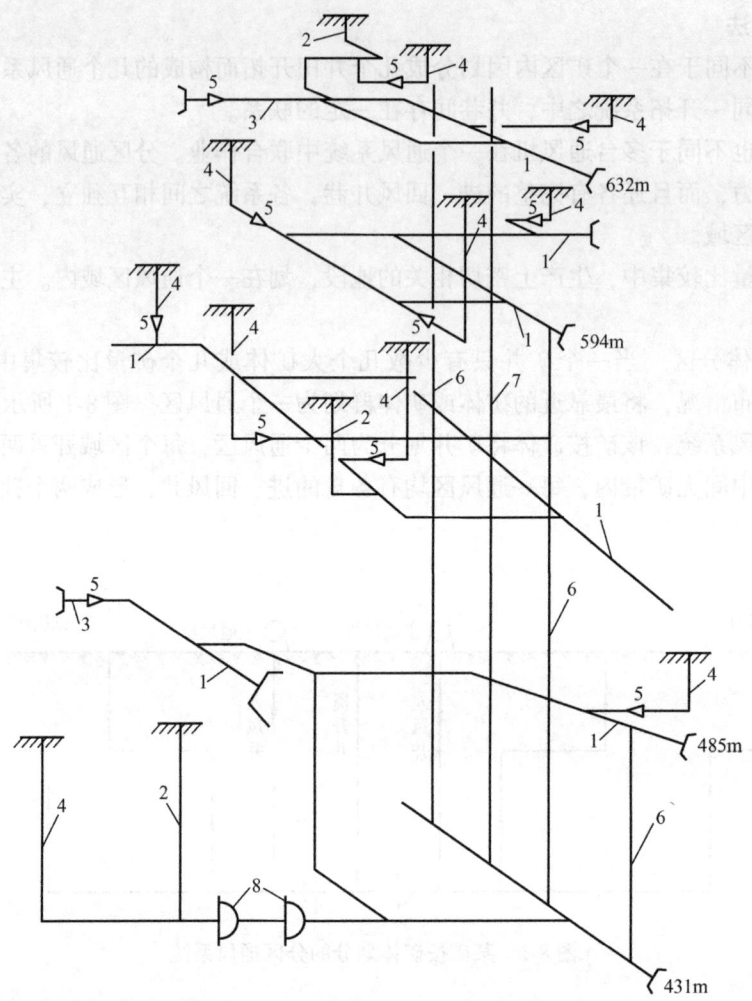

图 8-2　某矿按阶段划分的分区通风系统
1—进风平巷　2—进风井　3—回风平巷　4—回风井　5—抽出式主通风机　6—溜矿井　7—提升井　8—风门

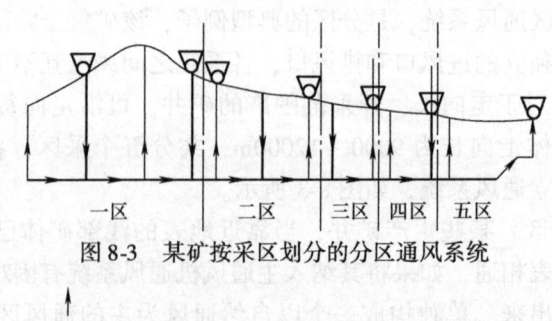

图 8-3　某矿按采区划分的分区通风系统

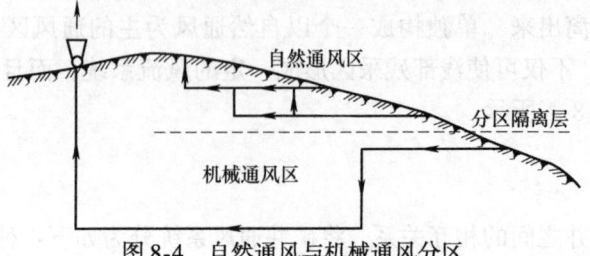

图 8-4　自然通风与机械通风分区

1. 中央式通风系统

中央式通风系统按照井筒沿井田倾斜的位置可以分为 2 种类型。

(1) 中央并列式　如图 8-5 所示,进风井与回风井走向及倾斜均大致并列于井田的中央,两井底可以开掘到第一水平 (图 8-5a),也可以只开掘到回风水平 (图 8-5b)。后者一般适用于较小型矿井。

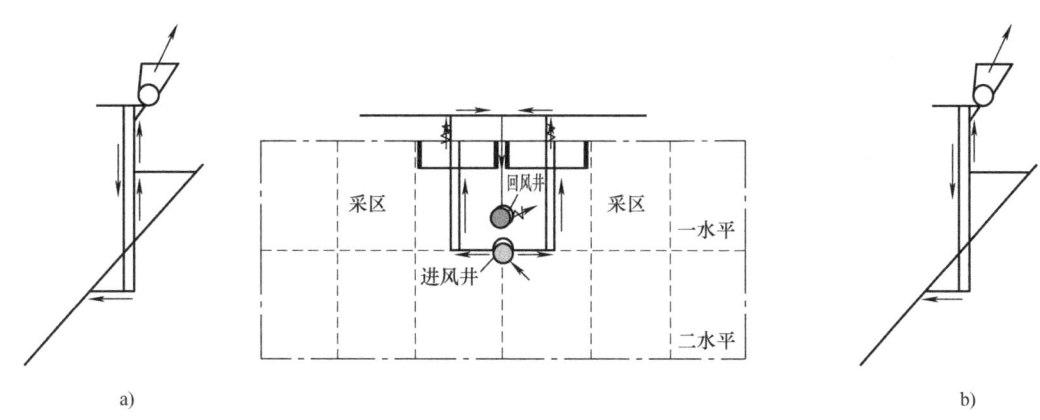

图 8-5　中央并列式通风系统

(2) 中央边界式 (中央分列式)　如图 8-6 所示,进风井大致位于井田走向中央,回风井大致位于井田浅部边界沿走向的中央,在倾斜方向上两井相隔一段距离,回风井的井底高于进风井的井底。

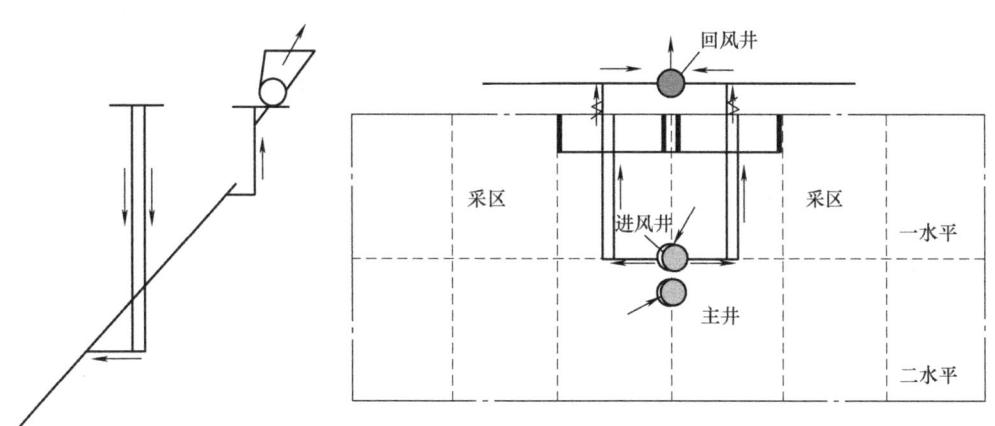

图 8-6　中央边界式通风系统

金属矿井有下列几种布置方案:

1) 进、回风井均布置在矿床走向的中央,且互相靠近。这种布置方案适用于矿床走向较短,埋藏较深,矿床两端未探清而又急于投产的矿井,或矿床两端地形不便设置风井安装主通风机,以及需要用回风井做辅助提升、延深提升井的矿井。

2) 进、回风井均集中布置在矿床走向的一端。这种布置方案适用于矿床走向短,埋藏深,采用端部开拓,因地形限制不便在矿体另一端开掘回风井巷和安装主通风机以及矿床端部未探清又急于投产的矿井。

中央式布置具有基建费用少，投产快，地面建筑集中，便于管理，井筒延深工作方便，容易实现反风等优点。中央式多用于开采层状矿体。金属矿山，当矿脉走向不太长，要求早期投产，或受地形、地质条件限制，在两翼不宜开掘风井时，可采用中央式。

2. 对角式通风系统

按进、回风井走向和位置可将对角式通风系统分为2种类型。

(1) 两翼对角式 进风井大致位于井田走向的中央，回风井位于沿浅部走向的两翼附近，如图8-7所示。

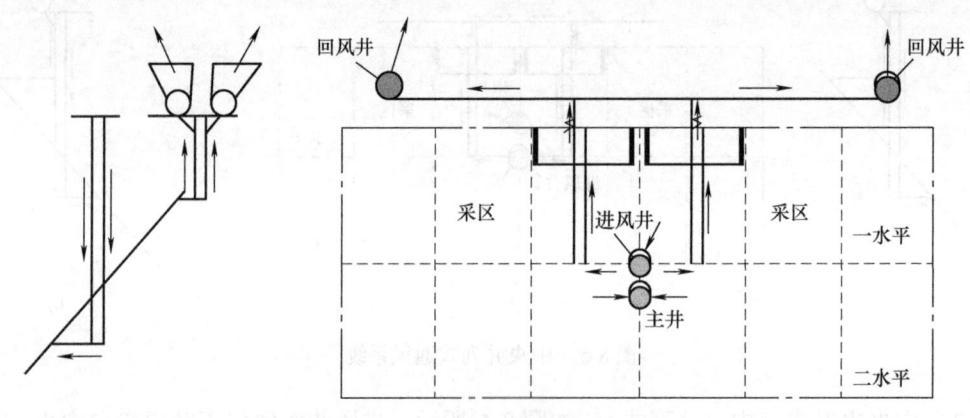

图8-7 两翼对角式通风系统

(2) 分区对角式 进风井大致位于井田走向的中央，每个采区各有一个回风井，无总回风巷，如图8-8所示。

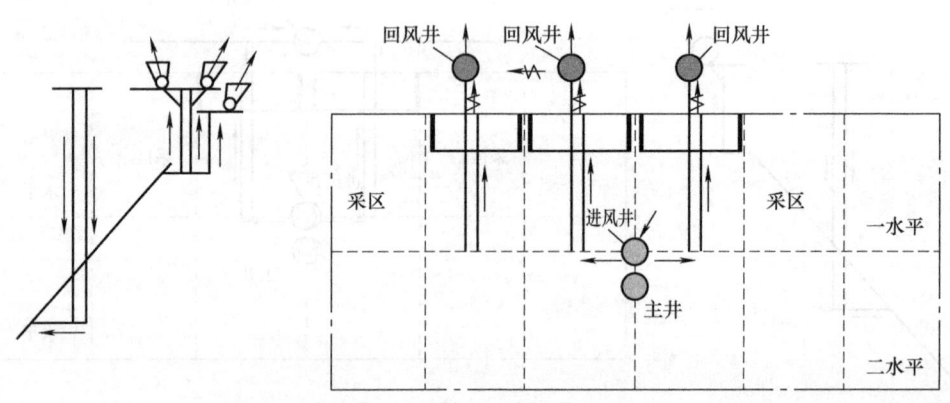

图8-8 分区对角式通风系统

对角式布置具有风流路线短，风压损失小，漏风少，整个矿井生产期间风压比较稳定，风量分配比较均匀，排出的污风距工业场地较远等优点。金属矿山多采用对角式布置方式。根据矿体埋藏条件和开拓方式的不同，对角式布置有多种不同的形式。如果矿体走向较短，矿量集中，整个开采范围不大，可将进风井布置在矿体一端，排风井在另一端，构成侧翼对角式布置形式。如果同时开采不只是一个矿体，而有两个或两个以上大矿体时，也可将进风布置在一端，而另一端根据矿体所在位置，分别布置两个或两个以上回风井，也称侧翼对角式。这种方式多在矿体埋藏不深、开凿回风井不太困难时采用。矿体走向较长且规整，采用中央开拓，可将进风井布置在中央，两翼各设一个回风井，构成两翼对角式。有时两翼矿体比较分散，埋藏较浅，开掘回风井工程不大，也可在每一翼布置两个或两个以上回风井，也称两翼对角式。如果当矿体走向特别长，规模大，产量高，由一个井筒集中进风，风速过高，可将进风井与回风井沿走向间隔布置，构成间隔对角式布置方式，如图8-9所示。

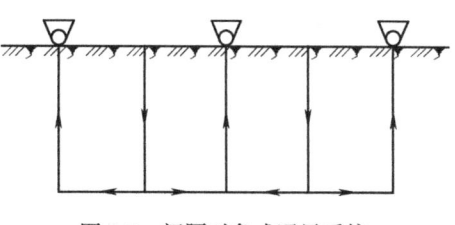

图8-9 间隔对角式通风系统

3. 区域式通风系统

在井田的每一个生产区域开凿进、回风井，分别构成独立的通风系统即区域式通风系统，如图8-10所示。

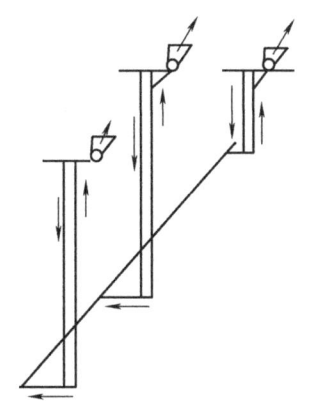

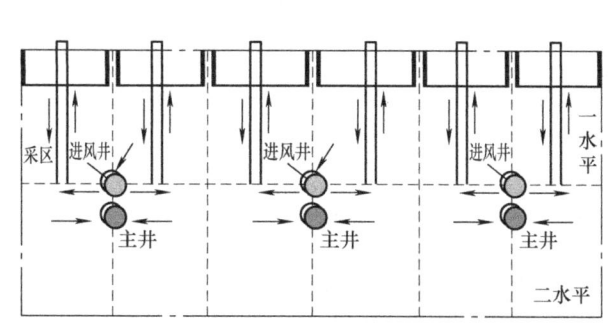

图8-10 区域式通风系统

4. 混合式通风系统

混合式通风系统的进风井与回风井有3个以上井筒，由中央式和对角式混合、中央式和中央边界式混合等。

一般来说，中央式通风系统具有井巷工程量少、初期投资省的突出优点，在矿井建设初宜优先采用；对于煤矿来讲，有煤与瓦斯突出危险的矿井、高瓦斯矿井、煤层易自燃的矿井及有热害的矿井，宜采用对角式或分区对角式通风；当井田面积较大时，初期可采用中央式通风，逐步过渡到对角式或分区对角式通风。

当矿体走向长、开采范围广，采用中央式开拓，可在井田中部布置进风井和回风井，用于解决中部矿体开采时通风；同时在矿井两翼另开掘回风井，解决边远矿体开采时的通风。整个矿井既有中央式又有对角式，形成中央对角混合式通风系统，如图8-11所示。有些矿井，在中部井底车场附近有破碎硐室、主溜矿井和火药库等需要独立通风的井下硐室，此时也可在中央建立回风系统，而在两翼另设回风井，解决矿体开采过程中的通风。

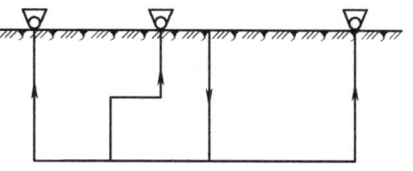

图8-11 中央对角混合式通风系统

进风井与回风井的布置形式，虽可归纳为上述几类，但由于矿体赋存条件复杂，开拓、开采方式多种多样，在矿井设计和生产实践中，要结合各矿具体条件，因地制宜，灵活运用，而不要受上述类别的局限。

确定进风井与回风井布置方式时，还应注意以下影响因素：

1) 当矿体埋藏较浅且分散时，开凿通达地表的井巷工程量较小，而开凿贯通各矿体的通风联络巷道较长、工程量较大时，则可多开几个进、回风井，分散布置，还可降低通风阻力。反之，当矿体埋藏较深且集中，开凿通风井的工程量较大，而开凿各矿体间的通风联络巷道工程量较小，就应少开进、回风井，集中通风。在矿井浅部开采时期，由于距地表较近，可分散布置；到深开采时，再适当集中，也是合理的。

2) 要求早期投产的矿井，特别是矿体边界尚未探清的情况下，暂时采用中央式布置，使井下很快构成贯通风流，有利于早期投产。随着两翼矿体勘探情况的不断进展，再考虑开凿边界风井。

3) 当矿体走向特别长或特别分散，矿井开采范围广，生产能力大，所需风量较多时，采用多井口、多通风机分散布置的方式，对降低通风阻力，减少漏风十分有益。

4) 主通风井应避免开凿在含水层、受地质破坏或不稳定的岩层中。井筒要在围岩崩落带以外，井口应高出历年最高洪水位。进风井周围风质要好，也要考虑排风井不应对周围环境造成污染。

5) 在生产矿井，可以考虑利用稳固的、无毒害物质涌出的旧巷道或采空区作辅助进风井或排风井，以减少开凿工程量。

8.1.3 通风动力及通风方法

按通风方法获得的动力来源可将矿井通风系统分为自然通风和机械通风 2 种。

1. 自然通风

利用自然因素产生的通风动力使空气在井下巷道流动的通风方法叫作自然通风。

2. 机械通风

利用通风机运转产生的通风动力，致使空气在井下巷道流动的通风方法叫机械通风。煤矿与金属非金属矿山按通风机的工作方式将矿井通风系统分为抽出式、压入式和压抽混合式 3 种，对于金属非金属矿山，多级机站通风方式也较为常用。

(1) 抽出式　主要通风机安装在回风井口，在抽出式主要通风机的作用下，整个矿井通风系统处在低于当地大气压力的负压状态。

抽出式通风的优点是：当主要通风机因故停止运转时，井下风流的压力提高，可使空区瓦斯涌出量减少，有利于瓦斯管理，比较安全；外部漏风量少，通风管理比较简单；与压入式通风相比，不存在向下水平过渡时期改变通风方法的困难。其缺点是：当地面存在小窑塌陷区并和开采裂隙沟通时，抽出式通风会把小窑中积存的有害气体抽到井下，并使工作面有效风量减少。

(2) 压入式　主要通风机安设在进风井口，在压入式主要通风机的作用下，整个通风系统处于高于当地大气压的正压状态。

压入式通风的优点是：节省风井场地，施工方便，主要通风机台数少，管理方便；开采浅部煤层时采区准备较容易，工程量少，工期短，出煤快；能用一部分回风把小窑塌陷区的有害气体压到地面。其缺点是：井口房、井底煤仓及装载硐室漏风大，管理困难；风阻大，风量调节困难;由第一水平的压入式过渡到第二水平的抽出式,改造工程量大,过渡期长,通风管理困难;当主要通风机因故停止运转时,井下风流压力降低,可能在短时间内引起采空区或封闭区的瓦斯大量外涌;主通风机位于工业场地内,有噪声影响。

一般认为压入式通风不宜在高瓦斯矿井采用。低瓦斯矿井的第一水平有地表漏风,矿井地面地形复杂、高差起伏,无法在高山上安装主要通风机;回采过程中回风系统易受破坏,难以维护;矿井有专用进风井巷,能将新鲜风流直接送往作业地点;靠近地表开采,或采用崩落法开采(金属矿山)覆盖岩层透气性好;矿石和围岩含有放射性元素,有氡及氡子体析出等情况下可以考虑采用压入式通风。

(3)压抽混合式 在入风口设一通风机做压入式工作,回风井口设一通风机做抽出式工作。通风系统的进风部分处于正压,回风部分处于负压,工作面大致位于中间,其正压或负压均不大,采空区通连地表的漏风因而较小,适用于自燃发火严重的矿井。其缺点是使用的通风设备较多,管理复杂。在下述条件下可采用压抽混合式通风:

1)采矿作业区与地面塌陷区相沟通,采用压抽混合式可平衡风压,控制漏风量。

2)有自燃发火危险的矿山,为防止大量风流漏入采空区引起发火,可采用压抽混合式。

3)利用地层的调温作用解决提升井防冻的矿井,可在预热区安设压入式通风机送风,与抽出式主通机相配合,形成压抽混合式。

(4)多级机站通风方式 这是一种由几级进风机站以接力方式将新鲜空气经进风井巷送到作业区,再由几级回风机站将作业时形成的污浊空气经回风井巷排出矿井的通风系统。由于此系统在进风段、需风段和回风段均设有通风机,对全系统施行均压通风,能有效地控制漏风,节省通风能耗,风量调节也比较灵活。但这种方式所需通风设备较多,管理较复杂,其适用条件与压抽混合式相同,如图 8-12 所示。

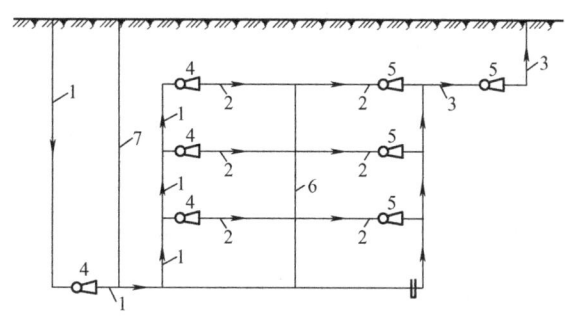

图 8-12 多级机站通风系统
1—进风井巷(进风段) 2—需风巷(需风段)
3—回风井巷(回风段) 4—两级压入机站
5—两级抽出机站 6—溜矿井 7—提升井

选择通风方式时,地表有无塌陷区或其他难以隔离的通路即产生漏风的因素,十分重要。对于开采无地表塌陷区或虽有塌陷区但可充填、密闭,能够保持回风道有良好严密性的矿井,应采用抽出式,或以抽出式为主的压抽混合式通风系统。开采有地表塌陷区,而且回风道与采空区之间不易隔绝的矿井,应采用压入式,或以压入式为主的压抽混合式通风系统。选择通风方式时,还应考虑井下污染源产生的地点和特性。有氡及氡子体污染的矿井,为控制氡的析出量,进风段和需风段应施行正压控制(压入式),回风段应施行负压控制(抽出式)。有自燃发火危险的矿井,应施行零压控制(压抽混合式)。有沼气涌出的煤矿多施行负压控制(抽出式)。

3. 主通风机安装地点

主通风机可安装在地表,也可安装在井下,一般多安装在地表。

主通风机安装在地表的主要优点是：安装、检修、维护管理比较方便；井下发生灾变事故时，通风机不易受到损害，便于采取停风、反风或控制风量等应急措施。其缺点是：井口密闭、反风装置和风硐的漏风量较大；当矿井较深，工作面距主通风机较远时，沿途漏风大，在地形条件复杂的情况下，安装、建筑费用较高。

主通风机安装在地下的优点是：主通风机装置漏风少；通风机靠近作业区，沿途漏风也少，可利用较多井巷进风或回风，降低通风阻力，密闭工程量较少。其缺点是：安装、检修和管理不方便，易因井下灾害而遭到破坏。在下列情况下可考虑将主通风机安装在井下：

1）地形险峻，在地面无适当地点可供安装主通风机，或地面有山崩、滚石、滑坡等不利因素，威胁主通风机的安全。

2）矿井进风区段运输人员走动频繁，风流难以控制；而回风区段又与采空区及地表塌陷区沟通，不易隔离。

3）矿井深部开采阶段，作业面距地表主通风机较远，沿途漏风大且不易控制。

4）使用小型通风机进行多级机站通风。

主通风机安装在井下时应注意的问题：

1）主通风机应安装在不受地压及其他灾害威胁的安全可靠的地点。

2）进风系统与回风系统之间一切漏风通道密应严加密闭。

3）抽出式通风的地下主通风机，主通风机房和检修通道应供给新鲜风流。

4）采用具有良好空气动力性能的机站结构，降低通风阻力。

8.1.4 通风网络

一般把矿井或采区通风系统中的风流分流、汇合的线路结构形式称为通风网络。由于矿井开拓方式和采区巷道布置不同，通风网络连接方式也不一致，大体可分为串联、并联、角联和复杂联接4种类型。其基本形式及通风参数的计算详见第7章。

8.1.5 拟定矿井通风系统

矿井通风系统的拟定是矿井通风系统设计的基础部分，主要是拟定矿井风流路线，进风井与出风井的布置方式，以及矿井主要通风机的工作方法。

1. 通风系统拟定的原则和要求

选择矿井通风的因素较多，只要抓住起决定作用的主要因素，同时注意其他因素，进行全面分析，就有可能选定比较合理的通风系统。

（1）原则　拟定矿井通风系统应严格遵循安全可靠、投产较快、出矿较多，通风基建费用和经营费用的总和最低以及便于管理的原则。

1）矿井通风网络结构要合理：集中进、回风线路要短，通风总阻力要小，多阶段同时作业时，主要人行运输巷道和工作点上的污风不串联。

2）内外部漏风少。

3）通风构筑物和风流调节设施及辅助通风机要少。

4）充分利用一切可用的通风井巷，使专用通风井巷工程量最小。

5）通风动力消耗少，通风费用低。

为使拟定的矿井通风系统安全可靠和经济合理，必须对矿山做实地考察和对原始条件做细致分析。

(2) 要求　拟定通风系统的基本要求是：

1) 每个矿井和阶段水平之间都必须有 2 个安全出口。

2) 进风井巷与采掘工作面的进风流的粉尘浓度不得大于 $0.5 mg/m^3$。

3) 新设计的箕斗井和混合井禁止作为进风井，已作为进风井的箕斗井和混合井必须采取净化措施，使进风流的含尘量符合上述要求。

4) 主要回风井巷不得作为人行道，井口进风不得受矿尘和有毒有害气体污染，并且井口排风不得造成公害。

5) 矿井有效风量率应符合国家有关规定，煤矿应在 85% 以上，金属非金属地下矿山应在 60% 以上。

6) 采场、二次破碎巷道和电耙道，应利用贯穿风流通风，电耙驾驶员应位于风流的上风，有污风串联时应禁止人员作业。

7) 井下硐室和炸药库必须设有独立的回风道。

8) 主通风机一般应设反风装置，要求 10min 内实现反风，当风流方向改变后，主通风机供给巷道的风量不应小于正常供风量，煤矿为 40%，金属非金属地下矿山为 60%。

选择通风系统时，应根据矿体赋存条件和开采特点，拟定几个可行方案进行详细的技术经济比较，择优选出。

2. 矿井通风系统方案技术和经济比较的内容

(1) 通风系统方案技术比较的主要内容

1) 通风系统的安全可靠性。

2) 通风网络的复杂程度、串联污染的可能性、风质的好坏、风流控制的难易程度。

3) 矿井风压大小及风压分布、高风压区通风构筑物的数量及其对矿井漏风量大小的影响。

4) 矿井主要风流控制设施的位置对生产运输的影响和管理的难易程度。

5) 主通风机的位置、安装、供电、维护检修的方便程度。

6) 通风管理人员的数量。

(2) 通风系统方案经济比较的主要内容

1) 通风井巷工程量、主要构筑物的工程量、地面构筑物的工程量。

2) 矿井通风设备数量及装机容量。

3) 矿井通风基建投资。

4) 电力消耗。

5) 年经营费（电力、工资、材料、大修、折旧）。

总之，进行通风系统选择时，在满足技术可行、保证安全可靠的前提下应力求经济合理。

随着矿井生产的发展，若矿体赋存条件、开拓方法和采矿方法等发生变化时，应对通风系统进行适时调整。

8.2　矿井需风量的计算及分配

矿井总风量即井下各个工作地点的有效风量与各条风路上的漏风量之总和。设计矿井的风量需依照矿井整个服务年限内各个时期的通风要求分水平进行计算,以保证合理通风。

8.2.1 生产矿井总风量计算

生产矿井的总进风量 Q (m^3/min) 按下列要求分别计算,并取其中最大值。

1. 按井下同时工作的最多人数计算

计算公式为

$$Q \geqslant 4NK \tag{8-1}$$

式中　4——每人每分钟应供给的最低风量 [$m^3/(min \cdot 人)$];

　　　N——井下同时工作的最多人数(人);

　　　K——矿井通风系数,包括矿井内部漏风和配风不均匀等因素,一般可取 $1.2 \sim 1.25$。

2. 按照采矿、掘进、硐室和其他用风地点的需风量总和计算

计算公式为

$$Q \geqslant K(\sum Q_{采} + \sum Q_{掘} + \sum Q_{硐} + \sum Q_{备} + \sum Q_{其他}) \tag{8-2}$$

式中　K——矿井通风系数,该值应从实测和统计中求得,抽出式矿井取 $1.15 \sim 1.20$;压入式矿井取 $1.25 \sim 1.30$;如果地表没有崩落区取 $1.25 \sim 1.40$;一般矿井取 $1.30 \sim 1.45$;地表有崩落区取 $1.35 \sim 1.50$;

　　　$\sum Q_{采}$——各回采工作面所需风量之和 (m^3/s);

　　　$\sum Q_{掘}$——各掘进工作面所需风量之和 (m^3/s);

　　　$\sum Q_{硐}$——各硐室所需风量之和 (m^3/s);

　　　$\sum Q_{备}$——各备用工作面所需风量之和 (m^3/s),其风量可取作业工作面风量的一半;

　　　$\sum Q_{其他}$——除上述各用风地点外,其他巷道所需风量之和 (m^3/s)。

各用风地点的需风量具体计算方法详见第 5、6 章所述有关内容。

8.2.2 生产矿井风量分配

1. 配风的原则和方法

根据实际需要由里向外进行配风,先定井下采掘工作面、火药库、充电硐室等各用风地点所需的有效风量,再加上逆风流方向和各风路上允许的漏风量,得到矿井总风量;再加上因体积膨胀的风量(总进风量的 5%),得出矿井的总回风量;最后加上抽出式主要通风机井口和附属装置的允许外部漏风量,得出通过主要通风机的总风量。对于压入式通风的矿井,通过压入式主要通风机总风量即矿井总风量与外部进风量之和。

2. 配风的依据

配风量必须符合有关规程、标准规定,主要依据如下:

关于氧气、瓦斯、二氧化碳和其他有毒有害气体安全浓度的规定;关于最高风速和最低风速的规定,如表 8-1 所示;关于采掘工作面和机电硐室最高温度的规定;关于冷空气预热的规定;关于空气中粉尘安全浓度的规定等。

对金属非金属地下矿需风量按排尘风速计算,硐室型采场最低风速不得小于 $0.15m/s$;巷道型采场和掘进巷道不得小于 $0.25m/s$;装运机作业的工作面不得小于 $0.4m/s$;电耙道和二次破碎巷道不得小于 0.5m/s；箕斗硐室、破碎硐室等作业地点，可根据具体条件，在保证作业场所空气中有害物质的接触限值符合 GBZ 2.1~2—2007 规定的前提下，分别采用计算风量的排尘风速。采场最高风速不超过 4m/s。

沿途漏风，尤其是风流短路，较大地影响了矿井通风的安全性和经济性，因此应尽量减少沿途漏风和风流短路。沿途允许漏风率参考表 8-2 所示，如果超过相关规定时，应采取有效的防漏措施，并加强管理。

在装有局部通风机的巷道内，巷道的风量应按不小于局部通风机风量的 1.43 倍计算。

在串联掺新的风量中，应使其中的瓦斯、二氧化碳的浓度不超过 0.5%（体积分数），且使其他有害气体的浓度不超过安全浓度。

总之，由于生产矿井的配风依据都是可以通过实测确定的，故只要细致地进行生产矿井的配风工作，就可以比较准确地进行风量的分配。

表 8-1 井巷中允许的风速

井巷名称	允许风速/(m/s) 最低	允许风速/(m/s) 最高
无提升设备的风井和风硐		15
专为升降物料的井筒		12
风桥		10
升降人员和物料的井筒		8
主要进、回风巷		8
架线电机车巷道	1.0	8
运输机巷、采区进、回风巷	0.25	6
采煤工作面、掘进中的煤巷和半煤岩巷	0.25	4
掘进中的岩巷	0.15	4
其他通风行人巷道	0.15	

注：1. 设有梯子间的井筒或修理中的井筒，风速不得超过 8m/s；梯子间四周经封闭后，井筒中的最高允许风速可按表中有关规定执行。
2. 无瓦斯涌出的架线电机车巷道中的最低风速可低于 1.0m/s，但不得低于 0.5m/s。
3. 综合机械化采煤工作面，在采取煤层注水和采煤机喷雾降尘等措施后，其最大风速可高于 4m/s 的规定值，但不得超过 5m/s。
4. 专用排瓦斯巷道的风速不得低于 0.5m/s，抽放瓦斯巷道的风速不应低于 0.5m/s。

表 8-2 通风设施允许漏风率

漏风地点	允许的漏风率（%）	漏风地点	允许的漏风率（%）
无提升设备的抽出风井	5	风门	2
有提升设备的抽出风井	10	风桥	1
无提升设备的压入风井	10	风墙	基本不漏
有提升设备的压入风井	15	采空区	5~10

8.2.3 新建矿井和延伸矿井风量计算

对于新建矿井和延深矿井所需风量，有条件时，可参照邻近生产矿井的通风资料，按生产矿井的风量计算方法细致地进行，否则只好采用"由外往里"的计算方法，即先计算矿井的总风量,然后大致分配到各个用风地点。本小节以煤矿为例进行说明。

对于低瓦斯矿井,以工作面能够有良好的气候条件作为供风的依据,用下式计算矿井总风量 Q (m^3/min)。即

$$Q = TqK \tag{8-3}$$

式中　T——矿井设计的最大日产量（t/d）；

　　　q——从工作面能够有良好的气候条件为出发点,而得出的对于日产量中每1t煤的供风标准,通过实际调查统计得出, $q = 1m^3/(min \cdot t/d)$；

　　　K——风量备用系数,介于1.5~1.9之间。

高瓦斯矿井,按总回风流中沼气或二氧化碳浓度均不超过0.75%（体积分数）的要求计算。即

$$Q = 0.0926qTK \tag{8-4}$$

式中　q——矿井瓦斯平均相对涌出量（m^3/t）；

　　　T——矿井设计的最大日产量（t/d）；

　　　K——风量备用系数,介于1.7~2.1之间。

无论是高瓦斯矿井,还是低瓦斯矿井,都要按照井下同时工作的最多人数来验算矿井总风量 Q,取最大值作为矿井的总风量。即

$$Q = 4NK \tag{8-5}$$

式中　4——每人每分钟应供给的最低风量 [$m^3/(min \cdot 人)$]；

　　　N——井下同时工作的最多人数（人）；

　　　K——风量备用系数,它是产量不均衡系数,备用工作面的风量系数和矿井内部漏风系数的总概括,采用中央并列式的通风系统时取1.45,采用中央分列式或对角式通风系统时取1.35。

新建矿井的风量分配是在算得的矿井总风量 Q 中,减去独立回风的掘进风量 $Q_{掘}$ 和硐室风量 $Q_{硐}$,再按以下原则对剩余的风量 $Q_{余}$ 进行大致的分配。各个采煤工作面的风量,按照与产量成正比的原则进行分配；各个备用工作面的风量按照它在生产时所需风量的一半进行分配。即

$$Q_{余} = Q - (Q_{掘} + Q_{硐}) \tag{8-6}$$

$$q = \frac{Q_{余}}{\sum T_{采} + \frac{1}{2}\sum T_{备}} \tag{8-7}$$

式中　$\sum T_{采}$——各采煤工作面的日产量之和（t/d）；

　　　$\sum T_{备}$——各备用工作面的日产量之和（t/d）。

再计算采煤工作面的风量 $Q_{采}$ 和备用工作面的风量 $Q_{备}$。即

$$Q_{采} = qT_{采} \tag{8-8}$$

$$Q_{备} = \frac{1}{2}qT_{备} \tag{8-9}$$

式中　$T_{采}$——采煤工作面日产量（t/d）；

　　　$T_{备}$——备用工作面日产量（t/d）。

风量分配完成后,还要根据各用风地点的风量确定通风系统中各通风巷道中所流过的风

量，然后验算各通风巷道的风速是否符合规定，若不符合，则需要调整风量或扩大巷道断面。

8.3 矿井通风阻力的计算

矿井通风总阻力，即风流由进风井口到出风井口，沿一条通路（风流路线）各个分支的摩擦阻力和局部阻力的总和。矿井通风总阻力是选择矿井主要通风机的重要依据之一，为了合理地选用矿井主要通风机，必须正确计算出矿井通风总阻力。

8.3.1 矿井通风总阻力计算原则

1) 矿井通风的总阻力应满足 AQ 1028—2006《煤矿井工开采通风技术条件》中的要求，如表 8-3 所示。

表 8-3 矿井通风阻力要求

矿井通风系统风量/(m^3/min)	系统的通风阻力/Pa
<3000	<1500
3000 ~ 5000	<2000
5000 ~ 10000	<2500
10000 ~ 20000	<2940
>20000	<3920

2) 矿井井巷的局部阻力，新建矿井（包括扩建矿井独立通风的扩建区）宜按井巷摩擦阻力的 10% 计算，扩建矿井则宜按井巷摩擦阻力的 15% 计算。

3) 矿井通风网络中若有较多的并联系统，计算总阻力时，应以其中阻力最大的线路作为依据。

4) 应计算通风困难时期的最大阻力和通风容易时期的最小阻力，使所选用的通风机既满足困难时期的通风需要，又能在通风容易时工况合理。

8.3.2 矿井通风总阻力的计算

对于有 2 台或多台主要通风机工作的矿井，矿井通风阻力应按每台主要通风机所服务的系统分别计算。

在主要通风机的服务年限内，随着采掘工作面及采区接替的变化，通风系统的总阻力也将随之变化。为了使主要通风机在整个服务期限都能满足需要，且有较高的运转效率，需要按照开拓开采布局和采掘工作面接替安排，对主要通风机服务期内不同时期的系统总阻力的变化进行分析。当可根据风量和巷道参数（断面、长度等）直接判定出最大总阻力线路时，可按该路线的阻力计算矿井总阻力；当不能直接判定时，应选几条可能最大的路线进行比较，然后确定该时期的矿井总阻力。

在矿井通风系统总阻力最小时称通风容易时期，通风系统总阻力最大时称为通风困难时期。对于通风容易和困难时期，要分别画出通风系统图。按照采掘工作面及硐室的需要分配风量，再由各段风路的阻力计算矿井总阻力。

沿着通风容易和困难时期的风流路线,依次计算各段路线的摩擦阻力 h_{fi},然后分别累计得出容易和困难时期的总摩擦阻力 h_{fe} 和 h_{fd},再加上局部阻力,因局部阻力取总摩擦阻力的 10% 或 15%(金属非金属地下矿山取 20%),总摩擦阻力再乘以 1.1~1.15(扩建矿井乘以 1.15)后,得两个时期的矿井总阻力 h_{me} 和 h_{md}。

通风容易时期总阻力

$$h_{me} = (1.1 \sim 1.15) h_{fe} \tag{8-10}$$

通风困难时期总阻力

$$h_{md} = (1.1 \sim 1.15) h_{fd} \tag{8-11}$$

式(8-10)和式(8-11)中,h_f 按下式计算

$$h_f = \sum_{i=1}^{n} \left(\frac{\alpha_i l_i U_i}{S_i^3} Q_i^2 \right) \tag{8-12}$$

式中 h_f——矿井通风总阻力(Pa);
  α_i——井巷摩擦阻力系数($N \cdot s^2/m^4$);
  l_i——井巷长度(m);
  U_i——井巷净断面周边长(m);
  S_i——井巷净断面面积(m^2);
  Q_i——分配给各井巷的风量(m^3/s)。

对于小型矿井,一般只计算困难时期的通风总阻力。

(1)两个时期矿井通风系统的总风阻(单位:$N \cdot s^2/m^8$) 具体如下。

1)通风容易时期总风阻

$$R_{me} = \frac{h_{me}}{Q^2} \tag{8-13}$$

2)通风困难时期总风阻

$$R_{md} = \frac{h_{md}}{Q^2} \tag{8-14}$$

(2)两个时期矿井通风系统的等积孔(单位:m^2) 等积孔是衡量矿井或风巷通风难易程度的假想薄壁孔口面积值。

1)矿井通风容易时期等积孔

$$A_{me} = 1.19 \frac{Q}{\sqrt{h_{me}}} \tag{8-15}$$

2)矿井通风困难时期等积孔

$$A_{md} = 1.19 \frac{Q}{\sqrt{h_{md}}} \tag{8-16}$$

8.4 矿井通风设备选型

矿井通风设备包括主要通风机和它的电动机,所以选择矿井通风设备须先选好主要通风机,然后再选择恰当的电动机。

8.4.1 矿井通风设备的选型的要求

选择矿井通风设备需要满足以下要求：

1）矿井必须装设 2 套同等能力的主要通风设备，其中 1 套备用。

2）选择通风设备应满足第一开采水平各个时期的工况变化，并照顾下一水平的通风需求且使通风设备长期高效率运行。当工况变化较大时，根据矿井分期时间及节能情况，应分期选择电动机，但初装电动机的使用年限不宜少于 10 年。

3）通风机能力应留有一定的余量，轴流式通风机在最大设计负压和风量时，叶轮运转比允许范围小 5°。离心式通风机的选型设计转速不宜大于允许最高转速的 90%。

4）进、出风井井口的高差在 150m 以上，或进、出风井井口标高相同，但井深在 400m 以上时，宜计算矿井的自然风压。

5）矿井主要通风机房，应有两路直接由变（配）电所输出的供电线路，线路上不应分接任何负荷。

6）所选电动机应满足通风机在整个起动过程及稳定运行中的力矩要求，如用同步电动机拖动轴流式通风机时，还应校验其牵入转矩。

7）为简化供电系统，避免中间变压，当电动机功率较大，可以选用高压电动机时，应尽量选用高压电动机。

8）在通风机的服务年限内，其在矿井最大和最小阻力时期的工况点，均应在合理的工作范围之内，使通风机稳定、经济地运转。

9）一个井筒尽量采用单一通风机的工作制度。

10）主要通风机必须装有反风设备，必须能在 10min 内改变巷道中的风流方向。

11）装有主要通风机的回风井口，应安装保护通风机的防爆门。防爆门应设计成因事故打开后易于复原，并在通风机反风时不被风流顶开。

8.4.2 主要通风机的选择

1. 计算通风机的风量

由于考虑外部漏风等因素，通风机风量应大于矿井风量，并由下式求出

$$Q_f = KQ_m \tag{8-17}$$

式中 Q_f——主要通风机工作风量（m³/s）；

Q_m——矿井需风量（m³/s）；

K——主要通风机装置漏风系数，风井无提升任务时取 $K=1.1$；箕斗井兼作回风井时取 $K=1.15$；回风井兼作升降人员时取 $K=1.2$。

2. 计算通风机的风压

通风机生产的风压不仅用于克服矿井的通风阻力，同时还要克服矿井自然风压、通风机附属装置（风硐和扩散器）的阻力及扩散器出口的动能损失。

根据提供的通风机性能曲线，由下式求通风机风压

$$H_{td} = h_m + h_d + h_{vd} \pm H_n \tag{8-18}$$

式中 H_{td}——通风机全压（Pa）；

h_m——矿井通风系统的总阻力（Pa）；

h_d——通风机附属装置（风硐和扩散器）的阻力（Pa），一般取 $h_d = 150 \sim 200 \text{Pa}$；

h_{vd}——风流流到扩散器出口的动能损失（Pa）；

H_n——矿井自然风压（Pa），当自然风压与通风机风压作用相同时取"-"，自然风压与通风机风压作用反向时取"+"。

一般来说，离心式通风机大多提供全压曲线，而轴流式通风机大多提供静压曲线。通风容易时期自然风压与通风机风压作用相同，通风机有较高功率，故从通风系统阻力中减去自然风压 H_n；通风困难时期自然风压与通风机风压作用反向，故通风系统阻力需加上自然风压 H_n。所以，对于抽出式通风系统：

1) 离心式通风机。

容易时期
$$H_{tdmin} = h_m + h_d + h_{vd} - H_n \tag{8-19}$$

困难时期
$$H_{tdmax} = h_m + h_d + h_{vd} + H_n \tag{8-20}$$

2) 轴流式通风机。

容易时期
$$H_{sdmin} = h_m + h_d - H_n \tag{8-21}$$

困难时期
$$H_{sdmax} = h_m + h_d + H_n \tag{8-22}$$

对于压入式通风系统，式（8-19）和式（8-20）中 h_{vd} 表示出风井的出口风压，h_d 表示风硐的阻力。

3. 初选通风机

根据计算的矿井通风容易时期通风机的 Q_f、H_{sdmin}（或 H_{tdmin}）和矿井通风困难时期风机的 Q_f、H_{sdmax}（或 H_{tdmax}），在通风机特性曲线上选出满足矿井通风要求的通风机。

4. 求通风机的实际工况点

要求主要通风机在通风困难和通风容易两个时期的工况点都在特性曲线的合理工作范围内。因为根据 Q_f、H_{sdmin}（或 H_{tdmin}）和 Q_f、H_{sdmax}（或 H_{tdmax}）确定的工况点，即设计工况点不一定恰好是所选择通风机的实际工况点。在特性曲线上，必须根据通风机的工作阻力，确定其实际工况点。

（1）计算通风机的工作风阻　具体如下。

1) 用静压特性曲线时
$$R_{sdmin} = H_{sdmin} / Q_f^2 \tag{8-23}$$
$$R_{sdmax} = H_{sdmax} / Q_f^2 \tag{8-24}$$

2) 用全压特性曲线时
$$R_{tdmin} = H_{tdmin} / Q_f^2 \tag{8-25}$$
$$R_{tdmax} = H_{tdmax} / Q_f^2 \tag{8-26}$$

（2）确定通风机的实际工况点　在通风机特性曲线图中作通风机工作风阻曲线，该工作风阻曲线与风压曲线的交点即为实际工况点。

5. 确定通风机的型号和转速

根据各台通风机的工况参数（Q_f、H_{sd}、η、N）对初选的通风机进行技术、经济和安全性比较，最后确定满足矿井通风要求、技术先进、效率高和运转费用低的通风机的型号和转速。

8.4.3 主要通风机电动机的选择

1. 电动机功率的计算

通风机输入功率按通风容易时期和通风困难时期，分别计算通风机所需输入功率 N_{min}、

N_{max}。即

$$N_{min} = Q_f H_{sdmin}/(1000\eta_s) \tag{8-27}$$

$$N_{max} = Q_f H_{sdmax}/(1000\eta_s) \tag{8-28}$$

或

$$N_{min} = Q_f H_{tdmin}/(1000\eta_t) \tag{8-29}$$

$$N_{max} = Q_f H_{tdmax}/(1000\eta_t) \tag{8-30}$$

式中　N_{min}、N_{max}——矿井通风容易时期和通风困难时期的通风机的输入功率（kW）；

　　　η_t、η_s——通风机的全压效率和静压效率。

2. 电动机种类及台数的选择

当 $N_{min} \geq 0.6 N_{max}$ 时，可选用 1 台电动机，电动机的功率为

$$N_e = N_{max} k_e /(\eta_e \eta_{tr}) \tag{8-31}$$

当 $N_{min} < 0.6 N_{max}$ 时，可选用 2 台电动机，电动机的功率为：

初期

$$N_{emin} = \sqrt{N_{min} N_{max}} k_e /(\eta_e \eta_{tr}) \tag{8-32}$$

后期

$$N_e = N_{max} k_e /(\eta_e \eta_{tr}) \tag{8-33}$$

式中　k_e——电动机容量备用系数，取 1.1 ~ 1.2；

　　　η_e——电动机效率，取 0.9 ~ 0.94（大型电机取较高值）；

　　　η_{tr}——传动效率，电动机与通风机直连时取 1，带传动时取 0.95。

根据周围的工作环境，通风机一般选用开启式或防护式电动机。选择电动机时还应全面综合考虑通风机调整及矿井功率因数补偿的要求。一般情况下，当电动机功率小于 200kW 时，宜选用低压笼型电动机；大于 250 kW 时，宜选用高压笼型电动机；大于 400 kW 以上时，宜选用同步电动机，其优点是在低负荷运转时用来改善电网的功率因数，使矿井经济用电，其缺点是这种电动机的购置和安装费较高。

当矿井风压变化较大时，可考虑分期选择电动机，但每台电动机的使用年限一般不少于 10 年。

3. 电动机的起动方式

电动机的起动方式可分为直接起动和降压起动。当起动电压降不超过 15%，而又能自动起动时，则采用直接起动方式，笼型电动机应优先考虑采用直接起动，只有不允许直接起动时才考虑降压起动。降压起动分自耦变压器降压起动、星形-三角形降压起动、延边三角形降压起动、电抗器降压起动及频敏变阻起动等几种方式。

8.5　矿井通风费用概算

矿井通风系统设计除要求安全上可靠、技术上合理外，还应考虑它的经济性，也就是通风系统设计最终计算出每吨矿石的通风总费用，是通风系统设计和管理的重要经济指标。吨矿石通风成本主要包括下列费用。

1. 吨矿石通风电费

吨矿石通风电费（元/t）为主要通风机年耗电费及井下辅助通风机、局部通风机电费之和除以年产量，计算公式为

$$W_1 = (E + E_A)D/T \qquad (8\text{-}34)$$

式中 W_1——吨矿石通风电费（元/t）;

E_A——局部通风机和辅助通风机的年耗电量（kW·h）;

D——电价［元/(kW·h)］;

T——矿井年产量（t）;

E——主要通风机年耗电量（kW·h）。

通风容易时期和困难时期共选一台电动机时

$$E = 8760 N_{e\max}/(k_e \eta_v \eta_w) \qquad (8\text{-}35)$$

选两台电动机时

$$E = 4380(N_{e\max} + N_{e\min})/(k_e \eta_v \eta_w) \qquad (8\text{-}36)$$

式中 η_v——变压器效率，可取 0.95；

η_w——电缆输电效率，取决于电线长度和每米电缆耗损，在 0.9~0.95 范围内选取；

其他符号意义同前。

2. 设备折旧费

通风设备的折旧费与设备数量、成本及服务年限有关，可采用表 8-4 进行计算。

吨矿石的通风设备折旧费 W_2 为

$$W_2 = \frac{G_1 + G_2}{T} \qquad (8\text{-}37)$$

表 8-4 通风成本计算表

序号	设备名称	计算单位	数量	单位成本	总成本			服务年限	每年的折旧费/元		备注
					设备费	运输及安装费	总计		基本投资折旧费 G_1	大修理折旧费 G_2	

3. 材料消耗费

包括各种通风构筑物的材料费，通风机和电动机润滑油料费，防尘等设施费用。吨矿石的通风材料消耗费 W_3 为

$$W_3 = \frac{C}{T} \qquad (8\text{-}38)$$

式中 C——通风材料消耗总费用（元/a）。

4. 通风工作人员工资费用

若矿井通风工作人员每年工资总额为 A（元），则吨矿石的工资费用 W_4 为

$$W_4 = \frac{A}{T} \qquad (8\text{-}39)$$

5. 专为通风服务的井巷工程折旧费和维护费

折算至吨矿石的费用为 W_5（元/t）。

6. 通风仪表购置费和维修费用

吨矿石通风仪表购置费和维修费用为 W_6（元/t）。

综上所述，矿井吨矿石通风成本 W 为

$$W = W_1 + W_2 + W_3 + W_4 + W_5 + W_6 \tag{8-40}$$

8.6 通风系统的漏风及有效风量

8.6.1 矿井漏风及危害

矿井漏风是指从矿井生产无关的通道中漏出或漏入的风流。矿井漏风按形式不同分为内部漏风和外部漏风。

1. 内部漏风

内部漏风指未经采掘工作面、硐室和其他用风地点，直接漏入回风井的无效风流，多发生在各种通风构筑物、采空区、矿柱裂隙等处。

2. 外部漏风

外部漏风指从装有主要通风机的井口及其附属装置处漏失的风流，多通过地表塌陷裂隙或风门、风硐闸门、反风装置、井口密闭等井口构筑物经主要通风机直接漏入或漏出矿井。

产生漏风的条件是有漏风通道且在其两端存在压力差。井下控制风流的设施不严密，采空区顶板岩石冒落后未被压实、矿柱被压坏，或地表有裂缝等，都可能造成漏风。

3. 矿井漏风的危害

1）漏风使工作地点风量减少，可能造成瓦斯积聚、空气温度升高、气候条件恶化，不仅影响井下工人的劳动效率，而且影响工人的身体健康和矿井安全。

2）漏风的存在使矿井通风系统复杂化，降低了通风系统的稳定性和可靠性，影响井下风流控制和调节效果。

3）大量漏风会造成矿井通风电费的大量浪费，甚至使主要通风机的能力不足。

4）采空区、留有浮煤的封闭巷道以及被压碎的煤柱等的漏风，可能促使煤炭自燃发火；而地表塌陷区风流的漏入，会将采空区有害气体带入井下，直接威胁采掘工作面的安全生产。

8.6.2 矿井漏风率及有效风量率

一个矿井通风状况的优劣，通风管理的好坏，矿井漏风的程度如何，可以通过以下2个主要参数来衡量。

1. 矿井漏风率

全矿总漏风量与主通风机工作风量之比称矿井漏风率。它是衡量矿井通风设施质量好坏和矿井通风管理工作水平的主要指标。以 p 表示矿井漏风率，则

$$p = \frac{Q_1}{Q_f} \times 100\% \tag{8-41}$$

式中 Q_1——矿井漏风量（m^3/s）；

Q_f——主通风机工作风量（m^3/s）。

矿井漏风由地表外部漏风和井下内部漏风两部分组成。地表外部漏风：在抽出式通风系统中，它等于主通风机风量与矿井总排风量之差；在压入式通风系统中，它等于主通风机风量与矿井总进风量之差。井下内部漏风：在抽出式通风系统中，它等于矿井总排风量与矿井

有效风量之差;在压入式通风系统中,它等于矿井总进风量与矿井有效风量之差。矿井漏风率也可分为外部漏风率 p_e 和井下内部漏风率 p_n 两部分。

(1) 矿井外部漏风率　矿井主要通风机的工作风量 Q_f 与矿井总进风量 Q_m 之差称为矿井外部漏风量 Q_e,则外部漏风率为

$$p_e = \frac{Q_e}{Q_f} \times 100\% = \frac{Q_f - Q_m}{Q_f} \times 100\% \tag{8-42}$$

(2) 矿井内部漏风率　矿井总进风量 Q_m 与矿井有效风量 Q_r 之差称为矿井内部漏风量 Q_n,则矿井内部漏风率为

$$p_n = \frac{Q_n}{Q_f} \times 100\% = \frac{Q_m - Q_r}{Q_f} \times 100\% \tag{8-43}$$

2. 有效风量率

有效风量是指独立回风的用风地点实际得到的风量。矿井有效风量是指井下所有独立回风的用风地点(采掘工作面、硐室以及其他用风巷道等)实际得到的风量之和。

矿井有效风量率 η 是指矿井有效风量 Q_r 占主通风机的工作风量 Q_f 的百分数,即

$$\eta = \frac{Q_r}{Q_f} \times 100\% \tag{8-44}$$

矿井有效风量率是反映矿井风量利用情况、漏风状况和井下通风设施质量管理好坏的一个重要指标。

8.6.3　减少防止漏风的措施

漏风风量与漏风通道两端的压差成正比,与漏风风阻的大小成反比。应提高地面主要通风机的风硐、反风道的质量及附近风门的气密性,以减少漏风。对于其他巷道、采空区及构筑物则应从以下几方面防止漏风:

1) 合理选择通风系统。应尽量选择漏风小的通风系统。

2) 合理选择矿井开拓系统和采矿方法。服务年限长的主要风巷应开掘在岩石内;应尽量采用后退式及下行式开采顺序,用冒落法管理顶板的采矿方法应适当增加矿柱尺寸或砌石垛以杜绝采空区漏风。

3) 为减少塌陷区和地表之间的漏风,应及时充填地面塌陷坑洞及裂隙。地表附近的小矿窑和古窑必须查明,标在巷道图上,相关的通道必须修建可靠的密闭,必要时要填砂、填土或注浆。

4) 为了减少井口的漏风,对于斜井可多设几道风门并加强其工程质量,对于立井应加强井盖的密封。此外,也应防止反风装置和闸门等处的漏风。

5) 为了减少箕斗井井底贮矿仓的漏风,应使贮矿仓中的存矿保持一定的厚度。

6) 往采空区注浆、洒水等,可以提高其压实程度,减少漏风。

7) 采空区和不用的通风联络巷必须及时封闭。

8) 为了防止井下通风设施的漏风,通风设施安设位置、类型及质量必须规范化、系列化,保证工程质量,通风设施不应设在有裂隙的地点,压差大的巷道中应采用质量高的通风设施。

复习思考题及习题

8-1 统一通风与分区通风有何区别？在什么条件下采用分区通风较为有利？

8-2 中央式、对角式和中央对角混合式三种不同井筒布置方式，在通风上有何差别？选择井筒布置方式时应注意哪些影响因素？

8-3 压入式、抽出式及压抽混合式三种不同通风方式的主要区别是什么？其适用条件如何？

8-4 矿井漏风有哪些危害？哪些地方容易漏风？

8-5 矿井通风系统设计包括哪些内容？

8-6 如何计算全矿井总风量？

8-7 如何计算矿井通风阻力？

8-8 选择通风机所依据的基本参数是什么？通风系统设计时如何确定这些参数？

8-9 如何计算矿井吨矿石通风成本？

8-10 何谓矿井漏风率和有效风量率？

第 9 章

矿井粉尘的产生、性质及危害

【学习要点】

- 熟悉粉尘的基本定义，掌握不同作业面的产尘机理及影响因素。
- 掌握矿山井下尘源的分布特征，熟悉根据不同性质和形态划分粉尘类型的方法。
- 熟悉粉尘的成分和特性，掌握各物理化学性质与粉尘控制技术之间的关联。
- 了解尘肺病的分类及特点，熟悉尘肺病的发病因素。
- 了解尘肺病常见的并发症，以及尘肺病的常见症状和诊断方法。
- 掌握粉尘自燃和爆炸的机理及条件，了解其危害的严重性。

粉尘是矿山井下主要灾害之一，严重影响作业场所的环境质量和工人的身体健康。本章主要阐述矿井粉尘的产生、性质及危害，是矿井粉尘控制的基础。

9.1 矿尘的产生及分类

9.1.1 粉尘

粉尘是一种微细固体物的总称，其大小通常在 100μm 以下。常把悬浮于空气中的粉尘称为浮尘（或飘尘），从空气中沉降下来的粉尘称为落尘（或积尘）；浮尘和落尘在不同的风流环境下是可以相互转化的，落尘在受外力作用时，能再次飞扬并悬浮于空气中，称为二次扬尘。除尘技术的主要研究对象是浮尘和二次扬尘。

在生产过程中产生并形成的，能够较长时间呈悬浮状态存在于空气中的固体微粒称为生产性粉尘。矿尘指在采矿过程中所产生的细小矿物颗粒，它是矿山在建设和生产过程中所产生的煤尘、岩尘和其他有毒有害粉尘的总称。煤尘一般指粒径在 75~100μm 以下的煤炭颗粒，岩尘一般指粒径在 10~45μm 以下的岩粉颗粒。

9.1.2 矿尘的产生

1. 回采工作面产尘源

采煤工作面的主要产尘工序有采煤机割煤、装煤、液压支架的移架、运输机转载、运输机运煤、人工攉煤、放炮及放煤口放煤等。

非煤矿山回采工作面主要产尘工序有凿岩、爆破、铲装、放矿、运输和破碎等。

回采工作面各种产尘工序的产尘机理一般可分为摩擦和抛落两种机制，前者产生的大颗粒粉尘较多，后者产生的呼吸性粉尘较多。

2. 掘进工作面产尘源

掘进工作面的产尘工序主要有机械破岩（煤）、装岩、放炮、煤矸运输转载及锚喷等。一般而言，掘进工作面各工序产生的粉尘含游离二氧化硅成分较多，对人体危害大，操作人员很有必要进行个体防护作为其他粉尘控制措施的补充。

3. 其他粉尘源

采场支护、顶板冒落或冲击地压，通风安全设施的构筑等。

巷道维修、锚喷现场、矿物装卸点等都会产生高浓度的粉尘，尤其是矿物装卸处的瞬时粉尘浓度高达数克每立方米，如果是煤尘有时甚至达到煤尘爆炸浓度界限。

此外，地面矿物运输、矿堆、矸石山、排土场和尾矿库等由于风力作用也产生大量的粉尘，使矿区周边空气环境受到严重的污染。

不同矿井由于煤、岩地质条件和物理性质的不同，以及采掘方法、作业方式、通风状况和机械化程度的不同，矿尘的生成量有很大的差异。即使在同一矿井里，产尘的多少也因地因时发生着变化。

9.1.3 影响矿尘生成量的主要因素

矿尘生成量的多少主要取决于下列因素：

（1）地质构造及煤层赋存条件　在地质构造复杂、断层褶曲发育并且受地质构造破坏强烈的地区开采时，矿尘产生量较大；反之，则较小。井田内如有火成岩侵入，矿体变脆变酥，产尘量也将增加。对于煤矿，一般说来，开采急倾斜煤层比开采缓倾斜煤层的产尘量要大，开采厚煤层比开采薄煤层的产尘量要高。

（2）煤岩的物理性质　通常，节理发育且脆性大的煤易碎，结构疏松而又干燥坚硬的煤岩在采掘工艺相近的条件下产尘既细微又量大。

（3）环境的温度和湿度　矿岩本身水分低、岩壁干燥且环境相对湿度低时，作业时产尘量会相对增大；若岩体本身潮湿，矿井空气湿度又大，虽然作业时产尘较多，但由于水蒸气和水滴的湿吸作用，矿尘悬浮性减弱，空气中矿尘含量会相对减少。

（4）采矿方法　不同的采矿方法，产尘量差异很大。例如，对于煤矿，急倾斜煤层采用倒台阶开采比水平分层开采产尘量要大，全部冒落采煤法比水砂充填法的产尘量要大。就减少产尘量而言，旱采（特别是机采）又远不及水采。

（5）产尘点的通风状况　矿尘浓度的大小和作业地点的通风方式、风速及风量密切相关。当井下实行分区通风、风量充足且风速适宜时，矿尘浓度就会降低；如采用串联通风，含尘污风再次进入下一个作业地点，或工作面风量不足、风速偏低时，矿尘浓度就会逐渐增高。保持产尘点的良好通风状况，关键在于选择最佳排尘风速。

（6）采掘机械化程度和生产强度　煤矿采掘工作面的产尘量随着采掘机械化程度的提高和生产强度的加大而急剧上升。在地质条件和通风状况基本相同的情况下，炮采工作面干放炮时矿尘浓度一般为 $300 \sim 500 mg/m^3$，机采工作面割煤时矿尘浓度为 $1000 \sim 3000 mg/m^3$，而综工作面采干割煤时矿尘浓度则高达 4000~8000mg/m³，有的甚至更高。在采取煤层注水和喷雾洒水防尘措施后，炮采的矿尘浓度一般为 40~80mg/m³，机采为 30~100mg/m³，而综采为 20~120mg/m³。采用的采掘机械及其作业方式不同，产尘强度也随之发生变化。如综采工作面使用双滚筒采煤机组时，产尘量与截割机构的结构参数及采煤机的工作参数密切相关。

9.1.4 矿尘尘源分布

煤矿井下粉尘主要在采掘、运输和装载、锚喷等作业场所产生，采掘工作面产生的浮游粉尘占矿井全部粉尘的 80% 以上；其次是运输系统中的各转载点，由于煤岩遭到进一步破碎，也产生相当数量的粉尘。

尽管井下各生产系统及各工序环节的产尘量并非一成不变，要受到多种条件的制约而经常发生变化，但一般按产尘来源分析，在现有防尘技术条件下，各生产环节所产生的浮游粉尘量比例关系大致是：采煤工作面产尘量占 45%~80%，掘进工作面产尘量占 20%~38%，锚喷作业点产尘量占 10%~15%，运输通风巷道产尘量占 5%~10%，其他作业点产尘量占 2%~5%。

9.1.5 矿尘分类

对粉尘的分类目前还没有统一的方法，现按粉尘的性质和形态，可以做如下分类。

1. 按粉尘的成分划分

（1）无机粉尘　矿物性粉尘（如石英、石棉、滑石黏土粉尘等）、金属性粉尘（铅、锌、铜、铁）和人工无机性粉尘（水泥、石墨、玻璃等）。

（2）有机粉尘　植物性（棉、麻、烟草、茶叶粉尘等）、动物性粉尘（毛发、角质粉尘）和人工有机性粉尘（有机染料等）。

（3）混合性粉尘　指上述两种或多种粉尘的混合物。如铸造厂的混砂机，既有石英粉尘，又有黏土粉尘。如砂轮机磨削金属时，既有金刚砂粉尘，又有金属粉尘。

2. 按粉尘的粒径划分

（1）粗尘　粒径大于 40μm，相当于一般筛分的最小粒径，在空气中极易沉降。

（2）细尘　粒径为 10~40μm，在明亮的光线下，肉眼可以看到，在静止空气中做加速沉降。

（3）微尘　粒径为 0.25~10μm，用光学显微镜可以观察到，在静止空气中呈等速沉降。

（4）超微粉尘　粒径小于 0.25μm，用电子显微镜才能观察到，在空气中做布朗扩散运动。

3. 按粉尘的生产工序划分

（1）粉尘　各种不同生产工序的使用或生产不同的物料的过程中而生成的微细颗粒。如采矿、岩石破碎等。

（2）烟尘　由燃烧、氧化等伴随着物理化学变化过程所产生的固体微粒，粒径一般很小，多在 0.01~1μm 范围内，可长时间悬浮于空气中。如锅炉厂、水泥厂、爆破作业等环境。

4. 按测定粉尘浓度的方法划分

(1) 全尘　是指各种粒径在内的矿尘总和,在实际工作中,通常把粉尘浓度近似作为全尘浓度。

(2) 呼吸性粉尘　是对人体危害最大的粒径小于 7.07μm 的粉尘,是粉尘控制的主要对象。

5. 按矿尘中游离 SiO_2 含量划分

(1) 硅尘　游离 SiO_2 含量在 10%（质量分数）以上的矿尘。它是引起矿工硅肺病的主要因素。煤矿中的岩尘一般多为硅尘。

(2) 非硅尘　游离 SiO_2 含量在 10%（质量分数）以下的矿尘。煤矿中的煤尘一般均为非硅尘。

国内外矿山粉尘浓度标准的确定,均是以矿尘中游离 SiO_2 含量多少为依据的。我国 GBZ 2.1—2007《工作场所有害因素职业接触限值　第 1 部分：化学有害因素》中规定作业场所空气中粉尘浓度标准如表 9-1 所示。

表 9-1　作业场所空气中粉尘浓度标准

粉尘中游离 SiO_2 含量（质量分数,%）	最高允许浓度/(mg/m³)	
	总粉尘	呼吸性粉尘
<10	10	3.5
10~50	2	1
50~80	2	0.5
≥80	2	0.3

6. 其他分类

1) 按物料种类可分为煤尘、岩尘、石棉尘、铁矿尘等。
2) 按有无毒性物质可分为有毒、无毒、放射性粉尘等。
3) 按爆炸性可分为易燃、易爆和非燃、非爆炸性粉尘。
4) 从卫生学角度可分为呼吸性粉尘和非吸入性粉尘。
5) 从环境保护角度可分为飘尘和降尘。

9.2　粉尘的物理化学性质

粉尘有许多特性,与粉尘控制技术有关的主要特性有:粉尘中游离二氧化硅含量、密度、安置角、黏附性、湿润性、磨损性、荷电性和比电阻等。

9.2.1　粉尘的成分和游离二氧化硅含量

粉尘的化学成分基本上与物料的成分相同,只是在扬尘过程中由于重力、吸附、挥发等作用,使某些成分可能发生变化,所以,粉尘中各化学成分的含量与原物料有所不同,应通过分析确定。所谓游离二氧化硅是指不与其他元素的氧化物结合在一起的二氧化硅。

从工业卫生角度来说,各种粉尘对人体都是有害的,粉尘的化学成分及其在空气中的浓度直接决定对人体的危害程度,粉尘中含游离二氧化硅的含量越高,危害越严重。粉尘中游离二氧化硅含量一般较原物料中的游离二氧化硅含量稍低。粉尘中的游离二氧化硅含量（用质量百分数来表示）可以用物理方法（如X线衍射法、红外分光光度法等）或化学分析方法（如焦磷酸法）测定出来。常见粉尘中游离二氧化硅含量如表9-2所示。

表9-2 常见粉尘中游离二氧化硅含量

粉尘名称	游离SiO_2的含量（质量分数,%）	粉尘名称	游离SiO_2的含量（质量分数,%）
1. 石英岩类粉尘		4. 金属性粉尘	
石英粉尘（积尘）	98.40	铸铁落尘	25.05
石英粉尘（浮游尘）	90.40~96.70	铁尘	1.14
砂石	35.97	锡尘	4.35
砂质页岩	32.80	铜矿岩尘	4.80~5.60
天然砂	99.50	5. 有机性粉尘	
水磨石英	38.14~47.78	皮毛尘	9.00~27.30
2. 硅酸盐类粉尘		糙米灰	3.90~9.90
石棉	3.18~5.73	糙米糠灰	21.10~23.10
云母	0.96~6.20	黄豆灰	14.80
水泥	41.80	碾米糠灰	6.10~6.90
水泥混合尘	24.50	饲料灰尘	15.20
黏土类	8.80~20.80	机米升降机尘	7.20~7.80
3. 碳素粉尘		机米厂饲料尘	8.40
煤	0.47~4.7	茶叶尘	3.18~11.70
活性炭	1.23~7.90	烟叶落尘	8.47~18.48

9.2.2 密度和相对密度

单位体积粉尘的质量称粉尘的密度。这里指的粉尘的体积，不包括粉尘之间的空隙，因而称之为粉尘的真密度ρ_p（kg/m³），在一般情况下，粉尘的真密度与组成此种粉尘的物质密度是不相同的，因为粉尘在形成过程中，粉尘的表面，甚至其内部可能形成某些孔隙，只有表面光滑又密实的粉尘的真密度才与其物质密度相同，通常物质密度比粉尘密度大20%~50%。粉尘的真密度可表示为

$$\rho_p = \frac{粉尘的质量}{粉尘的体积} \tag{9-1}$$

粉尘的真密度在通风除尘中有广泛用途。许多除尘设备的选择不仅要考虑粉尘的粒度大小，而且要考虑粉尘的真密度。如对于粗颗粒、真密度大的粉尘可以选用沉降室或旋风除尘器，而对于真密度小的粉尘，即使是粗颗粒也不宜采用这种类型的除尘器。

粉尘呈自然扩散状态时，单位容积中粉尘的质量称堆积密度或表观密度ρ_b（kg/m³），由于尘粒之间存在空隙，因此堆积密度要比粉尘的真密度小。粉尘的堆积密度可表示为

$$\rho_b = \frac{粉尘的质量}{粉尘所占容积} \tag{9-2}$$

粉尘的堆积密度对通风除尘有重要意义，如灰斗容积的设计，所依据的不是粉尘的真密度或物质密度，而是粉尘的堆积密度。在粉尘的气力输送中也要考虑粉尘的堆积密度。几种

工业粉尘的真密度与堆积密度如表 9-3 所示。

表 9-3　几种工业粉尘的真密度与堆积密度

粉尘名称	真密度/(kg·m^{-3})	堆积密度/(kg·m^{-3})	粉尘名称	真密度/(kg·m^{-3})	堆积密度/(kg·m^{-3})
烟灰	2150	1200	烟灰（56μm）	2200	1070
炭黑	1850	40	硅酸盐水泥（91μm）	3120	1500
硅砂粉（105μm）	2630	1550	造型用黏土	2470	720~800
硅砂粉（30μm）	2630	1450	烧结矿粉	3800~4200	1500~2600
硅砂粉 8μm）	2630	1150	氧化铜（42μm）	6400	2620
硅砂粉（72μm）	2630	1260	锅炉炭末	2100	600
电炉	450	600~1500	烧结炉	3000~4000	1000
化铁炉	200	800	转炉	5000	700
黄铜熔解炉	4000~8000	250~1200	铜精炼	4000~5000	200
亚铅精炼	5000	500	石墨	2000	约 300
铅精炼	6000	—	铸物砂	2700	1000
铅二次精炼	3000	300	铅再精炼	约 6000	约 1200
水泥干燥窑	3000	600	墨液回收	3100	130

粉尘的相对密度是指粉尘的质量与同体积标准物质的质量之比，因而是无因次量。通常采用标准大气压力 1.01×10^5 Pa 和温度为 4℃ 时的纯水作为标准物质。由于在这种状态下 1cm^3 水的质量为 1g，因而粉尘的相对密度在数值上就等于其密度。但是相对密度和密度是两个不同的概念。

9.2.3　粉尘的安置角

将粉尘自然地堆放在水平面上，堆积成圆锥体的锥体角叫作静安置角或自然堆积角，一般为 35°~50°。将粉尘置于光滑的平板上，使该板倾斜到粉尘开始滑动时的倾斜角称为动安置角或滑动角，一般为 35°~50°。

粉尘的安置角是评价粉尘流动特性的一个重要指标，它与粉尘的粒径、含水率、尘粒形状、尘粒表面光滑程度、粉尘的黏附性等因素有关，是设计除尘器灰斗或料仓锥度、除尘管道或输灰管道倾斜度的主要依据。

9.2.4　比表面积

物料被粉碎为微细粉尘，其比表面积显著增加。单位质量（或单位体积）粉尘的总表面积称为比表面积。假设尘粒为与其他同体积的球形粒子，则比表面积 S_w（m^2/kg）与粒径的关系为

$$S_w = \frac{\pi d_p^2}{\frac{1}{6}\pi d_p^3 \rho_p} = \frac{6}{\rho_p d_p} \tag{9-3}$$

式中　ρ_p——粉尘的密度（kg/m^3）；

d_p——粉尘的直径（m）。

由式（9-3）可以看出，粉尘的比表面积与粒径成反比，粒径越小，比表面积越大。由于粉尘的比表面积增大，它的表面能也随之增大，增强了表面活性，这对研究粉尘的湿润、

凝聚、附着、吸附、燃烧和爆炸等性能有重要作用。

9.2.5 凝聚与附着

细微粉尘增大了表面能，即增强了尘粒的结合力，一般把尘粒间互相结合形成一个新的大尘粒的现象叫作凝聚；尘粒和其他物体结合的现象叫附着。

粉尘的凝聚与附着是在粒子间距离非常近时，由于分子间引力的作用而产生的。一般尘粒间距较大，需要有外力作用使尘粒间碰撞、接触，促进其凝聚和附着。这些外力有：粒子热运动（布朗运动）、静电力、超声波、湍流脉动速度等。尘粒的凝聚有利于对它捕集分离。

9.2.6 湿润性

湿润现象是分子力作用的一种表现，是液体（水）分子与固体分子间的互相吸引力造成的。它可以用湿润接触角（θ）的大小来表示，如图 9-1 所示。

湿润角小于 60°的，表示湿润性好，为亲水性的；湿润角大于 90°时，说明湿润性差，属憎水性的。几种矿物的粉尘湿润接触角如表 9-4 所示。粉尘的湿润性除取决于成分外，还与颗粒的大小、荷电状态、湿度、气压、接触时间等因素有关。

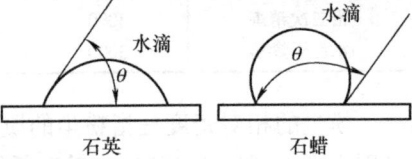

图 9-1 湿润角表示示意图

表 9-4 几种矿物的粉尘湿润接触角

名 称	接触角/(°)	名 称	接触角/(°)
黄铜矿	72	方解石	20
辉钼矿	60	石灰石	0~10
方铅矿	57	石英	0~4
黄铁矿	52	云母	0

粉尘的湿润性还可以用液体对试管中粉尘的浸润速度来表征。通常取浸润时间为 20min，测出此时的浸润高度 L_{20}（mm），于是浸润速 u_{20}（mm/min）为

$$u_{20} = \frac{L_{20}}{20} \tag{9-4}$$

按 u_{20} 作为评定粉尘湿润性指标，可将粉尘分为四类，如表 9-5 所示。

表 9-5 粉尘对水的湿润性

粉尘类型	I	II	III	IV
湿润性	绝对憎水	憎水	中等憎水	强亲水
u_{20}/(mm/min)	<0.5	0.5~2.5	2.5~8.0	>8.0
粉尘举例	石蜡、沥青	石墨、煤、硫	玻璃微球	锅炉飞灰、钙

在除尘技术中，粉尘的湿润性是选用除尘设备的主要依据之一。对于湿润性好的亲水性粉尘（中等亲水、强亲水），可选用湿式除尘器。对于某些湿润性差（即湿润速度过慢）的

憎水粉尘，在采用湿式除尘器时，为了加速液体（水）对粉尘的湿润，往往要加入某些湿润剂（如皂角素等），以减少固液之间的表面张力，增加粉尘的亲水性。

9.2.7 粉尘的磨损性

粉尘的磨损性是指粉尘在流动过程中对器壁的磨损程度。硬度大、密度高、粒径大、带有棱角的粉尘磨损性大。粉尘的磨损性与气流速度的 2～3 次方成正比。在高气流速度下，粉尘对管壁的磨损显得更为重要。

为减轻粉尘的磨损，需要适当地选取除尘管道中的气流速度和选择壁厚。对磨损性大的粉尘，最好在易磨损的部位，如管道的弯头、旋风除尘器的内壁采用耐磨材料作内衬，除了一般的耐磨材料外，还可以采用铸石、铸铁等材料。

9.2.8 电性质

1. 荷电性

悬浮于空气中的粉尘通常都带有电荷，这是由于破碎时的摩擦、粒子间的撞击、天然辐射、外界离子或电子附着等原因而形成的。一般在悬浮粉尘的整体中，所带正电荷与负电荷几乎相等，因而近于中性。粉尘的荷电量与它的大小、质量、湿度、温度及成分等因素有关。

2. 导电性

粉尘的导电性通常用比电阻表示，是指面积为 $1cm^2$、厚度为 $1cm$ 的粉尘层所具有的电阻值，单位为 $\Omega \cdot cm$。粉尘比电阻由实验方法确定。几种粉尘的比电阻如表 9-6 所示。

比电阻对电除尘器的工作影响很大，过低过高都会使除尘效率下降，最适宜的范围是 $10^4 \sim 5 \times 10^{11} \Omega \cdot cm$。

表 9-6 几种粉尘的比电阻　　　　（单位：$\Omega \cdot cm$）

粉尘种类	比电阻	备注	粉尘种类	比电阻	备注
贫氧化铁矿	3.89×10^{10}	未烘干	白云石砂	4.0×10^{12}	
中贫氧化铁矿	8.50×10^{10}	未烘干	石灰	5.0×10^{12}	
富氧化铁矿	7.20×10^{10}	未烘干	黏土	2.0×10^{12}	
镁砂	3.00×10^{13}		盐湖镁砂	3.0×10^{12}	

9.2.9 黏性

黏性是粉尘之间或粉尘与物体表面之间力的表现。由于黏性力的存在，粉尘的相互碰撞会导致尘粒的凝并，这种作用在各种除尘器中都有助于粉尘的捕集。在电除尘器和袋式除尘器中，黏性力的影响更为突出，因为除尘效率在很大程度上取决于从收尘极或滤料上清除粉尘（清灰）的能力。粉尘的黏性对除尘管道及除尘器的运行维护也有很大的影响。

尘粒之间的各种黏附力归根结底与电性能有关，但从微观上看可将黏性力分为三种（不包括化学黏合力）：分子力、毛细力和静电力，这三种力的作用形成尘粒之间或尘粒与物体表面之间的黏性力。

9.2.10 光学特性

粉尘的光学特性包括粉尘对光的反射、吸收和透明度等。由于含尘气流的光强减弱程度与粉尘的透明度、形状、粒径的大小和浓度有关，尘粒大于光的波长和小于光的波长对光的反射作用是不相同的，所以，在通风除尘中可以利用粉尘的光学特性来测定粉尘的浓度和分散度。

9.2.11 爆炸性

许多固体物质，在一般条件下是不易引燃或不能燃烧的，但成为粉尘时，在空气中达到一定浓度，并在外界高温热源作用下，有可能发生爆炸。能发生爆炸的粉尘称为可爆粉尘。爆炸是急剧的氧化燃烧现象，产生高温、高压，同时产生大量的有毒有害气体，对安全生产有极大危害，特别是对矿井，危害更严重，应特别注意预防。

有爆炸性的矿尘主要是硫化矿尘和煤尘，尤其是煤尘的爆炸性很强。影响煤尘爆炸的因素很多，如煤中挥发分的含量、煤尘中水分的含量、灰分、粒度、沼气的存在等。

9.3 粉尘的危害

9.3.1 粉尘对人体的影响

粉尘对人体的影响是很严重的，是造成尘肺的根源。影响尘肺发生发展的因素主要有粉尘的化学成分、粒径和分散度，以及接触时间、劳动强度和身体健康状况等。

粒径不同的粉尘在呼吸道各部位的沉积情况各不相同。图 9-2 所示为不同粒径的粉尘在鼻部、支气管部、肺部的沉积量。

粗粉尘（>5μm）在通过鼻腔、喉头、气管上呼吸道时，被这些器官的纤毛和分泌黏液所阻留，经咳嗽、喷嚏等保护性反射作用而排出。

细粉尘（<5μm）则会深入和滞留在肺泡中（部分粒径在 0.4μm 以下的粉尘可以在呼气时排出）。有人研究硅肺病死者肺中尘粒的百分比，发现粒径在 1.6μm 以下者占 86%，3.2μm 以下者占 100%。粉尘越细，在空气中停留时间越长，被吸入的机会也就越多。

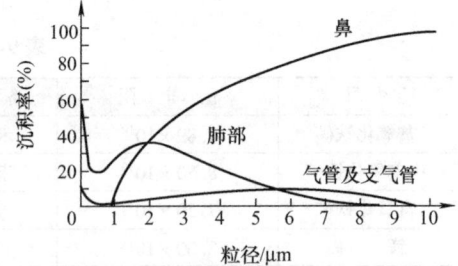

图 9-2 不同粒径粉尘在呼吸系统各部位的沉积率

1. 尘肺

尘肺是指工人在生产劳动中吸入粉尘而引起的以肺部组织纤维化为主的疾病。尘肺具有发病率高，死亡率高的特点，是一种严重的职业病。尘肺病人身体衰弱，呼吸困难，十分痛苦，这种病在世界各国还没有很理想的治疗方法。现有治疗尘肺的药物，只能减轻尘肺病人的痛苦，延缓尘肺的发展，而不能使肺组织已形成的纤维化病变消散。尘肺不仅给劳动者本人和家庭带来不幸和痛苦，而且给国家造成严重的政治影响和巨大的经济损失。按发病原因，尘肺可分为以下五类：

(1) 硅肺　由于吸入含游离二氧化硅（SiO_2）的粉尘而引起的尘肺称为硅肺。硅在自然界分布极广，约占地壳组成的 28%（质量分数），大约有 95% 的矿石含有 SiO_2。接触游离 SiO_2 粉尘最严重的行业是煤炭、冶金、建材、机械和轻工。如果不注意防尘，硅肺就可能在一些主要工业部门大量地发生，从而成为危害最大的一种职业病。所以预防尘肺，重点应放在硅肺上。

(2) 硅酸盐尘肺　由于吸入含有硅酸盐粉尘而引起的尘肺称为硅酸盐尘肺，如石棉肺、滑石尘肺、云母尘肺、水泥尘肺均属于硅酸盐肺。

(3) 炭素尘肺　由于吸入含有炭素粉尘而引起的尘肺称为炭素尘肺，如煤肺、炭黑尘肺、石墨尘肺均属于炭素尘肺。

(4) 混合性尘肺　由于同时吸入含有游离 SiO_2 粉尘和其他粉尘而引起的尘肺称混合性尘肺，如煤矿工人所患的煤工尘肺和铸造工人所患的铸工尘肺多属混合性尘肺。

(5) 金属尘肺　由于吸入含有金属粉尘而引起的尘肺称为金属尘肺，如铝尘肺、电焊工尘肺等。

总之，尘肺是一个总名称，习惯上，接触什么粉尘致病，诊断时就叫什么尘肺。

2. 尘肺的发病因素

尘肺病人从接触粉尘到发病一般有 10 年左右的时间，时间长的 15～20 年，甚至更长时间才发病的，短的 1～2 年，甚至半年就能发病。尘肺发病时间（发病工龄）长短，主要取决于粉尘中游离 SiO_2 含量、粉尘的粒径大小和人体吸入量。个人身体状况和个人防护好坏对尘肺的发病也有不同程度的影响。

(1) 游离二氧化硅含量　大量的试验研究和卫生学调查都表明，粉尘中游离 SiO_2 含量越高，发病时间越短，病变发展速度越快，危害性越大。如吸入含游离 SiO_2 含量 70%（质量分数）以上的微尘时，往往形成以结节为主的弥漫性纤维化，而且发展较快，又易于融合，如粉尘中游离 SiO_2 含量低于 10%，则肺内病变以间质性为主，发病较慢且不易融合。

(2) 粉尘的粒径　粉尘粒径的大小直接影响人体的危害程度，粒径不同的粉尘在呼吸道各部位的沉积情况各不相同，如图 9-2 所示。粒径越小，对人体危害性越大。从解剖死于硅肺的人肺组织中发现的尘粒，有 95%～99% 的粒径都小于 $5\mu m$。所以，现在一般认为 $5\mu m$ 以下的尘粒对人体的危害性最大。

(3) 粉尘的吸入量　粉尘的吸入量与工人工作地点空气中的含尘浓度、劳动强度和接触粉尘的时间（接尘时间）成正比。含尘浓度越高，劳动强度越大，从事粉尘作业的时间越长，则吸入量越多，就越容易得尘肺。

(4) 个人身体状况　由于粉尘是通过人体起作用而引起尘肺病的，所以人体本身的一些因素，也影响着尘肺的发生和发展。一般来说，体质差的，患有各种慢性病的工人比较容易发病。此外，对防尘设施不维护保养，不注意个人防护（如在没有防尘设施、含尘浓度很高的作业场所不戴防尘口罩等）的工人也容易发病。应指出的是，虽然每个人的体质不同，抵抗力不同，但如果吸入肺部的粉尘量过多时，体质差异也就不明显了。因此，在影响尘肺发病的各种因素中，起决定作用的还是粉尘的性质（游离 SiO_2 与粒径大小）和吸入量。

3. 尘肺的并发症

尘肺常可并发其他疾病，如肺结核、肺源性心脏病、呼吸系统感染等，这些并发症往往使尘肺病人的病情恶化，甚至加速其死亡。因此，积极预防和治疗并发症，增强尘肺病人的体质,延长患者的生命,在整个尘肺防治工作中,占有突出的地位。

在各种并发症中,以肺结核最为常见。根据一般的统计,Ⅰ期硅肺并发肺结核者占 10%~20%,Ⅱ期占 20%~40%,Ⅲ期则可高达 40%~60% 或更高。由此可见,尘肺病情越发展,并发肺结核的频率也越高。

4. 尘肺的症状和诊断

因人的肺脏代谢功能较强,故尘肺病人的早期症状是不太明显的。由定期检查所发现的早期尘肺病人,往往没有任何自觉症状,即使病情已有一定程度的进展,仍可保持一定的健康水平和劳动能力。随着病情的发展,自觉症状越趋明显,常见的症状是气短、胸闷、胸痛、咳嗽,晚期尘肺和伴有并发症的病人,往往出现食欲减退、体重减轻、体力衰弱、盗汗、心悸等症状。对从事粉尘作业工人进行定期健康检查(包括 X 线检查、体格检查、血尿常规检查以及呼吸功能检查等),做到早期发现病人,早期给予治疗,是尘肺防治工作重要的一环。

尘肺的诊断应结合职业史、临床症状和劳动卫生条件进行判别,但主要还是以 X 线胸片为依据。尘肺的 X 线分期规定如表 9-7 所示。

表 9-7 尘肺的 X 线分期规定

名 称	正常范围	可疑(疑似)尘肺	一期尘肺	二期尘肺	三期尘肺
代 号	0	0~Ⅰ	Ⅰ	Ⅱ	Ⅲ

尘肺诊断一经确定,不论是Ⅰ期、Ⅱ期或Ⅲ期,都应调离粉尘作业,并给予适当治疗和妥善安排。同时,要将有关尘肺的知识正确地教给患者,协助他们建立起与疾病做斗争的坚强意志。药物的治疗,适当的营养与体力相适应的劳动和休息,都能促进健康,增强身体的抵抗力,避免感染其他疾病,延缓病情的发展。

9.3.2 粉尘的自燃和爆炸

粉尘的自燃是由于粉尘的氧化而产生的热量不能及时散发,从而使氧化反应自动加速造成的。粉尘的爆炸是指粉尘(如煤尘)达到一定浓度时,在引爆热源的作用下,可以发生猛烈的爆炸,对井下作业人员的人身安全造成严重威胁,并且可瞬间摧毁工作面及生产设备。

煤尘爆炸必须满足三个条件:①煤尘本身具有爆炸性;②煤尘必须悬浮在空气中,并达到一定的浓度;③有一个引爆煤尘的热源(610~1050℃)。只有当煤尘悬浮在空气中,它的全部表面才能与空气中的氧接触,并在氧化、热化的过程中放出大量的可燃气为爆炸创造条件。我国对煤尘爆炸的实验结果是:煤尘爆炸下限为 $45g/m^3$,煤尘爆炸上限为 1500~2000 g/m^3,煤尘爆炸最强的浓度为 300~400g/m^3。实际上在矿山井下各生产环节,不可能产生大于 $45g/m^3$ 的煤尘浓度。但是,当巷道周围等处的沉积煤尘受振动和冲击时,它们会重新飞起来,此时就足以达到煤尘爆炸浓度。所以说,悬浮煤尘是产生煤尘爆炸的直接原因,而沉积煤尘是造成煤尘爆炸的最大隐患。

煤尘爆炸是煤矿生产中的主要灾害之一,其后果往往极为惨痛,伤亡严重,损失惊人,危害极大。1942 年,我国本溪煤矿发生世界历史上特大的一次煤尘爆炸事故,死亡 1549 人,伤残 246 人;煤矿瓦斯和煤尘混合爆炸事故则更多,如 1997 年底在淮南某矿发生的一次煤尘瓦斯爆炸事故死亡人数高达100人以上，1999年8月河南省平顶山市某矿发生煤尘瓦斯爆炸事故死亡55人，重伤5人。特别是在全国煤矿安全生产监管日趋从严的形势下，2005年11月27日，黑龙江省龙煤集团公司七台河分公司东风煤矿仍发生了特大煤尘爆炸事故，造成171人遇难。

由此可见，煤尘爆炸事故及瓦斯和瓦斯混合爆炸事故会给煤矿井带来突然的毁灭性灾难，而尘肺又像一把"软刀子"长期威胁着煤矿矿工的生命，所有这些都严重制约了煤矿企业的生存发展和经济效益的提高，影响了煤矿企业的社会形象和可持续发展。

复习思考题及习题

9-1 回采工作面尘源主要有哪些？

9-2 影响矿尘生成量的主要因素有哪些？

9-3 作业场所空气中粉尘浓度标准是多少？

9-4 粉尘有哪些主要的物理化学性质？

9-5 粉尘对人体的危害有哪些？

9-6 影响尘肺的发病因素有哪些？

9-7 试阐述粉尘粒径大小对人体危害的影响。

9-8 粉尘爆炸的基本条件是什么？

第 10 章

矿井综合防尘技术

【学习要点】

- 了解矿井综合防尘技术的分类方法。
- 正确理解通风排尘的基本原理和必要条件,掌握排尘风速和扬尘风速的基本范围。
- 正确理解湿式作业的粉尘湿润机理及水滴捕尘机理,熟悉湿式作业在不同作业场所的应用条件。
- 熟悉密闭抽尘风量的计算方法,掌握密闭抽尘在不同作业场所的应用特点。
- 熟悉除尘器的除尘机理及分类方法,掌握评价除尘器性能的各项指标,学会根据实际需要选择合理的矿用除尘器。
- 了解个体防尘用具的类型及特点。

根据我国多年来防尘工作的实践证明,在多数情况下,单靠某一种方法是难以解决粉尘危害问题的。要切实做好防尘工作,使工人工作地点的含尘浓度达到卫生标准的规定,就必须采取综合防尘措施。

综合防尘措施包括技术措施和组织措施两个方面,其基本内容是:通风排尘、湿式作业、密闭尘源与净化、个体防护、改革工艺及设备以减少产尘量;科学管理、建立规章制度、加强宣传教育,定期进行测尘和健康检查,概括起来可将粉尘防治措施划分为如下五大类:

(1) 减尘措施 减尘是防尘工作的治本性措施,为了从根本上防止和减少粉尘,需要改革生产工艺及操作方法,加强防尘规划与管理。开发与工作设备配套使用的环保设备,有效控制尘源。在矿井生产中,通过采取各种技术措施,减少采掘作业时的粉尘发生量是减尘措施中的主要环节,是矿山尘害防治中最为积极有效的技术措施。减尘措施主要包括:矿床注水、改进采掘机械结构及其运行参数、湿式凿岩、水封爆破、添加水炮泥爆破、封闭尘源以及捕尘罩等减尘措施。

(2) 降尘措施 降尘是使悬浮于空气(或风流)中的粉尘尽早地沉降,以减少浮游粉尘浓度的防治措施。尽管采取了减尘措施,采、掘、装、运等环节运行中仍然会产生大量的粉尘,这时就要采取各种降尘方法进行处理。降尘措施是矿井综合防尘工作的重要环节,现行的降尘措施主要包括放炮喷雾、支架喷雾、装岩洒水、巷道净化水幕等。

(3) 捕尘措施 捕尘是将空气中浮游粉尘聚集起来处理，主要利用吸尘器和捕尘器来完成。吸尘器和捕尘器是根据扩散、碰撞、拦截、重力、离心力等原理使粉尘与空气分离，以降低空气中的浮游粉尘浓度，或者使粉尘连同空气一起通过含水雾滤层或其他过滤材料被收集捕捉、沉淀排出。常见的除尘设备根据除尘机理可分机械除尘器、过滤式除尘器、湿式除尘器和静电除尘器等，目前发展趋势是向多机理复合作用除尘器方向发展。如有一种新型、高效的自激式除尘器，对呼吸性粉尘的除尘效率可达92%，且具有体积小、移动方便等特点，特别适于矿山井下除尘。

(4) 排尘、阻（隔）尘措施 排尘是以加强通风为手段，利用新鲜风流冲淡、排除其余浮游矿尘。阻（隔）尘是通过各种技术手段防止矿尘与人体接触的一项补救性措施。用空气幕隔尘的新技术，是在结合其他除尘措施的基础上来用一种透明的无形屏障——空气幕将未降落的粉尘、特别是呼吸性粉尘隔离在工作区以外，这种技术能使工作面含尘浓度降低到产生区含尘浓度的10%以下；用隔尘帘降尘技术，这种方法是指在井下尘源附近，通过张挂多面空心球组，球上粘有黏尘阻燃剂的帘状捕尘装置黏结矿井风流中粉尘的方法，用该方法使呼吸性粉尘浓度可降低32%～58.3%，全尘浓度可降低62.5%～84.1%。

(5) 个体防护 由于技术和工艺上的原因，某些作业地点达不到粉尘的控制标准时，应对操作人员配备防尘面具。我国矿山常用的防尘口罩有普通纱布口罩、过滤式防尘口罩和过滤式送风口罩3种。根据资料表明，武安-3型口罩阻尘率高达98%。戴与不戴防尘口罩，人体吸入的粉尘量相差近50倍。近年来开发的新型除尘材料——离子交换纤维气体净化过滤材料，可以有效保护尘毒污染环境中的工人劳动安全与健康。

本章主要阐述通风排尘、湿式作业、密闭抽尘、净化风流和个体防护等矿井防尘技术，重点介绍用水来湿润和捕捉矿尘，以及矿井常用除尘器的类型和结构。

10.1 通风排尘

通风排尘是稀释和排出矿井巷道和作业地点空气中悬浮粉尘，防止其过量积聚的有效措施。许多矿井的经验证明，搞好通风工作，是取得良好防尘效果的重要环节。为充分发挥通风对排尘的效果，首先需要掌握矿尘在井巷空气中沉降、扩散和随同风流一起流动等有关矿尘运动的一般规律。

10.1.1 粉尘在井巷中的沉降

1. 粉尘沉降运动的阻力

在静止空气中，尘粒所受到的主要作用力有：尘粒本身的重力、分散介质（气体）的浮力和尘粒运动时分散介质的阻力，上述三种力综合作用的结果决定了尘粒在静止空气中的运动状态。粉尘沉降运动时受到的阻力 F 计算公式为

$$F = C_s \frac{\pi d_p^2 \rho_g v_g^2}{4 \cdot 2} \tag{10-1}$$

式中 C_s——阻力系数；
ρ_g——流体的密度（kg/m³）；
v_g——气体的速度（m/s）；

d_p——尘粒的直径（m）。

2. 阻力系数

一般情况下阻力系数 C_s 表示了阻力的性质和大小。试验表明，C_s 与尘粒的直径 D_p、流体速度 v_g 和气体的动力黏度 μ_g 有关，这三者的关系可用粒子的雷诺数 Re_p 来表示，即

$$Re_p = \frac{\rho_g d_p v_g}{\mu_g} \tag{10-2}$$

这样阻力系数 C_s 成为尘粒雷诺数 Re_p 的函数，即

$$C_s = f(Re_p) \tag{10-3}$$

前人的试验表明，阻力系数 C_s 与尘粒雷诺数 Re_p 之间的关系如图 10-1 所示。从图 10-1 中可以看出，在不同的 Re_p 范围内，C_s 具有不同的性质和数值，因而通常根据 Re_p 的大小分成 4 个区段进行考虑，在每一区段都有不同的表达式来表示 C_s 与 Re_p 之间的关系。

(1) 黏性流区（Stokes 区）（$Re_p < 1$） 该区粒子速度很低时（雷诺数约低于 0.1 时），围绕球形粒子的流线，其上下游均对称，气体在粒子正面相遇，然后向两侧缓慢地加速，同时其惯性影响很小，可以忽略。因而在粒子后面气流闭合产生一定时间的滞后，这是属于黏性流区，或称 Stokes 区。在这种情况下，斯托克斯（Stokes）导出的计算气体阻力的公式为

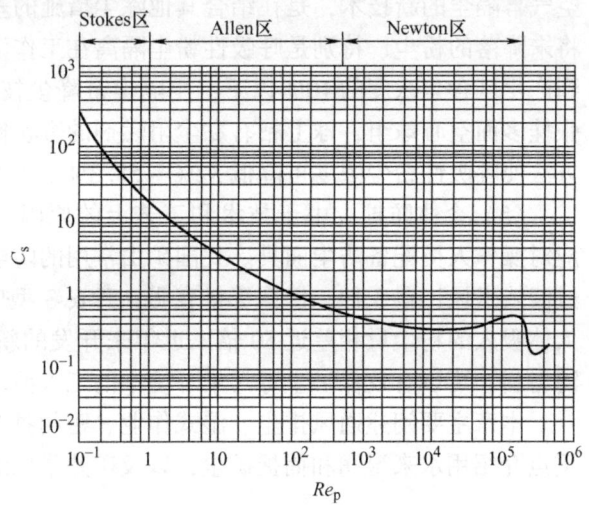

图 10-1　球形粒子的阻力系数

$$F = 3\pi\mu_g d_p v_g \tag{10-4}$$

这一公式是在无限气体中球形粒子的纳维耶-斯托克斯（Navier-Stokes）公式中忽略了惯性项获得的。根据式（10-1）、式（10-2）和式（10-4）可得黏性流范围内的阻力系数为

$$C_s = \frac{24}{Re_p} \tag{10-5}$$

(2) 过渡区（Allen 区）（$1 < Re_p < 500$） 随着粒子速度的提高，流体的尾流发展成为固定的涡流圈。这一区域称为过渡区，一般按艾仑（Allen）阻力公式计算，即

$$C_s = \frac{10.6}{\sqrt{Re_p}} \tag{10-6}$$

(3) 湍流区（Newton 区）（$500 < Re_p < 2 \times 10^5$） 当尘粒雷诺数 Re_p 稍大于 500 时，即达到过渡区的上限，涡流圈破裂，并形成延伸的尾流。在 $Re_p > 1000$ 时，这种尾流是稳定的。故 $500 < Re_p < 2 \times 10^5$ 时阻力系数 C_s 近似保持一常数，处于 0.38～0.50 的范围内，通常取 $C_s = 0.44$。

综合以上三个区可以看出，它们的阻力系数 C_s 可以用一个共同的简单关系式来表示，即

$$C_s = \frac{\kappa}{Re_p \zeta} \tag{10-7}$$

各区相应的 κ 和 ζ 值如表 10-1 所示。

表 10-1　各区相应的 κ 和 ζ 值

分　区	κ	ζ	公　式
黏性流区	24.0	1.0	Stokes
过渡区	10.6	0.5	Allen
湍流区	0.44	0.0	Newton

（4）高速区　当速度更高时，在 $Re_p = 2 \times 10^5$ 附近，尘粒前面流体的边界层变得不稳定了，速度再提高时圆圈的分离移向尘粒的后面。结果阻力系数 C_s 大大降低，由 0.44 降至 0.10~0.22。斯托克斯公式是气溶胶学中的一个非常重要的理论基础，对很多问题的分析都以此为出发点。

3. 粉尘的最终沉降速度

在重力 F_g、浮力 F_f 和阻力 F_d 的作用下，则球形尘粒的运动方程为

$$m_p \frac{dv}{dt} = F_g - F_f - F_d \tag{10-8}$$

对于球形粒子有

$$m_p = \frac{1}{6} \pi d_p^3 \rho_p, \quad F_g = \frac{1}{6} \pi d_p^3 \rho_p g, \quad F_f = \frac{1}{6} \pi d_p^3 \rho_g g, \quad F_d = C_s \frac{1}{4} \pi d_p^2 \frac{1}{2} \rho_g v^2$$

代入式（10-8）得球形粒子在黏性流体中自由沉降的运动方程为

$$\frac{1}{6} \pi d_p^3 \rho_p \frac{dv}{dt} = (\rho_p - \rho_g) g \frac{1}{6} \pi d_p^3 - C_s \frac{1}{4} \pi d_p^2 \frac{1}{2} \rho_g v^2 \tag{10-9}$$

粒子在静止空气中从静止或某一速度开始沉降，沉降过程中粒子的速度不断变化，阻力也随之变化，当重力 F_g、浮力 F_f 和阻力 F_d 平衡时，尘粒以恒定速度沉降，此速度称为最终沉降速度。在式（10-9）中，令 $dv/dt = 0$，得到最终沉降速度 v_t 为

$$v_t = \sqrt{\frac{4(\rho_p - \rho_g) g d_p}{3 \rho_g C_s}} \tag{10-10}$$

球形粒子的阻力系数 C_s 随尘粒雷诺数的变化可以分为

1）$Re_p < 1$（Stokes 区），$C_s = 24/Re_p$，则由式（10-10）得

$$v_t = \frac{(\rho_p - \rho_g) g d_p^2}{18 \mu_g} \tag{10-11}$$

2）$Re_p = 1 \sim 500$（Allen 区），$C_s = 10/Re_p^{1/2}$，由式（10-10）得

$$v_t = 0.261 \left[\frac{(\rho_p - \rho_g)^2 g^2}{\rho_g \mu_g} \right]^{1/3} d_p \tag{10-12}$$

3）$Re_p = 500 \sim 2 \times 10^5$（Newton 区），$C_s = 0.44$，由式（10-10）得

$$v_t = 1.74 \sqrt{\frac{(\rho_p - \rho_g) g}{\rho_g} d_p} \tag{10-13}$$

从式（10-11）到式（10-13）中可以看出，球形粒子的沉降速度，均与粒子的直径和密

度有关，粒径和密度越大的粒子，其沉降速度也越大，同时在不同的流体（μ_g，ρ_g）中沉降速度也不相同。此外，在黏性流区与过渡区中沉降速度与流体的黏性有关，而在湍流区中沉降速度与流体的黏性无关。在这几个公式中，随着雷诺数的增加，最终沉降速度与粒径 d_p 的指数逐渐减少，即 $d_p^2 \to d_p \to d_p^{1/2}$。图 10-2 所示的曲线是同一流体和粒子，在不同尘粒雷诺数下，沉降速度与粒径的关系（球形，$\mu_{20℃} = 1.821 \times 10^{-5}$ Pa·s，$\rho_p = 2630$ kg/m³，$\rho_g = 1.2$ kg/m³）。

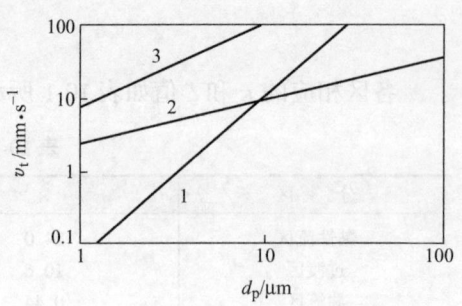

图 10-2 最终沉降速度与粒径的关系
1—式（10-11） 2—式（10-12） 3—式（10-13）

由于通风除尘中的粒径一般小于 50μm，则 Re_p 也小于 1，属 Stokes 区，可按式（10-11）计算沉降速度，即图 10-2 中曲线 1。从图 10-2 中可以看出，沉降速度随粒径的减小而急剧降低，粒径小于 7μm 的尘粒其沉降速度很小，能够长时间悬浮于相对静止的空气中。如 1μm 的石英粒子从人的呼吸带（离地面 1.5m 高处）降落到地面需 6h，但在生产条件下工作环境中常有气流运动，并且粒子形状极不规则（形状不规则尘粒的阻力系数大于球形粒子的阻力系数），所以小于 7μm 的呼吸性粒子实际上几乎不能沉降，只能随风飘动。因此，需要通风或安设净化设备把这些粒子带走或除掉。

在矿山井巷中，流动的空气除了平均风速以外，还存在着脉动风速。脉动风速一方面促进尘粒扩散下沉，另一方面又能阻止尘粒的重力沉降。所以风流中的尘粒沉降比在静止空气中复杂。粉尘在井巷内的沉积分布，经观察得知：悬浮于空气中的粉尘一部分随风流带出矿井，而大部分却沉积在井巷里，回风巷内沉积量最多。从尘源地开始，粒径大的先沉积下来，粒径小的则随风飘散沉积在较远的地方。就尘粒在巷道断面上分布来看，沉积在巷道顶板和两帮的粉尘粒径小的较多，而底板上的粉尘粒径大的较多，它们的自重分布：底板上最多，两帮次之，顶板最少。

10.1.2 矿尘的扩散

在生产条件下，矿尘在产生和扩散过程中所受的作用力主要有重力、机械力和风力。微细矿尘靠重力的沉降速度是很小的，与矿内一般风速相比相差很大，所以矿尘因重力作用是不能摆脱风流的控制而独立运动的。

矿尘受到机械力的作用可获得较高的初速度，依惯性作用而向某一方向运动，但速度的衰减非常快。根据计算可知：一个粒径 $d_p = 10\mu m$、密度 $\rho_p = 2700$ kg/m³ 的尘粒，在重力作用下自由下沉，其最大沉降速度约为 v_t（最大）$= 0.008$ m/s，与一般矿井内空气流动速度大于 0.15 m/s 相比是很小的，说明粉尘的运动主要受矿内气流的支配。当一个粒径 $d_p = 10\mu m$ 的尘粒，在静止空气中受到机械力作用以速度 $v_0 = 5$ m/s 抛出后，在距抛射点（即尘源点）约 4.5mm 处，其速度即降至 $v_g = 0.005$ m/s，很快失去动能。

以上说明，如果没有其他气流的影响，一次尘化（机械力）作用给予粉尘的能量是不足以使粉尘在巷道内散布的，它只能造成小范围的局部气流污染。造成粉尘进一步扩散的原因是二次气流，即巷道内空气的流动，它的方向、速度决定粉尘扩散的方向和范围，二次气流速度越大，粉尘扩散越严重。因此，采用削弱尘源强度、控制一次尘化气流、隔断二次气流和组织、吸捕气流,才能有效控制粉尘,达到控制粉尘扩散的目的。但在矿山井下要控制二次尘化气流所造成的污染必须采取合理的通风措施。

10.1.3 排尘风速

排除井巷中的浮尘要有一定的风速,能促使对人体最有危害的微小粉尘(呼吸性粉尘)保持悬浮状态并随风流运动而排出的最低风速,称为最低排尘风速。《煤矿安全规程》规定,掘进中的岩巷最低风速不得低于 0.15m/s,掘进中的煤巷和半煤岩巷最低风速不得低于 0.25m/s。GB 16423—2006《金属非金属矿山安全规程》规定,硐室型采场最低风速应不小于 0.15m/s,巷道型采场和掘进工作面最低风速应不小于 0.25m/s,电耙道和二次破碎巷道最低风速应不小于 0.15m/s;箕斗硐室、破碎硐室等作业地点,可根据具体条件,在保证作业地点空气中有害物质的接触限值符合 GBZ 2.1~2—2007 规定的前提下,分别计算风量和排尘风速。

提高排尘风速,粒径稍大的尘粒也能悬浮被排走,同时增强了稀释作用。在产尘量一定的条件下,矿尘浓度将随之降低。当风速增到一定值时,作业地点的矿尘浓度将降到最低值,此时风速称最优排尘风速,如图 10-3 所示。风速再增高时,将扬起沉降的矿尘,使风流中含尘浓度增高。一般说来,掘进工作面的最优风速为 0.4~0.7m/s,机械化采煤工作面的最优风速为 1.5~2.5m/s。

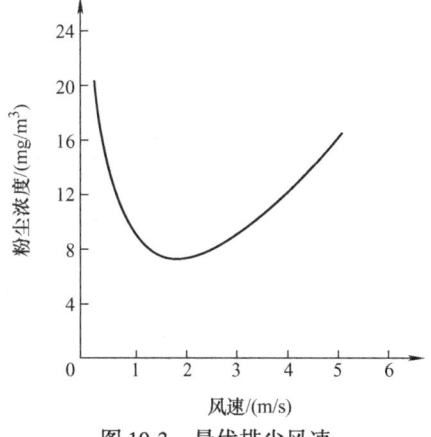

图 10-3 最优排尘风速

10.1.4 扬尘风速

沉积于巷道底板、周壁以及矿岩等表面上的矿尘,当受到较高风速的风流作用时,可能再次被吹扬起来而污染风流,此风速称为扬尘风速,可参考下式计算

$$v_f = K \sqrt{\rho_p d_p} \tag{10-14}$$

式中 v_f——扬尘风速(m/s);

ρ_p——粉尘的密度(kg/m³);

d_p——粉尘的粒径(m);

K——系数,取 10~16,粒径和巷道尺寸较大时取大值。

扬尘风速除与矿尘粒径与密度有关外,还与矿尘湿度、巷道潮湿状况、附着状况、有无扰动等因素有关。据试验,在干燥巷道中,在不受扰动情况下,赤铁矿尘的扬尘风速为 3~4m/s,煤尘扬尘风速为 1.5~2.0m/s;在潮湿巷道中,扬尘风速可达到 6m/s 以上。粉尘二次扬尘称为次生矿尘,能对矿井空气造成严重污染,除控制风速外,及时清除积尘和增加矿尘湿润程度也是常用的除尘方法。所以,《煤矿安全规程》和《金属非金属矿山安全规程》均规定采掘工作面的最高允许风速为 4m/s。

10.2 湿式作业

湿式作业是利用水或其他液体,使之与尘粒相接触降低矿尘的方法。它是矿井综合防尘的主要技术措施之一，具有所需设备简单，使用方便，费用较低和除尘效果较好等优点。其缺点是增加了工作场所的湿度，恶化了工作环境，会影响原煤质量，除缺水和严寒地区外，一般矿山应用较为广泛。我国矿山较成熟的经验是采取以湿式凿岩为主，并配合喷雾洒水、水炮泥、水封爆破以及矿床注水等防尘技术措施。

水能湿润矿尘，增加尘粒重力，并能将细散尘粒聚结为较大的颗粒，使浮尘加速沉降，落尘不易飞扬。因此，按除尘机理可将其分为两种方式：用水湿润、冲洗初生或沉积的矿尘；用水捕捉悬浮于空气中的矿尘。

用水湿润、冲洗初生矿尘，常见于湿式凿岩、湿式钻眼等作业，俗称洒水降尘，多用于煤岩的装运作业和井巷的防爆措施。

用水捕捉悬浮于空气中的矿尘，目前多采用喷雾捕捉浮尘，俗称喷雾洒水降尘，主要用于采掘机械内、外喷雾洒水和井巷定点喷雾降尘。

10.2.1 用水湿润矿尘

1. 粉尘湿润机理

粉尘湿润是液体将尘粒表面气体挤出后在其表面铺展的过程。在这一过程中，固-气界面消失，形成固-液界面和液-气界面，所以湿润过程也就是固-液-气三相界面上表面能变化的过程。粉尘的湿润性是决定喷雾洒水降尘效果的重要因素，它取决于液体的表面能（表面张力）和尘粒的湿润边角。水对尘粒的湿润边角是反映水分子与尘粒分子之间吸引力大小的物理力。根据湿润边角可以确定粉尘表面湿润的难易和毛细作用的大小。水分子与尘粒分子间的吸引力越大，湿润边角越小，越易于湿润。相反，若水分子之间的吸引力增大，即水的表面张力系数增大，则湿润边角变大，使粉尘难以湿润。

粉尘的湿润能力是指尘粒与水接触时是否容易被水所湿润，取决于水与粉尘的湿润边角和水的表面张力系数。在相同的表面张力系数条件下，不同的粉尘有不同的湿润边角；在相同的粉尘条件下，由于水的表面张力系数不同，也有不同的湿润边角。因此，可以用湿润边角作为表征粉尘湿润能力的指标。水对煤的湿润边角如图10-4所示，湿润边角 $\theta < 90°$ 属于可湿润煤体，θ 角越小，湿润能力越大；湿润边角 $\theta > 90°$ 属于不可湿润煤体，θ 角越大，湿润能力越小。

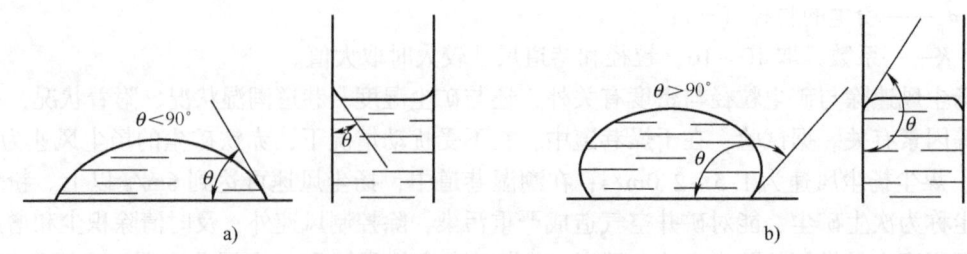

图10-4 水对煤的湿润边角
a) 可湿润煤体 b) 不可湿润煤体

容易被水湿润的粉尘称为亲水性粉尘，不容易被水湿润的粉尘称为憎水性（或疏水性）粉尘。故可根据粉尘的这一特性来选择除尘方式及设备，前者用水除尘的效果良好，后者用水除尘时，要在水中添加表面活性物质，降低水的表面张力，否则降尘效果差。各种矿岩的湿润边界角大小因其矿物成分和岩石成分不同而不同。

2. 洒水降尘

洒水降尘是用水湿润沉积于煤堆、岩堆、巷道周壁、支架等处的矿尘。当矿尘被水湿润后，尘粒间互相附着凝集成较大的颗粒。同时，因矿尘湿润增强了附着性，而能黏结在巷道周壁、支架煤岩表面上，这样在煤岩装运等生产过程中或受到高速风流时，矿尘不易飞起。

在炮采炮掘工作面爆破前后洒水，不仅有降尘作用，而且还能消除炮烟、缩短通风时间。

矿山井下洒水，可采用人工洒水或喷雾器洒水。对于生产强度高、产尘量大的设备和地点，要设自动洒水装置。

实践证明，一般的洒水降尘（即低压洒水，水压 <2943kPa），存在着喷嘴易于堵塞，降尘效率难以提高，特别是对呼吸性粉尘的降尘效果差、耗水量大等技术问题。因而出现了高压洒水（水压 >9810kPa）的新工艺，使洒水降尘措施更加完善。

3. 湿式凿岩

根据相关规程规定，在矿井采掘过程中，为了大量减少或基本消除粉尘在井下飞扬，必须采取湿式凿岩、水封爆破等生产技术措施。在有条件的矿井还应通过改进采掘机械结构及其运行参数等方法减少采掘工作面的粉尘产生量。

湿式凿岩就是在凿岩过程中，将压力水通过凿岩机送入并充满孔底，以湿润、冲洗和排出产生的粉尘。它是凿岩工作普遍采用的有效防尘措施。

据实测，湿式凿岩的除尘率可达90%左右，并能将凿岩速度提高15%~25%。由于掘进过程中的矿尘主要来源于凿岩和钻眼作业，因此湿式凿岩、钻眼能有效降低掘进工作面的粉尘量。

湿式凿岩有中心供水和旁侧供水两种供水方式。中心供水是在钻机中心装有水针，水针前端插入钻钎尾部的中心孔，后端与弯头及供水管相连，凿岩时打开水阀，压力水经水针进入炮眼底，以湿润和冲洗粉尘；旁侧供水是从风钻机头的侧面直接向钎尾供水，凿岩时打开水阀，压力水从供水管进入供水套，经过橡胶密封圈的水孔和钎尾侧孔流入钎杆水孔一直达炮眼内。岩石电钻多采用旁侧供水方式。

旁侧供水方式与中心供水方式相比，虽然能将纯凿岩速度提高20%~28%，使作业地点粉尘浓度降低47%，且对于小于$5\mu m$粉尘的抑制效果较好，但是存在如钎尾易断、胶圈易磨损、漏水和换钎不便等一些固有的缺点。因此，旁侧供水方式迄今未得到广泛使用，目前我国矿山大都采用中心供水方式。

（1）中心供水应用原则　具体如下。

1）采用风水联动装置，确保开眼时先供水，后供风，避免打干眼。

2）要有足够的供水量，使之充满孔底，同时，要使钎头出水孔尽量靠近钎刃。这样，矿尘生成后能立即被水包围和湿润，防止它与空气接触，否则在表面形成吸附气膜会影响湿润效果。钻孔中充水程度越满，矿尘向外排出过程中与水接触的时间越长，湿润效果越好。通常，湿式凿岩的供水量：手持式凿岩机不得少于3L/min，支架式及上向式凿岩机不得少于5L/min，深孔凿岩机不得少于10L/min。

3）水压直接影响供水量的大小，要调节适当，从防尘效果看，水压高些好，尤其是上向凿岩，水压高能保证对孔底的冲洗作用，但中心供水凿岩机对水压有一定限制，要求水压比风压低50~100kPa。因为，水压过高，则有可能从钎尾返水，冲洗机腔内的润滑油，阻止活塞前进，降低凿岩效果，甚至损坏凿岩机；水压过低，则供水量不足，易使压气进入水中，影响除尘效果，一般要求水压不低于300kPa。

4）要防止冲洗水倒灌机膛。要防止水压过高，确保水路和风路隔绝，使用高强度又有弹性的优质水针。

5）要防止冲洗水充气化。压气随冲洗水进入孔底，在含油压气的作用下，粉尘表面易形成气膜或油膜，会恶化粉尘的湿润性，同时依附在膜面上的微细粉尘，在气泡破裂后便悬浮于空气中，从而严重地影响除尘效果。为此应提高水针质量，保证水针插入钎尾的必要长度；要保证钎尾加工质量，及时更换磨损的钎尾套筒，对重型凿岩机还可在钎尾中加密封圈。在凿岩机头上开设泄气孔，压气通过泄气孔直接排入大气，极有利于防止冲洗水充气，从而降低粉尘浓度。此外，应保证足够水量持续供水，因为供水量减少时，漏到钎杆中的压气量就会增加，冲洗水被气化的作用也就加剧。

(2) 湿式凿岩应注意的问题　为了提高湿式凿岩的捕尘效果，应注意以下4个问题：

1）防止钻眼岩浆雾化产尘。岩浆雾化产尘是指凿岩机废气从炮眼中流出的岩浆相互作用时在水束表面会形成气泡，而当气泡破裂时，附着在气泡上的微细颗粒即解脱出来并悬浮于空气中。实践表明，凿岩机废气排出方向对钻眼岩浆雾化扩散作用所形成的粉尘量有着决定性作用，其产尘量所占比例相当大，最多时占凿岩总产尘量的65%。因此，凿岩机废气应当通过导向排气罩引向背离工作面的方向，以使它不能与钻眼岩浆互相作用。这种简单的方式可避免产生大量粉尘，并能显著提高钻眼时防尘措施的效果。

2）使用湿润剂。为提高对疏水矿尘和微细矿尘的湿润效果，可在水中加入湿润剂。湿润剂的作用：一是降低水的表面张力，二是提高矿尘的湿润速度。前苏联进行的试验表明，凿岩用水中加入湿润剂比用清水可降低粉尘浓度一半左右。

3）减少微细矿尘产生量。保持钎头尖锐，保证足够风压（大于500kPa）、水量充足等，都可减少微细矿尘量的产生。

4）要确保供水水质。国内研究表明，即使是凿岩机空运转，工作面粉尘浓度也会随水中固体悬浮物含量的增加而升高。这是由于冲洗水被供水系统的漏风和凿岩机排气口、机头口（插钎尾处）排出的压气所雾化，使水中固体悬浮物扩散在空气中形成尘源所致。因此欲使湿式凿岩获得良好的防尘效果，必须确保供水水质。

4. 湿式钻眼

湿式钻眼主要是针对使用煤电钻钻眼的煤巷、半煤岩巷掘进防尘而言的。

湿式钻眼就是用湿式煤电钻在煤层中钻眼。它具有良好的水密封性能，能有效地控制煤层掘进工作面和回采工作面的煤尘。

我国生产的各种湿式煤电钻都是在原干式煤电钻的基础上改制成的。尽管外形结构有所差异，但其作用原理相同，即在原干式煤电钻减速器前增加一个水套，压力水通过中空的麻花钻杆和湿式钻头到达孔底，以湿润煤体并冲洗煤尘，达到湿式钻眼降尘的目的。

10.2.2　用水捕捉悬浮矿尘

把水雾化成微细水滴并喷射到空气中，使之与尘粒相接触碰撞，使尘粒被捕捉而附于水滴上或者被湿润尘粒相互凝集成大颗粒，从而提高其沉降速度，加之采取必要的通风措施，这种措施在高浓度作业地点会大大提高对矿尘的捕集及稀释排出，全面提高降低粉尘浓度的效果。图10-5所示为爆破区喷雾、通风与矿尘浓度的关系。

1. 水滴捕尘机理

（1）惯性碰撞　尘粒和水滴之间的惯性碰撞是湿式除尘最基本的除尘作用。如图10-6所示，直径为 D 的水滴与含尘气流具有相对速度，气流在运动过程中如果遇到水滴会改变气流方向，绕过物体进行运动，运动轨迹由直线变为曲线，其中细小的尘粒随气流一起绕流，粒径和质量较大的尘粒具行较大的惯性，便脱离气流的流线保持直线运动，从而与水滴相撞。由于尘粒的密度较大，因惯性作用而将保持其运动方向，在一定粒径范围的尘粒出于惯性与水滴碰撞并黏附于水滴上。相对速度越大，所能捕获的尘粒粒径范围越大，$1\mu m$ 以上的尘粒，主要是靠惯性碰撞作用捕获。

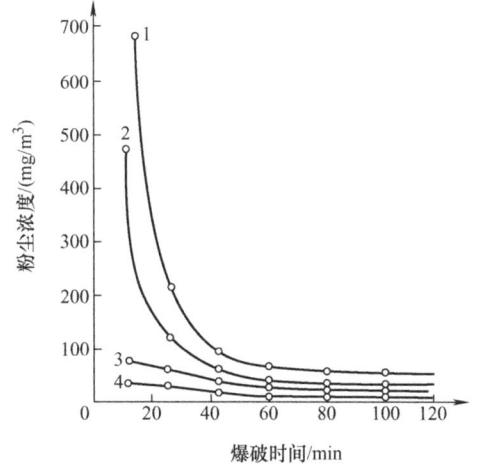

图10-5　爆破区喷雾、通风与矿尘浓度的关系
1—无喷雾，无通风　2—无喷雾，有通风
3—有喷雾，无通风　4—有喷雾，有通风

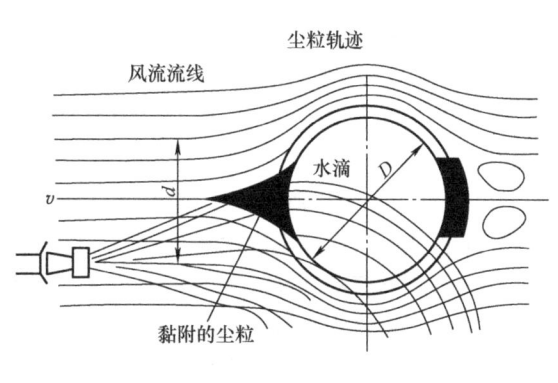

图10-6　水滴捕尘作用示意图

（2）截留　尘粒到液滴的距离小于尘粒的半径时，在流动过程中被液滴所捕获。

（3）扩散作用　通常尘粒粒径在 $0.3\mu m$ 以下的粉尘，由于质量很小，随风流而运动，在气体分子的撞击下，微粒像气体分子一样，做复杂的布朗运动。但其扩散运动能力较强，在扩散运动过程中，可与水滴相接触而被捕获。

（4）凝集作用　凝聚有两种情况：一种是以微小尘粒为凝结核，由于水蒸气的凝结使微小尘粒凝聚增大；另一种是由于扩散漂移的综合作用，使尘粒向液滴移动凝聚增大，增大后的尘粒通过惯性的作用加以捕集。另外水滴与尘粒的荷电性也促进尘粒的凝集。

2. 喷雾洒水

（1）喷雾洒水的作用　喷雾洒水是将压力水通过喷雾器（又称喷嘴）在旋转或冲击作用下，使水流雾化成细微的水滴喷射于空气中，其作用范围如图10-7所示。它的捕尘作用主要体现为：

1）在雾体作用范围内，高速流动的水滴与浮尘

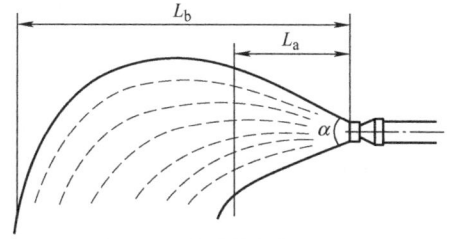

图10-7　喷雾体的作用范围
L_a—射程　L_b—作用长度　α—扩张角

碰撞接触后，尘粒被润湿，在重力作用下下沉。

2）高速流动的雾体将其周围的含尘空气吸引到雾体内湿润下沉。

3）将已沉落的尘粒湿润黏结，使之不易飞扬。

4）增加沉积粉尘的水分，预防粉尘爆炸事故的发生。

(2) 影响喷雾洒水捕尘效率的主要因素 具体如下。

1）雾体的分散度。雾体的分散度（即全部雾滴中各种粒径范围或区间内的雾滴所占的百分比）是影响捕尘效率的重要因素。低分散度雾体水滴大，水滴数量少，尘粒与大水滴相遇时，会因旋流作用而从水滴边绕过，不被捕获。过高分散度的雾体，水滴十分细小，容易汽化，捕尘率也不高。据试验，用 0.5mm 的水滴喷洒粒径为 $10\mu m$ 以上的粉尘时，捕尘率为 60%；当尘粒直径为 $5\mu m$ 时，捕尘率为 23%；当尘粒直径为 $1\mu m$ 时，捕尘率只有 1%。将水滴直径减小到 0.1mm，雾体速度提高到 30m/s 时，对 $2\mu m$ 尘粒的捕尘率可提高 55%。因此，矿尘的分散度越高，要求水滴的直径也越小。一般说来，水滴直径为 $10\sim15\mu m$ 时的捕尘效果最好。

2）水滴与尘粒的相对速度。相对速度越高，两者碰撞时的动量越大，有利于克服水的表面张力而将尘粒湿润捕获。但因风流速度高，尘粒与水滴接触时间缩短，也降低了捕尘效率。

3）水压。喷雾洒水降尘的过程，是尘粒与水滴不断发生碰撞、湿润、凝聚、增重而不断沉降的过程。当提高供水压力（如采用高压洒水）时，由于在很大程度上提高了雾化程度，增加了雾滴密度和雾滴的运动速度，以及增加了射体涡流段的长度，无疑大大增加了尘粒与雾粒之间的碰撞机会和碰撞能量，使微细粉尘易于捕捉。同时，高压洒水能使射体雾滴增加带电性，产生静电凝聚的效果。这一综合作用，加速了尘粒与雾滴碰撞、湿润、凝聚的效果而提高了降尘效率。前苏联的研究表明，在掘进机上采用低压洒水时降尘率为 43%~78%，采用高压喷雾时降尘率达到 75%~95%；在炮掘工作面采用低压洒水时降尘率为 51%，而采用高压喷雾时降尘率达到 72%，且对微细粉尘的抑制效果明显。

高压喷雾产生的雾粒粒度的大小，与高压喷雾方法有关。喷雾方法有脉冲洒水和恒压洒水两种。所谓脉冲洒水是指洒水压力的变化不小于最大压力的 20%~30%；恒压洒水的压力变化不超过 5%。通常，脉冲洒水的雾滴粒度比恒压洒水时的粒度小得多，其降尘效果要比恒压洒水高。测定各种喷嘴直径和各种洒水压力所产生的雾粒粒度可参考相关资料。

4）耗水量。单位体积空气的耗水量越多，捕尘效率越高，但所用动力也随之增加。使用循环水时，需采取净化措施，如水中微细粒子增加，将使水的黏性增加，且使分散水滴粒径加大，降低效率。

5）密度。粉尘的密度大则易于捕集，空气中含尘浓度越高，总捕集效率越高，但排出的粉尘浓度也随之增高。

6）粉尘的湿润性。影响喷雾洒水降尘效果的一个重要因素。不易湿润的粉尘与水滴碰撞时，能产生反弹现象，虽然碰撞也难以捕获。尘粒表面吸附空气形成气膜或覆盖油层时，都难被水滴捕获。向水中添加表面活性剂降低水的表面张力或使之荷电，均可提高湿润效果。

喷雾洒水除尘，简单方便，广泛用于采掘机械切割、爆破、装载、运输等生产过程中，其缺点是对微细尘粒的捕集效率较低。雾体的分散度、作用范围和水滴运动速度，取决于喷雾器的构造、水压和安装位置，应根据不同生产过程中产生的粉尘分散度选用合适的喷雾器，才能达到较好的降尘效果。

因此，喷雾洒水应在矿岩的装载、运输和卸落等生产过程和地点以及其他产尘设备和场所都需进行。矿尘湿润后，尘粒间相附着凝集成较大尘团，同时增强了对巷道周壁或矿岩表面的附着性，从而抑制矿尘飞扬，减少产尘强度。例如，某矿实测装岩过程洒水防尘效果是：不洒水、干装岩时，工作地点矿尘浓度大于 $10mg/m^3$；装岩前一次洒水工作地点矿尘浓度约为 $5mg/m^3$；分层多次洒水，工作地点矿尘浓度小于 $2mg/m^3$。

洒水要利用喷雾器进行，这样喷洒均匀，湿润效果好，耗水量少。洒水量应根据矿岩的质量、性质、块度、原湿润程度及允许含湿量等因素确定，一般每吨矿岩可洒水 $10\sim20L$，生产强度高、产尘量大的设备或地点，应设自动喷淋洒水装置。《金属非金属矿山安全规程》规定：爆破后和装卸矿（岩）时，应进行喷雾洒水；凿岩、爆破、出渣前，应清洗工作面 10m 内的巷道，进风道、人行道及运输巷道的岩壁，每季至少应清洗一次。

（3）喷雾器　把水雾化成微细水滴一般是通过喷雾器实现的，雾体的雾化程度、作用范围和水粒运动速度，取决于喷雾器的构造、水压和安装位置。因此，为了达到较好的降尘效果，应根据不同生产过程中产生的矿尘分散度选用合适的喷雾器。喷雾器的技术性能可用喷雾体结构、雾滴的分散度、雾滴密度和耗水量等指标来表示。

1）喷雾体结构。喷雾体结构是指喷射出的雾体的几何形状。图 10-7 所示为水平喷雾体的几何结构形式，压力水从喷雾器中喷出后，雾滴开始做高速直线运动，直线运动的距离叫射程（L_a），此间水滴稠密并具有较大的动能，还能吸引周围的含尘空气进入雾体中，这个射程内的捕尘效果较好。以后，因动能减少和重力的作用，水滴速度减慢，水滴开始以抛物线做下落运动，其密度也逐渐降低，捕尘作用减弱。水滴运动的最大距离称为作用长度（L_b）。喷射面积用喷雾体的扩张角（α）表示，α 值越大，喷雾体的截面积也越大，水滴的密集程度则越小。喷雾体内的水雾密度与喷雾器的构造、水压、耗水量有关。

2）喷雾器的类型。我国煤矿采用的喷雾器，按其动力可分为水喷雾器和气水喷雾器两大类。

① 水喷雾器。其工作原理是压力水经过喷雾器，靠旋转冲击作用，使之形成水雾喷出。水喷雾器的类型较多，目前市场有成品供应且使用较好的有武安-4型喷雾器，如图 10-8 所示。压力水沿旋流导水芯 2 的螺旋沟槽流通时，产生旋转冲击作用，从喷嘴口喷出，形成中空圆锥形雾体。外壳 1 为尼龙压制或金属材料制作，喷嘴口直径分为 2.5mm、3mm 和 3.5mm 三种。

水喷雾器结构简单、轻便，具有雾滴较细、耗水量少、扩张角大的特点。但其射程较小，适于向固定尘源喷雾，如在采掘工作面运输机接头、翻车笼、煤仓、装车站等处喷雾降尘。

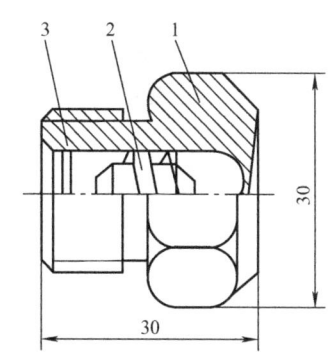

图 10-8　武安-4 型喷雾器
1—外壳　2—旋流导水芯　3—垫圈

② 风水喷雾器。它根据压气雾化液体的原理设计，即它属于借助于压气作用，使压力水分散成雾状水滴并喷射出去的装置。风水喷雾器的优点是雾化程度高，在压力不小于 $294.3\sim392.4kPa$，耗水量为 $10\sim12L/min$ 的情况下，能达到较远的喷雾射程（5m 以上），

具有较高的喷射速度,且水雾细密度大,对严重危害人体健康的细微尘粒捕获效果显著;其缺点是要消耗压气。

我国在掘进工作面使用较多的是鸭嘴形喷雾器,如图10-9所示。在风压为500kPa,水压为294.3~392.4kPa时,射程可达5~6m,密集雾滴直径为2.5~3mm,耗水量为10~12 L/min。开滦煤矿在宽4m以上的掘进工作面帮各设一个鸭嘴形喷雾器,放炮后5min测定工作面矿尘浓度,由原来的11.06mg/m³降到2.42mg/m³。

③ 水空气喷雾器(水力引射器)。水空气喷雾器是根据引射涡流原理制成的一种新型喷雾器。其优点是带有引风筒或引风罩,在喷雾的同时造成一股引射风流,具有二次雾化作用,提高了雾化质量,其结构紧凑合理,尺寸小、重量轻,使用方便可靠,降尘效果好。

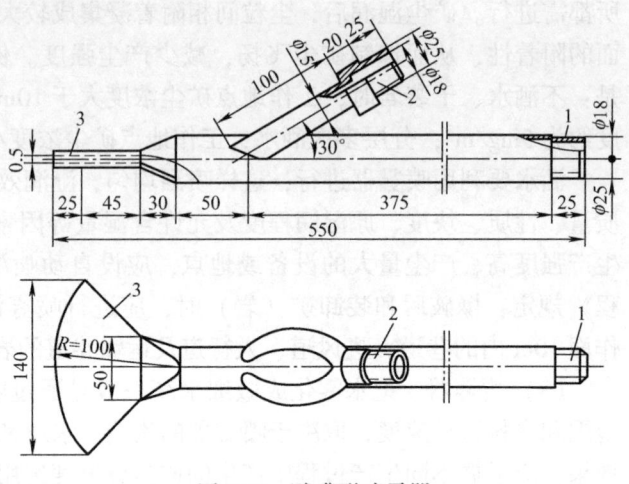

图10-9 鸭嘴形喷雾器
1—进水接头 2—进风接头 3—喷嘴

水力引射器分PU型喷雾器和PUN型(双螺旋导水芯)引射器两种,如图10-10和图10-11所示。其结构基本相同,由喷嘴、引射风筒及支撑座或座板等部分组成。当水从喷嘴连续喷出时,在引风筒内的后半部形成负压区,吸入周围的空气,形成气流并经喉管达到最大流速,与水雾一起喷射。由于提高了水的雾化程度和雾粒的喷射速度(比单水雾粒的速度高20%~25%),因而提高了降尘效果。

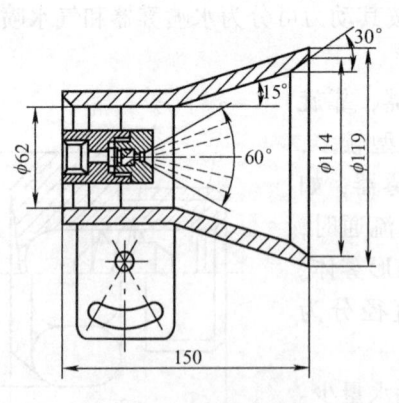

图10-10 PU型喷雾器

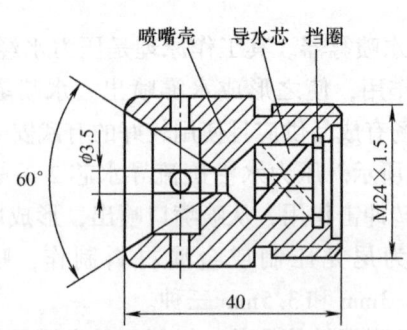

图10-11 PUN型引射器

PUN型引射器的结构,虽然仅在单水喷嘴的壳体上沿圆周钻有6个小孔,但其功能已相当于PU型喷雾器,并具有保护罩和自动清理外堵的能力。

PU型喷雾器和PUN型引射器用于综采工作面、高档普采工作面外喷雾(如采煤机的外喷雾)降尘。因其具有射程远、张角大、雾滴均匀及自动清理外堵能力等,适合在高尘源区域工作。PUN型引射喷雾器还可用于移架放顶和定点喷雾降尘时选用。

喷雾捕尘是最常用的降尘措施。在喷雾控制技术上，我国开展了大量的研究工作，研制了适用于采掘机械、炮掘工作面、装载卸载点、风流净化等各种场合的各类型的喷嘴及喷雾泵等配套设施，具有机械式、自动式、液压式、光电式、声控式等多种自动喷雾系统，为实现采煤机内外喷雾、液压支架移架喷雾和转载点喷雾降尘创造了条件。近年来，又研究了含尘气流控制技术，这种新的喷雾方法较好地解决了采煤机内外喷雾时在滚筒附近产生涡流，使粉尘向人行道扩散的问题，并提高了外喷雾的降尘效果。

3. 水炮泥和水封爆破

水封爆破和水炮泥是由钻孔注水湿润煤体演变而来的，它是将注水和爆破结合起来，借炸药爆破时产生的压力将水强行注入（压入）煤体中，它不仅能收到较好的降尘效果，而且还兼有下列作用：因为水是不可压缩的流体，在爆破压力的作用下，水强行渗入煤层或岩层中有助于提高爆破效果；在爆破过程中，大部分水被汽化，这不仅使降尘效果更加显著，还可消除炮烟，溶解由于炸药爆炸而产生的有害气体（如二氧化氮）。

（1）水炮泥 水炮泥就是将装水的塑料袋代替或部分代替炮泥，填于炮眼内，如图10-12所示。爆破时水袋破裂，水在高温高压的作用下，大部分水汽化，然后重新凝结成极细的雾滴和同时产生的矿尘相接触，形成雾滴的凝结核或被雾滴所湿润而起到降尘作用。国内外的一些资料表明，水炮泥爆破要比泥封爆破工作面矿尘浓度降低40%~79%，对$5\mu m$以下的矿尘也有较好的效果。同时，还能减少爆破产生的有害有毒气体，缩短通风时间，并能防止爆破引燃瓦斯。水炮泥袋是以不易燃、无毒并具有一定强度的聚乙烯薄膜热压制成的。水炮泥袋封口是关键，袋口处塑料布向内折叠或双层并近似"亚"字形压制。目前使用的自动封口水炮泥袋如图10-13所示。装满水后，袋口能自行封闭。水炮泥具有加工简单，操作方便，降尘效果显著等优点，应推广使用。

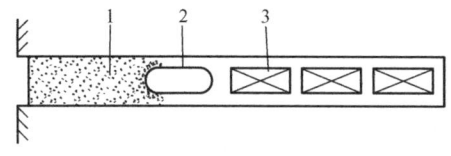

图10-12 水炮泥布置图
1—黄泥 2—水袋 3—炸药包

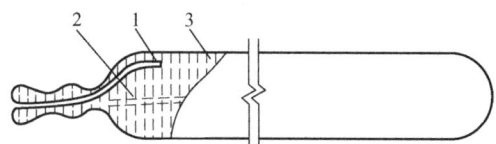

图10-13 自动封口水炮泥袋
1—逆止阀注水后位置 2—逆止阀注水前位置 3—水

水炮泥在炮孔中的布置方法对爆破效果很重要，一般情况下采用下面三种方法：

1）先装炸药，再装水炮泥，最后装黄泥。如图10-12所示。
2）先装水炮泥和炸药，再装水炮泥和黄泥。
3）先装水炮泥和炸药，再装水炮泥（不装黄泥）。

具体装填方法，应视炮孔深度而定。国内矿井一般多采用第一种方式：根据双鸭山矿务局在四次半煤岩、四次全岩巷道掘进时，对使用普通炮泥和水炮泥爆破产尘浓度进行了对比观测；在放炮后30s，工作面使用普通炮泥时粉尘浓度为387.5mg/m³，而采用水炮泥时为50mg/m³，降尘效率达87%。

如果在水炮泥中同时添加湿润剂、黏尘剂等物质，可大大提高降尘效率。此外，德国等西方国家已开始应用化学材料代替水炮泥中的水，这些材料大多具有较好的膨胀性能，因此爆炸时的封堵效果和降尘效果更好。我国研制出的凝胶水炮泥也取得了良好的降尘降烟效果。

（2）水封爆破　水封爆破是将炮眼内的炸药先用一小段炮泥填好，然后再给炮眼口填一小段炮泥，两段炮泥之间的空间插入细注水管注水，注满后抽出注水管，并将炮泥上的小孔堵塞爆破。水封爆破虽也能降尘、消烟和消火，但是当炮眼的水流失过多时也会造成放空炮。由于其作业复杂等原因，这种方法处于逐渐被淘汰状态。

4. 物理化学降尘

从20世纪60年代在国外井下矿山应用表面活性剂降尘以来，物理化学降尘技术得到了迅猛发展。我国是从20世纪80年代开始试验并推广应用降尘剂等物理化学降尘技术的，目前已在井下进行试验与应用的物理化学防尘方法主要有：水中添加湿润剂降尘、泡沫除尘、磁化水降尘及荷电水雾降尘等。

（1）水中添加湿润剂降尘　水中添加湿润剂是在水力除尘的基础上发展起来的一种降尘技术。通常情况下，水的表面张力较高，微细粉尘不易被水迅速、有效地湿润，致使降尘效果不佳。但是，不可否认的是，水力除尘方法是迄今为止最为简便、有效、易于推广的除尘方法之一。

1）添加湿润剂机理。据试验，几乎所有的湿润剂都具有一定的疏水性，加之水的表面张力又较大，对粒径在2μm以下的粉尘，捕获率只有1%~28%。添加湿润剂后，则可大大增加水溶液对粉尘的浸润性，即粉尘尘粒表面原有的固-气界面被固-液界面所代替，形成液体对粉尘的浸润程度大大提高，从而提高降尘效率。

湿润剂主要由表面活性物质组成。矿用降尘剂大部分为非离子型表面活性剂，也存一些阴离子型表面活性剂，但很少采用阴离子型。表面活性剂是亲水基和疏水基两种活性剂分子完全被水分子包围，亲水基一端被水分子吸引，疏水基一端被水分子排斥。亲水基被水分子引入水中，疏水剂则被排斥伸向空气中，如图10-14所示。于是表面活性剂分子会在水溶液表面形成紧密的定向排列层，即界面吸附层。由于存在界面吸附层，

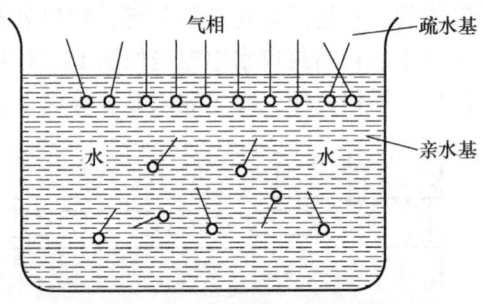

图10-14　在水中的降尘剂分子示意图

使水的表层分子与空气接触状态发生变化，接触面积大大缩小，导致水的表面张力降低，同时朝向空气的疏水基与粉尘之间有吸附作用，从而把尘粒带入水中，得到充分湿润。

2）湿润剂的添加方法。湿润剂在实际使用中，不但要通过试验选择最佳浓度，而且还要解决添加的方法。一般分集中添加法和分散添加法两种。但每一种方法必须解决湿润剂的连续、自动、定量添加的方法问题。我国科研单位曾根据不同情况，采用过多种添加方法和添加装置。现举例如下：

①分散添加法。主要有定量泵、压气添加调配器（图10-15）、负压引射添加器（图10-16）、喷射泵添加器（图10-17）和孔板减压添加器（图10-18）进行的湿润剂添加调配。

定量泵：通过定量泵把液态湿润剂压入供水管路，通过调节泵的流量与供水管流量配合达到所需浓度。

压气添加调配器：其原理是在湿润剂溶液箱的上部通入压气（气压＞水压），承压湿润

剂溶液从底部供液导管 8 的入口进入供液导管，经三通 10 添加于供水管路。调节阀门 6 用来调节添加湿润剂溶液的流量与供水流量相配合而达到所需的添加浓度。这种方法结构简单，操作方便，无供水压力损失，但必须以压气作动力。

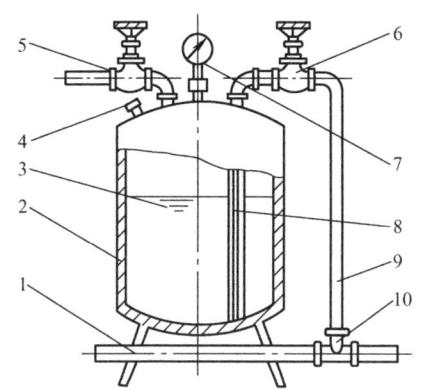

图 10-15　压气添加调配器
1—供水管　2—溶液箱　3—溶液
4—加液口　5—供气阀　6—调节阀门　7—压力表
8—供液导管　9—加液管　10—三通

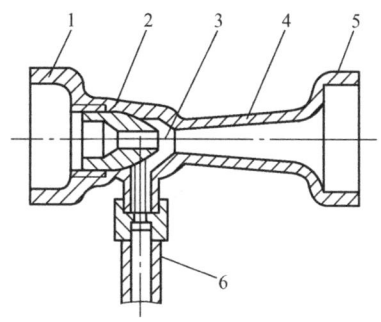

图 10-16　负压引射添加器
1—进水箱　2—喷嘴　3—调节阀
4—扩散段　5—出液端　6—吸液管

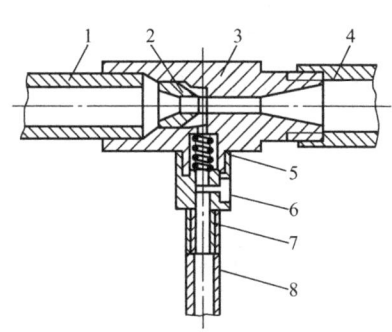

图 10-17　喷射泵添加器
1—进水管　2—喷嘴　3—泵体
4—出水管　5—止水阀　6—调节钉
7—调节套　8—吸液管

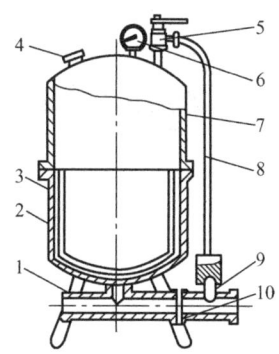

图 10-18　孔板减压添加器
1—进水三通　2—溶液箱下部　3—橡胶薄膜
4—进液口　5—阀门　6—压力表　7—溶液箱上部
8—输液管　9—加液三通　10—减压孔板

负压引射添加器：湿润剂溶液被引射器所造成的负压所吸入，并与水流混合添加于供水管路中，添加浓度由吸液管 6 上的调节阀进行调节，为使引射器具有较高的效能，其几何尺寸要合理。输液管出口端过长、过短都不能正常工作或溶液与水不能充分混合。

喷射泵添加器：喷射泵添加器与负压引射添加器相比，主要的区别在于前者有混合室，而后者没有，因此用前者调配比用后者调配能得到更好的混合，具有压损小、工作状态稳定等特点。

孔板减压添加器：湿润剂溶液在减压孔板 10 前端高压水作用下（在溶液箱中，下部通入的高压水与上部的湿润剂溶液用橡胶薄膜 3 隔开），被压入孔板后端的低压水流中，调节阀门 5 则可获得所需溶液的流量。

② 集中添加法。当工矿企业全面应用湿润水除尘时，防尘用水全部要添加湿润剂。最

简单的办法就是将湿润剂直接加入集中供水的水池内。但各供水系统不尽相同，有的生产用水、生活用水、防尘用水共用一水池，有的则分设不同的专用水池。因此，集中添加湿润的方法要区别对待。

对设有专供防尘用水水池的情况，可将湿润剂直接加入水池中。图 10-19 所示是一种简易添加系统的原理框图。其原理是当水泵给水池供水时，从水泵电动机上引出一个电信号送至控制器，控制器就有电压输出作为执行器的工作电源，使执行器开启，湿润剂池内的湿润剂通过执行器流入水池中。根据水泵流量大小调节执行器的流量，可得到所需浓度的湿润水。当水泵停止向水池供水时，水泵电动机无信号输出，执行器关闭。水泵与执行器连锁，实现了给水与加湿润剂同步，保证湿润浓度的稳定性和连续性。

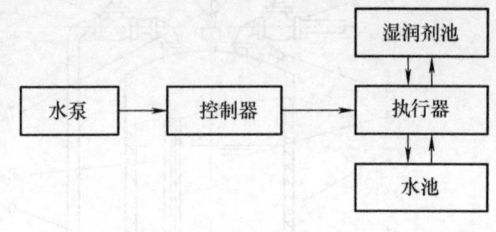

图 10-19　添加系统（一）

对于生产生活防尘共用水池的情况，只允许将湿润剂加到防尘用水的管路中。图 10-20 所示便是适用于此种情况的添加系统方框图。其工作原理是：当防尘用水流入流量采样器时，采样器即发出与水量成正比的频率脉冲信号送至流量指示积算器进行转换，并显示出瞬间流量与累计流量；每累计一定量（自己整定），就输出一个脉冲信号至控制器进行整形放大，然后推动执行器开启，每开启一次流出一定量（自定）的湿润剂，经加液管注入水管中便得到所需浓度的湿润水溶液。执行器开启频率与流量成正比，可保证湿润混合均匀稳定。

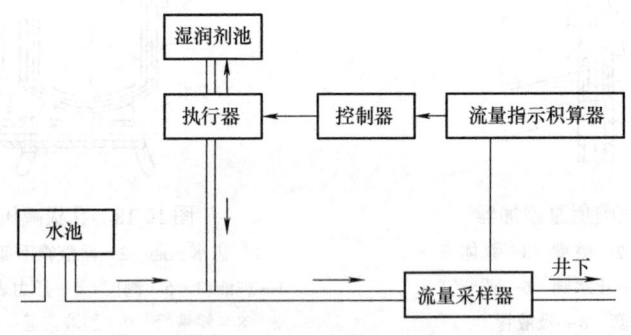

图 10-20　添加系统（二）

(2) 泡沫除尘　具体如下。

1) 泡沫除尘机理。泡沫剂与水按比例混合，通过发泡器产生大量高倍数泡沫状的液滴，喷洒到尘源或空气中。当泡沫液喷洒到矿石或料堆时，造成无空隙的泡沫体覆盖和遮断尘源，使粉尘得以湿润和抑制；当泡沫液喷射到含尘空气中，则形成大量的泡沫粒子群，其总体积和总面积很大，大大增加雾液与尘粒的接触面和附着力，提高了水雾的除尘效果。其除尘机理包括：拦截、黏附、湿润、沉降等，几乎可捕集所有与泡沫相遇的粉尘，尤其对呼吸性粉尘有更强的凝聚能力，而且耗水量少。

2) 泡沫剂配方的要求。泡沫剂是多种表面活性剂的混合物。泡沫除尘效果主要取决于泡沫剂配方，即配方中各化学药剂的选择和含量的确定。一般泡沫剂配方中含有起泡剂、湿润剂、稳定剂、增溶剂等表面活性剂。从结构上看，所有表面活性分子都由极性的亲水基和非极性的亲油基两部分组成。亲水基使分子引入水与水亲和，而亲油基使分子排斥水，与油亲和。根据亲水基团的结构分类，通常把表面活性剂分为离子型和非离子型，而离子型表面活性剂在水中电离，形成带阳电荷或带阴电荷亲油剂，又可分为阳离子表面活性剂和阴离子表面活性剂。故在泡沫剂配方中，不能把阳离子表面活性剂和阴离子表面活性剂混合使用。考虑到表面活性剂来源广泛，价格较低，易于加工制作和现场应用，最好选用阴离子表面活性剂或非离子型表面活性剂。试验证明，任何单一药剂根本不可能实现对各方面性能的要求，为此，泡沫剂配方中也需要多种药剂混合后才能达到所需要的目的。由于配方中各药剂所起的作用不同，因而各药剂的含量也不一定相同，一般需要通过正交试验来确定。

3) 发泡器的结构。除尘用的发泡器，一般都采用水力引射式发泡装置和压气式发泡装置。本试验研制的发泡器属压气式的，其结构和试验装置如图 10-21 所示，主要由风机、发泡网、喷嘴、压力泵和供液软管等组成。

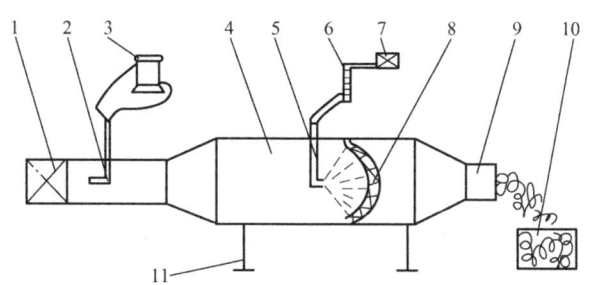

图 10-21　发泡器的结构和试验装置
1—风机　2—毕托管　3—微压计　4—发泡段　5—喷嘴　6—流量计　7—压力泵
8—发泡网　9—泡沫出口　10—泡沫桶　11—支架

4) 工作原理。以风机为气源，在特制的发泡器内，将泡沫剂的水溶液均匀喷洒在发泡网上，在正压气流的作用下，可连续大量产生高倍数的泡沫，经管路或直接喷洒到尘源，达到抑尘降尘的目的。

5) 泡沫除尘技术的应用。

① 泡沫除尘技术在机掘工作面的应用。机掘工作面泡沫除尘应用示意图如图 10-22 所示。首先将发泡器固定在掘进机或摇臂上，连接装置可使发泡器能调整水平摆角和仰角，以便调整泡沫的覆盖范围。泡沫液预先配制好存放在泡沫箱中，通过压力泵和软管将泡沫液输送到发泡器，由发泡器产生的大量泡沫喷洒到掘进机截割部。经试验表明，泡沫除尘效率可达到 94% 以上，比外喷雾除尘效率提高 20% 以上，而耗水量大大减少。

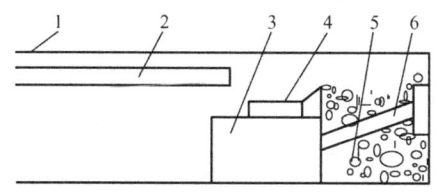

图 10-22　机掘工作面泡沫除尘的应用示意图
1—掘进巷道　2—压入风筒　3—掘进机
4—发泡器　5—泡沫　6—摇臂

② 泡沫除尘在传动带转载点或卸料口处的应用。传动带转载点（掘进机桥式传动带转

载点）和卸料口，由于存在一定的落差，煤炭在下落过程中受到空气阻力的作用，造成煤中细小粉尘飞扬，污染周围空气；目前转载点的除尘方法常采用喷雾洒水和密闭抽尘。

图10-23所示为转载点或卸料口喷洒泡沫时的除尘系统图。当泡沫喷洒到密闭罩内，与粉尘不断碰撞、湿润，使粉尘受到控制。由于发泡器发出的泡沫是连续的，当泡沫破灭的速度小于发泡器生成泡沫的速度时，泡沫在密闭罩内积聚，形成泡沫薄膜，阻止粉尘向外扩散溢出，从而达到控制粉尘的目的。泡沫的发生量、发泡器个数和喷洒泡沫的位置，要根据实际情况而定。

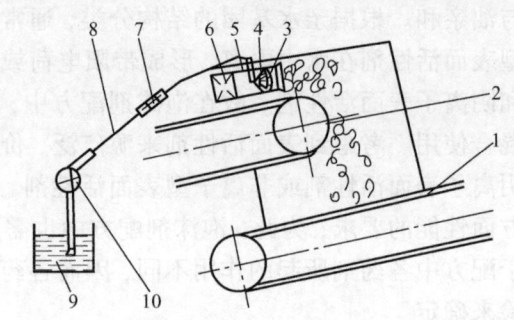

图10-23 转载点或卸料口喷洒泡沫时的除尘系统图
1—上传动带运输机 2—下传动带运输机 3—发泡网
4—喷嘴 5—发泡器 6—风机 7—流量计
8—供液管 9—泡沫液容器 10—水泵

③ 泡沫除尘在炮采工作面中的应用。在炮采工作面装药后、爆破前，由发泡器向爆破工作面喷洒一定厚度的泡沫层，使爆破时矿石产生的大量粉尘和有毒气体与泡沫碰撞而被湿润、吸收，从而达到降尘除毒的目的。在凿岩中，由发泡器产生的泡沫经管道送往凿岩机（或钻机）的水接头处，用泡沫代替水。泡沫凿岩能解决湿式凿岩中出现的问题（如湿度大、打上向钻孔时劳动条件恶劣等），并能提高对呼吸性粉尘的除尘效率。

总之，泡沫除尘的应用范围很广，与喷雾洒水相比，除增加发泡器和一些附属管路外，主要是增加了泡沫药剂的费用。

(3) 磁化水降尘　磁分离技术已有悠久的应用历史，1845年美国发表了一项工业磁选机专利，1972年英国的第一项磁分离专利是富拉顿用来精选铁矿的，于是磁分离技术迅速推广到各种领域。在除尘方面，高梯度磁分离器的研究不断发展，在大气污染控制方面已得到应用，磁化水除尘也不断得到重视，前苏联的列宁矿山和十月矿山早在20世纪70年代就已进行磁化水与常水降尘的对比试验，我国也已从20世纪80年代开始了磁化水降尘的研究，并已研制了TFL型、尘敌型、RMJ型等磁化水喷嘴或磁水器，取得一定的降尘效果。

1）磁化水降尘原理。磁性存在于一切物质中，并与物质的化学成分及分子结构密切相关，因此派生出磁化学；实践过程中又将其分为静磁学和共振磁学两种。目前国内外降尘用磁水器都是在静磁学和共振磁学理论基础上发展起来的。磁化水是经过磁水器处理过的水，这种水的物理化学性质发生了暂时的变化，此过程叫作水的磁化。磁化水性质变化的大小与磁化器磁场强度、水中含有的杂质性质、水在磁化器内流动速度等因素有关。磁化处理后，由于水系性质的变化，可以使水的硬度突然升高，然后变软；水的电导率、黏度降低；水的晶格发生变化，使复杂的长链状变成短链状，水的氢键发生弯曲，并使水的化学键夹角发生改变；因此，水的吸附能力、溶解能力及渗透能力增加，使水的结构和性质暂时发生显著的变化。

此外，水被磁化处理后，其黏度降低、晶格变小，会使水珠变小，有利于提高水的雾化程度，增加与粉尘的接触机会，提高降尘效率。

2）国产磁水器。

① TFL型高效磁化喷嘴降尘器。TFL系列磁水器分为TFL-A、TFL-BT、TFL-C三种类型，是根据静磁学原理设计的。该磁水器选用钕铁硼高速磁铁，正交法使磁力线切割；通过折流直速度变换法假打水的磁化率；采用了切线注入法使喷嘴喷出的雾呈150°的空心圆锥形。因此具有磁化率高、体积小、雾化效果好、耗水量低等优点。

② RMJ型磁水器。RMJ型磁水器按规格分为RMJ-1型、RMJ-2型、RMJ-3型三种类型。该磁水器是在前苏联的内磁式和美国的外磁式基础上开发的一种共振式磁场处理装置。它兼容了内外磁式的优点。据实验室测试表明，共振式磁场处理物对磁性的吸收率较高，从场型来看，共振场型优于交变场型。RMJ型磁水器的结构特点是：场强适中、中等流速、切割次数合理。喷雾装置采用六角塑料喷头，磁场处理的有效范围为50m。喷雾时的技术参数如下：水压为1MPa时，雾体的张角为30°、有效射程为1.8m、水的流量为1.9L/min。

③ 磁化水降尘应用。磁化水降尘技术在国内的应用已取得了初步成果，其优越性主要体现为：磁化水降尘设备简单、安装方便、性能可靠；成本低、易于实施、一次投入长期有效；降尘效率高于其他物理化学方法。

TFL系列磁水器现场试验结果表明，使用该系列磁水器比使用非磁化喷嘴，全尘降尘率平均可提高36.5%，呼吸性粉尘降尘率平均可提高近50%。

RMJ系列磁水器现场试验结果表明，磁化后水的永久硬度由常水的18.76下降到16.97和17.50；电导率由0.95×10^3S/C下降为0.78×10^3S/C和0.72×10^3S/C；pH值为7.04和7.02，符合矿井防尘用水要求。此外，磁化水较常水黏度有所降低，有助于雾化和捕尘率的提高。对磁化水和常水的渗透压进行对比测定结果表明，磁化水的渗透压比常水高约10Pa。

据现场测试表明，清水、添加湿润剂及磁化水降尘对比情况是：若以清水降尘效率100%计，则湿润剂降尘率为166%，而磁化水降尘率为282%。因此，随着磁化水降尘技术的日趋完善，必将产生良好的社会、经济效益。

(4) 荷电水雾降尘　水雾带上电荷就称为荷电水雾。荷电水雾降尘是用人为的方法使水雾带上与尘粒电荷符号相反的电荷，使雾滴与尘粒之间增加了另外一种作用力——静电吸引力或叫作库仑力。这种作用力大大增强雾滴与尘粒之间的附着效果和凝聚效果，因而能大幅度地提高水雾降尘的效率，提高对微细粉尘的捕捉率。

荷电水雾降尘效率的高低，主要取决于水雾的荷电方法、粉尘的带电性及喷雾量等因素。水雾受控荷电通常有三种方法：电晕场荷电法、感应荷电法及喷射荷电法。水雾荷电方法不同，水雾带电极性及荷电量也不相同。

粉尘的带电性主要指粉尘极性和荷电量。由库仑定律可知，当粉尘所带电荷与水雾所带电荷相异时，荷电水雾才能较有力地吸引粉尘；当粉尘不带电时，荷电水雾对粉尘的吸力是因粉尘在电场中被极化后由电场梯度力而引起的，此力的大小在很大程度上取决于尘粒的长短轴之比，以及极化的难易程度；当粉尘所带电荷与水雾的极性相同时，粉尘将受到斥力，其捕尘效果甚至低于清水水雾。因此，尽管生产过程中产生的微细粉尘大多数都带电荷，但当使用荷电水雾降尘时，要注意粉尘本身的带电极性和荷电量。

荷电水雾降尘用于井下风流净化，降尘效果较好。荷电水雾装置的安设位置视产尘点、产尘量及含尘风流状况确定。对于含尘空气为非定向流动的场所，可在产尘点适当位置安设，只要它的有效（射程内）面积能覆盖整个产尘面，即可获得良好的降尘效果。对于含尘空气做定向流动的场所（如巷道内），则可在含尘空气通过的地段设置荷电水雾装置，或用若干喷嘴组成适当的荷电水幕，效果更好。

10.3 密闭抽尘

10.3.1 密闭

密闭的目的是把局部尘源所产生的矿尘限制在密闭空间之内，防止其飞扬扩散，污染作业环境，同时为抽尘净化创造条件。密闭净化系统由密闭罩、排尘风筒、除尘器和风机等组成。矿山用的密闭有以下形式：

（1）吸尘罩　尘源位于吸尘罩口外侧的不完全密闭形式，靠罩口的吸气作用吸捕矿尘。由于罩口外风速随距离增大而急速衰减，控制矿尘扩散的能力及范围有限，适用于不能完全密闭起来的产尘点或设备，如装车点、采掘工作面、锚喷作业地点等。

（2）密闭罩　将尘源完全包围起来，只留必要的观察或操作门。密闭罩防止粉尘飞扬效果好，适用于较固定的产尘点各设备，如传动带运输机转载点、干式凿岩机、破碎机、装载站、锚喷机、翻笼、溜井等。

10.3.2 抽尘风量

1. 吸尘罩风量

为保证吸尘罩吸捕矿尘的作用，吸尘罩风量 Q（m^3/s）的计算公式为

$$Q = (10x^2 + A)v_x \tag{10-15}$$

式中　x——尘源距罩口的距离（m）；

A——吸尘罩口断面面积（m^2）；

v_x——要求的矿尘吸捕风速（m/s），矿山风速一般取 1~2.5m/s。

2. 密闭罩风量

如矿岩有落差，产尘量大，矿尘可逸出时，需采取抽出风量的方法，在罩内形成一定的负压，使经缝隙向内造成一定的风速，以防止矿尘外逸。风量主要考虑如下两种情况：

1) 罩内形成负压所需风量 Q_1（m^3/s）。计算公式为

$$Q_1 = (\sum A)v \tag{10-16}$$

式中　$\sum A$——密闭罩缝隙与孔口断面面积总和（m^2）；

v——要求通过孔隙的气流速度（m/s），矿山风速一般取 1~2.5m/s。

2) 矿岩下落形成的诱导风量 Q_2。某些产尘设备，如运输机转载点、破碎机供料溜槽、溜井等，矿岩从一定高度下落时，产生诱导气流，使空气量增加且有冲击气浪，所以，在风量 Q_1 的基础上，还要加上诱导风量 Q_2。

诱导风量 Q_2 与矿岩量、块度、下落高度、溜槽断面面积和倾斜角度以及上下密闭程度等因素有关，目前多采用经验数值。各设计手册给出了典型设备的参考数。表 10-2 是传动带运输机转载点抽风量参考值。

表 10-2 传动带运输机转载点抽风量

溜槽角度 /(°)	高差/m	物料末速 /(m/s)	传动带宽度下的抽风量/(m³/h)					
			500mm			1000mm		
			Q_1	Q_2	Q_1+Q_2	Q_1	Q_2	Q_1+Q_2
45	1.0	2.1	50	750	800	200	1100	1300
	2.0	2.9	100	1000	1100	400	1500	1900
	3.0	3.6	150	1300	1450	600	1800	2400
	4.0	4.2	200	1500	1700	800	2100	2900
	5.0	4.7	250	1700	1950	1000	2400	3400
60	1.0	3.3	150	1200	1350	500	1700	2200
	2.0	4.6	250	1600	1850	950	2300	3250
	3.0	5.6	350	2000	2350	1400	2800	4200
	4.0	6.5	500	2300	2800	1900	2300	5200
	5.0	7.3	600	2600	3200	2400	3700	6100

10.3.3 密闭抽尘的应用

1. 传动带运输机转载点的密闭抽尘

图 10-24 所示是传动带运输机转载点的工作情况。物料的落差较大时,高速下落的物料诱导周围空气一起从上部罩口进入下部传动带密闭罩,使罩内压力升高。物料下落时的飞溅是造成罩内正压的另一个原因。为了消除下部密闭罩内诱导空气的影响,当物料的落差大于 1m 时,应按图 10-24b 所示在下部进行抽风,同时设置宽大的缓冲箱以减弱飞溅的影响;当落差小于 1m 时,物料诱导的空气量较小,可按图 10-24a 所示设置排风口。

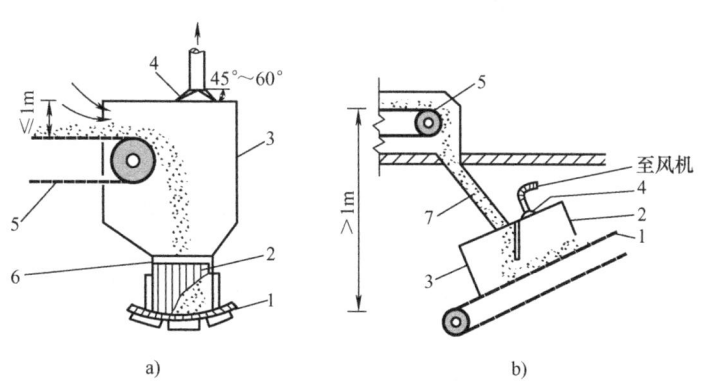

图 10-24 传动带运输机转载点的工作情况
a) 落差≤1m b) 落差>1m
1—受料传动带 2—遮尘帘 3—密闭罩 4—排风口 5—转运传动带 6—两侧挡板 7—溜槽

2. 凿岩时的密闭抽尘

通常在缺水或不宜用水的特殊情况下,干式凿岩时就要密闭尘源,采用干式捕尘措施。干式捕尘有孔口捕尘和孔底捕尘两种方式。

(1) 孔口捕尘 在炮眼孔口利用捕尘罩和捕尘室密封孔口,再用压气引射器产生的负压将凿岩时产生的矿尘吸进捕尘罩、捕尘塞,经吸尘管至滤尘筒。矿尘经过两级过滤,第一级是滤尘筒，第二级是滤尘袋。含尘空气在负压吸引下进入滤尘筒，沿筒壁旋转，由于离心力的作用，大于 $10\mu m$ 的尘粒落入筒内，而经滤尘筒排出的含尘空气再进入滤尘袋。在压气的推动下，经滤尘袋过滤，小于 $10\mu m$ 的尘粒绝大部分被阻留在滤尘袋内。

捕尘器使用效果良好。实测数据表明，不用捕尘器干打眼时，矿尘浓度为 $509mg/m^3$，使用捕尘器后则降到 $25.2mg/m^3$，捕尘率达 95.0%，其缺点是引射器耗风量较大。

(2) 孔底捕尘 利用抽尘净化设备，将孔底产生的矿尘经钎杆中心孔抽出净化。凿岩机有中心抽尘与旁抽尘两种形式。该系统是借压气引射器作用将孔底矿尘经钎杆中心孔或旁侧孔，通过导尘管吸到除尘器内，经净化后排出。

干式捕尘器的种类有很多，图 10-25 所示为其中的一种。它是以压气为吸尘动力，当压气由压气进气口 3 进入引射器 5，造成负压，将含尘空气从含尘空气进气口 4 吸入，与除尘板 7 碰撞后，粗粒矿尘落到桶底，细粒矿尘随气流上升，至滤尘袋 6 时被阻留，净化后的空气由捕尘器上方排出。引射器的气压为 0.5MPa 时，耗气量为 $1.06m^3/min$，负压可达 29.3kPa。

图 10-26 所示为中心抽尘干式凿岩捕尘系统。抽尘系统用压气引射器作动力（负压为 30~50kPa），矿尘经钎头吸尘孔、钎杆中心孔、凿岩机导管及吸尘软管排到旋风积尘筒。大颗粒在积尘筒内沉降，微细尘粒经滤袋净化后排出。国内矿山采用较多的还有 75-1 型孔口捕尘器，如图 10-27 所示。

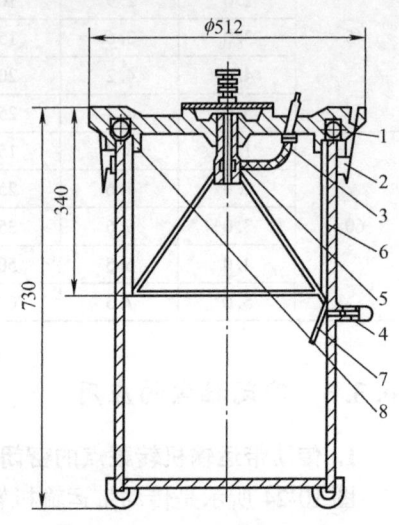

图 10-25 干式捕尘器
1—捕尘器盖 2—扣紧手把 3—压气进气口
4—含尘空气进气口 5—引射器
6—滤尘袋 7—除尘板 8—密封胶圈

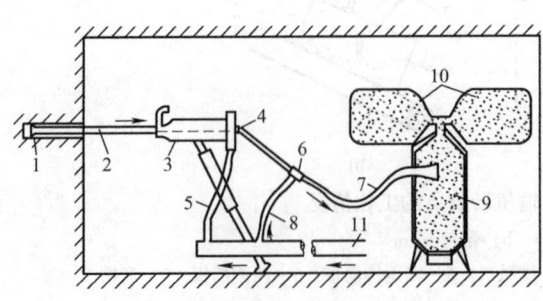

图 10-26 中心抽尘干式凿岩捕尘系统
1—钎头 2—钎杆 3—凿岩机 4—接头 5、8—压风管
6—引射器 7—吸尘管 9—旋风积尘筒
10—滤袋 11—总压风管

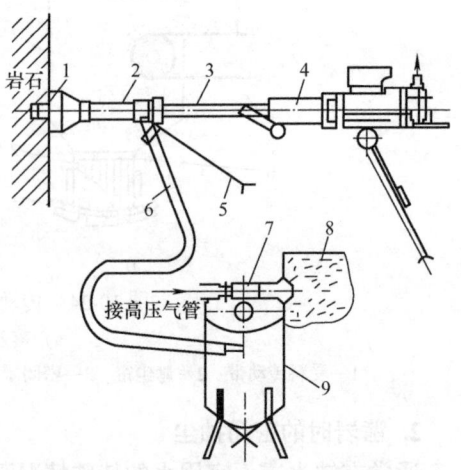

图 10-27 75-1 型孔口捕尘器装配示意图
1—捕尘罩 2—捕尘塞 3—钎杆 4—凿岩机
5—固定叉 6—吸尘管 7—引射管
8—收尘袋 9—滤尘筒

3. 破碎机除尘

井下破碎机硐室应有进、排风巷道，风量按每小时换气次数为 4~6 次计算，破碎机要采取密闭抽尘净化措施。图 10-28 所示为井下颚式破碎机密闭抽尘净化系统。为避免矿尘在风筒内沉积，筒内排尘风速取 15~18m/s。

4. 溜井密闭与喷雾

溜矿井密闭与喷雾适用于作业量较少、产尘量不高的溜井，如图 10-29 所示。井口密闭门采用配重方式关启，平时关闭，卸矿时靠矿石冲击开启。喷雾与卸矿联动，可采用脚踏、车压、机械杠杆、电磁阀等控制方式。

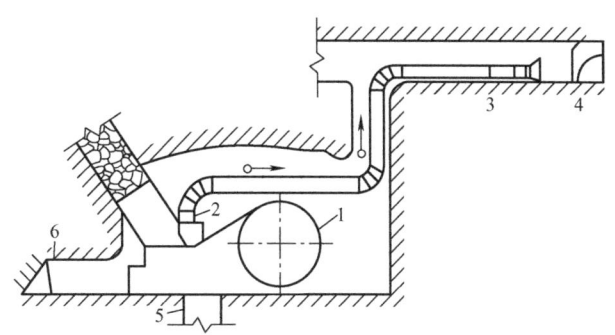

图 10-28　井下颚式破碎机密闭抽尘净化系统
1—破碎机密闭　2—吸尘罩　3—除尘器和风机
4—排风管道　5—溜井　6—进风巷道

5. 溜井抽尘净化

溜井抽尘净化适用于卸矿频繁、作业量大、产尘量高的溜井，如图 10-30 所示。在溜井口下部，开凿专用排尘巷道，通向附近的进（排）风巷道。在排尘巷道中设风机与除尘器，抽出溜井内含尘风流，并配合良好的溜井口密闭，可取得较好的防尘效果。

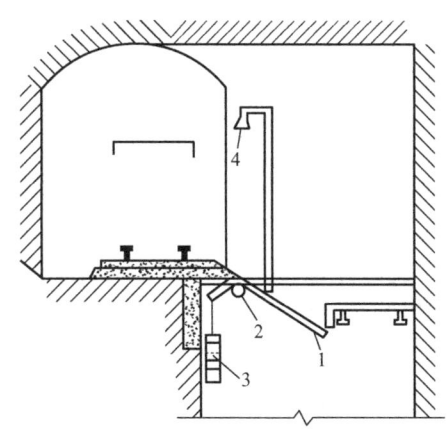

图 10-29　溜井密闭与喷雾
1—活动密闭门　2—轴　3—配重　4—喷雾器

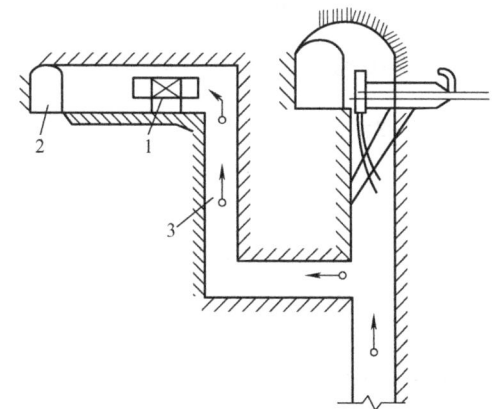

图 10-30　溜井抽尘净化
1—除尘器　2—巷道　3—含尘风流

10.4　净化风流

净化风流是使井巷中含尘的空气通过一定的设施或设备，将矿尘捕获净化风流的技术措施。目前使用较多的是水幕和湿式除尘器。

10.4.1　水幕净化风流

在含尘浓度较高的风流所通过的巷道中设置水幕，就是在敷设于巷道顶部或两帮的水管上间隔地安上数个喷雾器,通过喷雾达到净化风流的目的。巷道水幕布置如图10-31所示。

喷雾器的布置应以水雾布满巷道断面,并尽可能靠近尘源,缩小含尘空气的弥漫范围为原则。净化水幕应安设在支护完好、壁面平整、无断裂破碎的巷道段内。常见的净化水幕有以下几种:

1) 矿井总入风流净化水幕,在距井口 20~100m 巷道内。

2) 采区入风流净化水幕,在风流分叉口支流内侧 20~50m 巷道内。

3) 采煤回风流净化水幕,在距工作面回风口 10~20m 回风巷内。

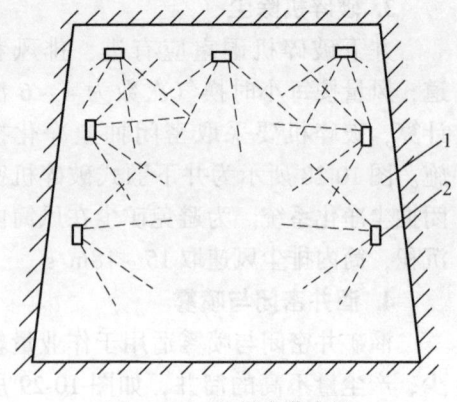

图10-31 巷道水幕布置
1—水管 2—喷雾器

4) 掘进回风流净化水幕,在距工作面 30~50m 巷道内。

5) 巷道中产尘源净化水幕,在尘源下风侧 5~10m 巷道内。

水幕的控制方式可根据巷道条件,选用光电式、触控式或各种机械传动的控制方式。选用的原则是既经济合理又安全可靠。

水幕是净化入风流和降低污风流矿尘浓度的有效方法。现场试验表明,在距掘进工作面 20m、40m 和 60m 处各设了一道水幕,工作面含尘风流经第一道水幕后降尘率为60%,经第二道水幕后降尘率为79%,经第三道水幕后矿尘浓度只有 $0.78 mg/m^3$,降尘率达到98.6%。

10.4.2 除尘器的性能及分类

1. 除尘器的性能指标

除尘器是从含尘气流中将粉尘颗粒予以分离的设备,也是通风除尘系统中的主要设备之一,它的工作好坏将直接影响排往空气中粉尘浓度,从而影响周围环境的卫生条件。

除尘器的类型众多,在选择除尘器时,必须从各类除尘器的除尘效率、阻力、处理风量、漏风量、耗钢量、一次投资、运行费用等指标加以综合评价后才确定。

(1) 除尘效率 除尘器的总除尘效率是指含尘气流在通过除尘器时,所捕集下来的粉尘量(包括各种粒径的粉尘)占进入除尘器的粉尘量的百分数 η,即

$$\eta = \frac{G_c}{G_i} \times 100\% \tag{10-17}$$

式中 G_i——进入除尘器的粉尘量(kg/s);

G_c——被捕集的粉尘量(kg/s)。

除尘效率是衡量除尘器清除气流中粉尘的能力,除尘器的除尘效率除了与其结构有关,还取决于粉尘的性质、气体的性质、运行条件等因素。

如果除尘器结构严密不漏风,$Q_1 = Q_2$,则式(10-17)可写成

$$\eta = \frac{Q_1 C_1 - Q_2 C_2}{Q_1 C_1} \times 100\% = \frac{C_1 - C_2}{C_1} \times 100\% \tag{10-18}$$

式中 Q_1、Q_2——除尘器进口和出口的风量(m^3/s);

C_1、C_2——除尘器进口和出口空气中的粉尘浓度(mg/m^3)。

式(10-17)要通过称重求得除尘器的除尘效率,称为质量法。这种方法得到的结果比较准确,多用于实验室或产品的鉴定。由于生产过程的连续性,质量法在生产现场往往难以进行,因此,在生产现场一般采用浓度法,也就是先同时测出除尘器进、出口的风量和含尘浓度,然后再按式(10-18)计算除尘效率。

(2) 分级除尘效率 分级除尘效率是指某一粒径(或粒径范围)下的除尘效率 η_d,即

$$\eta_d = \frac{G_{id} - G_{cd}}{G_{id}} \times 100\% \tag{10-19}$$

式中 G_{id}——除尘器入口气流中,粒径为 d 的粉尘量(kg/s);

G_{cd}——除尘器出口气流中,粒径为 d 的粉尘量(kg/s)。

分级除尘效率与总除尘效率的关系为

$$\eta = \sum_{i}^{n} \eta_i \varphi_{id} \tag{10-20}$$

式中 φ_{id}——除尘器进口气流中粒径为 d 的粉尘质量百分比。

(3) 穿透率 除尘效率是从除尘器所捕集的粉尘的角度来评价除尘器性能的,而穿透率是从除尘器未被捕集的粉尘的角度来评价除尘器性能的,这是一个问题的两方面。穿透率 P 是指气流中未被捕集的粉尘占进入除尘器粉尘量的质量百分数,即

$$P = 1 - \eta \tag{10-21}$$

穿透率反映了排入空气中粉尘量的概念,根据穿透率可以直接计算出排入空气的总尘量。

(4) 多级除尘器的总除尘效率 如果两台或两台以上除尘器串联运行时,假定第一级除尘器的总除尘效率为 η_1,第二级除尘器的总除尘效率为 η_2,其他依次类推,第 n 级除尘器的总除尘效率为 η_n,则 n 台除尘器串联运行时,其总除尘效率 η 为

$$\eta = 1 - (1 - \eta_1)(1 - \eta_2)\cdots(1 - \eta_n) \tag{10-22}$$

(5) 除尘器的阻力 除尘器阻力是评定除尘器性能的重要指标,也是衡量除尘设备的能耗和运行费用的一个指标。

除尘器的阻力 Δp(Pa)是以除尘器前后管道中气流的平均全压差来表示的。即

$$\Delta p = p_{ti} - p_{to} + p_H \tag{10-23}$$

$$p_H = (\rho_a - \rho_g)gH \tag{10-24}$$

式中 p_{ti}、p_{to}——除尘器前后管道内的平均全压(Pa);

p_H——高温气体在空气中的浮力校正值(Pa);

ρ_g——管道内气体的密度(kg/m³);

ρ_a——空气密度(kg/m³);

g——重力加速度(m/s²);

H——除尘器前后管道测点的高差(m)。

当除尘器前后管道的测点在同一高度或相差不大时,可忽略高度的影响。式(10-23)可写成:

$$\Delta p = p_{ti} - p_{to} \tag{10-25}$$

当除尘器出入口管道的直径相同时,阻力可直接用静压表示。即

$$\Delta p = p_i - p_o \tag{10-26}$$

式中 p_i、p_o——除尘器前后管道内的平均静压（Pa）。

在通风除尘中经常采用阻力系数 ζ 来评定除尘器的性能。即

$$\zeta = \frac{\Delta p}{\frac{1}{2}\rho_g u^2} \quad \text{或} \quad \Delta p = \zeta\left(\frac{1}{2}\rho_g u^2\right) \tag{10-27}$$

式中 u——除尘器进口气流速度（m/s）。

从式（10-27）可以看出，阻力系数与进口气流速度的平方成正比，因此用阻力系数 ζ 来比较各种除尘器的性能是比较方便的。

（6）除尘器的经济性　除尘器的经济性包括除尘器的设备费和运行维护费两部分，它是评定除尘器的重要指标之一。设备费主要指除尘器的材料消耗费（如耗钢量、滤袋、耐磨材料）、加工制作费、安装费用以及除尘器的各种辅助设备（如反吹风机、电控装置、水处理设备、压缩空气等）的费用。

运行维护费主要有气流通过除尘器所做的功、清灰时所消耗的能量，以及易损件的更换、维修材料等。

除尘器的运行费主要是指除尘器的耗电量，取决于除尘器的阻力和处理风量，可按下式计算

$$N = \frac{Q\Delta p}{1000\eta}\tau \tag{10-28}$$

式中 N——耗电量（kW·h）；
　　　Q——除尘器的处理风量（m³/s）；
　　　Δp——除尘器的阻力（Pa）；
　　　η——运行效率（包括通风机、电动机和传动效率，%）；
　　　τ——运行时间（h）。

2. 除尘机理及除尘器的分类

由于生产和环境保护的需要，在实践中采用了各种各样的除尘器，但各种除尘器的除尘机理各不相同，习惯上将除尘器分为机械式除尘器、过滤式除尘器、湿式除尘器和静电除尘器四大类。

（1）机械式除尘器　它是利用质量力（重力、惯性力和离心力等）的作用使粉尘从气流中分离出来的；具有结构简单，造价低，维护方便；除尘效率不高；如重力沉降室、惯性除尘器、旋风除尘器。

（2）过滤式除尘器　它是利用织物或多孔填料层的过滤作用使粉尘从气流中分离出来的；具有除尘效率高，对呼吸性粉尘也可保持较高的除尘效率，经济性好，便于回收有价值的颗粒；一次性投资高，附属部件多，滤料容易堵塞、损坏，工作性能不稳定；如袋式除尘器、颗粒层除尘器等。

（3）湿式除尘器　它是利用液滴或液膜洗涤含尘气流，使粉尘从气流中分离出来的；具有设备简单，造价低，除尘效率高；有时会消耗较高的能量，需要进行污水处理，处理风量受脱水器性能的限制；如低能湿式除尘器、高能文丘里除尘器等。

（4）静电除尘器　它是利用高压电场合使尘粒荷电，在库仑力的作用下使粉尘从气流中分离出来的；具有除尘效率高（特别对呼吸性粉尘），消耗动力少；设备复杂，投资大，

维护要求严，不宜应用于有爆炸性的粉尘；如干式静电除尘器、湿式静电除尘器。

理论和试验已证明，各种除尘器都具有一定的除尘效率，不同类型的除尘器对不同粒径的除尘效率是不一样的，如表 10-3 所示。从表 10-3 中可以看出，对于大于 50μm 的粗尘，各种类型的除尘器都有一定效果；对于小于 5μm 的呼吸性粉尘，使用文丘里除尘器、袋式过滤除尘器、自激式湿式除尘器和静电除尘器等高效除尘器能得到满意的效果。因此，要根据粉尘产生的实际条件，选择合理的除尘器类型。

表 10-3 各种除尘器对不同粒径粉尘的除尘效率

类 别	除尘器名称	除尘效率（%）		
		50μm	5μm	1μm
机械式除尘机	惯性除尘器	95	16	3
	中效旋风除尘器	94	27	8
	高效旋风除尘器（多管除尘器）	96	73	
	重力除尘器	40		27
过滤式除尘器	振打袋式除尘器	>99	>99	99
	逆喷袋式除尘器	100	>99	99
湿式除尘器	冲击式除尘器	98	85	38
	自激式除尘器	100	93	40
	空心喷淋塔	99	94	55
	中能文丘里除尘器	100	>99	97
	高能文丘里除尘器	100	>99	99
	泡沫除尘器	95	80	
	旋风除尘器	100	87	42
静电除尘器	干式除尘器	>99	99	86
	湿式除尘器	>99	98	92

3. 选择除尘器时的注意事项

选择除尘器要从生产特点与排放标准出发，结合除尘器的除尘效率、设备的阻力、处理能力、运转可靠性、操作工作繁简、一次投资及维护管理等诸因素加以全面考虑。

1）首先应考虑矿山的特点和要求。矿用除尘器的体积要小而紧凑、便于搬移，结构要简单，设备要耐用，防爆、防潮性能好。

2）选用的除尘器必须满足标准规定的排放浓度。要求除尘器的容量能适应生产量的变化而除尘效率不会下降，含尘浓度变化对除尘效率的变化要小。当气体的含尘浓度较高时，考虑在除尘器前设置低阻力的初净设备，去除粗大尘粒，有利于除尘器更好地发挥作用。对于运行工况不太稳定的除尘系统，要注意风量变化对除尘器效率和阻力的影响。

3）应考虑粉尘的性质和粒度分布。粉尘的性质对除尘器的性能发挥影响较大，黏性大的粉尘容易黏结在除尘器表面，不宜采用干式除尘；水硬性或疏水性粉尘不宜采用湿式除尘。此外，不同除尘器对不同粒径的粉尘除尘效率是完全不同的，选择除尘器时必须了解处理粉尘的粒度分布和各种除尘器的分级除尘效率。

4）除尘器排出的粉尘或泥浆等要易于处理。

5) 容易操作与维修。

6) 费用。除考虑除尘器本身费用外,还要考虑除尘装置的整个费用,包括初建投资、安装、运行和维修费用等。

10.4.3 矿用除尘器

由于矿山的特殊工作条件(如作业空间较小、分散、移动性强、环境潮湿等),除某些固定产尘点(如破碎硐室、装载硐室、溜井等)可以选用通用的标准产品外,常常要根据井下工作条件与要求,设计制造比较简便的除尘器。矿用除尘器类型如下:

1. 旋风除尘器

旋风除尘器是利用离心力从含尘气体中将尘粒分离的设备。在旋风除尘器中,由于含尘气流做高速多圈旋转运动,因此旋转气流中的尘粒所受到离心力比较大。对于小直径、高阻力的旋风除尘器,离心力相对密度力大2500倍;对大直径、低阻力旋风除尘器,离心力相对密度力约大5倍。因此,用旋风除尘器从含尘气体中除下的粒子比用沉降室或惯性力除尘器除下的粒子要小得多。

旋风除尘器由筒体、锥体、排出管三部分组成,如图10-32所示。含尘气体以较高速度(14~24m/s)沿切线方向进入除尘器后,沿外壁由上而下做旋转运动,这股向下旋转的气体称为外旋涡。外旋涡随圆锥体的收缩而转向除尘器轴心,受底部所阻而返回,沿轴心向上旋转,最后经排出管排出,这股向上旋转的气流称为内旋涡。向下的外旋涡和向上的内旋涡旋转方向是相同的。气流做旋转运动时,尘粒在离心力作用下向外壁移动,到达外壁的尘粒在重力和向下气流带动下,沿壁面落入灰斗内。

旋风除尘器分离粉尘过程是比较复杂的,其有多种结构型式,对粒径$10\mu m$以上的矿尘除尘效率较高,矿山多用作前级预除尘。

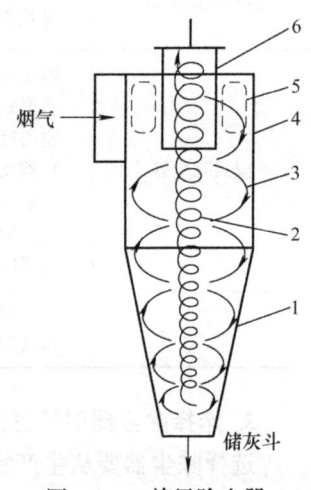

图 10-32 旋风除尘器
1—锥体 2—内螺旋 3—外螺旋
4—筒体 5—上旋涡 6—排出管

2. 过滤式除尘器

过滤式除尘器是使含尘气流通过过滤材料,粉尘被滤料分离出来的一种装置。袋式除尘器是过滤式除尘器的一种,具有较高的除尘效率,特别是对微细粉尘的效率较高,一般可达99%以上。袋式除尘器主要由袋室、滤袋、框架、清灰装置等部分组成。

(1) 袋式除尘器的除尘机理 袋式除尘器是用滤布的过滤作用进行除尘的。滤布与纤维层滤料不同,滤布是用纤维织成的比较薄而致密的材料,主要是表面过滤作用,含尘空气通过滤布后,由于过滤、碰撞、拦截、扩散、静电作用,粉尘被阻留在滤料内表面上,净化后的气体由除尘器风机口排出。新滤布在开始时粉尘被捕集沉积于纤维间,产生架桥作用,使滤布孔隙更加缩小并均匀化,逐渐在滤布表面形成一层初始粉尘层。在过滤的过程中,初始粉尘层起着重要的作用,由于初始粉尘层的孔隙小而均匀,捕集效率增强,对粗细粉尘都有很好的捕捉效果。图10-33所示为滤布的过滤作用示意图;而图10-34所示为滤布在不同条件下的分级除尘效率。

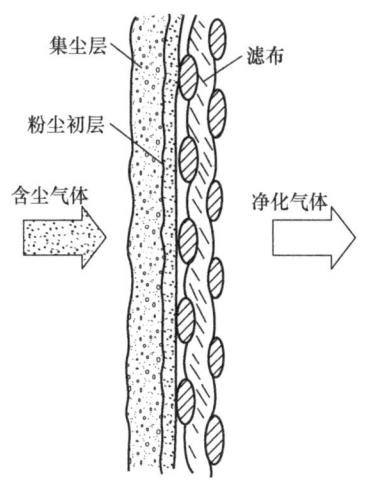
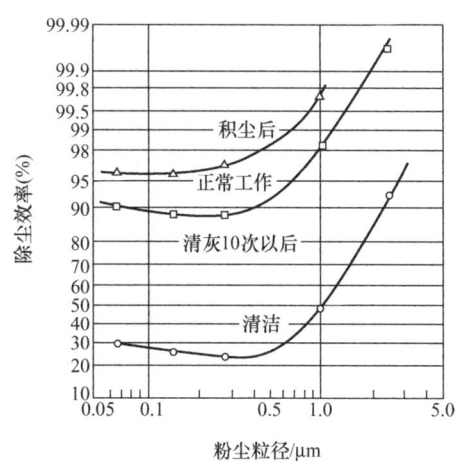

图 10-33 滤布的过滤作用示意图　　图 10-34 滤布在不同条件下的分级除尘效率

从图 10-34 中可以看出，新滤布或清洗后的清洁滤布的捕尘效率是很低的。但在形成初始粉尘层后，效率有很大提高，继续沉积粉尘，效率仍有增加，振打清灰后，仍需保持着初始粉尘层，并能在较高效率下运转。另外，对亚微米粉尘也有较高捕尘效率，而对 0.2～0.4μm 粉尘的捕集效率却很低，这是由惯性和扩散作用都较弱的原因；对 1μm 以上的粉尘，效率可达 99% 以上。而随着沉积粉尘的加厚，阻力将增高，阻力过高将使风机工作风量减少，并且能把滤布空隙处沉积粉尘吹走而使除尘效率降低，所以，要把阻力控制在一定数值之内，一般为 1000～2000Pa。为此，需要采取清落积尘的措施，称为清灰。清灰的目的：一是清落沉积的粉尘层，使过滤阻力大大降低；二是不致破坏初始粉尘层，使滤布仍保持较高的捕集效率。清灰是袋式除尘器工作过程中的一项主要工序，对过滤效率、阻力、滤布寿命、维护管理等都有直接影响。采用何种清灰方法是设计和研究袋式除尘器的一个重要问题。

(2) 影响袋式除尘器除尘效率的因素　具体如下。

1) 滤料上沉积粉尘的厚度。要保证使滤料达到一定阻力后及时清灰，清灰后还能保持初始粉尘层，最理想的阻力是控制在 1000～2000Pa。

2) 滤料种类。滤料是袋式除尘器主要组成部分之一。常用的滤料按所用的材质可分天然滤料（如棉毛织物）、合成纤维滤料（如尼龙、涤纶等）、无机纤维滤料（如玻璃纤维、耐热金属纤维等）和毛毡滤料四类。一般要根据处理粉尘的性质选用不同的滤料，以达到高效除尘的目的。

3) 滤速的选取。滤布过滤风速的大小取决于滤料的种类和清灰方式，一般取作用于滤布全表面的平均风速，实际上多采用 0.5～2m/min 过滤风速，风速过高时，不仅使阻力增高，也能吹掉滤布空隙中沉积的粉尘而使除尘效率降低，也可采用气布比表示过滤风速，即单位面积滤布单位时间通过的风量 $[m^3/(s·m^2)]$。

3. 卧式旋风水膜除尘器

卧式旋风水膜除尘器也称为水鼓除尘器、旋筒式水膜除尘器等，它主要由内筒、外筒、螺旋形导流片、集尘水箱、脱水器等组成，如图 10-35 所示。内、外筒之间的导流片将除尘器内部分成若干个螺旋形通道。含尘气流沿器壁以切线方向导入，沿螺旋通道流动，当气流以较高速度冲击集尘水箱的水面时，部分尘粒被水吸收，同时激起水花；气流夹带着水滴继续向前旋转，在离心力的作用下，把水滴和尘粒甩向外筒内壁，并在其上形成一层厚度为3~5mm的水膜，甩至器壁的尘粒则被水膜所捕集。含尘气体连续流经几个螺旋形通道，得到多次净化，使绝大部分尘粒被分离。净化后的气体经脱水器脱除水滴后，排出器外。该种除尘器的除尘机理具有旋风、水膜和水浴三种，从而达到较高的除尘效率。其外筒内壁的水膜不是由喷嘴或溢流槽所形成的，而是靠气流冲击水面激起的水花形成的。

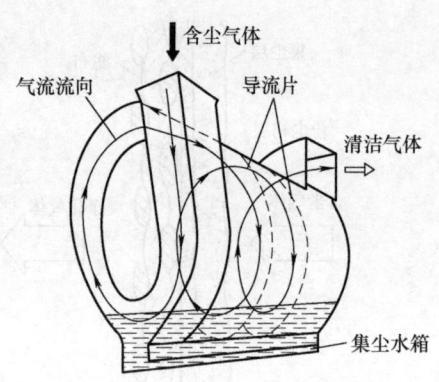

图10-35 卧式旋风水膜除尘器

卧式旋风水膜除尘器在国内已普遍应用，形式也各不相同。断面几何形状有倒卵形和倒梨形；螺距可以有等螺距和不等螺距的；供水方式有连续和间断的；而水槽也有隔开和不隔开的等。

卧式旋风水膜除尘器的净化效果直接取决于除尘器内部水位高低、水膜形成和气流旋转圈数等因素。

影响卧式旋风水膜除尘器性能的关键因素是除尘器内的水位，水位的高低又关系到水膜的形成。当水位过高时，气流通过水面到内管的底面之间的通道缩小，形成的水膜过分强烈，除尘阻力过大，风量降低；反之，若水位过低，气流通过水面到内管的底面之间的通道扩大，水膜不能形成或形成不全，除尘器得不到应有的除尘效率。

这种除尘器设备阻力小、效率高、结构简单；在运行时将水面调整到适当位置时，风量在±20%的范围内变化，对除尘效率的影响不大；它的运行费用低，耗水量少（0.05~0.09L/m³），对所处理空气的冷却和增湿程度很小；适合于处理各种粉尘的气体。

据国外介绍的数据，对各种粉尘的粒径小到 $0.1\mu m$ 以上，除尘效率几乎全部在90%~100%之间，除尘器阻力为300~1000Pa。

4. 冲击（自激）式除尘器

简易冲击式除尘器如图10-36所示。含尘气流以一定的流速从喷头（或散流器）冲入水中，然后折转180°改变其流动方向。在惯性作用下，部分尘粒被分离。由于气流冲击溅起水花、水雾，可使气流得到进一步的净化。净化后的气流经挡水板脱水后排出。

冲击式除尘器的效率与阻力取决于气流的冲击速度和喷头的插入深度。当冲击速度一定时，除尘效率和阻力随喷头插入深度的增加而增加。当插入深度一定时，除尘效率和阻力随冲击速度的增加而增加。但在同一条件下，当冲击速度和插入深度增大到一定值后，如继续增加，其除尘效率几乎不变化，而阻力却急剧增加。这种除尘器结构简单，可在现场因地制宜用砖或混凝土砌筑，耗水量少（0.1~0.3L/m³），但对细小粉尘的除尘效率不高，泥浆较难清理。此外当气流

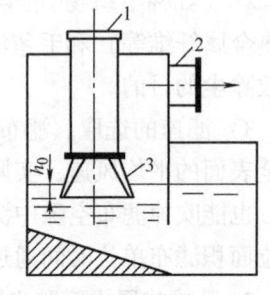

图10-36 简易冲击式除尘器
1—含尘气体进口 2—清洁气体出口
3—喷头

通过喷头冲击入水中时，引起水面频繁地剧烈波动，使除尘器工作不稳定，不能保证必需的除尘效率。

图 10-37 所示是罗托-克伦（Roto-Clone）型冲击式除尘器，含尘气体进入除尘器后，先撞击在洗涤液的表面上，有一部分粗尘粒沉降下来，然后被迫通过一个或两个并联的 S 形固定通道，使其速度增加到 15m/s 左右。S 形通道由两块弯曲的叶片组成，其下部浸没在水里。因为通道中气流速度比较高，激起一片混乱的水幕，然后破裂成许多水滴，尘粒与水滴相碰撞而被捕获。设计成 S 形的目的，是使气流迅速转变方向而增加离心力，提高液体的混乱程度。当气流离开 S 形通道时，由于上叶片的限制而向下拐弯，然后再上升。这时一部分水滴和灰尘因惯性的缘故就和气体分离而落入水中。上升的气流再经檐板脱水器脱除其中剩余的水滴和粉尘，便流出除尘器，达到高效除尘的目的。

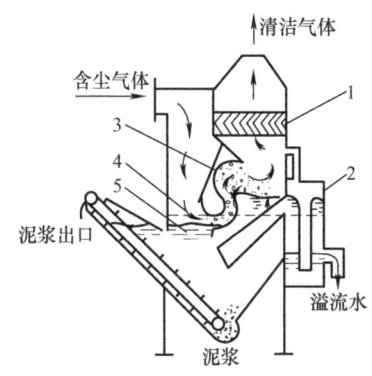

图 10-37 罗托-克伦型冲击式除尘器
1—除雾器 2—溢流箱 3—S 形通道
4—静水位 5—工作水位

5. 文丘里除尘器

文丘里除尘器由收缩管、喉管、扩散管和喷水装置构成，它与旋风分离器一起构成文丘里除尘器。文丘里除尘器的结构如图 10-38 所示。含尘气体以 60~120m/s 的高速通过喉管，这股高速气流冲击从喷水装置（喷嘴）喷出的液体使之雾化成无数微细的液滴，液滴冲破尘粒周围的气膜，使其加湿、增重。在运动过程中，通过碰撞，尘粒还会凝聚增大，增大（或增重）后的尘粒随气流一起进入旋风分离器，尘粒从气流中分离出来，净化后的气体从分离器排出管排出。

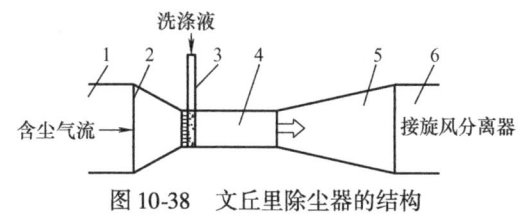

图 10-38 文丘里除尘器的结构
1—进气管 2—收缩管 3—喷嘴
4—喉管 5—扩散管 6—连接管

文丘里除尘器的除尘效率主要取决于喉管的高速气流将水雾化，并促使水滴和尘粒之间的碰撞，因此，在设计合理高效的文丘里除尘器时，必须根据尘粒的粒径掌握好喉管速度与雾化后水滴大小的相互关系。

文丘里除尘器是一种效率较高的除尘器，具有体积小、结构简单、布置灵活等特点。该种除尘器对粒径为 1μm 的粉尘除尘效率达 99%。它的缺点是阻力大，一般为 6000~7000Pa。

6. 矿用卧式冲击式水浴水膜除尘器

根据矿山井下的实际条件，结合地面卧式旋风除尘器和冲击式除尘器的除尘特点，北京科技大学通过大量的相似模型试验，研制出适用于矿山井下掘进工作面的高效卧式冲击式水浴水膜除尘器和配套的高效低噪风机。其结构如图 10-39 所示，主要由上下导流叶片、脱水器、水箱、外

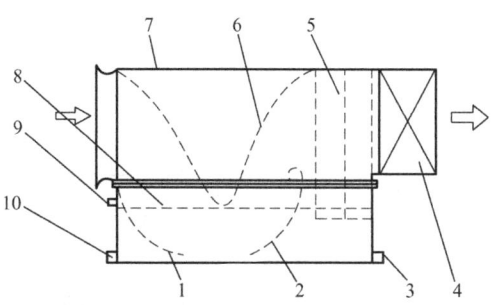

图 10-39 矿用卧式冲击式水浴水膜除尘器
1、2—下导流叶片 3—排浆阀 4—风机
5—脱水器 6—上导流叶片 7—外壳
8—水面 9—注水孔 10—水箱

壳、风机、排浆阀和注水孔等组成，图中每一结构形状都是通过大量模型试验确定的。

该种除尘器的除尘过程是：含尘气体由进风口进入除尘器转弯向下的导流叶片冲击水面，较大的尘粒由于惯性作用落入水箱中，而较小的尘粒随气流以较高速度通过上导流叶片间的弯曲通道时，与激起的大量水滴充分碰撞而被捕获沉降。含尘含水的气流又在离心力的作用下，在除尘器内壁和上下导流叶片上形成一定厚度的水膜，将尘粒捕集下降，再由脱水器除掉气流中的水滴水雾后，经轴流风机排出到巷道中。其除尘机理主要是气流中的尘粒与液面和雾化液滴之间产生惯性碰撞、截留、扩散等作用。总之，这种除尘器具有水浴、水滴、离心力产生的水膜三种除尘功能，因而可得到较高的除尘效率，经测定除尘效率在98%以上，呼吸性粉尘达到85%以上，除尘器阻力为 1200~1400Pa。另外，被水滴捕集落入水箱里的粉尘，沉积到水箱底部或随气流冲击不断搅动，当水箱中粉尘浓度达到一定值后，通过排浆阀定期排出，并冲洗水箱，由供水管补充新水。

7. 湿式过滤除尘器

湿式过滤除尘器是利用化学纤维层滤料、尼龙网或不锈钢丝网作过滤层并连续不断地向过滤层喷射的水雾在过滤层上形成的水珠或水膜，把纤维层过滤和水珠、水膜的除尘作用综合在一起的除尘装置。

由于滤料中充满了水珠和水膜，气流中矿尘与之接触碰撞的概率增加，提高了捕尘效率。水滴碰撞附着在纤维上后，因自重而下降，在滤料内形成下降水流，将捕集的矿尘带下，起到了经常清灰的作用，能保持除尘效率和阻力的稳定，并能防止粉尘二次飞扬。

湿式钢网过滤除尘器——JTC-1 型掘进通风除尘器，如图 10-40 所示。该除尘器由湿式过滤器、旋流脱水器组成。当含尘空气在负压作用下经伸缩风筒进入过滤器时，喷雾器喷射的密集水滴在过滤网目上形成的水幕将一部分粉尘捕捉下来；穿透滤网的那部分粉尘和雾滴进入旋流器中后，借助于旋流叶片的作用，载雾风流产生旋转，由于离心力的作用，含尘雾滴被甩向脱水筒的筒壁，在附壁效应和风流轴向力的作用下，进入环形脱水槽中，达到脱水和除尘的目的；净化后的空气被排入巷道中。除尘器处理风量为 1.67~3.33m³/s；干式除尘时的工作阻力为 373~1177Pa，湿式除尘时的工作阻力为 1373~1569Pa；干式除尘的除尘效率为 90%~95%，湿式除尘的除尘效率为 95%~98%。一般掘进工作面采用除尘器后，粉尘浓度可降至 2mg/m³。

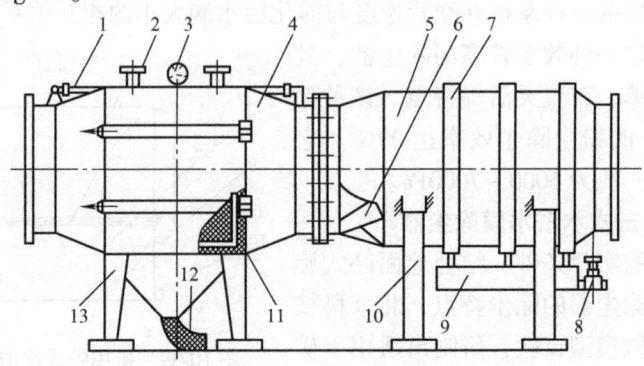

图 10-40　JTC-1 型掘进通风除尘器

1—进水管　2—截止阀　3—压力表　4—湿式过滤器箱体　5—脱水筒　6—旋流叶片
7—集水环　8—闸阀　9—排水管　10—脱水器脚架　11—过滤器　12—泥浆槽　13—脚架

8. 湿式旋流除尘风机

湿式旋流除尘风机是利用喷雾水滴的湿润凝聚作用及旋流的离心分离作用除尘的矿用装置，其结构如图10-41所示，主要由湿润凝聚筒（a段）、通风机（b段）、脱水器（c段）及后导流器（d段）4部分组成。

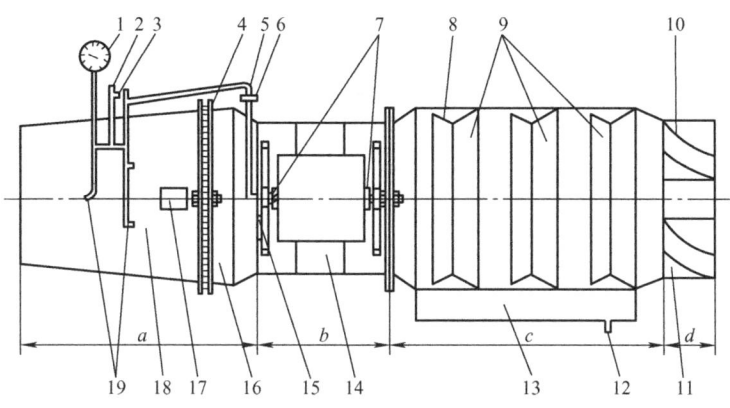

图10-41 湿式旋流除尘风机的结构

1—压力表 2—总入水管 3—水阀门 4—冲突网 5—发雾盘水管 6—接流管接头 7—电动机挡水套 8—脱水器筒体 9—集水环 10—后导流器导流片 11—后导流器 12—泄水管 13—贮水槽 14—JBT-52型局部通风机 15—发雾盘 16—冲突网框 17—观察门 18—凝聚湿润筒 19—喷雾器

含尘风流进入湿润凝聚筒与迎风流和顺风流安装的喷雾相遇，并通过含有水膜的冲突网，进入通风机；再与由高速旋转的发雾盘形成的水雾强力混合，几经湿润和凝聚后，在第二级叶轮的作用下产生旋转运动，进入脱水器；在离心力的作用下，水滴及湿润的矿尘被抛至脱水器筒壁，并被三个集水环阻挡而流到贮水槽中，经排水管排出，脱水净化的风流由后导流器直接排出。冲突网由2层16目的尼龙网组成，有效通风断面面积为0.165m^2。

湿式旋流除尘风机在使用AM-50型掘进机的工作面配以可伸缩风筒做抽出式通风，除尘效果显著。

9. 旋流粉尘净化器

旋流粉尘净化器是一种利用喷雾的湿润凝聚及旋流的离心分离作用的除尘装置，应用于掘进巷道的风流净化。MAD-Ⅱ型旋流粉尘净化器的结构如图10-42所示。

该净化器整机为圆筒形构造，可直接安装在掘进通风风筒的任一位置，其进、排风口的断面应与所选用的风筒断面相配合。在进风断面变化处安设圆形喷雾供水环，水环上成120°安装3个喷嘴；筒体内固定支撑架上的带轴承叶轮上安装有6个扭曲叶片，叶片扭曲斜面与喷嘴射流的轴线正交，叶片扭曲10°~20°；排风侧设有45°迎风角的流线型百叶板；筒体下侧设有集水箱及N形排水管。

该净化器工作时，由矿井供水管路供水，水经过滤流器净化后，经供水环上的喷嘴喷雾。含尘风流由风筒进入净化器后，因断面变大风速即降低，大颗粒矿尘自然沉降，与此同时，矿尘与喷雾水滴相碰撞而被湿润。在喷雾与风流的作用下，叶片旋转，风流也产生旋转运动，矿尘、雾滴和泥浆即被抛向器壁，流入集水箱，经排水管排出。未能被捕获的矿尘和雾滴又被迎风百叶板所阻挡，再一次捕集分离。迎风百叶板前后设清洗喷雾，可定期清洗积尘。

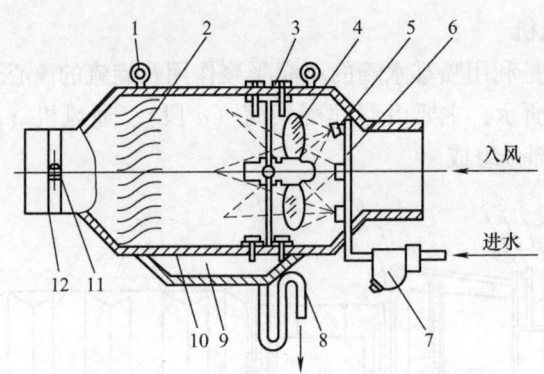

图 10-42　MAD-Ⅱ型旋流粉尘净化器的结构
1—吊挂环　2—流线型百叶板　3—支撑架　4—带轴承叶轮　5—喷嘴　6—喷雾给水环
7—滤流器　8—N形排水管　9—集水箱　10—回收尘泥孔板　11—卡紧板螺栓　12—风筒卡紧板

MAD-Ⅱ型旋流粉尘净化器适用于一切入风源有粉尘污染的局部通风机通风作业场所，可与各种干式抽出式通风机配套使用。

10. SCF 系列湿式除尘风机

SCF 系列湿式除尘风机主要用于掘进巷道时长抽或长抽短压的通风除尘系统。SCF 系列湿式除尘风机由抽出式通风机、除尘器、水泵及供水喷雾系统组成，其内部结构如图 10-43 所示。其工作原理是利用叶轮高速旋转所形成的负压将含尘空气吸入，在叶轮前喷雾，形成的尘雨经结构复杂的除尘器过滤后除尘。它对悬浮粉尘的除尘效率可达 99%，对呼吸性粉尘的除尘效率可达 94%。喷雾用水采用闭路循环方式，耗水量少。该除尘风机可配用带钢性骨架的可伸缩抽出式风筒或金属风筒。

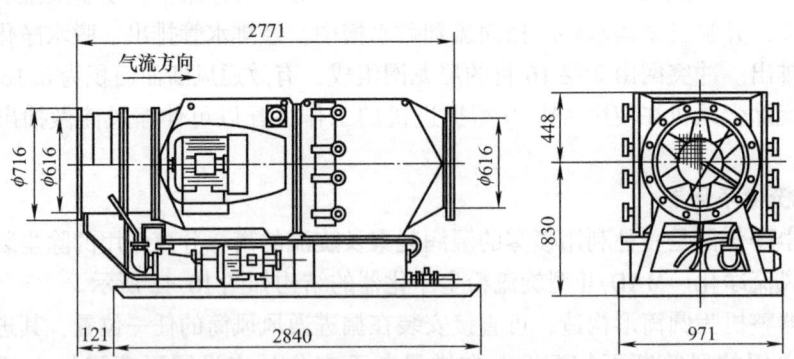

图 10-43　SCF 系列湿式除尘风机的内部结构

SCF 系列湿式除尘风机可与 CF 系列轴流抽出式通风机配套串联使用，可以提高风压，加长通风距离。

11. PSCF 水射流除尘风机

PSCF 水射流除尘风机是我国在通风除尘方面首次应用水射流技术的通风除尘设备。

（1）工作原理　它摒弃了传统的机械式电动轴流抽风机产生风量、水幕降尘的方法，以压力水为动力，利用高速水射流喷射形成的负压将含尘风流吸入，风水合二为一，从而有效地捕捉粉尘，净化空气。

（2）结构　如图 10-44 所示，该风机主要由引射装置（风机）、导风筒和泵站（供水系统）组成。

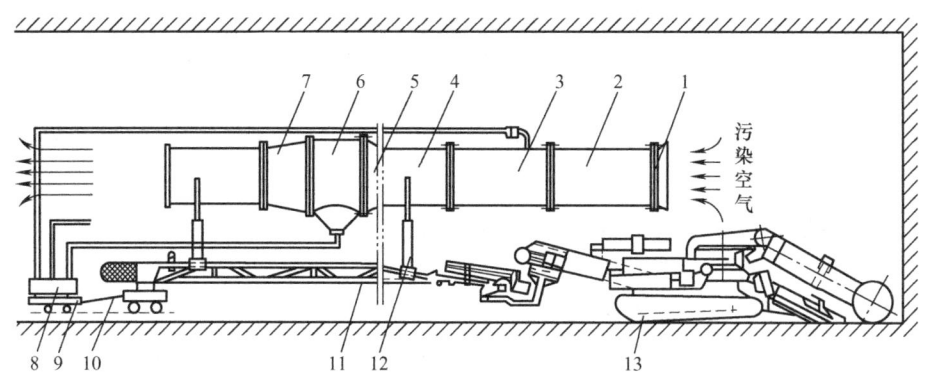

图 10-44　PSCF 水射流除尘风机的结构
1—捕尘罩　2、4—导风筒　3—PSCF 系列除尘风机　5—渐扩风筒　6—漏水排污筒
7—渐缩风筒　8—泵站　9—游动小车　10—拉杆　11—桥式传动带机　12—可调支撑架　13—掘进机

（3）主要技术参数　处理风量为 3.0~4.75m³/s，全风压为 200~180Pa，除尘率可达 99%，耗水量为 7L/min，水压为 1.5~3.5 MPa，泵流量为 100L/min，泵电动机功率为 7.5kW，风机质量为 20kg，泵站质量为 450kg，系统质量小于 800kg。

（4）主要特点　结构简单，重量轻，噪声低，安全和移动方便，维护量少，除尘率高；风机本身无转动部件，不产生摩擦和电火花，安全可靠；处理风量大小可调，调节方便；与处理风量相当的除尘风机相比，功耗少。

（5）适用条件　可用于矿山和所有产生工业粉尘的场所，作通风除尘用。特别是可以满足高瓦斯和有瓦斯、煤尘突出矿井的通风除尘要求。

10.5　个体防护

井下各生产环节采取防尘措施后，仍有少量微细矿尘悬浮于空气中，甚至个别地点不能达到卫生标准，所以加强个体防护是综合防尘措施的一个重要方面。我国矿山使用的个体防尘用具主要有防尘口罩、防尘安全帽和隔绝式压风呼吸器，其目的是使佩戴者既能呼吸到净化后的清洁空气，又不影响正常操作。

10.5.1　防尘口罩

1. 对防尘口罩的基本要求

（1）呼吸空气量　劳动强度、劳动环境及身体条件不同，呼吸空气量也不同，如表 10-4 所示。矿山劳动比较紧张而繁重，呼吸空气量一般在 20~30L/min 以上。

表 10-4　运动状况与呼吸空气量

运动状况	呼吸空气量/(L/min)	运动状况	呼吸空气量/(L/min)
静止	8~9	行走	17
坐着	10	快走	25
站立	12	跑步	64

(2) 呼吸阻力　一般要求在没有粉尘、流量为 30 L/min 的条件下，吸气阻力应不大于 50Pa，呼气阻力不大于 30Pa，阻力过大将引起呼吸肌疲劳。

(3) 阻尘率　矿用防尘口罩应达到 Ⅰ 级标准，即对粒径小于 5μm 的粉尘，阻尘率大于 99%。

(4) 有害空间　口罩面具与人面之间的空腔，应不大于 $180cm^3$，否则影响吸入新鲜空气量。

(5) 妨碍视野角度　应小于 10°，主要是下视野。

(6) 气密性　在吸气时，无漏气现象。

2. 选择防尘口罩的三大原则

(1) 口罩的阻尘效率　一个口罩的阻尘效率的高低是以其对微细粉尘，尤其是对 5μm 以下的呼吸性粉尘的阻隔效率为标准。因为这一粒径的粉尘能直接入肺泡，对人体健康造成的影响最大。一般的纱布口罩，其阻尘原理是机械式过滤，也就是当粉尘冲撞到纱布时，经过一层层的阻隔，将一些大颗粒粉尘阻隔在纱布中。但是，对一些微细粉尘，尤其是小于 5μm 的粉尘，就会从纱布的网眼中穿过去，进入人体呼吸系统。现国外有一些防尘口罩，其滤料由带永久静电的纤维组成，那些小于 5μm 的呼吸性粉尘在穿过这种滤料时，被静电吸引而被捕获，可以真正起到阻尘作用。

(2) 口罩与人脸形状的密合程度　因为空气就像水流一样，哪里阻力小就先向哪里流动。大家都有这样的经验，当水流遇到石头时会绕道而行。空气也是这样，当口罩形状与人脸不密合，空气中的有害物一样会从不密合处泄漏进去，进入人的呼吸道。现在国外许多法规、标准规定，工人应定期进行口罩密合性测试，目的是为了保证工人选用合适的口罩，并按正确步骤佩戴口罩。

(3) 佩戴舒适性　舒适性要求包括呼吸阻力要小，重量要轻，佩戴卫生，保养方便，这样工人才会乐意在工作场所坚持佩戴并提高其工作效率。现在国外的免保养型口罩，不用清洗或更换部件，当阻尘饱和或口罩破损后即丢弃，这样既保证口罩的卫生又免去了工人保养口罩的时间和精力。而且许多口罩都采用拱形形状，既能保证与人脸形状的密合，又能在口鼻处保留一定的空间，佩戴舒适。

3. 防尘口罩的类型

防尘口罩按其工作原理可分为自吸过滤式防尘口罩和送风式防尘口罩两种。自吸过滤式防尘口罩又可分为简易式防尘口罩和复式防尘口罩两种。

(1) 简易式防尘口罩　简易式防尘口罩结构简单，滤料可采用氯纶起绒布、无纺布、合成超细纤维无纺滤料等。为使口罩与脸面密合并形成一定空间，应有一定造型的缝合制品。在缝合时，外表面可增加纱布层或带气眼的人造革层，内部加塑料支架，以改善吸气时的糊气感；热压成型制品由无纺滤料在模具中热压而成，表面有数条凸起的沟槽，接触鼻梁处有软金属（铝）条，佩戴后用手指按压使其与颜面密合。

简易式防尘口罩适用于氧气浓度不低于 18%（体积分数）且无其他有害气体的作业环境，长时间使用时，由于呼吸气中水汽沾湿滤料，会使呼吸阻力增加。该产品虽佩戴方便但不易清洗或更换，故多为一次性产品。武安-3 型即为此类防尘口罩。

(2) 复式防尘口罩　复式防尘口罩结构较复杂，如图 10-45 所示，主要由面具 1、过滤盒 2 和呼气阀 3 组成。面具 1 是用橡皮模压制而成的，边缘包有泡沫塑料，能较严密地紧贴面部；口罩下部两侧各有一个进气口朝下的过滤盒 2，盒里装有滤布或滤纸，用以截住粉尘；口罩下部中央为呼气阀 3。吸气阀和呼气阀均为单向阀，吸气时呼气阀关闭，新鲜空气经吸气口、滤布或滤纸进入体内；呼气时吸气阀关闭，呼出的气体经呼气阀排出，武安-302 型即属此类。该防尘口罩的阻尘率为 91.20% ~ 99.50%，呼吸时阻力较小（不超过 29.42Pa），轻便耐用，使用范围较广，可在潮湿和淋水条件下佩戴使用。

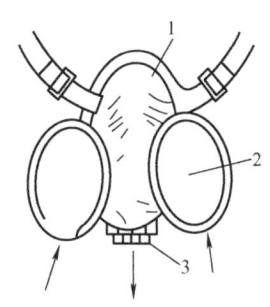

图 10-45 复式防尘口罩
1—面具 2—过滤盒 3—呼气阀

复式防尘口罩对作业环境空气的要求与简易式防尘口罩相同，复式防尘口罩佩戴舒适、便于清洗，更换滤料后可重复使用。

我国目前使用的几种防尘口罩，其技术性能如表 10-5 所示。

表 10-5 几种防尘口罩的技术性能

名 称	滤 料	阻尘率/(%)	呼气阻力/Pa	吸气阻力/Pa	质量/g	有害空间/cm³	妨碍视野/(°)
武安-301 型	聚氯乙烯布	96 ~ 98	11.8	11.8	34	195	1
武安-302 型	羊毛毡	95.2	27.4	25.9	128	157	8
武安-1 型	超细纤维桑皮棉纸	99	25.5	22.5 ~ 29.4	142	108	5
武安-2 型	超细纤维	99	29.4	16.7 ~ 22.5	126	131	1

在粉尘浓度高而又无法采取防尘措施时，可用防尘安全帽或隔绝式压风呼吸器来防止粉尘的危害。

10.5.2 防尘安全帽(头盔)

图 10-46 所示为煤科总院重庆分院研制出的 AFM-1 型防尘安全帽（头盔）或称送风头盔。AFM-1 型防尘安全帽与 LKS-7.5 型两用矿灯匹配，在该防尘安全帽间隔中，安装有微型轴流风机 1、主过滤器 2、预过滤器 5，面罩可自由开启，由透明有机玻璃制成；防尘安全帽进入工作状态时，环境含尘空气被微型轴流风机吸入，预过滤器可截留 80% ~ 90% 的粉尘，主过滤器可截留 99% 以上的粉尘，主过滤器排出的清洁空气，一部分供呼吸，剩余的气流带走使用者头部散发的部分热量，由出口排出。

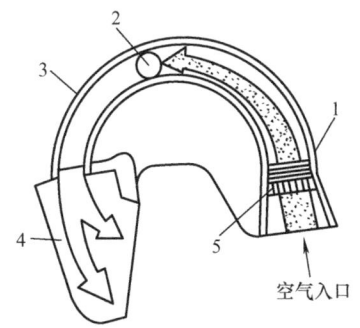

图 10-46 AFM-1 型防尘安全帽
1—微型轴流风机 2—主过滤器
3—头盔 4—面罩 5—预过滤器

AFM-1 型防尘安全帽的技术特征：LKS-7.5 型两用矿灯电源，可供照明 11h，同时供微型轴流风机连续工作 6h 以上，阻尘率大于 95%；净化风量大于 200L/min；耳边噪声小于 75dB；安全帽的头盔、面罩具有一定的抗冲击性；该产品可在温度为 0 ~ 35℃ 和相对湿度为 95% 的条件下使用。

10.5.3 AYH 系列压风呼吸器

AYH 系列压风呼吸器是一种隔绝式的新型个人和集体呼吸防尘装置。它利用矿井压缩空气经离心脱去油雾、活性炭吸附等净化过程中，再经减压阀同时向多人均衡配气供呼吸。

压风式防尘呼吸器的特点是气源来自作业环境以外的空气，与作业环境隔绝不受环境空气的影响，因而可满足各种防尘、防毒、缺氧供气作业环境的需要。劳动者可直接吸入新鲜空气，感觉凉爽清新，既防尘又防毒，但佩戴者需拖一根送风管，作业活动受到一定限制，要有专人配合使用以防发生意外。目前生产的 AYH 系列压风呼吸器有 AYH-1 型、AYH-2 型和 AYH-3 型三种型号。该系列产品安装简便，可直接就近安装在压风管路上，而不需另设供气装置和管路。现场可根据作业地点、环境条件进行选用。

最后，需要指出的是，个体防护不可以也不能完全代替其他防尘技术措施。防尘是首位的，鉴于目前绝大部分矿井尚未达到国家规定的卫生标准的情况，采取一定的个体防护措施是很有必要的。

复习思考题及习题

10-1 矿井综合防尘措施主要有哪些？
10-2 何谓通风排尘、排尘风速和扬尘风速？
10-3 湿式除尘机理有哪几种？喷雾洒水降尘的主要作用体现在哪几方面？
10-4 影响喷雾洒水捕尘效率的主要因素有哪些？
10-5 简述水炮泥和水封爆破降尘的作用和工艺过程。
10-6 目前国内外物理化学降尘可分哪几种？
10-7 密闭抽尘的排风量如何计算？
10-8 除尘器的性能指标有哪些？选择除尘器时应注意哪些事项？
10-9 目前我国的矿用除尘器主要有哪些？
10-10 我国矿山使用的个体防尘用具主要有哪些？

第 11 章

矿井通风与除尘管理和监测

【学习要点】

- 了解矿井通风管理和监测的主要内容。
- 熟悉矿井通风阻力测定的内容、仪器和方法，掌握通风阻力测量结果计算和处理方法。
- 熟悉矿井主要通风机性能测试的条件、方案及注意事项，熟悉测定方法与步骤，掌握数据的整理与特性曲线的绘制方法。
- 熟悉通风除尘系统测定的基本内容，掌握吸尘罩、通风机性能及除尘器性能的测定方法和步骤。

矿井生产条件是不断变化的，最常见的是矿井产量的变化和作业水平、地点的变化，由此可能导致采矿条件不断变化。为此，要求矿井各辅助生产系统与之相适用，其中包括通风与除尘系统。这样，全矿井总风量、矿井风阻、通风机工况、通风构筑物等也要做出相应的改变。定期进行通风与除尘检查，加强通风与除尘管理，及时整改是保证矿井通风与除尘系统处于良好状态，适应采矿生产需要必不可少的重要工作。

本章主要阐述了矿井通风与除尘管理和监测的主要内容，重点介绍矿井通风阻力和矿井主要通风机的性能的测定方法，以及矿井通风系统安全性评价及鉴定指标。

11.1 矿井通风管理和监测的主要内容

11.1.1 矿井通风管理的主要内容

矿井通风管理的要求和主要内容必须满足《煤矿安全规程》和《金属非金属矿山安全规程》的要求。下面只介绍 AQ 2013.4—2008《金属非金属地下矿山通风技术规范 通风管理》对通风管理的要求、机构及职责。

1. 矿井通风管理的要求

1）金属非金属地下矿山应遵守国家有关安全生产的法律、法规、规章、规程以及国家标准、行业标准和技术规范，具备规定的通风安全生产条件，实现安全生产。

2）金属非金属地下矿山应建立、健全各级领导通风安全生产责任制、职能机构通风安全生产责任制、岗位人员通风安全生产责任制，以及通风安全生产奖惩制度和安全生产办公会议制度等各项规章制度。

经理（矿长）是本矿安全生产的第一责任者，总工程师（或技术负责人）对本单位安全生产负技术责任，各职能部门负责人对本职范围内的通风安全负责。车间主任对所管辖范围内的通风安全工作直接负责。

矿务局（集团公司）局长（经理）应监督金属非金属地下矿山通风安全工作，落实通风安全投入，并对矿山安全生产承担相关责任。

3）金属非金属地下矿山应实行通风安全目标管理，层层分解指标。通风安全应纳入安全生产经济承包责任制中，并定期检查考核。

4）金属非金属地下矿山应经常组织通风安全检查。对检查中发现的问题，应及时处理；不能处理的，应及时报告本单位有关负责人；有关负责人应组织职能机构制定安全措施，限期整改。

5）金属非金属地下矿山在编制安全生产长远发展规划和年度安全生产计划时，应包含通风技术措施内容。

6）新建、改建、扩建工程项目的设计应符合本标准的规定。对不符合本标准要求的设计，不得批准；不符合设计要求的工程，不得验收投产。

7）金属非金属地下矿山应制定通风安全事故预防和措施、通风事故应急预案，并组织实施。

8）工会依法组织职工参加本单位通风安全生产工作的民主管理和民主监督，维护职工在安全生产中的合法权益。

9）金属非金属地下矿山发生通风安全事故后，经理（矿长）应立即采取措施，启动救援应急预案，组织抢救，并按有关规定及时、如实上报。

2. 矿井通风管理机构及职责

1）矿山企业应设立通风安全管理部门，按要求配备适应工作需要的专职通风技术人员和测风、测尘人员，并定期进行培训；还应购置一定数量的测风、测尘仪表和气体测定分析仪器，负责全矿日常的通风安全管理以及通风检测工作。有粉尘危害的企业，还应负责防尘和粉尘的测定工作。

2）各矿应由负责通风工作的技术人员根据生产变化和发展及时调整通风系统，调节风量，并绘制和修改全矿通风系统图。通风系统图应包括全矿通风井巷和需风点，以及其他运输矿岩、设备、材料、人员的井巷，图上应标出风流方向、风量以及风机站和通风构筑物的位置等。

3）当井下进行硐室爆破时，应专门编制通风设计和安全措施，由主管矿长或总工程师批准执行。

4）矿井通风系统要求每年至少进行一次反风试验。试验前应制定详细方案，特别是多级机站通风系统，对可能发生灾害地点需要进行反风的风路列出需要反风、停风和正常运转的机站位置，方案应报主管矿长或总工程师审批。

反风方案应事先在计算机上模拟，再进行现场试验。在进行井下反风模拟试验前，应撤出试验区域的作业人员。反风开始时，要等风流稳定后测定试验区域各主要风路的反风量和空气成分，判断控制灾害的效果。并据此制定井下发生灾害事故时通风系统反风应急预案。当井下发生灾害事故需通风系统反风时，应按反风应急预案执行。

5）矿山企业应制定井下停风措施。当主通风机因故障、检修、停电或其他原因需要停风时，应立即向调度室和主管矿长报告，并实施相应停风措施。

主通风机在停风期间，应打开有关风门，以便充分利用自然通风。

3. 通风和粉尘的检测

1）矿井通风系统（矿井总风量、矿井有效风量、矿井有效风量率、机站风量、机站风压等）应每年测定 1 次，遇到矿井生产或通风系统重大改变时亦应进行测定。

2）矿井总进风量、总回风量和主要通风巷的风量，应半年测定 1 次。作业地点的气象条件（温度、湿度和风速等）每季度至少测定 1 次。

3）对主通风机运转情况每班应进行检查，对多级机站风机运转情况每周应进行巡查，并填写运转记录。有自动监控及测试的主通风机或多级机站计算机远程集中控制系统，每两周应进行 1 次自控系统的检查。

4）定期测定井下各产尘点的空气含尘浓度，凿岩工作面应每月测定 2 次，其他产尘点每月测定 1 次，并逐月进行统计分析、上报和向职工公布。

粉尘中游离二氧化硅的含量应每年测定 1 次。有条件的矿山，应根据生产情况的变化，不定期测定粉尘的分散度。

5）矿井空气中有害气体的浓度，每季应测定 1 次。井下空气成分的取样分析，应每年进行 1 次。进行硐室爆破和更换炸药时，应在爆破前后进行空气成分测定。

6）空气中含放射性元素的作业地点，粉尘浓度应每月至少测定 3 次，氡及其子体浓度应每周测定 1 次，浓度变化较大时，每周测定 3 次。

7）应经常检查局部通风、通风构筑物和防尘设施，发现问题及时处理。

11.1.2　矿井通风监测的主要内容

根据 AQ 2013.3—2008《金属非金属地下矿山通风技术规范　通风系统检测》，矿井通风系统检测的主要内容介绍如下。

1. 检测内容

1）检测矿井通风系统风量分配情况，包括矿井总进风量，总回风量，各中段进、回风量，井下需风点风量和主要漏风点风量。

2）检测矿井通风系统风压分布情况，包括主要进风井巷和主要回风井巷的阻力损失，机站风压和一条从入风井巷进风口到回风井巷出风口的主要通风路线的风压变化及矿井总阻力。

3）检测通风机工况，包括通风机风量、风压和电动机实耗功率。

2. 通风系统风量测定

1）通风系统的测风点应布置在进风井在各中段的联巷，中段进风天井的入风联巷，中段回风天井的回风联巷，采区或分段水平的进、回风联巷，采掘工作面的进、回风巷，中段回风巷和总回风巷，机站巷，井下炸药库、破碎系统和其他硐室的进、回风巷以及需要测风的地点。

井下的主要进、回风巷测点宜建立永久性测风站。无测风站的测点，应选在巷道断面规整、支护良好、前后 10m 巷道内无障碍物和拐弯的地点。所有测风点应有明显标记并编号。

2）测点巷道横截面的测量可用下述方法：测点巷道在腰线全长上取若干等距离点，从对应的底板点测量它们到上顶部的垂高，由此将巷道的横断面划分成若干个梯形，计算出它们的梯形面积并叠加，即可获得该测点的巷道断面积。

测距仪器可用皮尺或新型数字式激光测距仪。

3）测量风速的仪表有热球风速仪、翼式风表、杯式风表和新型数字式热电风速仪。根据测量风速的大小，选择合适的风表。低、中风速（0.5~5.0m/s）可用翼式风表，高风速（>5m/s）可用杯式风表。而热球风速仪和数字式热电风速仪可用于测量低、中、高风速。

4）在巷道内测风有两种方法：

① 走线法。测风员手持风表从测点巷道横截面一侧开始，由上而下垂直匀速移动，至接近巷道底板时平移一小段距离再由下而上垂直移动，至靠近顶部时按大致相同距离平移，再由上而下移动，如此循环操作，移动至横截面的另一侧，此法适用翼式风表。

② 点测法。将测点横截面划分为若干等份，横截面面积小于 $8m^2$、$8~15m^2$ 和大于 $15m^2$ 的分别划分为 6、9 和 12 等份。用测风仪表测定每个等份中心点的风速，此法适用热电风速仪和杯式风表。

5）测风时测风员应侧向风流站立，手持测风仪表将手臂向风流垂直方向伸直，仪表感触风速的探头部件应正对风流方向。

6）根据测得的表速在仪表校正曲线上查得真实风速。用点测法时，需将若干点测得的风速求其算术平均值。

在每个测风断面应至少测风 3 次，取其平均值，如果 3 次测得的结果大于其误差 3 倍时，则应重测。

测风时要同时测定空气温度、相对湿度和气压并及时记录下来。

7）将测得的风速乘以测点的巷道断面面积即可得该处的实测巷道风量。但由于测风员所占的面积对测点处巷道风速有所影响，因此计算风量的巷道过风面积应将巷道断面面积减去测风员侧身面积（$0.3~0.4m^2$）。

8）测风时风表不应距人体及巷道顶、帮、底部太近，一般应保持 200mm 以上的距离。各类测风仪表应配有长度 0.5~0.8m 的非导电表把。

3. 通风系统风压测定

1）通风系统风压测定首先要选择一条有代表性的从入风井巷口到出风井巷口的主通风线路。在该条线路上应布置的测点有：进风井巷口、专用进风井巷的出风口（与运输巷的交叉点）、中段进风天井联络巷的入风口、该进风天井至上部需风水平（或采区）的出风口、该需风水平（或采区）的回风井巷的入口、中段回风井巷进入总回风井巷的出风口和主回风井巷口（或主通风机风硐）。该条测压线路上如有风机站，则在机站的前后亦要布置测点。此外，还包括井下所有机站以及需要测定风压的测点。

2）测量风压的仪表有测量绝对压力的空盒气压计和精密气压计（亦称数字式气压计），有测量相对压力或压差的 U 形水柱计、单管倾斜气压计和补偿微压计。

精密气压计也可用来测量压差，用精密气压计测定时，要同时测定空气密度。

3）通风系统风压检测方法。

① 进行通风系统风压测定时，自始至终在进风井口地表要安置一台空盒气压计，定时

监测大气压力变化，记录下时间和气压值。

② 按选定的通风线路顺序测量各测点的绝对压力和相对压力，同时应测定测点的空气温度、相对湿度以及该测点的平均风速。

③ 测定巷道两点间压差（即该段井巷的阻力损失）时可用单管倾斜压差计（或 U 形倾斜压差计）或精密气压计。它们的使用方法如下：

a. 用单管倾斜压差计时，应配备毕托管和橡胶管。毕托管应固定在两测点的巷道内，毕托管的管嘴要正对风流方向。测定时，将前、后两测点毕托管"－"端用橡胶管分别连接到压差计的"＋""－"端，稳定后读出刻度数。该读数乘以仪器的倾斜校正系数 K 值即为两测点间的压差。

b. 使用精密气压计测压时，在前一点先打开仪器电源开关，调节"气压差"显示零值。再将仪器移到下一个测点，仪器的显示值即为两测点间的相对静压差，正值说明第二点高于第一点，负值则相反。由于气压变化使气压表示值来回跳动时，读数应取示值跳动范围内的平均值。

测定机站风压时，测点应选在机站前后 10m 左右的平直巷道内，用上述方法测量机站前后两测点的全压差即为机站风压。

4) 两测点间通风阻力按相关公式进行校正。

5) 按既定的通风线路，顺序测得前后两点的通风阻力，将线路全长各段井巷的通风阻力相加，即可求得该条线路的矿井总阻力。

4. 通风机主要参数检测

(1) 通风机风量的测定　应在通风机出口或扩散器出风口横截面处，用等面积环原理在截面上布置测点，即在通过横截面中心点的水平线或垂直线上被各等面积环所截一段线的中心点。可用杯式风表或热电风速仪测定。将各点测得的风速求其算术平均值再乘以出风口截面面积即得通风机风量。

主通风机风量测定，可在风硐内测定亦可在通风机扩散器出口截面上用上述同样方法，或在主通风机扩散塔出口截面处划分成若干等面积方块，用点测法测定。

(2) 通风机风压的测定　应在通风机入风口和通风机（或扩散器）出风口截面处布置测点，将毕托管固定在两断面的中心处，管嘴正对风流，用 U 形水柱计测定。将入风口和出风口测点毕托管"＋"端分别用橡胶管连接到水柱计的两端口，水柱计上的读数即为通风机全压。

主通风机风压测定：①压入式测定风硐中的全压，即为主通风机全压；②抽出式测定风硐中的全压和通风机或扩散器出口动压，前者的绝对值和后者相加即为通风机全压。

(3) 通风机输入功率测定　可采用功率表法或电流、电压表及功率因素表法进行测定。

11.2　矿井通风阻力测定

11.2.1　通风阻力测量的内容

1. 测算风阻

井巷的风阻是反映井巷通风特性的重要参数，分析任何通风问题都和这个参数有关。故通风阻力测量的主要内容，是通过测量各巷道的通风阻力和风量以标定它们的标准风阻值

(指井下平均空气密度的风阻值),并编辑成表,作为基本资料。这种测量内容不受风压和风量变化的影响,但精度要求较高,故可用一个小组(4~5人)逐段进行,不赶时间,力求测准。只要井巷断面和支护方式不发生变化,测一次即可,发生变化时,才需重测。对于掘进工作面用的各种风筒,也要标定出标准风阻表以备用。为了检查或分析比较,有时还要测算各采区、各水平和全矿井的总风阻或总等积孔。

2. 测算摩擦阻力系数

支护方式和断面不同的井巷,其摩擦阻力系数不同。为了适应矿井通风设计工作的需要,须通过测量通风阻力和风量标定各种类型井巷的摩擦阻力系数,编集成表。这也是一项精度要求较高,以人力进行的细致工作。各种通风巷道的摩擦阻力系数也要进行标定。

3. 测量通风阻力的分配情况

为了寻求和分析问题,有时需要沿着通风阻力大的路线,在尽可能短的时间内,连续测量各个区段的通风阻力,以得出整个路线上通风阻力的分配情况。由于各区段的通风阻力难免有波动,故要根据测量路线的长短,分成若干小组,分段同时进行。

4. 其他测定参数

其他测定参数包括测点的静压、测点的标高、干温度、湿温度、风速、测点间长度、井巷断面面积、周长等通风参数,以及风门两端静压差。

总之,通风阻力测量是矿井通风技术管理工作的基础,也是掌握生产矿井通风情况的重要手段。上述内容的测量方法基本有两种:一种是用橡胶管和压差计把两测点连起来的测法;另一种是用气压计不用连接两测点的测法。这两类方法各有优缺点和适用条件,可互相补充。

11.2.2 通风阻力测量仪器、仪表和用品

通风阻力测量仪器、仪表和用品如表 11-1 所示,并在检验有效期内。

表 11-1 通风阻力测量仪器、仪表和用品

序号	名称	要求
1	普通型空盒气压计	测量范围 80~107 kPa,最小分度值 50Pa
2	精密气压计	测量范围 83.6~114 kPa,最小分度值 10Pa
3	倾斜压差计或矿用通风参数仪	测量范围 0~3000Pa,最小分度值 10Pa
4	干湿温度计	测量范围 -25~+50℃,最小分度值 0.2 ℃
5	毕托管	校正系数 0.998~1.004
6	低速风速表	测量范围 0.2~5m/s,起动风速≤0.2m/s
7	中速风速表	测量范围 0.4~10m/s,起动风速≤0.4m/s
8	高速风速表	叶式:测量范围 0.8~25m/s,起动风速≤0.5m/s 杯式:测量范围 1.0~30m/s,起动风速≤0.8m/s
9	秒表	最小分度值 1 s
10	钢卷尺	5m 钢卷尺:测量范围 0~5m,最小分度值 1.0mm 30m 钢卷尺:测量范围 0~30m,最小分度值 1.0mm
11	橡胶管(或塑胶管)	内径 4~5mm
12	橡胶管接头	内径 3~4mm,外径 5~6mm,长度 50~80mm
13	断面仪	在煤矿测量时,仪器必须具有煤矿用产品安全标志 面积测量:范围 0.5~50m²;周长测量:范围 3~30m

(续)

序号	名称	要求
14	激光测距仪	仪器必须具有煤矿矿用产品安全标志 长度测量：范围0.2~200m

11.2.3 通风阻力测定方法

1. 测定路线选择

在通风系统图上选择测定的主要路线和次要路线。选择的测定路线须包含矿井最大阻力路线。当测定巷道较长或阻力较大时，可分段测定。如需测试巷道摩擦阻力，可依据 MT/T635《矿井巷道通风摩擦阻力系数测定方法》进行。

2. 测点选择

首先在通风系统图上按选定的测定路线布置测点，然后再按井下实际情况确定最终测点位置，并做标记。

选择测点时应满足下列要求：

1) 测点应在分风点或汇风点前（或后）方选定。选在前方不得小于巷道宽度的3倍，选在后方不得小于巷道宽度的8倍；需要在巷道转弯处、断面变化大的地方选点时，选在前方不得小于巷道宽度的3倍，选在后方不得小于巷道宽度的8倍。

2) 测点前、后3m内巷道应支护良好，巷道内无堆积物。

3) 两测点间的压差：倾斜压差计法应不小于10Pa，气压计法应不小于20Pa。

4) 两测点之间不应有分风点或汇风点。

3. 倾斜压差计法

(1) 风压测量　倾斜U形管压差计法测量风阻布置如图11-1所示，从测点1开始，在测点1、2两处各设置一个毕托管，一般在测点2的下风侧6~8m处安设倾斜压差计。毕托管应设置在风流稳定的地点，正对风流。倾斜压差计应靠近巷道壁，安设平稳，调零或记下初读数。橡胶管要防止折叠和被水、污物等堵塞，待橡胶管内的空气温度等于巷道内的空气温度后，将两个橡胶管连接在倾斜压差计上，待倾斜压差计液面稳定后读数，并填入表11-2中。测点1、2测完后，倾斜压差计可以不动，进行测点2、3间的测量。依次按测点的顺序进行测量，直至巷道测完为止。测量顺序可按顺风流方向进行，也可按逆风流方向进行。

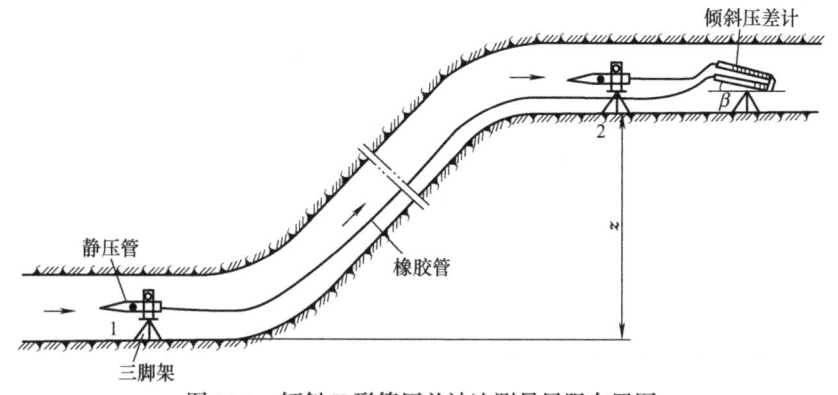

图11-1　倾斜U形管压差计法测量风阻布置图

表 11-2 倾斜压差计测试记录整理表

年　月　日

巷道名称	始测点	末测点	压差计读数/Pa	压差计系数	长度/m	实际阻力差值/Pa	测段风量/(m³/s)	百米风阻/(N·s²/m⁸)

(2) 测点间距测量　利用卷尺或激光测距仪测量两测点间的距离，并填入表 11-2 中。

(3) 风速测量　在测点用风速表测量风速，应测量 3 次，计算其平均值作为该测点的风速值，并填入表 11-3 中。

表 11-3　巷道断面与风量测试记录表

年　月　日

测点	巷道名称	支护类型	断面形状	巷道规格			风速/(m/s)				风速校正系数	风量/(m³/s)	备注
				宽/m	高/m	周长/m	面积/m²	风速1	风速2	风速3	平均			

(4) 巷道断面面积和周长测量　测风点处的断面面积和周长，用钢卷尺进行测量然后计算得到，也可用断面仪直接测量，并填入表 11-3 中。

对于整齐规则的井巷断面，可用面积公式测算；对于不规则的断面，一般可把断面先分为若干个 0.2~0.5m 宽的正方形，算出它们的总面积；再细致描绘和估算出巷道四周若干个不成正方形的总面积，然后把这两个总面积加起来。测点的断面是否量准对风量和风阻的测算有很大的影响。因此，人们曾用照相法和缩尺法，前者是按一定比例把断面照下来，后者是用缩尺把断面按一定比例描绘下来，然后用求积仪器算出面积值。

(5) 大气物理参数测量　用精密气压计测量大气压力，用通风干湿温度计测量空气的干温度和湿温度，并填入表 11-4 中。

表 11-4　大气物理参数记录表

年　月　日

测点	精密气压计读数/Pa	大气压/Pa	测点标高/m	干温度/℃	湿温度/℃	相对湿度/(%)	空气密度/(m³/s)	时间

(6) 优缺点和使用条件　这种测量方法比较精确，数据整理比较简单；但收、放橡胶

管的工作量大，费时较多。故对于巷道风阻和摩擦阻力系数的标定工作，只要测量区段内能够铺设橡胶管，都宜采用这种测量方法。但对于回采面、井筒、整个采区或行人困难的倾斜巷道，这种方法就不宜使用。

4. 气压计基点测定法

（1）风压测量　在井口或井底车场调试好两台精密气压计（Ⅰ、Ⅱ），并记录初始读数。仪器Ⅰ留在原地监视大气压力变化，每隔10min记录一次读数，仪器Ⅱ按测点顺序分别测出各测点风流的相对基点的静压，并填入表11-5中。

表11-5　气压计法测试记录整理表

年　月　日

序号	始测点					末测点					长度/m	阻力/Pa	测段风量/(m^3/s)	百来风阻/($N \cdot s^2$/m^8)
	精密气压计读数/Pa		标高/m	密度/(kg/m^3)	风速/(m/s)	时间	精密气压计读数/Pa		标高/m	密度/(kg/m^3)	风速/(m/s)	时间			
	第Ⅰ台	第Ⅱ台					第Ⅰ台	第Ⅱ台							

（2）其他参数测量　风速测量、大气物理参数测量、巷道断面面积和周长测量、测点间距测量同倾斜压差计法，测试数据记录按表11-3和表11-4规定进行。测点标高由地测部门给出。测点间距离和标高填入表11-5中。

5. 气压计同步测定法

（1）风压测量　在测点Ⅰ处，调好两台精密气压计（Ⅰ、Ⅱ），并记录初始测点风流的静压。然后仪器Ⅰ留在原处不动，仪器Ⅱ放置在测点2，在约定时间内两台仪器同时读取测点风流的静压。再把仪器Ⅰ移到测点2，同时记录初始测点风流的静压，仪器Ⅰ不动，将仪器Ⅱ移到测点3，再在约定时间内两台仪器同时读取测点风流的静压。如此前进，直至巷道测试完毕为止，相应数据填入表11-5中。

（2）其他参数测量　其他参数测定同气压计基点测定法。

（3）优缺点和适用条件　用气压计的测量方法不需要收放橡胶管和静压管，省时省力，操作简便；但这种测量法的精度较差。故气压计同步测定法不适用于精度要求很高的测量，只适用于无法收放橡胶管或范围大的测量段。

6. 风门两侧压差测量

在风门两侧用倾斜压差计或精密气压计测试静压差时，测量结果填入表11-6中。

表11-6　风门两侧压力测试记录整理表

年　月　日

序号	测试地点	精密气压计读数/Pa		压差/Pa	备注
		风门前	风门后		

11.2.4　通风阻力测定结果计算

1. 空气密度计算

测点空气密度 ρ 可按式（2-5）计算。

2. 巷道面积和周长计算

使用断面仪直接获取巷道面积和周长，或者按巷道断面形状，根据测量数据计算其断面面积和周长。

3. 平均风速计算

每测点取三次实际测量风速值，然后求取算术平均值作为该测点的平均风速。

4. 风量计算

测点风量 Q（m³/s）的计算公式为

$$Q = Sv \tag{11-1}$$

式中　S——测点面积（m²）；
　　　v——测点风速（m/s）。

5. 动压计算

测点的动压 h_v（Pa）的计算公式为

$$h_v = \frac{1}{2}\rho v^2 \tag{11-2}$$

6. 通风阻力计算

两测点间通风阻力有以下两种计法。

1) 倾斜压差计法。倾斜压差计两测点 i、j 间压力差 h_{ij}（Pa）的计算公式为

$$h_{ij} = kL \tag{11-3}$$

式中　k——倾斜压差计系数；
　　　L——倾斜压差计读数（Pa）。

两测点 i、j 间通风阻力 h_{rij}（Pa）的计算公式为

$$h_{rij} = h_{ij} + h_{iv} - h_{jv} \tag{11-4}$$

式中　h_{iv}——测点 i 的动压值（Pa）；
　　　h_{jv}——测点 j 的动压值（Pa）。

2) 气压计基点测定法。两测点 i、j 间通风阻力 h_{rij}（Pa）的计算公式为

$$h_{rij} = k''(h_i'' - h_j'') - k'(h_i' - h_j') + \rho_{ij}g(z_i - z_j) + (h_{iv} - h_{jv}) \tag{11-5}$$

式中　k'、k''——气压计Ⅰ、Ⅱ的校正系数；
　　　h_i''、h_j''——气压计Ⅱ在测点 i、j 的读数（Pa）；
　　　h_i'、h_j'——与 h_i''、h_j'' 对应时间气压计Ⅰ的读数（Pa）；
　　　z_i、z_j——测点 i、j 的标高（m）；
　　　ρ_{ij}——测点 i、j 间空气密度的平均值（kg/m³）。

3) 气压计同步测定法。两测点 i、j 间通风阻力 h_{rij}（Pa）的计算公式为

$$h_{rij} = k''(h_i'' - h_j'') - k'(h_i' - h_j') + \rho_{ij}g(z_i - z_j) + (h_{iv} - h_{jv}) \tag{11-6}$$

式中　h_i''、h_j''——气压计Ⅱ在测点 i、j 的读数（Pa）；
　　　h_i'、h_j'——与 h_i''、h_j'' 同步时间气压计Ⅰ的读数（Pa）；

其他符号意义同前。

7. 巷道风阻计算

(1) 两点间风阻计算　两测点间风阻 R_{ij}（N·s²/m⁸）的计算公式为

$$R_{ij} = \frac{h_{rij}}{Q_{ij}} \tag{11-7}$$

式中　Q_{ij}——测点 i、j 间风量的算术平均值（m³/s）。

(2) 两点间的标准风阻计算　在标准空气密度下，测点 i、j 间的标准风阻 R_{sij}（N·s²/m⁸）的计算公式为

$$R_{sij} = \frac{\rho_0}{\rho_{ij}} R_{ij} \tag{11-8}$$

式中　ρ_0——标准状况下空气的密度，$\rho_0 = 1.2 \text{kg/m}^3$；

ρ_{ij}——测点 i、j 间巷道空气的平均密度（kg/m³）。

(3) 巷道标准百米风阻计算　若 R_{ij} 为风阻，则巷道百米标准摩擦风阻 R_{100} 的计算公式为

$$R_{100} = \frac{100}{L_{ij}} R_{sij} \tag{11-9}$$

式中　L_{ij}——测点 i、j 间的距离（m）。

8. 通风路线的总阻力计算

测定通风路线的总阻力 h_r（Pa）的计算公式为

$$h_r = \sum h_{rij} \tag{11-10}$$

完成上述计算以后，将阻力测试记录汇总到表 11-7 中。

表 11-7　巷道阻力测试记录汇总表

序号	巷道名称	断面面积/m²	断面周长/m	始点风速/(m/s)	末点风速/(m/s)	始点密度/(kg/m³)	末点密度/(kg/m³)	测段风量/(m³/s)	测段长度/m	巷道长度/m	实际阻力差值/Pa	总风阻/(N·s²/m⁸)	阻力系数/(N·s²·m⁻⁴)	百米风阻/(N·s²/m⁸)	备注

11.2.5　通风阻力测定结果处理

(1) 测定可靠性检查　对选定的测定巷道作通风阻力测定时，对于误差大和明显错误的地段应该分析查明原因，必要时重新进行测定。

(2) 编写矿井通风阻力测定报告　报告内容主要包括：矿井通风和生产概况、测定目的和要求、测定路线选择、人员组织、使用仪器、测量方法、测定结果、矿井通风阻力分布和改善矿井通风状况的建议等。

11.2.6　通风阻力的分布

研究及统计结果表明：新设计矿井的通风系统中，进风段阻力占总阻力的 25%、用风段占 45%、回风段占 30% 为宜。一般地，随着矿井服务年限的增加，回风段的阻力会有所

增大,但多数回风段的阻力不宜超过 60%。实际测定表明,大多数矿井回风段的通风阻力占总阻力的 60%~85%,只有少数矿井采区的通风阻力为总阻力的 40%~50%。

11.3 矿井主要通风机的性能测试

通风机制造厂提供的通风机特性曲线,是根据不带扩散器的模型测定获得的,而实际运行的通风机都装有扩散器,另外由于安装质量和运转磨损等原因,通风机的实际运转性能往往与厂方提供的性能曲线不相同。因此,通风机在正式运转之前和运转几年后,必须通过测定以测绘其个体特性曲线,以便有效地使用好通风机。

通风机性能试验的内容是测量通风机的风量、风压、输入功率和转速,并计算通风机的效率,然后绘出通风机的实际运转特性曲线。

由于抽出式通风矿井是用通风机的静压克服全矿总阻力,而压入式通风矿井是用通风机的全压克服全矿总阻力,所以对抽出式通风矿井,一般测算通风机的静压特性曲线、输入功率曲线和静压效率曲线;而对压入式通风矿井,一般测算通风机的全压特性曲线、输入功率曲线和全压效率曲线。

主要通风机的性能测定,一般在矿井停产检修时进行。根据矿井具体情况,可以采用由回风井短路或带上井下通风网路进行。矿井通风改造、急需了解通风机性能时,也可在矿井不停产条件下,采用备用通风机进行性能试验,由反风门短路进风,调节工况。

11.3.1 测定条件

1. 一般条件

1)测定前应检查通风机、电动机各零部件是否齐全,装配是否紧固,运行是否正常。
2)通风机进风口或出风口至风量、风压测定断面之间的风道应无明显漏风。
3)引风道、风硐内应无杂物堆积和积水。
4)保障测定人员安全及防止机器受损所采取的措施,应对通风机的空气动力性能无任何影响。

2. 风量和风压调节

(1) 轴流式通风机 抽出式通风系统风量调节闸门应设在距通风机入口大于 5 倍叶轮直径的巷道内;压入式通风系统风量调节闸门应设在距通风机出口大于 10 倍叶轮直径的巷道内。风量调节闸门应安装牢固,其强度应能承受大于通风机最大风压 1.5 倍的压力。

(2) 离心式风机 一般利用通风机自身设置的闸门进行风量调节。若闸门损坏或调节不方便,可参照轴流式通风机的规定设置风量调节闸门。

每调节一次风量,风压为通风机的一个工况点,通风机的特性曲线应包含有 6~7 个以上工况点。轴流式通风机应采用开路起动,逐渐增阻调节;离心式通风机应采用闭路起动,逐渐降阻调节。

11.3.2 测定过程及注意事项

1. 制定试验方案

制定试验方案时,应对回风井、风硐、通风机设备的周围环境做系统的周密调查,然后根据本矿的具体情况，确定合理可行的试验方案。

主要通风机装置的修筑形式多种多样，一般是依主要通风机类型、台数和尺寸、回风井筒的形式及周围地形等因素，因地制宜修筑的。因此，在确定测定方案时也须因地制宜，力求使测定工作简单、安全，测定结果能满足精度要求。

1）确定测定方案需考虑的内容和顺序：

① 选择调节主要通风机工况点的地点和方法。

② 选择测风速、风量的地点和方法。

③ 测定风压等其他参数的方法。

2）通风机测定方案的确定，通常可分以下 3 种情况：

① 新安装的主要通风机在投产前进行的测定。这种测定是必须的且内容也是全面的，测定工作既要获得主要通风机装置的特性曲线，又要检验主要通风机装置的制造和安装质量，检验各附属装置的合理性及其漏风情况等，为投入正常运转提供基础数据。

② 在不影响正常生产条件下对备用通风机进行性能测定。在这种情况下进行测定，风流以短路形式进入主要通风机，且受运转主要通风机的影响，系统中难以找到风流稳定区段进行测风测压，因此这是用备用主要通风机进行特性测定的难题，测定结果也往往不尽如人意。尤其是目前反转反风的风井设计渐成主流，其中很多在设计时没有考虑通风机性能测定的需要，使被测通风机无法形成独立的风流回路，因此也无法进行不停产测定。

③ 在停产条件下进行主要通风机装置性能测定。测定工作常安排在节假日或检修日进行。停产测定的工况调节大多在防爆门处进行，测定时，揭开防爆盖，风流由此处进入，经主风硐、分风硐、通风机，由扩散塔排出，实现短路通风测定。为测出阻力较高的工况点，还需在井下总回风道中构筑临时密闭以隔断与矿井的联系，密闭应有足够的强度以防大风压时被拉破。停产测定的缺点是测定时间有限，如不能在规定时间内完成，将会影响生产。与不停产测定相比，停产测定能为测定工作提供较佳的条件，特别是在风流稳定方面，从而使测定结果更接近实际。因此，条件许可时应尽量采用停产测定。

有些矿井主要通风机装置在布置上不具备测风、测压的完备条件，所以测定前必须周密考虑测定各项指标的地点和所用的方法。必要时可对通风机装置进行简单的改造，以适应测定工作的需要。

2. 测定前准备

矿井通风机装置性能测定是一项技术性很强的通风管理工作。无论是采用传统的分立仪表，还是采用集成的通风机装置性能测定仪，在测定前，都要根据测定方案进行组织分工和必要的工具、器材、记录表格等一系列准备工作。

1）登记通风机和电动机的铭牌技术数据，并测量通风机的有关结构尺寸。

2）测量压力及测风处的风硐断面尺寸。

3）在测压和工况调节地点分别安设测压管、橡胶管和调节风窗框架，并准备足够的用于调节工况的木板。

4）对所使用的各种仪表（风表、压差计、大气压力计、电工仪表等）或通风机性能测定仪进行检查和校正，并使测定人员熟悉其使用方法。

5）必要时安装通信联络电话或无线对讲机。

6）采取措施堵塞地面漏风。

7）清除风硐内的碎石等杂物和积水。

8）检查主要通风机、电动机闸门、绞车的各部件是否完整牢固。

通风机性能测试所需要的仪表、工具如表 11-8 所示。

表 11-8 通风机性能试验所需要的仪表、工具

序号	仪器名称	测量范围	准确度	数量/只（台）	用途
1	气压计	800~1060kPa	±200Pa	1	测大气压力
2	温度计	0~50℃	0.1℃	2	测温度
3	干湿温度计	-25~+50℃	0.2℃	2	测干、湿温度
4	毕托管		系数 0.998~1.004	≥25	测动压、全压
5	全压管		系数 0.998~1.004	≥25	测全压
6	附壁静压片或静压管		系数 0.998~1.004	≥8	测静压
7	风速传感器、遥测风速计、风速表	0.5~20m/s	±(0.10~0.20) m/s	≥25	测风速
8	压差计	0~6000Pa	±10Pa	≥5	测静压、全压
9	压差计	0~2000Pa	±1.0Pa	≥5	测动压
10	电流互感器		0.2 级	2	电气参数测定
11	电压互感器		0.2 级	2	电气参数测定
12	功率因数测量仪表		0.5 级	2	电气参数测定
13	功率测量仪表		0.5 级	2	电气参数测定
14	电压测量仪表		0.5 级	2	电气参数测定
15	电流测量仪表		0.5 级	2	电气参数测定
16	转速表		±1r/min	1	测通风机、电动机转速
17	声级计		1 型	1	测噪声
18	点温计		0.1℃	1	电机温升

注：在进行通风机运行参数测定时，可根据具体测定方法选用表 11-1 中的测量仪表。在高原地区测量大气压时，参照表 11-1 选用相适应的空盒气压计。

3. 组织分工

主要通风机装置性能测定工作由矿井总工程师和集团公司测试组共同负责组织，并要求通风、机电部门参加，推选 1 人为指挥，下设若干个小组：

1）工况调节组：调节通风机工况（包括调风叶角度）的人员。

2）测风组：用风表测风及测量大气物理参数。

3）测压组：测量静压和动压。

4）电气测量组：测量电流、电压、功率因数、功率和转速。

5）速算组：利用事先准备好的速算图，根据测定的数值求出风压、风量值，迅速绘制特性曲线的草图，以便发现问题及时补救。

6）通信联络组：传递信号和测定的数据。

7）安全组：佩带工具及安全设备，现场待机，负责处理可能发生的问题。

如果采用通风机装置性能测定仪测定，以上人员可大幅简化。

4. 测定工作

一切准备工作就绪后，指挥下令起动通风机，待风流稳定后（通风机起动后 5~

10min），就可正式测定。

用仪表人工测定时，每一测点至少测 2 次，每次 1min，在每次测定中的读数时间为：用风表测风，每分钟读一次；测压，每 10s 或 20s 读一次；转速和大气物理参数，每分钟读一次；电气参数，每 10s 或每 20s 读一次。

用通风机装置性能测定仪测定，所有参数全部自动采集，采集速度快，数据量大，同步性好，可避免人为的读数视差和时差。

5. 注意事项

1）测定时不仅要有明确分工，还要有彼此间的密切配合。在测定过程中要求全体人员听从指挥，思想集中，动作敏捷，步调一致。

2）为了避免电动机过负荷，主要通风机应在低负荷工况下起动，工况调节顺序应使电动机功率由低而高，逐渐变化。离心式主要通风机起动由全闭到全放；轴流式主要通风机起动由全放到全闭。

3）在测定中当工况点转入左侧的不稳定区段时，一般应停止测定工作；或抓紧时间测完该点，并严密监视电动机负荷、轴承温升及通风机喘振等情况，以免发生意外事故。

4）为了消除由于电压波动导致主要通风机转速变化引起的误差，人工测定时同一工况的各参数应尽可能同时测定，而且至少连续测量两次，并取平均值。

5）根据出厂特性曲线和速算结果推断，当工况点靠近离心式主要通风机和最高功率点或轴流式主要通风机的"驼峰"点时，要探索着改变工况，防止工况点突然转入不稳定区段内。同时应密切注视电流值的变化和工况调节装置的强度。

6）进入风硐工作的人员以及工况调节人员，务必注意安全，工作时精力要集中，不可粗心大意。

11.3.3 测定方法与步骤

通风机性能试验的布置方式应根据具体情况因地制宜地确定，其总的要求是要选择风流稳定区为测量风量和风压的地点，以便测出的数据准确可靠。对于生产矿井，一般都是利用通风机风硐进行试验，其布置如图 11-2 所示。

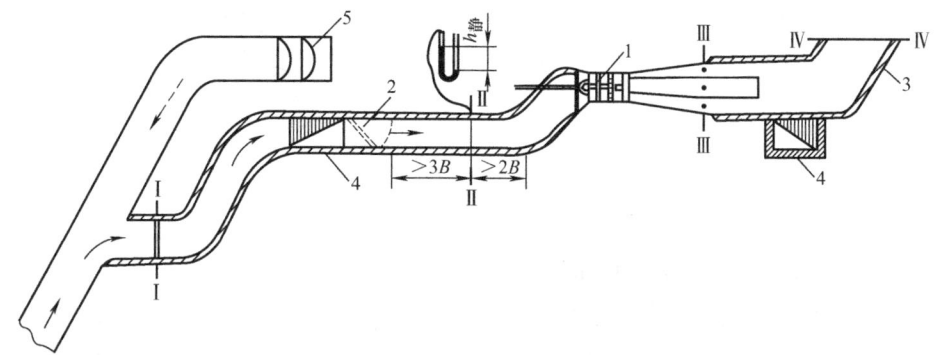

图 11-2 通风机性能试验时的布置
1—通风机　2—风硐　3—扩散器　4—反风绕道　5—防爆门　B—叶轮直径

在Ⅰ—Ⅰ断面处设框架，用木板来调节通风机的工况，在Ⅱ—Ⅱ断面处设静压管，测该断面的相对静压，用风表在Ⅱ—Ⅱ断面之后测风速，或者在Ⅲ—Ⅲ断面的圆锥形扩散器的环形空间用毕托管测算风速。

1. 工况调节的位置和方法

通风机性能试验时，工况调节地点一般设在与回风井交接处的风硐口，如图11-2中Ⅰ—Ⅰ断面位置（当条件不许可时，可设在总回风道或利用风硐闸门与井口防爆门调节）。其方法是在调节地点的巷道内安设稳固的框架（用工字钢、木料都可），如图11-3所示。

靠通风机风压的吸力将薄木板吸附在其上，缩小有效断面面积以改变通风阻力。框架必须牢固、结实，安装时插入巷壁的深度应不小于150mm。木板也应有足够的强度，并备有多种规格，以便使用。调节工况点的数目不应少于8～10个，以保证测得的特性曲线光滑、连续。在轴流式通风机风压曲线的"驼峰"区，测点要密些，在稳定区测点可疏些。

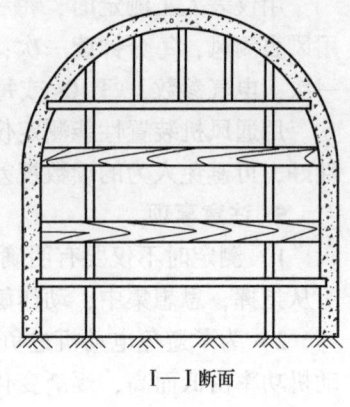

图11-3 工况调节框架

离心式通风机一般采用封闭起动，即网路风阻最大时起动（又称关闸门起动），然后逐渐提升闸门降阻调节工况。轴流式通风机一般采用开路起动，即网路风阻最小时起动（又称开闸门起动），然后逐渐放下闸门增阻调节工况。

2. 通风机性能参数的测定

（1）静压的测定　静压测量的位置应在工况调节处与通风机入口之间的直线段上，距通风机入风口的2倍叶轮直径远的稳定风流中，如图11-2中Ⅱ—Ⅱ断面处。

为了测出测压断面上的平均相对静压，可在风硐内设十字形连通管，在连通管上均匀设置静压管，然后将总管连接到压差计上，如图11-4所示。

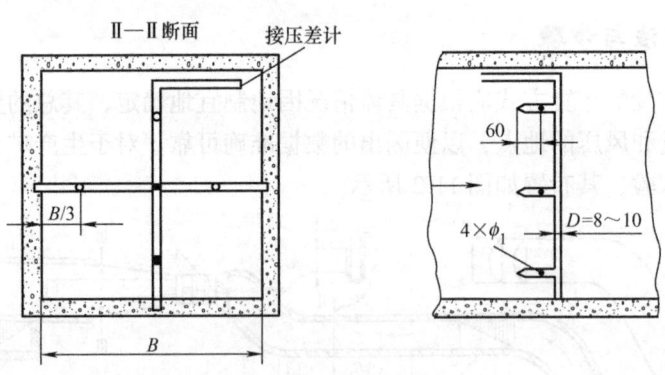

图11-4 静压管的布置

（2）风速（风量）的测定　具体如下。

1）风表法测风。选择在通风机进风口（或出风口）前风流稳定的直线段，采用多个风速传感器测定出风流断面的平均风速。如中国矿业大学能源与安全工程学院研制的KSC系列通风机装置性能测定仪，共配备了16只风杯式风速传感器，考虑到风硐断面形状大多为矩形，因此可根据测风断面大小不同将其分为3×3、3×4或4×4个等面积矩形，使得每个矩形断面的面积不要超过1～1.5m²，并分别安装9只、12只或16只风速传感器以测定该断面的平均风速。图11-5所示是安装9只风速传感器的示意图。

如图 11-5 所示，在测定方案所确定的测风位置（矩形水平风硐内）固定两根钢管（其他材料也可）作为立柱，间距约为风硐宽度的 1/3。立柱应采用螺旋杆或用木楔等方式上下顶紧，以防测量过程中倾倒。在立柱上固定 3 根横担以安装风速传感器，每根横担上以风硐宽度的 1/3 为间距固定 3 个风速传感器支架。装好后风速传感器迎风流方向距离立柱面应不小于 200mm，以减少立柱对风流的干扰，并使所装风表位于各个矩形的中心。横担可采用 40mm×40mm×4mm（或 30mm×30mm×3mm）角钢，长度略大于风硐宽度的 2/3。

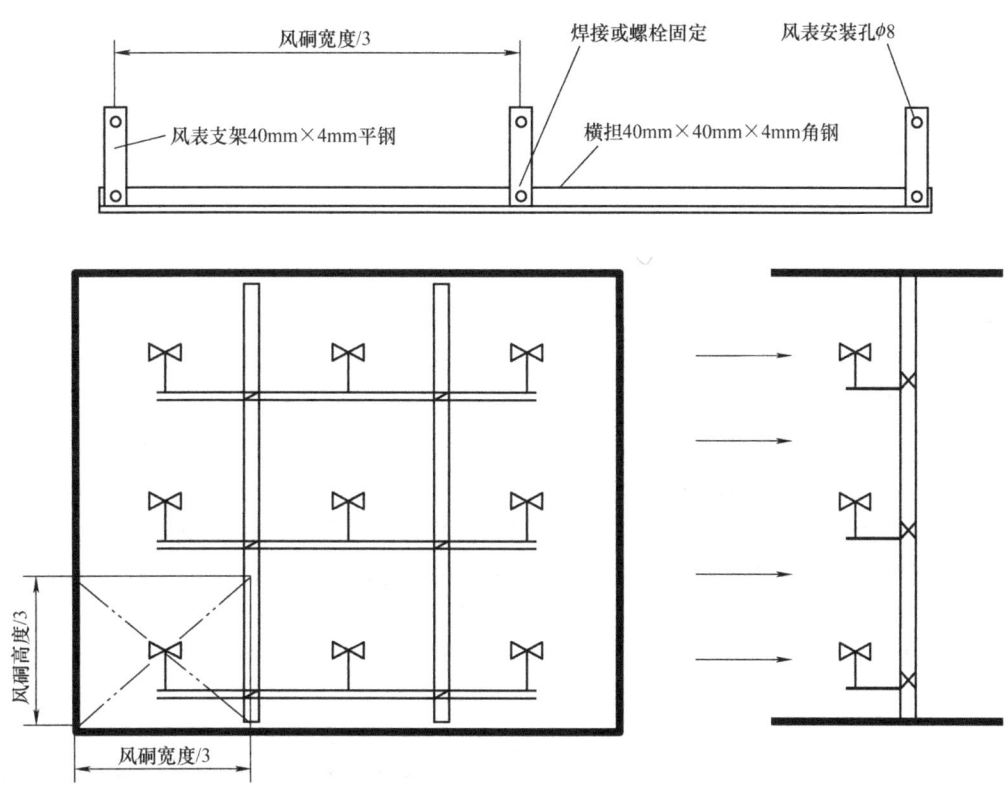

图 11-5 风速传感器安装示意图

如果布置风表的断面为圆形，按上述方式布置风表难以实现，也可按等面积环原理将断面分为 3~5 个等面积环，并在各等面积环的面积平分线上布置风表，即在水平或者垂直直径上布置 6~10 个风表（每个面积环上对称布置 2 只）。各风表位置距风硐中心点的距离为 X_i，计算公式为

$$X_i = D\sqrt{\frac{2i-1}{8n}} \tag{11-11}$$

式中 i——面积环的编号数，中心环为 1，依次外推；

n——等面积环数；

D——风硐直径，X_i 与 D 使用相同单位。

2）速压法测风。用毕托管和微压计测量风流动压，然后换算成平均风速，并计算风量。毕托管可安设在测量静压的 Ⅱ—Ⅱ 断面处，也可以安设在通风机圆锥形扩散器的环形空间，如图 11-6 所示。用毕托管测得的速压与测点处风速的关系为

$$v = \sqrt{\frac{2h_v}{\rho}} \qquad (11\text{-}12)$$

式中 v——测点风速（m/s）；
h_v——毕托管测得的速压（Pa）；
ρ——空气密度（kg/m³）。

为了使测量数据准确可靠，在测量断面上按等面积布置多根（图 11-6 中为 12 根）毕托管。安装时应将毕托管固定牢靠，务必使头部正对风流方向。若微压计台数充足时，每支毕托管可配一台微压计，其连接方法如图 11-4 所示，然后求动压的算术平均值。若微压计台数不足时，可采用几支毕托管并联于一台微压计上，这样使读数与计算都较简便，虽有点误差，但对测量结果影响不大。

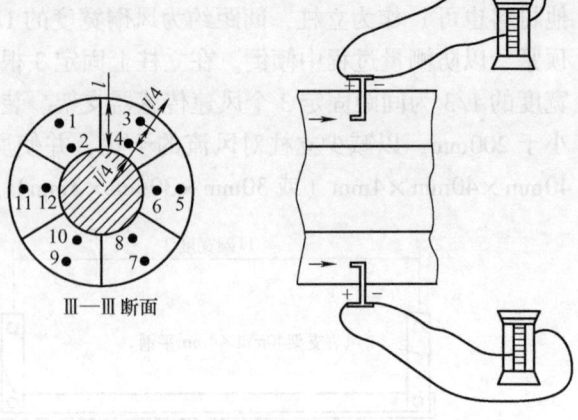

图 11-6 测动压时毕托管的布置

用毕托管测量风量的优点是装备简单、准备工作量较小等，适用于风速较大、测风断面较小的情况下使用。

（3）电动机功率及其效率的测定 电动机输入功率可用 2 个单相瓦特表或 1 个三相瓦特表来测量，也可以采用电压表、电流表和功率因数表测量。电动机的效率可根据制造厂家的特性曲线选取，使用时间较久的电动机可采用间接方法（即损耗法）测定。

（4）通风机与电动机转速的测定 主要通风机的实际转速可用机械转速表和红外转速测量仪直接测量。在通风机装置性能测定仪中的转速测量则是由转速传感器来完成的。通风机与电动机直连时，应测定电动机的转速。如果用带轮传动，应分别测定通风机和电动机的转速。

（5）大气参数的测定 大气参数的测定，应尽量在测压处测定，如不具备条件可在进风口处测量。测量的主要参数有大气压力、温度和湿度，以便计算空气密度。这些参数既可人工测量，也可由相应的传感器来采集测量。空气密度的测定用空盒气压计或数字式气压计测量风流的大气压力，用干湿球温度计测量风流的干温度和湿温度，根据大气压力和干湿球温度读数计算空气密度。

11.3.4 数据的整理与特性曲线的绘制

1. 测定数据的整理

（1）风量的计算 具体如下。

1）用风表测风速时，通风机的风量 Q'_t（m³/s）计算公式为

$$Q'_t = S\overline{v} \qquad (11\text{-}13)$$

式中 S——测风地点风硐的断面面积（m²）；
$\overline{v}$——测风断面上的平均风速（m/s）。

2）用速压法测风时先用下式换算测压断面上的平均风速 $\overline{v}$（m/s）

$$\overline{v} = \sqrt{\frac{2}{\rho}}\frac{\sum_{i=1}^{n}\sqrt{h_{vi}}}{n} \qquad (11\text{-}14)$$

式中 h_{vi}——第 i 个测点的动压值（Pa）；
  n——测点数；
  ρ——空气密度（kg/m³）。

然后计算风量 Q'_t（m³/s）

$$Q'_t = S_0 \bar{v} \tag{11-15}$$

式中 S_0——安设毕托管处风流通过的断面面积（m²）。

（2）抽出式通风机静压 H'_{ts}（Pa） 计算公式为

$$H'_{ts} = H_s - h_v \tag{11-16}$$

式中 H_s——风硐内测静压断面的相对静压（Pa）。

风硐内所测静压断面上的平均动压 h_v（Pa），计算公式为

$$h_v = \frac{\rho}{2}\left(\frac{Q'_t}{S'}\right)^2 \tag{11-17}$$

式中 S'——风硐内测静压断面的面积（m²）。

（3）通风机输入功率 N'_{tn}（kW） 和静压输出功率 N'_{tso}（kW） 计算公式分别为

$$N'_{tn} = \frac{\sqrt{3}UI\cos\varphi}{1000}\eta_1\eta_2 \tag{11-18}$$

$$N'_{tso} = \frac{H'_{ts}Q'_t}{1000} \tag{11-19}$$

式中 U——电动机的电压（V）；
  I——电动机的电流（A）；
  $\cos\varphi$——功率因数；
  η_1——电动机效率；
  η_2——通风机传动效率。

（4）通风机静压效率 η_s 计算公式为

$$\eta_s = \frac{N'_{tso}}{N'_{tn}} \tag{11-20}$$

为了便于比较，要将通风机的上述四项数据换算到额定转速和空气密度为 1.2kg/m³ 的条件下，然后再绘制通风机特性曲线。

1）通风机转速的校正系数 K_n 为

$$K_n = \frac{n_{额}}{n_i} \tag{11-21}$$

式中 $n_{额}$——通风机的额定转速（r/min）；
  n_i——第 i 个工况点实测的转速（r/min）。

2）空气密度的校正系数 K_p 为

$$K_p = \frac{\rho_0}{\rho_i} = \frac{1.2}{\rho_i} \tag{11-22}$$

式中 ρ_0——井下标准空气密度，$\rho_0 = 1.2$kg/m³；
  ρ_i——第 i 个工况点实测的空气密度（kg/m³）。

3）校正后的通风机风量 Q_t（m³/s）为

$$Q_t = Q'_t K_n \tag{11-23}$$

4）校正后的通风机静压 H_{ts}（Pa）为

$$H_{ts} = H'_{ts} K_n^2 K_p \tag{11-24}$$

5）校正后的通风机输入功率 N_{tn}（kW）和输出静压功率 N_{tso}（kW）为

$$N_{tn} = N'_{tn} K_n^3 K_p \tag{11-25}$$

$$N_{tso} = N'_{tso} K_n^3 K_p \tag{11-26}$$

由于静压效率为通风机的输出功率与输入功率之比，故校正前后静压效率相同。

2. 特性曲线的绘制

将上述计算结果汇总到表中，然后以 Q_t 值为横坐标，分别以 H_{ts}、H_{to}、η_s 为纵坐标，将所对应的各点描绘于坐标图上，即可得出若干个点，用光滑的曲线将这些点连接，便可绘出通风机的个体特性曲线。

11.4 通风除尘系统的测定

11.4.1 吸风罩的测定

吸风罩测定的内容主要包括：吸风罩的排风量、吸风罩的阻力和阻力系数、吸风罩的流量系数以及吸风罩口外速度的变化规律等。

1. 吸风罩排风量的测定

吸风罩的排风量可以通过以下几种方法测定。

（1）用平均风速法测定排风量 吸风罩排风量 Q（m³/s）可以通过测定罩口上的平均吸气速度 u_p（m/s）和罩口面积 A_0（m²）来确定。即

$$Q = u_p A_0 \tag{11-27}$$

测定罩口平均风速的仪器可用叶轮风速计和热球风速计等。

测定方法可以视具体情况而定。当罩口面积很大时，可用确定测点的方法将其分成等面积的小块，测出各个块中心的风速，再进而求出罩口的平均风速。当罩口面积不大时，可用叶轮式风速计沿整个罩面慢慢移动，测定的结果可以认为是罩口平均风速。

（2）用动压法测定排风量 如图 11-7 所示，在测定断面测得该断面各测点的动压值，即可用式（11-12）计算出各测点的风速。用式（11-14）计算出测定断面的平均风速，用式（11-15）计算出吸风罩的排风量。

（3）用静压法测定排风量 在实际测定中，用测定吸风罩面上或其连接管道中平均风速（或平均动压）的方法比测定其排风量麻烦，且可能不易找到气流比较平稳的断面，可以用静压法测定吸风罩的排风量。

用图 11-7 所示的测定方法测出吸风罩连接管中

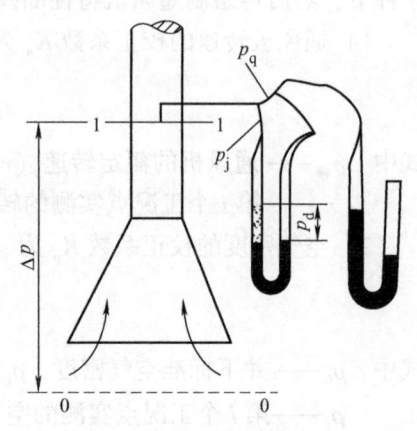

图 11-7　吸风罩的测定

的静压 p_j,则排风量 Q 可用下式计算

$$Q = \mu S \sqrt{\frac{2|p_j|}{\rho}} \tag{11-28}$$

式中　Q——吸风罩的排风量（m³/s）；
　　　S——罩口连接管测定断面的面积（m²）；
　　　p_j——测定断面的静压（Pa）；
　　　ρ——管内气体的密度（kg/m³）；
　　　μ——流量系数，只与吸风罩的结构形状有关。

$$\mu = \sqrt{\frac{p_d}{|p_j|}} \tag{11-29}$$

由式（11-29）可知，只要测出吸风罩连接管中的动压 p_d 和静压 p_j，就可以求出吸风罩的流量系数 μ 值。μ 值也可以从有关资料中查得。但由于实际的吸风罩和资料上绘出的不可能完全相同，如果按资料上给出的 μ 值计算排风量很可能有一定的误差。

在一个通风除尘系统中，如果有许多个形式相同的吸风罩，应先测出吸风罩的 μ 值，然后按式（11-29）计算出各吸风罩要求的静压，通过调整静压来调节各吸风罩的排风量，整个系统调节工作会大大简化。

在通风除尘的许多试验台上，把管道的进风口制成规定的标准形状，如图11-8所示的形状，其流量系数 μ 是已知值。图11-8a所示为圆弧形集流器，其流量系数 $\mu = 0.99$；图11-8b所示为圆锥形集流器，其流量系数 $\mu = 0.98$。这样，只要用补偿式微压计测出测定断面的静压值，就能很方便且比较准确地测出进风口的流量。

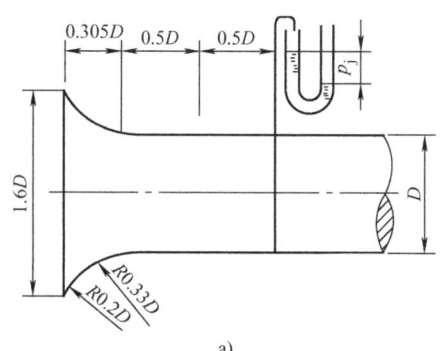

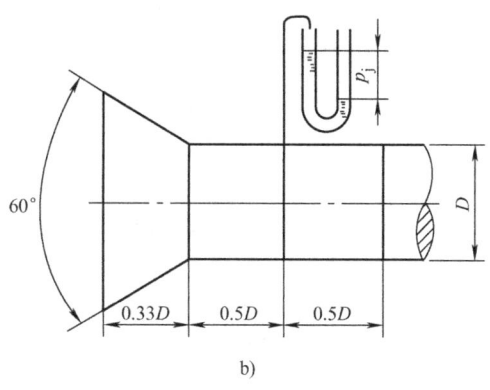

图 11-8　集流器

2. 吸风罩阻力的测定

吸风罩的阻力损失可以通过测定吸风罩连接管处的全压来确定。

由于吸风罩口处于大气之中，所以吸风罩面外全压为零，如图11-7所示，测定断面1—1处全压为 p_q，因此，吸风罩的阻力损失 Δp（Pa）为

$$\Delta p = 0 - p_q = -p_q = -(p_j - p_d) = |p_j| - p_d \tag{11-30}$$

通常吸风罩的阻力损失表示成为阻力损失系数 ζ 与动压 p_d 的乘积的形式。即

$$\Delta p = \zeta \frac{\rho u^2}{2} = \zeta p_d \tag{11-31}$$

吸风罩的阻力损失系数 ζ 计算公式为

$$\zeta = \frac{\Delta p}{p_d}$$

把式（11-30）和式（11-31）代入式（11-29）可以得到吸风罩吸入口流量系数 μ 与阻力系数 ζ 的关系为

$$\mu = \frac{1}{\sqrt{1+\zeta}} \tag{11-32}$$

从式（11-32）中可以看出，对于 μ 和 ζ，只要测定出其中的一个，就可以计算出另一个系数。

11.4.2 通风机性能的测定

通风机是提供通风除尘系统中空气流动能量的设备，是把电动机提供的机械能转换为空气流动的压能的能量转换机械。

通风机的性能主要通过其提供的风量 Q、风压 p、通风机的输出功率 $N_{出}$、电动机对通风机的输入功率 $N_{入}$、通风机的效率 η 和噪声等性能参数来体现，对通风机空气动力性能的测定主要是测定通风机产生的风量、风压及通风机的效率之间的关系。

通风机生产厂对出厂的通风机的性能试验要在规定的通风机空气动力性能试验装置上进行，试验方法按目前国家通风机性能试验标准的规定执行。

在通风净化系统中，往往只测定通风机产生的风量和风压。通风机产生的风量的测定是通过测定通风机进、出口管路（A 管和 B 管）中的动压来实现的，如图 11-9 所示。

在通风机进口测定断面和出口测定断面各个测点上，用前面所述的测定管内压力的方向，测出各点的动压值，用式（11-14）计算出管内平均风速，用式（11-15）计算出流入和压出通风机的风量。

风机产生的风压为通风机进口（A 管）和出口（B 管）测定断面上测出的全压之差。即

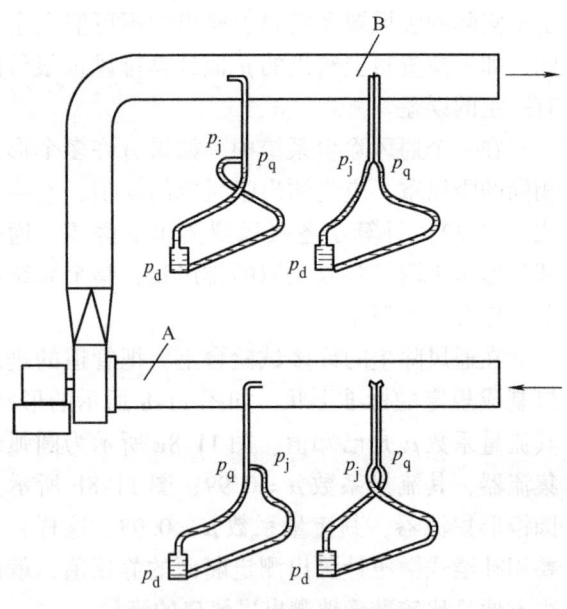

图 11-9　通风机风压测定原理图

$$p_q = p_{qB} - p_{qA} \tag{11-33}$$

由于通风机进口处的全压值为负值，所以通风机产生的全压为进、出口测定断面上全压值的绝对值之和。

11.4.3 除尘器性能的测定

对于除尘器的性能一般测定其处理风量、漏风量、阻力损失和除尘效率。

1. 处理风量的测定

除尘器处理的风量是反映除尘器处理气体能力的指标，通过测定其进、出口测定断面上的风量进行，如图 11-10 所示。如果除尘器无漏风现象，则其进口处的风量应等于出口处的

风量。如果有漏风，则其处理风量为除尘器进、出口风量的平均值。

2. 漏风量的测定

除尘器的漏风率是除尘器一项重要的技术指标。它对除尘器的处理风量和除尘效率均有重大影响。因此，某些除尘器的制造标准中对漏风量提出了具体要求。如 CDWY 系列电除尘器要求漏风率 <7%，大型的袋式除尘器要求漏风率 <5% 等。

漏风率的测定方法有风量平衡法、热平衡法等。风量平衡法是最常用的方法。根据定义，除尘器漏风率 ε 计算公式为

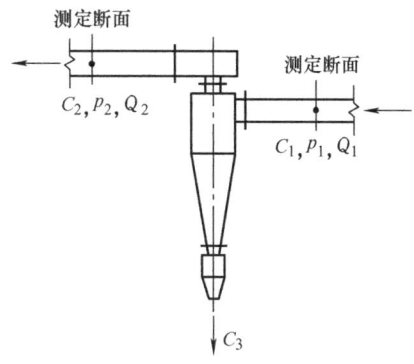

图 11-10　除尘器性能测定原理图

$$\varepsilon = \left(\frac{Q_2 - Q_1}{Q_1}\right) \times 100\% \tag{11-34}$$

式中　Q_1——除尘器进口处风量（m^3/s）；

Q_2——除尘器出口处风量（m^3/s）。

由式（11-34）可以看出，只要测出除尘器进、出口处的风量，即可求得漏风率 ε。

采用风量平衡法测定漏风率时，要注意温度变化对气体体积的影响。对于反吹清灰的袋式除尘器，清灰风量应从除尘器出口风量中扣除。

3. 阻力损失的测定

除尘器的阻力损失用除尘器出口与进口平均全压差表示。即

$$\Delta p = p_{q2} - p_{q1} \tag{11-35}$$

式中　Δp——除尘器的阻力（Pa）；

p_{q2}——除尘器出口处的平均全压（Pa）；

p_{q1}——除尘器进口处的平均全压（Pa）。

4. 除尘效率的测定

在现场测定时，由于条件限制，一般用浓度法测定除尘器全效率。除尘器全效率 η 计算公式为

$$\eta = \frac{C_1 - C_2}{C_1} \times 100\% \tag{11-36}$$

式中　C_1——除尘器进口处平均粉尘浓度（mg/m^3）；

C_2——除尘器出口处平均粉尘浓度（mg/m^3）。

现场使用的除尘系统总会有少量漏风，为了消除漏风对测定结果的影响，应按下列公式计算除尘器全效率。

除尘器安装在通风机吸入段，即负压段，$Q_2 > Q_1$，则有

$$\eta = \frac{C_1 Q_1 - C_2 Q_2}{C_1 Q_1} \times 100\% \tag{11-37}$$

除尘器安装在通风机的压出段，即正压段，$Q_1 > Q_2$，则有

$$\eta = \frac{C_1 Q_1 - C_1(Q_1 - Q_2) - C_2 Q_2}{C_1 Q_1} \times 100\% = \frac{Q_2}{Q_1}\left(1 - \frac{C_2}{C_1}\right) \times 100\% \tag{11-38}$$

式中　Q_1——除尘器进口断面的风量（m^3/s）；
　　　Q_2——除尘器出口断面的风量（m^3/s）。

应注意在测定除尘器时，对除尘器进口及出口断面的测定应同时进行。在测定中如果发现除尘器漏风严重，应消除漏风后再进行测定。

对除尘器分级除尘效率的测定，要测定出除尘器进口及出口处含尘气流中粉尘的粒度分布，按式（10-19）和式（10-20）计算出除尘器的分级除尘效率和总除尘效率。

除尘器出口含尘气流中，由于含尘浓度很低，大量收集粉尘样品比较困难，测定粉尘的分散度有一定的难度。因此，有时测定除尘器收集下来的粉尘的粒径分布及入口含尘气流中粉尘的粒径分布，用式（10-19）计算出除尘器的分级除尘效率。

粉尘的性质及系统的运行工况对除尘器的除尘效率影响较大，因此，给出除尘器全效率测定时，应同时说明系统的运行工况，以及粉尘的真密度、粒径分布等状况，或者直接测定除尘器的分级除尘效率。

复习思考题及习题

11-1　矿井通风管理和监测的主要内容是什么？
11-2　矿井通风阻力测量的内容有哪些？
11-3　通风阻力测量仪器、仪表和用品主要有哪些？
11-4　矿井通风阻力测定方法有哪几种？有何优缺点？
11-5　为什么要进行矿井主要通风机的性能测试？
11-6　矿井主要通风机的性能测试主要步骤有哪些？
11-7　如何测定通风除尘系统的性能？

第 12 章

矿井通风与除尘新技术

【学习要点】

- 了解矿井通风新技术的类型及特点，熟悉各项新技术的适用条件及应用效果。
- 熟悉泡沫发生及除尘机理，了解泡沫剂配方的配制要求，掌握泡沫除尘技术在不同作业场所的应用条件。
- 熟悉附壁风筒的控尘机理，掌握附壁风筒的结构型式和性能特点。
- 了解磁化水降尘的基本原理，熟悉磁化水对雾化性能及降尘效果的影响程度和磁化水装置的使用方法。

随着科学技术的不断发展和广大科技工作者的不断研究和创新，矿井通风和除尘领域也取得了不少研究成果，有些成果已在矿井中得到应用，有些成果还处于试验阶段。本章主要阐述最近几年在矿井通风和除尘方面的新技术和新方法，供广大读者参考。

12.1 矿井通风新技术

12.1.1 可控循环通风技术

可控循环通风是由英国学者 S. J. Leach 和 A. Slack 研究提出的，1970 年初在英国开始应用。之后，包括我国在内的许多国家也相继对可控循环通风进行了研究和应用，对其有了本质的认识，成为一种与传统方式相辅相成的通风新技术。但对其使用做了慎重的规定。

可控循环风技术是矿井通风技术中的一种新方法、新工艺，是常规通风技术的补充，在条件适合的矿井能够较容易地增加采区风量，投资少，工期短，见效快，而且还可以相应增加邻近采区的供风量。

在低瓦斯矿中，当采掘工作面位于矿井的边远地区，原有通风系统不能保证按需供风，而该地区回风的风质又比较好时，可以在局部通风系统的进、回风之间安置通风设备、设施和监控设备，对回风进行合理循环控制加以再利用，以增加用风地点的实际风量。此种通风方法称为可控循环风。实现可控循环通风的设备设施和网络称为可控循环通风系统。

1. 可控循环通风系统的类型

1）根据循环范围的大小，可将可控循环通风分为局部可控循环通风和区域可控循环通风。

局部可控循环通风就是掘进工作面局部通风机吸入新风与污风的混合风流送入工作面，部分污风由回风巷排出，为了避免污染物浓度的增高，风筒中可以安设净化器。

区域性可控循环通风应用的范围较大，如一个采面、一个采区、一个水平，甚至全矿井，这主要根据循环横巷的位置而定，区域性可控循环通风系统容易实现用风地点增风，因此在现场得到了广泛应用。而全矿通风与区域可控循环通风类似，只是范围更大。

2）根据通风方式分类，可分为单一压入式可控循环通风、单一抽出式受控循环通风、单一压出式受控循环通风和压抽混合式受控循环通风四种类。

压抽混合式受控循环通风又根据压入式和抽出式局部通风机和风筒的布设位置不同再分为长压入短压出可控循环通风、短压入长压出可控循环通风、长抽短压可控循环通风、长压短抽可控循环通风、长压入长压出可控循环通风和长压入长抽出受控循环通风 6 种循环通风方式。

3）根据循环区域有无外界新鲜风流供给，可分为闭路循环通风和开路循环通风 2 种类型。闭路循环通风是在不供给外界新风的情况下，单靠空气净化器本身的净化作用进行通风除尘，其通风除尘与净化器的效率密切相关；而开路式循环通风是外界供给新鲜风流，同时在作业面内用空气净化装置对含尘气流进行净化的通风方式。

2. 可控循环通风的理论分析

如图 12-1 所示，矿井区域可控循环通风由用风地点、进风巷、回风巷、循环通风机和循环横巷构成。进风巷新鲜风量为 Q_1，循环横巷风量为 Q_4，用风地点风量为 Q_2（是循环横巷风量与新鲜风量之和），Q_3 一般与 Q_2 相等，Q_5 为 Q_3 与 Q_4 之差，并与 Q_1 相等，区域可控循环通风循环通风机的位置、循环通风区大小及循环横巷的风阻，对送入循环区的新鲜风量均有影响。

当主通风机供给通风困难区域的新鲜风量不能加大时，可以在保持一定数量新鲜风流的条件下，有控制地引入一部分回风与新风汇合送入用风地点，增加用风地点的风量和风速，达到改善用风地点环境条件的目的。

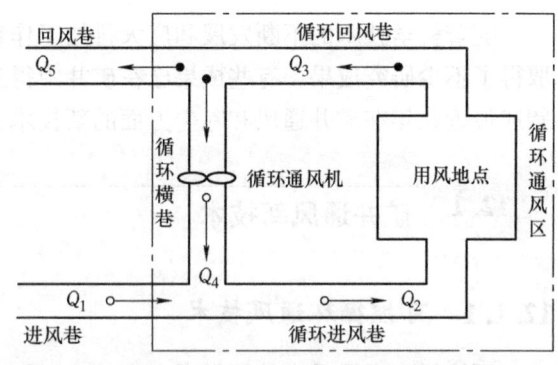

图 12-1 矿井区域可控循环通风示意图

（1）区域可控循环通风系统内各巷道的瓦斯浓度变化 如图 12-1 所示，探讨采用可控循环通风前后工作面瓦斯的浓度变化。假设进风巷、循环进风巷、用风地点回风巷、循环横巷、系统回风巷瓦斯浓度分别为 C_1、C_2、C_3、C_4、C_5，则 q_{c1} 表示进风巷瓦斯量，q_c 表示工作面瓦斯涌出量。有

$$C_1 = \frac{q_{c1}}{Q_1} \tag{12-1}$$

常规通风时，循环横巷中无风流通过，即 $Q_4=0$，此时

$$C_2 = C_1$$
$$C_3 = \frac{C_1 Q_1 + q_c}{Q_3} = \frac{q_{c1} + q_c}{Q_3} \tag{12-2}$$

有循环风时，用风地点回风流在循环通风机作用下，部分被引入与新鲜风流混合，循环通风过程中，循环系数 F 表示循环横巷内引入污风多少的比例。即

$$F = \frac{Q_4}{Q_3} \tag{12-3}$$

式中　Q_4——循环横巷风量（m^3/s）；

　　　Q_3——工作面总风量（m^3/s）。

按风量平衡定律，各巷道风量之间的关系为

$$Q_4 = FQ_3, \quad Q_2 = Q_1 + Q_4, \quad Q_3 = Q_2 = Q_1 + FQ_3$$
$$Q_3 = \frac{Q_1}{1-F}, \quad Q_4 = \frac{FQ_1}{1-F}, \quad Q_5 = Q_1$$

当一次循环时，有

$$C_2^1 = C_1, \quad C_3^1 = \frac{C_1 Q_1 + q_c}{Q_3}, \quad C_4^1 = C_3^1$$

第二次循环时，有

$$C_2^2 = \frac{C_4 Q_4 + C_1 Q_1}{Q_3} = \frac{C_1 Q_1 + q_c}{Q_3} + \frac{C_1 Q_1}{Q_3} \tag{12-4}$$

$$C_3^2 = \frac{C_2 Q_3 + q_c}{Q_3} = \frac{C_1 Q_1 + q_c}{Q_3}(1+F) \tag{12-5}$$

第 n 次循环时，有

$$C_2^n = \frac{C_1 Q_1}{Q_3} + \frac{C_1 Q_1 + q_c}{Q_3}(F + F^2 + \cdots + F^{n-1}) \tag{12-6}$$
$$= (1-F)C_1 + \frac{C_1 Q_1 + q_c}{Q_1} F(1 - F^{n-1})$$

$$C_3^n = \frac{C_1 Q_1 + q_c}{Q_3}(F + F^2 + \cdots + F^{n-1}) = \frac{C_1 Q_1 + q_c}{Q_3} F(1 - F^n) \tag{12-7}$$

当 $n \to \infty$ 时，因 $F < 1$，则有

$$C_2 = C_1 + F\frac{q_c}{Q_1}, \quad C_3 = C_1 + \frac{q_c}{Q_1} \tag{12-8}$$

分析表明，系统稳定后，用风地点回风流中瓦斯浓度的大小与循环系数无关，取决于循环内工作面瓦斯涌出量和新鲜进风量，在该入风量下，用风点回风流中瓦斯浓度与常规通风时瓦斯浓度相等。而混合进风道瓦斯浓度，由式（12-8）可知，其大于常规时的浓度，取决于循环系数，同时其浓度小于用风点回风道瓦斯浓度，而比无循环风时进风道的浓度大。

（2）区域可控循环通风系统内各巷道的粉尘浓度变化　粉尘在循环风流中的运动相对瓦斯而言，略显复杂，因为粉尘具有沉积特性，效果相当于低效率降尘装置。这一特性会使风流的作用被破坏，再次飞扬起来。研究粉尘粒度大小对风流影响下的飞扬能力具有重要意义。

如果在循环横巷内布置有效的降尘措施，可以降低系统中的粉尘浓度，设降尘效率为 η，进风巷、混合进风巷、用风地点回风巷、循环横巷、系统回风巷粉尘浓度分别为 C_{d1}、C_{d2}、C_{d3}、C_{d4}、C_{d5}，D 为工作面的产尘量。则按前面的推导，可得出混合进风巷粉尘浓度 C_{d2} 和用风点回风巷粉尘浓度 C_{d3} 为

$$C_{d2} = \left(C_{d1} + \frac{D}{Q_1}\right) \bigg/ \left(\frac{\eta F}{1-F} + 1\right) - \frac{D}{Q_1}(1-F) \quad (12\text{-}9)$$

$$C_{d3} = \left(C_{d1} + \frac{D}{Q_1}\right) \bigg/ \left(\frac{\eta F}{1-F} + 1\right) \quad (12\text{-}10)$$

式（12-9）和式（12-10）表明，系统内粉尘浓度与新鲜风流的粉尘浓度、新鲜风量值、工作面的产尘量、降尘效率和循环系数等因素有关。

当降尘效率为 $\eta = 0$ 时，有

$$C_{d2} = C_{d1} + \frac{D}{Q_1}F, \quad C_{d3} = C_{d1} + \frac{D}{Q_1} \quad (12\text{-}11)$$

式（12-11）与式（12-8）相似，说明用风点回风流中的粉尘浓度不随循环风变化，而混合进风的粉尘浓度随循环风的应用而增加。

通过循环风对工作面瓦斯和粉尘浓度的分析可以得到：在采用可控循环通风的系统中，系统稳定后，用风地点回风流中瓦斯浓度的大小与循环系数无关，取决于循环内工作面瓦斯涌出量和新鲜进风量，在该入风量下，用风点回风流中瓦斯浓度与常规通风时瓦斯浓度相等。而混合进风道瓦斯浓度大于常规时的浓度，取决于循环系数，合理控制系统循环系数，能保证混合进风流的瓦斯浓度符合安全规程的规定；同时其浓度小于用风点回风道瓦斯浓度，而比无循环风时进风道的浓度大。对于工作面的粉尘，其具有自然沉积、被动扬起和人工捕获的特性。因此，在循环通风系统中，风速的大小、是否采用降尘装置及其降尘效率决定了粉尘浓度的大小。所以矿山采用可控循环通风系统解决矿山通风问题是可行的，前提和根本是如何科学控制系统内的各项参数满足安全生产。

3. 可控循环通风应满足的要求

为了保证可控循环通风系统的安全，可控循环通风应满足以下要求：

1）在可控循环通风系统中，必须装有瓦斯、风量、粉尘自动监测装置及可靠的报警装置，同时还必须进行常规环境检测分析。利用矿井监控系统实现瓦斯断电仪的自动闭锁。当可控循环风流中有害气体浓度超限或者发生矿井灾害时，自动闭锁可控循环风道，恢复可控循环风机运行前的通风系统，以避免发生灾害或灾害扩大。对于可能有瓦斯突然大量涌出的掘进工作面，可在掘进机头安设单个的瓦斯报警器进行监测。

2）对循环通风机实现自动开关和风量控制。对使用可控循环风的混合式通风，抽出式与压入式的两台通风机间须设闭锁装置，保证主要的局部通风机起动后，有循环风通过的通风机再起动，以免形成闭路循环风流。同时必须适当地控制抽出式与压入式两台局部通风机的风量比，以获得可控循环风的最佳除尘和降温效果。

3）循环风量的大小可按使工作面的粉尘、温度及风速满足矿井通风安全规程的要求进行确定。采用调节对旋通风机的叶片安装角和级数实现对循环风量和循环系数的控制。在循环回风道和循环风道中设置净化水幕以净化回风及循环风流中的矿尘和炮烟。

循环通风的布置形式有多种，矿井可因地制宜选用。

12.1.2 脉动通风技术

理论研究及实践证明，巷道横断面上的瓦斯浓度分布是不均匀的。风速高时能够达到排尘和排放瓦斯的目的，但风速过高，势必会增加矿井的通风负担，引起巷道中的落尘飞扬，恶化环境。怎样使巷道中的瓦斯、粉尘与风流能很好地混合达到最优通风之目的呢？脉动通风方法就是基于这样的目的而提出的。

脉动通风技术是利用风流的湍流扩散系数与风流脉动特性直接相关的理论，在局部积聚瓦斯位置处安设脉冲通风机，在正常通风风流中产生脉动风流，从而大大地增加瓦斯积聚区风流的湍流系数，风流驱散局部瓦斯积聚的能力，从根本上解决煤层巷道中和回采工作面上隅角瓦斯积聚问题，目前这套技术的应用效果良好。

脉动通风方法是局部通风机的风筒口装有风流断续器，使其向工作面送入连续的脉冲式风流，风流速度随时间发生周期性的变化。当风流断续器工作时，空气被周期性地"封闭"并储存在风筒中，然后在过剩的压力下抛向工作面空间。据此原理设计了一种风动风流断续器，结构简单、使用方便。巷道的瞬时风量为

$$Q = Q_0 + Q_m|\sin(\omega t + \varphi)| \tag{12-12}$$

式中　Q_0——风流断续器完全关闭时的风量，可由风流断续器叶片半径与风筒半径之差来调节；

　　　Q_m——风量的波动值；

　　　ω——风流断续器的转速，可由叶片曲率来调节；

　　　φ——风流断续器工作的初始相位角，可取 $\varphi=0$。

在正常通风条件下，风量波动范围小，因而脉动速度也低。在脉动通风情况下，风量波动范围大，因而脉动速度高，根据式（12-12）可计算纵向脉动速度增量 Δu_n。即

$$\Delta u_n = u - \bar{u} = \frac{Q_0 + Q_m|\sin(\omega t + \varphi)|}{S} - \frac{\int_0^T (Q_0 + Q_m|\sin(\omega t + \varphi)|)\,\mathrm{d}t}{ST}$$
$$= \frac{Q_m}{S}\left(|\sin\omega t| - \frac{2}{\pi}\right) \tag{12-13}$$

式中　S——巷道横断面面积；

　　　t——脉动通风时间（s）；

　　　T——风流断续器的工作周期。

可见，最大纵向脉动速度增量可达 $0.36\dfrac{Q_m}{S}$。不仅是纵向脉动速度增加了，由风量变化而引起的松涨作用使得横向脉动度也增加了。

由于脉动速度显著增加，不仅法向湍流动力增加，而且切向湍流脉动力也增加了，就大大地增强了瓦斯与风流的混合能力。巷道风流中含有 CO_2 或 CH_4 气体时，由于与空气介质之间存在密度差，它们的惯性不同。因此，当风流加速时，瓦斯微团与空气介质不能同步。瓦斯密度小于空气密度，当风流加速时，瓦斯微团将超前风流介质微团；风流减速时，瓦斯微团将滞后于空气介质微团。对于比空气密度大的气体情况正好相反。因此，在瓦斯微团与空气介质微团之间形成负压区或增压区，导致瓦斯介质微团由高压区向低压区运动，这种运动

具有脉动的特点。这样，脉动通风能增强风流中的湍流强度，促进风流中的瓦斯浓度趋于均匀，因而减小了瓦斯积聚的可能性。

脉动通风方法还可用于排尘。在水平巷道中，粉尘的重力与风流对粉尘的作用力方向互相垂直。在这种情况下，使矿尘在风流中处于悬浮状态的主要动力就是横向湍流脉动力。由于粉尘的密度比风流介质密度大，在风流中要发生沉降。根据沃洛宁的研究，使粉尘处于悬浮状态条件是：湍流风流横向脉动速度的均方大于或等于粉尘的沉降速度。

脉动通风不仅使纵向脉动速度增加了，横向脉动速度也增加了，这就有利于阻止粉尘的下降。当风流发生脉动时，在湍流脉动的作用下，粉尘能与风流很好地混合。

12.1.3 均压通风技术

均压通风技术最早出现于20世纪20年代的英国采矿业；20世纪50年代初由波兰学者H. Byston从理论上给予阐述，技术与手段继而得到发展；20世纪70年代至80年代相继应用，并日渐成熟，广泛应用于煤矿安全领域。我国在20世纪50年代末掌握这一技术，已较广泛地用于煤矿安全实践。由于集中控制系统等现代化的检测手段的发展，均压防灭火技术的应用操作更加简便容易，因而今后将得到更为广泛的应用。

1. 均压通风的定义及特点

均压通风是指降低采空区或已采区漏风通道两侧的风压差，减少漏风，以达到预防和消灭火灾的措施，可用于矿井一翼等大区域，也可用于局部地段；可以对封闭的已采区实施均压，也可对正在回采的采煤工作面采空区实施均压。实质是通过增压或降压调压，杜绝或减少漏风，破坏煤自燃的持续条件。均压通风技术具有不同的均压类型、均压方式、均压方法和均压手段。均压防灭火工艺简单、易行，需用人力、物力少，投资少，不污染环境，灾后恢复工程量少；但灭火时间长，全部过程要求经常性的严格管理。对于一些大面积采空区的火灾，采用隔绝灭火法或洒浆法往往很难奏效，不经济，费时，而采用均压灭火法能取得不错的效果。

2. 应用前提

掌握均压通风技术与手段，了解矿井通风状态；配备有矿井通风均压测量所必备的设备仪器、仪表与工具；进行过矿井通风阻力的测量，掌握通风阻力分布状态；绘有矿井通风系统图、网路图和风压分布图。

3. 均压通风分类

按照均压对象不同，分为区域均压和局部均压两种。区域均压是指对全矿井或矿井的某一翼、某一阶段水平实施的均压措施。局部均压是指对特定的地点、地段实施的均压措施。

4. 均压手段

均压手段是指用于调整和改变风流压力分布的设施和设备，包括调压风墙、调压风门、调压风窗、调压风筒、调压风路、调压通风机和调压气室。

(1) 调压风墙　它是指设在巷道中拟调压点处，以调整风压的挡风墙。其目的是隔断风流，同时改变和调整风压的分布状态。它只用于需调整风压分布状态而对风量无要求的场合。风墙调压幅度只能以增加或减少其气密性（厚度、材料特性和施工质量）来调整。风墙调压的灵活性较差，但它无论是在区域均压还是局部均压中均可应用。调压风墙的调压特性如图12-2所示。

(2) 调压风门、调压风窗　它们是指设在巷道内某一拟调压点处用以调节风压的风门、风窗。其目的是在改变和调整设定地区风压分布状态的同时，仍然保时一定的风量，并不妨碍行人和运输。它们改变和调整风压分布的特性类似于调压风墙，但调压幅度较缓；通过调节风门的密实性、风窗的窗口大小来调整调节的幅度。它们适用于需要调整风压，又要维持相当风量的场合，在区域和局部均压中皆可应用。

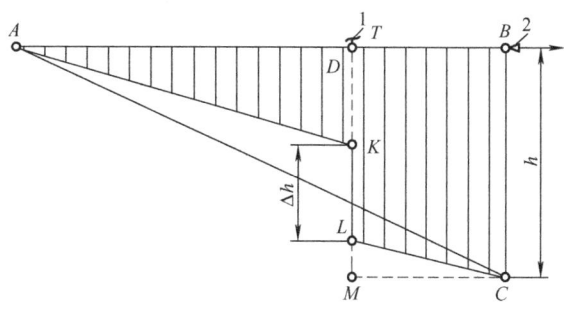

图 12-2　调压风墙的调压特性
1—调压风墙　2—矿井主要通风机

(3) 调压风筒　它是指用于调整和改变风压分布状态的风筒。根据调压需要，可选金属、胶质或木质风筒。调压风筒的调压特性符合并联风路的降压规律，适用于远距离调压，可使调压点之间的距离拉大，并能达到降压的效果。

(4) 调压风路　它是指设置在调压区段中用于调整或改变该区段的风压分布状态的风路分支。它可用于增阻或减阻调压的场合。其特点是在保持风流继续流动的同时，进行调压。增阻调压常使用缩小通风断面或增设风阻物来实现；减阻调压常使用扩大巷道断面或开辟并联风路来实现。调压幅度要求较大时，需要进行一定的工程量。与其他调压手段组合使用，可在很大程度上增强调压能力。经常使用的与其配套调压的手段是在风路内增设调压风墙、调压风门、调节风窗或调节通风机等。

(5) 调压通风机　它是指用于调整或改变矿井或一翼、某一阶段水平、某一既定区域的风压分布状态的矿用各种类型的通风机，包括主要通风机、辅助通风机和局部通风机。通风机运行最重要的是保证长时间稳定运转和可调性。如图 12-3 所示，可使 AD 段风压降低，DB 段风压升高。其能力可根据需要选定，它常与调压风墙、风门、风窗及调压气室组合使用。

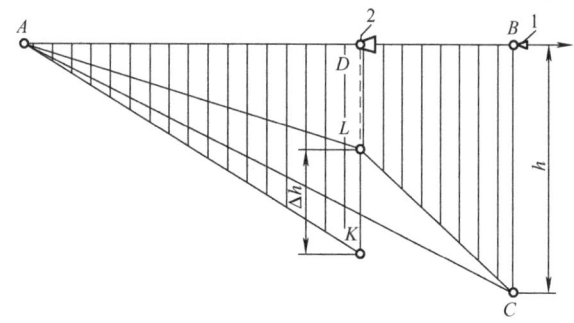

图 12-3　调压通风机的调压特性
1—矿井主要通风机　2—调压通风机

(6) 调压气室　它是指在调压区段相应的地点，在原有的防火墙（经过加强或改造）或新建防火墙墙体外侧一定的距离增建一道新的防火墙后所构成的气室。气室墙体（内、外墙）上配备有调压、测温、采集气样等设施。通过向两墙体间压入或从中排出相应量的气体来调节其间的气体压力与火区防火墙内侧的气体压力，使其达到平衡状态。调压气室的基本结构如图 12-4 所示。

调压气室分为通风机调压气室和连通管调压气室 2 种。通风机调压气室是将通风机安设在气室外墙上，用于引排气体；连通管调压气室是在气室外墙体上设置一定直径的管路，引入或排出相应量的气体。调压气室实施的特点是将矿井总风压源的作用转移至气室，其大小可根据实施规模确定。

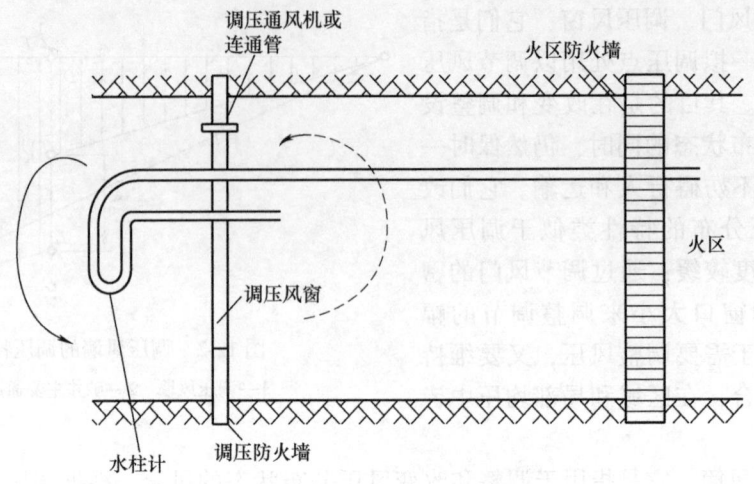

图 12-4 调压气室的基本结构

5. 均压方式

根据所采用的调压手段不同，均压可分为单一调压和综合调压 2 种方式。单一调压方式是指应用一种调压手段对调压对象实施调压的方式，常用于局部均压场合。综合调压方式是指使用多种调压手段对一个或几个施治区的风压分布状态实施调整的方法，可以用于局部均压和区域均压。综合均压使用的手段有多种互配方式，常用的是调压通风机与调压风墙、调压风门及调压风窗的互配。互配时，通风机设在入风侧时，可达到升压作用；通风机设在回风侧室，可达到降压作用。调压通风机与调压风墙互配调压的特性如图 12-5 所示。

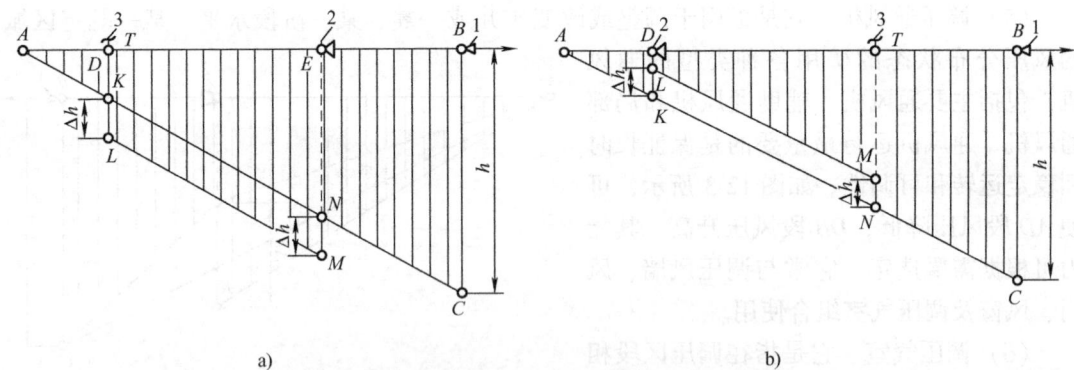

图 12-5 调压通风机与调压风墙互配调压的特性
a) 通风机设在风墙回风侧　b) 通风机设在风墙进风侧
1—矿井主要通风机　2—调压通风机　3—调压风墙

6. 均压方法

均压方法是指一种调压手段或多种调压手段组合实施的具体做法。区域均压中可用调整矿井主要通风机的工况，改造矿井通风系统，调整调压风墙、调压风门、调压风窗的具体位置，建立调压气室等手段实现单一或综合调压。调整矿井主要通风机工况进行区域均压时，可采取改变通风机转速、调整通风机叶片角度、调整前导器叶片角度、通风机联合运转以及改造通风机辅助设施等方法实施。

局部均压最常用的方法有并联风路法、调压风墙法、调压风门法、调压风窗法及调压气室法。

7. 均压方法的应用及存在问题

均压法主要应用于矿井防灭火措施中，即称为"均压防灭火技术"。

均压防灭火技术与其他技术措施相比，因其具有实用性强、经济、简便、易操作的特点，在自燃防治现场实践中得到广泛应用。在现场实践中，工程技术人员常采用经验试探法或定性分析法确定均压设施的位置与调节参数。然而存在如下问题：

1）由于通风系统的复杂性，经验试探法或定性试探法在计算均压实施参数时，难以预计通风系统对均压区域均压效果的影响。

2）由于矿井通风系统随时间的动态变化，在均压设施实施后，难以保证均压区域稳定的均压效果，致使均压区域两端（周围）气压随通风系统动态变化而升降，造成均压区域气压的频繁脉动，使得均压区域没有达到均压的目的。

8. 自动均压系统

目前国内实现均压的措施主要有：调节风门、通风机、风墙和连通管。其中对于开区均压，主要采用调节风门、通风机实现均压，研究人员针对煤矿现场实际情况，研究并开发了采用变频器智能调节均压通风机或采用控制器自动控制调节风门，以达到自动平衡均压区域两端风压目的的自动均压系统，以弥补传统均压防灭火技术用手动调节风压不能及时准确达到调节风压平衡的缺陷；对于自动均压系统的实践应用，由于均压区域的复杂性和气压传递的滞后性，自动均压系统难以确保均压区域两端气压在任何时候完全平衡，即均压区域两端总会存在一定的气压差，这就需要研究气压差对均压效果的影响，而气压差对于自动均压系统来说，可等同为调压的冗余度对均压区域均压效果的影响。

均压灭火技术分闭区均压和开区均压2种。所谓开区均压即是在生产工作面建立均压系统，以降低均压区域（一般为采空区）周围压差，减少向采空区浮煤漏风，降低自燃危险程度；闭区均压则是在可能或已发生自燃而已密闭的区域，采取均压措施防止浮煤自燃。根据开区均压和闭区均压，开发了自动均压系统。

采煤工作面通风路线为从进风平巷进风，经过工作面，由回风巷回风。假设工作面采空区出现自燃征兆，采用开区均压技术抑制自燃发展，则可采取调节风门、通风机或调节风门和通风机实现采空区两端均压，均压设施安装地点和实施参数根据相应计算公式得来；由于矿井地面大气压变化、工作面以外的通风系统中人员频繁走动及物料频繁运输、进回风联络巷道风门频繁开关等原因，造成均压区域两端压力频繁脉动。为了消除因外部压差脉动造成均压区域漏风脉动，现场往往采用手动调节的办法，这需要对现场均压区域相关参数随时测量并调整均压实施参数，这对于现场来说是个难题。为此，在均压区域需压力平衡的两端安装风压传感器，由风压传感器读取的压力参数信息通过控制器控制均压设施，对于均压通风机采用变频调速控制，对于均压调节风门采用控制自动调节风门，这样即可达到自动均压的目的。

12.2 矿井除尘新技术

12.2.1 泡沫除尘技术

泡沫除尘是通过发泡器将水、空气和发泡剂按一定比例充分均匀混合，产生大量的泡沫喷洒到尘源或含尘空气中,在碰撞、湿润、覆盖、黏附等多种机理综合作用下,依靠泡沫及其液膜良好的隔绝性、黏性、弹性和湿润性特点,捕集与之相遇的粉尘,并使之沉降。

1. 泡沫除尘机理

(1) 碰撞　如图12-6所示,在泡沫运动路径中的粉尘颗粒,只有在 b 之内的能与泡沫发生接触,在这个区域之外的粉尘颗粒将流过泡沫而不与其发生接触。碰撞概率取决于面积 A_b（$=\pi b^2$）与面积 $A_p [=\pi (a+d_p/2)^2]$ 之比。因此,碰撞概率 P_c 可以用下式表示

$$P_c = \frac{A_b}{A_p} = \frac{b^2}{(a+d_p/2)^2} \quad (d_p < 2a) \tag{12-14}$$

b 的值是未知量,必须通过 $d_p/2$ 流线的数学模型得到,而该流线的方程很难求解,b 也不易确定,故很难得到碰撞概率的解析解。该碰撞是在模型的理想状态下,而在实际过程中,由于粉尘颗粒具有一定的质量,并受井下风流的影响,会形成无规则的扩散运动,由于重力、惯性和扩散的影响,粉尘颗粒并不是严格按照图12-6中所示的轨迹运动,惯性和扩散将对粉尘与泡沫碰撞产生一定的影响。

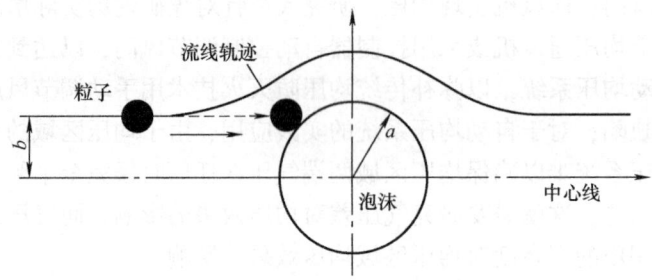

图12-6　泡沫与粉尘碰撞示意图

(2) 扩散　如图12-7所示,气流中的粉尘颗粒尺寸小于一定值（$d_p < 1\mu m$）时,在风扰和分子热运动的作用下会做无规则的扩散运动。在运动过程中,微尘撞击泡沫液壁而被析出的液体俘获或被湿润后沉降。

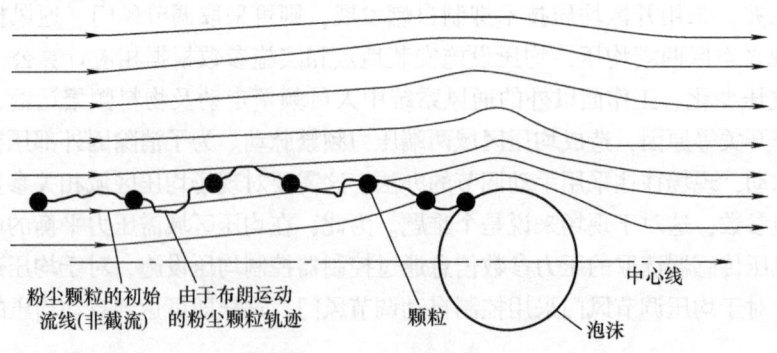

图12-7　扩散效应示意图

这种无规则的扩散运动称作布朗运动,其运动的剧烈程度与温度成正比,温度越高布朗运动加剧,其气体流速增快,而方向仍是随机的。在此热运动作用下,微尘尺寸半径越小且温度越高,则运动越剧烈,从而提高了其与泡沫之间的撞击概率,单位时间内泡沫受到微尘颗粒撞击的次数增加。此外,当泡沫持续不断地加注到含有粉尘的空间内,并以泡沫群的形

式存在，该泡沫占总空间中单位面积或体积数量越大，其与粉尘颗粒撞击的概率也越高。

（3）湿润　矿尘大多数都是疏水性质，很难被水湿润而沉降，这正是水雾捕尘的缺点。而泡沫除尘技术由于发泡剂的加入，克服了这一缺点，能够实现对粉尘的快速湿润。

设粉尘颗粒表面的固相与泡沫液膜中的液相接触并被湿润，即消失一个固-气和一个液-气界面，产生了一个固-液界面。取固-液接触面的单位面积，在恒温恒压条件下，湿润作用导致的自由能差值就可以表示为

$$\Delta G = \gamma_{sl} - \gamma_{sg} - \gamma_{lg} \tag{12-15}$$

式中　γ_{sl}——单位面积固-液界面自由能；

γ_{sg}——单位面积固-气界面自由能；

γ_{lg}——单位面积液-气界面自由能。

湿润的实质是液体在固体表面上的黏附，因此常用黏附功 W_a 来表示。即

$$W_a = \gamma_{sg} + \gamma_{lg} - \gamma_{sl} = -\Delta G \tag{12-16}$$

由式（12-16）可以明显得出，γ_{sl} 越小，则 W_a 越大，固体越容易被液体湿润。一般的湿式（水）打钻效果差是因为水对粉尘的湿润效果不好，即粉尘与水的接触角太大，而使用泡沫除尘技术时，由于发泡剂分子同时具备疏水基和亲水基大大降低了固-液界面的表面张力，并在粉尘和溶液之间将形成一层水化膜，而水化层的发泡剂溶液能够迅速将粉尘的疏水性变为亲水性，即粉尘呈湿润状态，最终被沉降下来。

（4）截留与覆盖　截留效应为粒子（粒径小于 5μm 或者无质量）随气体流线运动的过程。模型中，对于直径为 d_p 的粒子（实心球体），当其运动轨迹在极限流线以下 b 范围之内，就有可能会被泡沫截留，如图 12-8 所示。所谓极限轨迹就是距泡沫最远处能被截留粒子的运动轨迹。

截留效应宏观上表现为泡沫除尘的覆盖性能，当 n 个相距 $f < d_p/2$ 的泡沫同时作用于尘源处，将有可能拦截泡沫 $4nb$ 范围内的粉尘，如图 12-9 所示。

实践证明，当泡沫大量、持续、无间隙地覆盖产尘源时，大部分粉尘将会被捕获，这个过程被称为泡沫除尘的覆盖效应。

（5）黏附　泡沫外表面具有黏附粉尘的功能，其作用机理如图 12-10 所示。当具有一定速度的泡沫（图 12-10a）向粉尘运动（图 12-10b），粉尘经过碰撞、截留和扩散等一系列作用后到达泡沫表面（图 12-10c），被泡沫所黏附（图 12-10d）。由于泡沫质量的不断增加，并在重力的作用下，使得泡沫上表面液膜逐渐变薄直至破裂，最终形

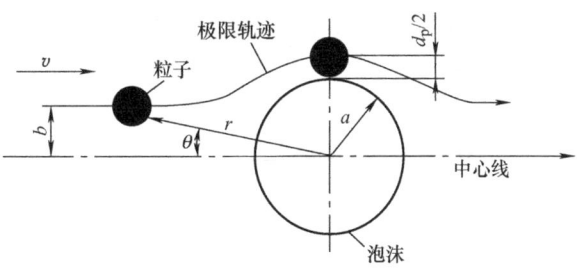

图 12-8　截留效应示意图

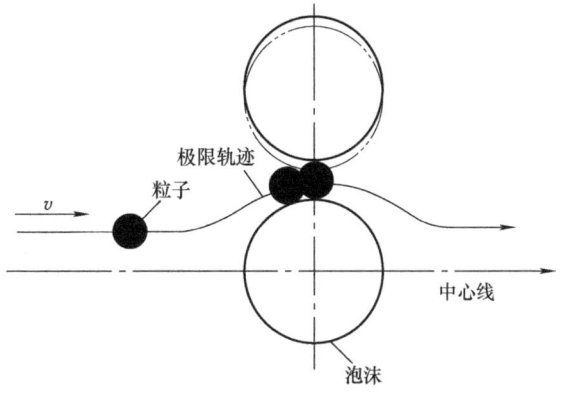

图 12-9　覆盖效应示意图

成许多包裹粉尘的泡沫小碎片（图12-10e）降落到地面。

无论是截留效应，还是惯性碰撞和扩散作用，决定其除尘效率高低的是泡沫是否能够把抵达的粉尘吸附在外表面，而不让粉尘逃逸出去。因为粉尘颗粒在抵达泡沫表面时，不可能全部被泡沫所捕集，有些粒子可能反跳回气流中。因此泡沫黏附效应在除尘过程中起到至关重要的作用。

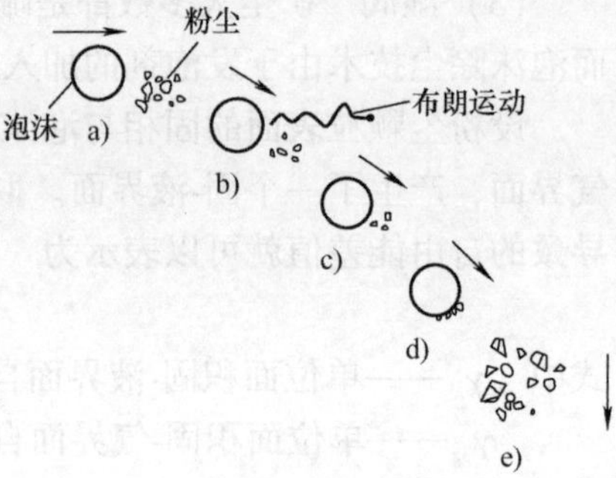

黏附力是衡量泡沫吸附粉尘能力的最直观表现。由于泡沫黏附力受到泡沫湿度、表面活性剂（发泡剂）的化学性质、粉尘性质等多方面因素的影响，故最简单的黏附力表达式为

图 12-10 泡沫黏附粉尘示意图

$$F_a = \kappa D_p \tag{12-17}$$

式中 F_a——黏附力；

κ——泡沫表面黏附系数；

D_p——粒子直径。

2. 泡沫剂及泡沫剂溶液

除尘泡沫的发泡倍数、分散度、黏附和湿润能力是决定泡沫抑尘效果的重要因素，单纯在两相泡沫体系中具有极好的起泡和稳泡性能的发泡剂并不一定适合用于除尘泡沫的制备。良好的除尘泡沫发泡剂必须符合以下要求：

1）在气-液、固-液界面上发生吸附，能显著降低溶液的表面张力。

2）具有能使粉尘颗粒表面由疏水性变为亲水性的性质。

3）具有适当的溶解度。

4）在低用量的情况下，能将气体快速卷吸到水中，促使水和气体混合产生分散均匀、泡沫细腻、数目众多、稳定性强的泡沫。

5）保证液膜具有较大的黏度和机械弹性强度。

6）要保证粉尘颗粒和泡沫碰撞时所形成的颗粒——泡沫集合体有相当强的稳定性。

7）价格低廉，绿色环保，来源广泛。

3. 发泡原理

泡沫除尘装置主要由进风口、进水口、过滤器、发泡器、发泡剂添加装置、储液罐、泡沫分配器、泡沫喷射支架、喷头及输送管路组成。泡沫除尘的主要工艺流程如图12-11所示。

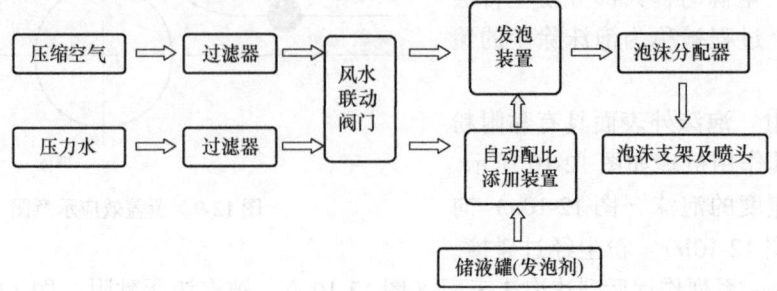

图 12-11 泡沫除尘的主要工艺流程

4. 泡沫除尘技术在综掘工作面的应用

提高泡沫除尘技术的除尘效果，就要求泡沫与粉尘进行更有效的接触。喷射装置是形成泡沫喷射工况的直接元件，它所造成的结果直接影响最终的除尘效果。泡沫本身密度小，重量轻，喷出的泡沫受空气阻力、风流等因素影响大，速度衰减快，从而限制了喷射距离，极大地影响了泡沫对粉尘的碰撞和捕捉，降低了除尘效果。因此泡沫喷头应尽量靠前布置，使喷出的泡沫有足够的动量削弱空气阻力和风流的影响，捕捉到粉尘。

基于对井下复杂条件和狭小空间的考虑，拟将泡沫除尘各主要部分有机整合为一个整体，可以极大地方便泡沫除尘装置的运输、安装、调试和维修。井下综掘工作面泡沫除尘装置布置如图12-12所示，将泡沫除尘装置布置在综掘机司机侧，方便调节与使用；除尘通风机安装在综掘机后方运输带支架上；吸尘口布置在综掘机回转台上；喷射装置安装在综掘机回转台前方，距截割头最前方 1.5~2m。

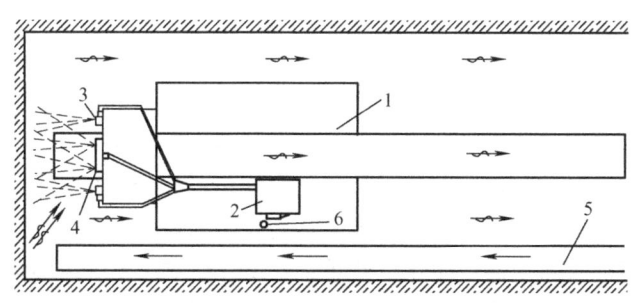

图 12-12　井下泡沫除尘装置布置
1—综掘机机身　2—泡沫除尘装置　3—泡沫喷头　4—综掘机截割部
5—压入式风筒　6—综掘机驾驶位

泡沫除尘技术制备泡沫必须具备水源和压风。一般情况下宜采用掘进面侧壁配备的压水和压风，要求水的流量为 $1~2m^3/h$，压力为 2~3MPa；压风管路要求流量为 $40~80m^3/h$，压力为 0.4~1MPa。

将进风口与进水口分别与水管和风管连接，发泡剂添加装置和发泡剂溶液箱相连，依靠产生的负压添加发泡剂至水管中，阀门出口端的压风管接发泡器，连接管路均使用 $\phi19mm$ 的高压橡胶管，生成的泡沫采用 $\phi50mm$ 的橡胶管输送至泡沫分配器的入口，装有泡沫喷头的喷头支架与分配器的出口端连接，最后由喷头将泡沫喷洒至产尘点。

掘进面的产尘点位于截齿处，经现场实践观察，保持1/3的泡沫喷射在截齿上，2/3的泡沫喷射到截齿外围，此时的除尘效果最佳。由于掘进机进行下部切割会与底板和底部碎岩发生碰撞和挤压，因此泡沫喷头的布置主要在截割头的上部和两翼，共布置6个喷头，如图12-13所示。上部喷头以30°倾斜扇形喷出，中部左右两翼的两个喷头以60°倾斜扇形喷出，底部左右两翼的两个喷头以135°向斜下方喷出，喷头扩散角度均为45°。泡沫除尘在井下的应用情况如图12-14所示。

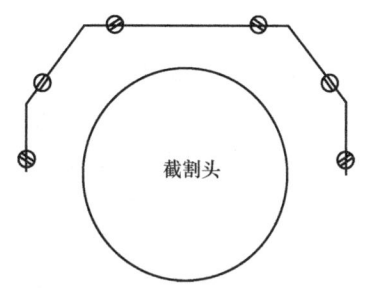

图 12-13　喷头布置

图 12-14　泡沫除尘在井下的应用情况

12.2.2　附壁风筒控尘技术

在使用长压短抽的通风除尘系统的综掘工作面，压入式风筒是沿轴向给综掘工作面供风的，因此，造成在巷道中各处的风速不一，在巷道的各个断面上产生了速度差。由黏性流体力学可知，当两层流体间存在着速度差时，它们之间将产生流体的剪切，从而形成旋涡。由于旋涡的加速，使流体内部发生破裂与旋转，从而携带着粉尘以极大的速度向外扩散，致使大部分含尘气流不能进入除尘器中净化，严重地影响了综掘工作面粉尘浓度的降低。

针对长压短抽通风除尘系统的缺点，在压入风筒前增加附壁风筒。附壁风筒是利用气流的附壁效应，将原压入式风筒供给综掘工作面的轴向风流改变为沿巷道壁的旋转风流，并以一定的旋转速度吹向巷道的周壁及整个巷道断面，并不断向机掘工作面推进，在除尘器吸入含尘气流产生轴向速度的共同作用下，便形成一股具有较高动能的螺旋线状气流，在掘进机驾驶员工作区域的前方建立起阻挡粉尘向外扩散的空气屏幕，封锁住掘进机工作时产生的粉尘，使之经过吸尘罩吸入除尘器中进行净化而不外流，从而提高了巷道综掘工作面的收尘效率。附壁风筒螺旋状出风状态示意图如图 12-15 所示。

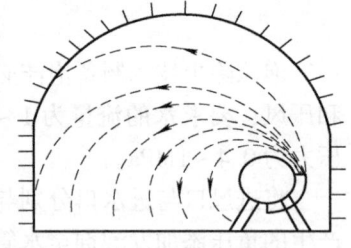

图 12-15　附壁风筒螺旋状出风状态示意图

附壁风筒的结构，根据使用地点生产技术条件的差异（主要指巷道断面大小、供风量大小、除尘器配套方式等），通常分为以下三种。

1. 螺旋出风附壁风筒

沿巷道螺旋式出风的附壁风筒是狭缝段长 2000mm、直径 600mm 的铁风筒，在风筒断面上，有 1/3 的圆周做成半径增大的螺旋线状，形成狭缝状风流喷出口，其有效面积等于压入式风筒的断面积。附壁风筒轴向出风端设计一个蝶阀，并通过连杆与狭缝出口的出风阀门连动，可以利用手动或气动实现轴向经导风筒供风和径向螺旋出风的风流转换。当掘进机工作时，手动或者通过气动控制将阀门关闭，风流即从窄条喷口喷出，将压入的轴向风流改变为沿巷道壁旋转并前移的风流。螺旋附壁风筒一般适用于巷道断面面积大于 $12m^2$ 的掘进通风。螺旋出风附壁风筒的结构如图 12-16 所示。

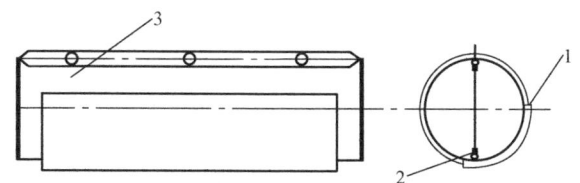

图 12-16　螺旋出风附壁风筒的结构

1—狭缝状喷出口　2—出风阀门　3—筒体

2. 径向出风附壁风筒

螺旋附壁风筒虽然能取得较好的除尘效果，但体积较大，移动不方便，一般适用于巷道断面面积大于 12m² 的综掘面通风，当巷道断面面积小于 12m² 时，可采用体积小、重量轻、移动方便的径向出风附壁风筒。这种附壁风筒是长 2000mm、直径 600mm 的橡胶风筒。这种风筒只能使压入风量的 20% 左右沿轴向喷出，而 80% 的风量则通过风筒壁上开的小孔径向出风。由于附壁风筒将普通风筒向巷道轴向供风方式改变为径向出风向工作面方向螺旋前进的供风方式，利用附壁效应大大降低了沿巷道轴向的风流速度，增大了巷道边沿区域风流速度，从而使巷道断面上的风流分布趋于均匀。径向出风附壁风筒的结构如图 12-17 所示。

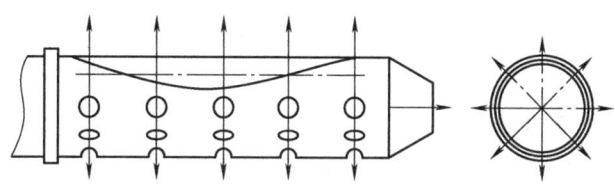

图 12-17　径向出风附壁风筒的结构

3. 带有螺旋器的软质附壁风筒

它由橡胶布与金属骨架制成，是新型产品，螺旋器紧连着附壁风筒，当轴向风流经过螺旋器时，便转化为旋转风流，因此风流一进入附壁风筒，便立即成为螺旋风流向外排出，可用于任何巷道断面的综掘工作面。

掘进面加入附壁风筒后，通风除尘系统的布置有：附壁风筒应置于掘进机驾驶员之后，除尘通风机之前。如果附壁风筒太靠近工作面，则从风筒出来的风流不能有效控制巷道全断面，还有可能造成风流一部分流进除尘风筒，一部分沿巷道流出，造成巷道局部污染；如果附壁风筒太靠后，则会造成循环风，不利于瓦斯管理。安装附壁风筒后的综合通风除尘系统布置如图 12-18 所示，可根据现场实际情况，通过计算和试验确定最佳的安装位置。

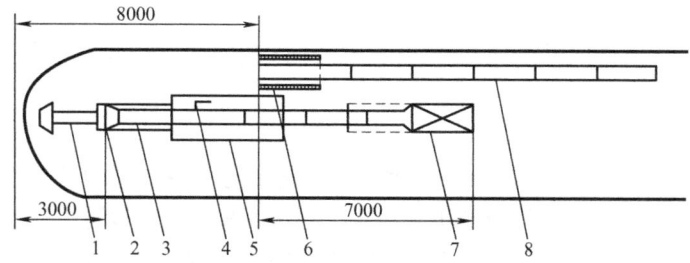

图 12-18　安装附壁风筒后的综合通风除尘系统布置

1—掘进机截割臂　2—吸尘罩　3—抽出式风筒　4—驾驶室　5—掘进机　6—附壁风筒　7—除尘器　8—压入式风筒

12.2.3 磁化水降尘技术

磁化水降尘原理：水经磁化后，物理化学性质可发生暂时的变化，水的黏度降低，吸附能力、溶解能力及渗透能力增加，再加上水珠变小，有利于提高水的雾化程度，增加与粉尘的接触机会，提高降尘效率。磁化水降尘的优点：设备简单，安装方便，性能可靠，成本低，易于实施。磁化水降尘技术是在喷雾除尘技术基础上发展起来的通过改变水的性质从而提高降尘效率的一种改进湿式降尘方法。与降尘机理有关的主要有表面张力、黏度及渗透能力、润湿性、蒸发率和水结构的变化等。磁化程度的好坏与磁水器的结构、磁水器磁场强度及特性、水中含有杂质的性质、水的温度及水在磁水器内的流动速度等因素有关。

1. 磁化水对雾化性能的影响

雾化效果的好坏通过雾化液滴的平均直径大小来衡量。在不致使雾化液滴过小易于蒸发的前提下，液滴的平均直径越小，液滴与粉尘接触的表面积越大，粉尘越容易被液滴所捕获，降尘效率也越高。影响雾化液滴平均直径的因素很多，也很复杂，不同类型的雾化喷嘴用来估算的经验式也各不相同。前人的研究认为螺旋型喷嘴的雾化液滴平均直径与表面张力和黏度有关，当水的表面张力及黏度降低时，雾化液滴的平均直径也将降低，从而提高其雾化性能和捕尘效率。

2. 磁化水对捕尘效果的影响

湿式除尘的效果在于尘粒与捕尘介质液滴相接触时能否被捕集，也就是说粉尘的可润湿性对捕尘过程是有影响的。对于完全不能润湿的粒子（$\theta = 180°$），当粉尘粒子浸入到捕集液中而达到图 12-19 所示位置时，便可认为粒子能被捕集。

直径为 d_p 的球形尘粒抵抗液体的表面张力 σ 达到图 12-19 中所示位置时所需功为

$$W_p = \frac{2\pi d_p^2 \sigma}{3} \quad (12-18)$$

停在图 12-19 中所示位置的粒子，在即将接触液体时，所必须具有的最小速度为

$$v_p = \left(\frac{2W_p}{m_p}\right)^{\frac{1}{2}} = \left(\frac{8\sigma}{\rho_p d_p}\right)^{\frac{1}{2}} \quad (12-19)$$

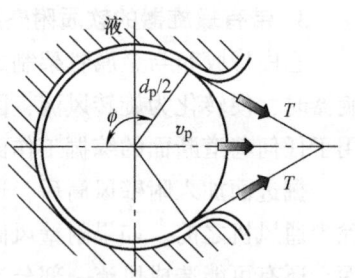

图 12-19 难以润湿的粒子穿入液体时的捕集形态

由式（12-19）可知，v_p 正比于 $\sigma^{1/2}$。当磁化水的表面张力下降时，必然引起 v_p 及 W_p 的降低，即尘粒到达液体内部所需的最小速度及捕集尘粒所需的功均降低，更容易捕集到粉尘。

3. 磁化水装置

图 12-20 所示为管外夹式强磁水处理器作为磁化水的制备装置的外形。它采用单极设计（N 极采用导磁板屏蔽），磁力线分布更加集中，通过 S-S 极磁路设计，产生互斥的磁感应线分布，与 N-S 极磁路相比，有两个磁感应线较为集中的区域，如图 12-21 所示，在水流过管道的过程中，对水的磁化效果更佳。强磁水处理器放置处管道均为 304 材质不锈钢，因采用不锈钢或塑料管可使管内磁场强度提高一倍以上，使用效果明显提高。

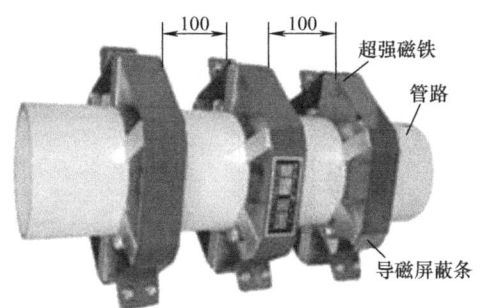

图 12-20　管外夹式强磁水处理器

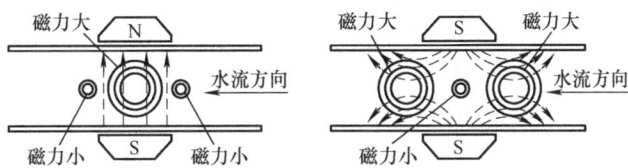

图 12-21　N-S 极与 S-S 极管外强磁水处理器磁感应线分布图

复习思考题及习题

12-1　什么是可控循环通风技术？其类型有哪些？

12-2　什么是均压通风技术？均压手段、均压方式及均压方法都包含哪些？

12-3　什么是泡沫除尘？泡沫除尘机理包含哪些方面？

12-4　附壁风筒是如何控尘的？其结构型式主要有哪些？

12-5　磁化水降尘的原理是什么？

参考文献

[1] 蒋仲安. 湿式除尘技术及其应用 [M]. 北京：煤炭工业出版社，1999.
[2] 蒋仲安. 矿山环境工程 [M]. 2版. 北京：冶金工业出版社，2009.
[3] 蒋仲安，杜翠凤，牛伟. 工业通风与除尘 [M]. 北京：冶金工业出版社，2010.
[4] 王德明. 矿井通风与安全 [M]. 徐州：中国矿业大学出版社，2007.
[5] 王英敏. 矿井通风与防尘 [M]. 北京：冶金工业出版社，1993.
[6] 吴超. 矿井通风与空气调节 [M]. 长沙：中南大学出版社，2008.
[7] 黄元平. 矿井通风 [M]. 徐州：中国矿业学院出版社，1986.
[8] 支学艺，何锦龙，张红婴. 矿井通风与防尘 [M]. 北京：化学工业出版社，2009.
[9] 吴中立. 矿井通风与安全 [M]. 徐州：中国矿业大学出版社，1989.
[10] 浑宝炬，郭立稳. 矿井通风与除尘 [M]. 北京：冶金工业出版社，2007.
[11] 张国枢. 通风安全学 [M]. 徐州：中国矿业大学出版社，2007.
[12] 何廷山. 矿井通风与安全 [M]. 湘潭：湘潭大学出版社，2009.
[13] 杨志强，赵千里，杨斌. 矿井通风三维仿真模拟理论与矿用空气幕理论 [M]. 北京：冶金工业出版社，2008.
[14] 卢义玉，王克全，李晓红. 矿井通风与安全 [M]. 重庆：重庆大学出版社，2006.
[15] 中国煤炭教育协会职业教育教材编审委员会. 矿井通风与安全——通风技术 [M]. 北京：煤炭工业出版社，2007.